全国高职高专环境保护类专业规划教材

环境保护设备及其应用

教育部高等学校高职高专环保与气象类专业教学指导委员会　组织编写

主　编　王有志
副主编　郭春明　邹　原
主　审　边喜龙

中国劳动社会保障出版社

图书在版编目(CIP)数据

环境保护设备及其应用/王有志主编. —北京：中国劳动社会保障出版社，2011
全国高职高专环境保护类专业规划教材
ISBN 978-7-5045-9210-1

Ⅰ.①环… Ⅱ.①王… Ⅲ.①环境保护-设备-高等职业教育-教材 Ⅳ.①X505

中国版本图书馆 CIP 数据核字(2011)第 188614 号

中国劳动社会保障出版社出版发行

（北京市惠新东街 1 号 邮政编码：100029）

出 版 人：张梦欣

*

新华书店经销

北京地质印刷厂印刷 三河市华东印刷装订厂装订

787 毫米×1092 毫米 16 开本 19.5 印张 443 千字

2011 年 9 月第 1 版 2011 年 9 月第 1 次印刷

定价：34.00 元

读者服务部电话：010-64929211/64921644/84643933

发行部电话：010-64961894

出版社网址：http：//www.class.com.cn

全国高职高专环境保护类专业规划教材编委会

刘明华　河北秦皇岛市环境监测站
姜松歧　哈尔滨市固废辐射管理中心
牛树奎　北京林业大学
谷群广　邢台职业技术学院
崔宝秋　锦州师范高等专科学校
丁邦东　扬州工业职业技术学院
展惠英　甘肃联合大学
彭　波　南京化工职业技术学院
王　政　中国环境管理干部学院
关贺群　黑龙江省伊春林业学校
梁贤军　四川化工职业技术学院
郭春明　黑龙江建筑职业技术学院
刘青龙　江西环境工程职业学院
裘建平　金华职业技术学院
雷　颉　南昌理工学院
石碧清　中国环境管理干部学院
颜廷良　江苏盐城技师学院
王中华　泰州职业技术学院
叶兴刚　十堰职业技术学院
郭有才　邢台职业技术学院
段晓莹　邢台财贸学校
焦桂枝　河南城建学院
马永刚　黑龙江生物科技职业学院
吴　琦　哈尔滨工程大学
梁　晶　黑龙江生态工程职业学院
张朝阳　长沙环保职业技术学院
丁可轩　黄河水利职业技术学院
连志东　北京市环境保护局

序　言

环境保护是伴随人类社会经济发展的永恒主题，我国党和政府一贯高度重视环境保护工作。近年来，随着我国经济建设的快速发展，社会和企业对环境保护应用型人才的需求日益扩大，这给高职高专环境保护专业建设带来了新的机遇和挑战。为了更有力地推动环境保护专业教育的发展和专业人才的培养，加强教材建设这一专业建设的重要基础工作，教育部高等学校高职高专环保与气象类专业教学指导委员会（以下简称“教指委”）与人力资源和社会保障部教材办公室结合各自的领域优势，共同组织编写了“全国高职高专环境保护类专业规划教材”。本套教材包括《环境监测》《水污染控制技术》《大气污染控制技术》《噪声污染控制技术》《固体废物处理与处置》《污水处理厂（站）运行管理》《环境保护概论》《环境管理》《环境生态学基础》《环境影响评价》《环境法实务》《环境工程制图与CAD》《室内环境检测》《环境保护设备及其应用》《环境专业英语》《环境工程微生物技术》《环境工程给水排水技术》17种。

本套全国规划教材的编写力求满足高职高专环境保护类专业课程体系和课程教学的新发展，立足教学现状，力求创新，在吸收已有教材成果的基础上，将本学科的最新理论、技术和规范纳入教学内容，并与国家最新的相关政策标准、法律法规保持一致。为满足培养应用型人才目标的需要，整套教材加强了职业教育特色，避免大量理论问题的分析和讨论，强调以实际技能和职业需求带动教学任务，技能实训部分采用项目模块化编写模式，提倡工学结合，增加可操作性和工作实践性，为学生今后的职业生涯打下坚实的基础。同时，教材中每章列有学习目标、章后小结和形式多样的复习题，便于学生理清知识脉络、掌握学习重点；丰富的课外阅读材料使学生的学习增加了兴趣，拓宽了视野。

在本套教材开发过程中，在教指委的组织指导下，全国20余所高等院校、科研院所近百名专家和老师积极参与了教材的编写和审订工作，在此向他们表示衷心的感谢！

我们相信，本套教材的出版必将为我国高职高专环境保护类专业的发展和教材建设作出重要的贡献。因时间和各因素制约，教材中仍有不足之处，恳请相关领域的专家学者和广大师生提出宝贵的意见。

全国高职高专环境保护类专业规划教材编委会

2009年6月

内 容 提 要

本教材根据高职高专环境类专业教材的基本要求编写而成，内容结合职业岗位需求，突出了教材的实用性与实践性。

本教材共分 12 章，内容包括：绪论、环保设备的常用材料、分离设备、水的生物处理设备、吸收与吸附设备、混凝设备与化学反应器、噪声与振动控制设备、固体废物处理设备、环保输送设备、管道及管配件、环保土建构筑物和监测监控仪器仪表设备等。

本教材为高职高专院校环境类专业国家级规划教材，可作为环境类专业的教材，也可作为环保设备技术人员及相关环保设施运营管理和操作岗位工作人员的参考书。

前　言

环保产业是为社会生产和生活提供环境产品和服务活动，为防治污染、改善生态环境、保护资源提供物质基础和技术保障的产业。控制环境污染、进行污水、废气、固体废物处理与资源回收，都离不开环保设备。由于环境污染治理技术和相应设备的发展极其迅速，无论是环保设备的研制开发、环保工程项目的招投标、环保工程建设，还是环保设施的运营管理等综合环境服务的职业岗位，都需要环保设备方面的知识与环保机械设备方面的应用型高技能技术人才。

本教材结合环境污染治理及环境服务行业、企业岗位应用型高技能人才的实际需求，从分析环保设备的概念、分类及常用材料入手，比较系统地介绍了各类环保设备及污染控制中的通用、配套设备的结构组成、工作原理、选型方法、典型单体设备的设计及安装、调试、运营管理与维护等方面的基础知识，进一步加深学生对各种环境污染治理技术的认识与理解，使其能够建立起环保设备的总体概貌，并强化其工程意识，提升适应本行业、企业就业需要的基础知识和专业技能水平。

本教材由王有志任主编，郭春明、邹原任副主编，具体编写工作分工为：王有志编写第 1 章、第 2 章、第 3 章、第 4 章，郭春明编写第 7 章、第 8 章，邹原编写第 5 章、第 12 章，杨丽英编写第 9 章、第 10 章，王红梅编写第 6 章，谢炜平编写第 11 章。全书由王有志负责统稿，边喜龙主审。

本教材在编写过程中，参考并引用了大量文献资料。在本书完稿之际，谨对参考文献的原作者致以深切的谢意。

由于编者水平所限，书中难免疏漏之处，敬请读者批评、指正。

编　者

2011 年 4 月

目 录

第1章 绪 论

本章学习目标

了解环保设备的特点、组成、分类及环保设备业的发展状况及前景；

熟悉环保设备的各项技术指标及主要经济指标，增强科学、规范地操作和管理环保设备的意识。

1.1 环保设备的分类

1.1.1 环保设备的概念

所谓设备，是指由企业和建筑安装部门研制和建造出来的，能够在社会生产和生活中发挥作用的物质资料。按照这一定义，设备不仅包括各种机械产品和建筑物，还应包括检测控制仪器、仪表和各种线路等。

环保设备是指用于控制环境污染、改善环境质量而由生产单位或建筑安装单位制造和建造出来的机械产品、构筑物及其系统。包括治理环境污染的机械加工产品，如除尘器、单体水处理设备、噪声控制器等；还包括输送流体物质的动力设备，如水泵、风机、输送机等；同时也包括保证污染防治设施正常运行的检测控制仪表仪器，如监测仪器、压力表、流量检测装置等。

1.1.2 环保设备的分类与组成

1.1.2.1 环保设备的分类

1. 按环保设备的功能分类

中华人民共和国环境保护行业标准《环境保护设备分类与命名（HJ/T 11—1996）》中规定，环保设备是水污染治理设备、空气污染治理设备、固体废物处理处置设备、噪声与振动控制设备、放射性与电磁波污染防护设备的总称，可以按照类别、亚类别、组别和型别四个层次分类表示，如图 1—1 所示。

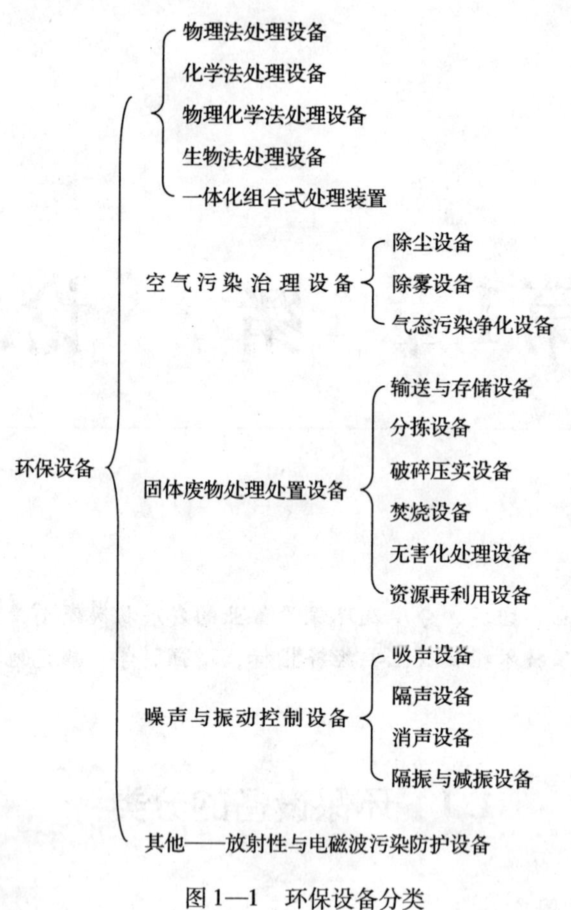

图 1—1 环保设备分类

2. 按环保设备的构成分类

(1) 单体设备

这类设备是环保设备的主体，如各种除尘器、单体污水处理设备等。单体设备可以是机械设备，也可以是混凝土或其他材料（如玻璃钢等）建造的构筑物。

(2) 成套设备

指以单体设备为主，包含各种附属设备（如风机、电动机等）组成的整体。

(3) 生产线

指由一台或多台单体设备、各种附属设备及管线所构成的整体，如污水处理生产线。

3. 按环保设备的功能分类

(1) 环保主体设备

指各种用于控制环境污染和改善环境质量的，由生产单位或建筑安装单位制造和建造的主要设备产品。如各种除尘器、吸收塔、吸附塔、分离沉降设备、反应器、塔罐，各种沉淀池、反应池等构筑物，消声器、减振控制器等。

(2) 环保输送设备

指用于配合环保主体设备，以使其能够正常运转而进行各种物料输送的设备。如用于输送气体物料的设备有送风机、鼓风机、压缩机；用于输送液体物料的设备有各种泵；用于运输固体污染物料的设备有带式运输机、螺旋（搅龙式）运输机、风力输送机、斗式提升机等。

(3) 检测监控仪器仪表设备

保证环境污染防治设施系统正常运行的检测监控仪器仪表设备，如各种分析仪器，包括光学分析仪器、色谱分析仪器、电化学分析仪器等。各种监测仪器，操作单元用于监控压力、温度、流量、浓度等参数指标的仪表仪器等。

(4) 管道及管配件

管道本身称不上是设备，但是将若干台设备用管道连接起来便形成完整的环境污染防治系统，最终完成相应的工艺使命。管道担负着输送介质的任务。完整的管道除管道本身外，还包括各种管配件，如各种阀门、弯头、连接盘等。

1.1.2.2　环保设备的组成

根据工作状态，环保设备可广义地分为静设备和动设备两大类。静设备包括分离沉降设备、构筑物、吸收塔、吸附塔、反应器、塔罐、消声器、连接管道与阀门部件等；动设备包括泵、压缩机、风机、输送机、破碎机等。环保设备根据其所能实现的污染防治单元操作能力，可归纳为以下几种通用的典型设备。

1. 分离设备

各种不同类型的分离设备是环境治理工程中广泛应用的主体设备，其作用是从受污染的混合物中分离出某种需要的组分，或者除去其中某些有害的杂质。根据污染物性质的不同，采用物理或化学的方法净化污染物质的设备，统称分离设备。根据所处理物料性质的不同，分离设备可分为以下几种。

(1) 液—固分离设备

这类设备利用固体物料的密度或粒度，分离液体中含有的悬浮固体颗粒。由于分离的效果与固体物料的粒度有关，在实际工程中常采用混凝剂使微小颗粒絮凝，然后再进行分离，以提高分离效率。主要有沉淀池、沉砂池、气浮机、过滤机、湿式除尘器、离心机等。

(2) 气—固分离设备

这类设备也称为除尘设备，它的作用是分离气体中的悬浮颗粒物。主要有旋风分离器、过滤除尘器、沉降除尘器、电除尘器、超声除尘器等。

(3) 气—气分离设备

这类设备所要分离的混合物的各组分都是气体。分离这类物料主要利用不同气体的露点及饱和蒸气压的差异，或利用特定薄膜在压差作用下对不同气体透过速率的差异。主要有冷凝器、气体膜分离器等。

(4) 气—液分离设备

这类设备也称为除雾设备，其作用是除去气体中悬浮着的液体颗粒。主要类型类似于气—固分离设备。

(5) 液—液分离设备

这类设备所要分离的混合物的各组分都是液体。分离的原理主要是利用不同组分的物理、化学性质的差异（如沸点、溶解度等）进行分离。主要有蒸馏塔、精馏塔、萃取设备等。

（6）固—固分离设备

这类设备所要分离的混合物的各组分都是固体。分离的原理是利用物料物理性质的不同（如粒度、密度、溶解性等）进行分离。主要有筛选设备、浮选设备、浸取设备等。

2．吸收设备

吸收设备是重要的气态污染物净化设备。气体的吸收是净化气态污染物、控制大气污染的方法之一，在烟气脱硫、氮氧化物净化、工业尾气治理方面应用广泛。

吸收是利用液体处理气体中的污染物，使其中的一种或多种有害成分以扩散方式通过气、液两相的相界面而溶于液体，或者与液体组分发生有选择性的化学反应，从而将污染物分离出来的操作过程。常用吸收设备有表面式吸收器、填料式吸收器、板式鼓泡式吸收器、喷液式吸收器等。

3．吸附设备

吸附设备是利用某些多孔性固体能够从流体混合物中选择性地在其表面凝聚一定组分的能力，使混合物中各组分分离的设备。由于吸附净化作用可以进行得相当完全，因此能有效地清除用一般手段难以处理的气体或液体中的低浓度污染物。吸附净化常用于废气、废水的净化处理，如回收废气中的有机污染物、治理烟道气中的硫氧化物和一氧化碳，以及废水的脱色、脱臭等。常用的吸附设备有固定床吸附器、移动床吸附器、流化床吸附器、旋转床吸附器等。

4．化学反应设备

化学反应设备的用途是实现化学反应。废水、废气中的污染物可以利用各种化学反应进行净化，如含酸或含碱废水的中和处理等。常用的化学反应器主要有以下几种。

（1）塔式反应器

这是一种直立式反应的反应器，因塔内构件的不同有很多不同的类型。根据塔的类型不同，这类反应器可适用于液相、气—液相和气—液—固相。塔式反应器由塔外壳和塔内构件组成。

（2）搅拌釜式反应器

这种反应器适用于各种相态物料的反应。反应釜中设有各种不同形式的搅拌、传热装置，可适用于不同性质的物料和进行不同热效应的反应，以保持反应物料在釜内的合理流动、混合与良好受热。搅拌釜式反应器的适用性广，操作弹性大，浓度容易控制。它通常由釜体、换热装置、搅拌器和传动装置等组成。

（3）固定床反应器

这类反应器属非均相物料反应器，其中尤以气态反应物通过静止状态的固体床层的气—固相催化反应器居多，也有用作液—固相催化反应的。大多数固定床反应器内使用的固体颗粒属于催化剂，如催化转化反应器等。这类反应器结构形式简单，主要由内装气体分布装置和热交换器的容器组成。

（4）流化床反应器

这类反应器是利用固体颗粒流态化技术的优点而进行气体与气体或者气体与固体反应，

以取得良好催化效果的一种设备。其反应程序是，原料气体通入反应器，以气泡形式通过粒度很细的催化剂床层，并使催化剂颗粒悬浮起来，在反应器内剧烈运动，就像沸腾的液体一样，形成流态化的固体，因此将这类反应器称为流化床反应器。

5. 物料输送设备

为保证物料在设备间的流动和物料在设备内的工艺条件，需要使用流体输送设备。绝大多数含有污染物质的物料都呈现固态、液态或气态。由于液体和气体无固定的形状，能自由地流动，而且流动性质也都很相似，所以一般将含污染物质的液体和气统称为流体。

流体污染物料在进行净化时，一般均在一定容积的设备内进行，反应后再从设备内流出。因此，在污染治理工艺系统中，常需将流体从低处输送至高处，或从低压处送至高压处，或沿管道送至较远的地方。为达到此目的，必须外加动力给流体一定的能量，以克服其流动过程中的阻力，这种给流体一定能量的设备称为流体输送设备。用于气体物料输送的设备有送风机、鼓风机、压缩机；用于液体物料输送的设备通称为泵；输送固体污染物料则采用带式运输机、螺旋运输机、风力输送机、斗式提升机等。

6. 管道及管配件

虽然管道本身并不属于环保设备，但单台环保设备实际上也无法实现其自身的功能，一般情况下只有将多台设备用管道及管配件连接起来才能形成成套装备。

1.1.3 环保设备的特点

1. 产品体系庞大

由于环境污染物质种类和形态的多样性，为适应治理各种废水、废气、固体废弃物以及噪声和辐射污染的需要，环保设备已经形成庞大的产品体系，拥有数千个品种、几万种规格。多数产品彼此之间结构差异大，专用性强，标准化难度大，难以形成批量生产。

2. 设备与工艺之间的配套性强

由于污染源不同，污染物质的成分、状态以及排放量等都存在较大的差异，因此必须结合现场数据进行专门的工艺设计，相应采用最经济合理的工艺方法和设备，否则难以达到预期的效果。

3. 设备工作条件差异大

由于各种污染源的具体状况不同，环保设备在污染源中的工作条件有较大差异。相当多的设备在室外、潮湿条件下连续运行。这就要求设备具有良好的工作稳定性和可靠的控制系统。有些设备在高温、强腐蚀、重磨损、高载荷的条件下运行，要求设备应具备耐高温、耐腐蚀、抗磨损、高强度等技术性能。某些大型成套设备如大型垃圾焚烧炉、大型除尘设备、大型除硫脱氮装置等，系统庞大，结构复杂，对系统的综合技术水平要求较高。

4. 部分设备具有兼用性

部分环保设备与其他行业的机械设备结构相似，具有相互兼用性，即环保设备可以应用于其他行业，其他行业的某些机械设备也可以应用于环境污染治理。这类设备也称为通用设备。如石油、化工、矿山、轻工等行业中的蒸发器、塔罐、搅拌机、分离机、萃取机、破碎机、筛分机、分选机等机械设备，都可以与环保设备中的同类设备兼用。

1.2 环保设备的技术指标

1.2.1 环保设备技术指标的意义与原则

1. 技术指标的意义

指标是检查、评价各项工作和各项经济活动执行情况、经济效果的依据。指标可分成单项技术指标和综合指标，也可分成数量指标和质量指标。指标的主要作用如下。

① 在管理过程中起监督、调控和导向的作用，通过指标考核、分析，发现偏差，及时采取措施调整、控制。

② 通过指标考核，定量评价管理工作的绩效。

③ 指标是以数据的形式反映实际工作的水平，评价与考核的绩效与企业及个人的利益挂钩，可起到激励和促进的作用。

设备管理的技术经济指标体系是一套相互联系、相互制约，能够综合评价设备管理效果和效率的指标。设备管理的技术经济指标是设备管理工作目标的重要组成部分。设备管理工作涉及资金、物资、劳动组织、技术、经济、生产经营目标等各方面，要检验和衡量各个环节的管理水平和设备资产的经营状况，必须建立和健全设备管理的技术经济指标体系。此外，设备管理技术经济指标有利于加强国家对设备管理工作的指导和监督，为设备宏观管理提供决策依据。

2. 设备技术指标的原则

①在内容上，既有综合指标，又有单项指标；既有重点指标，又有一般性指标。

②在形态上，既有实物指标，又有价值指标；既有相对指标，又有绝对指标。

③在层次上，既有政府宏观控制指标，又有企业微观及车间、个人执行的指标。

④在结构上，从系统观点着眼设置设备全过程各环节的指标，既要完整，又力求简洁。

⑤在考核上，应按照企业的生产性质、装备特点等分等级逐层次进行考核。

指标应逐步标准化，力求统一名称、术语、计算公式、符号意义，应简明、实用、可操作性强。指标考核值的确定应建立在周密分析的基础上，并具有一定进取性。

1.2.2 技术指标的构成

1. 设备更新改造指标

①设备改造计划完成率

$$\text{设备改造计划完成率} = \frac{\text{实际改造项目数(或金额)}}{\text{计划改造项目数(或金额)}} \times 100\% \tag{1—1}$$

②设备改造成功率

$$\text{设备改造成功率} = \frac{\text{达到预期技术经济指标的项目数(或金额)}}{\text{实际改造项目数(或金额)}} \times 100\% \tag{1—2}$$

③设备更新计划完成率

$$\text{设备计划更新完成率} = \frac{\text{实际完成更新项目数(或金额)}}{\text{计划完成更新项目数(或金额)}} \times 100\% \tag{1—3}$$

④设备资产形成率

$$设备资产形成率 = \frac{形成设备资产的台数}{计划投资设备台数} \times 100\% \tag{1—4}$$

2. 设备利用指标

①设备制度台时利用率

$$设备制度台时利用率 = \frac{设备实际开动台数}{设备制度工作台数} \times 100\% \tag{1—5}$$

②设备闲置率

$$设备闲置率 = \frac{期末闲置设备原值}{期末全部设备原值} \times 100\% \tag{1—6}$$

③设备效率

$$设备效率 = 计划时间利用率 \times 性能利用率 \times 合格品率 \tag{1—7}$$

3. 设备技术状态指标

①设备完好率

$$设备完好率 = \frac{设备完好台数}{设备总台数} \times 100\% \tag{1—8}$$

②设备精度指标

$$设备精度指数(T) = \sqrt{\frac{\sum\left(\frac{T_p}{T_s}\right)^2}{n}} \tag{1—9}$$

式中 T_p——精度实测值；

T_s——规定的允许值；

n——测定项数。

③设备工程能力指数

$$设备工程能力指数(C_{pm}) = \frac{\delta}{8 \times \sigma_m} \tag{1—10}$$

式中 δ——产品的技术要求；

σ_m——设备质量分布标准差。

④故障停机率

$$故障停机率 = \frac{设备故障停机台时}{设备实际开动台时 + 设备故障停机台时} \times 100\% \tag{1—11}$$

⑤事故率

$$事故率 = \frac{设备事故次数}{实际开动的设备台数} \times 100\% \tag{1—12}$$

4. 设备维修管理指标

①设备修理计划完成率

$$设备修理计划完成率 = \frac{实际完成修理台数}{计划完成修理台数} \times 100\% \tag{1—13}$$

②定期检查（保养）计划完成率

$$定期检查(保养)计划完成率 = \frac{实际完成检查保养台数}{计划完成检查保养台数} \times 100\% \quad (1—14)$$

③设备维修保养优等率

$$设备维修保养优等率 = \frac{维护优等的设备台数}{设备评定总台数} \times 100\% \quad (1—15)$$

④设备大修（项修）返修率

$$设备大修(项修)返修率 = \frac{大修(项修)返修台数}{大修(项修)总台数} \times 100\% \quad (1—16)$$

1.2.3 技术指标的应用

1.2.3.1 废气处理设备的技术指标

气体中固体的去除是通过除尘器来完成的。除尘器的优劣用技术指标和经济指标来评价。技术指标主要包括含尘气体处理量、除尘效率和压力损失等。经济指标主要包括设备费、运行费、占地面积或占用空间体积、设备的可靠性和使用年限，以及操作和维护管理的难易程度等。在选择使用除尘器时要综合考虑上述指标。

1. 含尘气体处理量

含尘气体处理量是衡量除尘器处理能力的指标，一般用除尘器的进、出口气体流量的平均值来表示除尘器的气体处理量。

$$Q = \frac{Q_1 + Q_2}{2} \quad (1—17)$$

式中 Q_1——除尘器进口气体在标准状态下的体积流量，m^3/s；

Q_2——除尘器出口气体在标准状态下的体积流量，m^3/s；

Q——除尘器处理气体在标准状态下的体积流量，m^3/s。

由于加工或操作的原因，常会出现进口气体量与出口气体量不同的现象，这是由于漏风造成的。一般用漏风率 δ 来表示除尘器的严密程度，δ 为正值表示外漏，δ 为负值表示内漏。

计算公式如下：

$$\delta = \frac{Q_1 + Q_2}{Q_1} \times 100\% \quad (1—18)$$

式中 δ——漏风率，%。

2. 除尘效率

除尘效率是表示除尘净化性能的重要技术指标。

(1) 除尘器总效率

除尘器的总效率是指在同一时间内，除尘器捕集的粉尘质量占进入除尘器的粉尘质量的百分数，用 η 表示。

若除尘器进口的气体流量为 Q_1（m^3/s），粉尘流入量为 G_1（g/s），那么气体含尘浓度为 c_1（g/m^3）；出口气体流量为 Q_2（m^3/s），粉尘流出量为 G_2（g/s），那么气体含尘浓度为 c_2（g/m^3）。

根据除尘率的定义，除尘效率表示式为：

$$\eta = \frac{G_1 - G_2}{G_1} \times 100\% = \left(1 - \frac{Q_2 c_2}{Q_1 c_1}\right) \times 100\% \quad (1—19)$$

若装置不漏风，$Q_1=Q_2$，于是有：

$$\eta=\left(1-\frac{c_2}{c_1}\right)\times 100\% \tag{1—20}$$

（2）串联运行时的总除尘效率

当进口气体含尘浓度很高，要求出口气体中含尘浓度较低时，用一台除尘装置往往无法满足除尘效率的要求。这时可将两台或多台不同类型和效率的除尘器串联起来使用。

当两台除尘器装置串联使用时，η_1和η_2分别表示第一级和第二级除尘器的除尘效率，则除尘系统的总效率为：

$$\eta=\eta_1+\eta_2(1-\eta_1)=1-(1-\eta_1)(1-\eta_2) \tag{1—21}$$

当几台除尘装置串联使用时的总效率为：

$$\eta=1-(1-\eta_1)(1-\eta_2)(1-\eta_3)\cdots(1-\eta_x) \tag{1—22}$$

例1—1　用两级除尘系统处理某锅炉烟气，要求的总效率为98%。已知两台除尘器的效率分别为80%和85%，问采用以上两个除尘器串联能否达到净化要求？

解　采用以上两级串联的总效率为：

$$\begin{aligned}\eta&=1-(1-\eta_1)(1-\eta_2)\eta\\&=1-(1-0.8)(1-0.85)\\&=0.97\end{aligned}$$

比较后知道，97%<98%，因此不满足要求。

（3）分级效率

总效率表示除尘装置的总体效果或平均效果。净化装置对不同粒径的粉尘具有不同的作用效果，为反映这一特征，引入除尘分级效率的概念。分级效率η_i表示除尘装置对不同粒径粉尘或粒径范围粉尘的净化效果，可由下式计算：

$$\eta_i=\frac{G_1g_{d_1}-G_2g_{d_2}}{G_1g_{d_1}}\times 100\% \tag{1—23}$$

式中　g_{d_1}, g_{d_2}——分别为除尘器进口和出口粉尘中，粒径为d的粉尘质量分数,%。

如果已知粉尘的粒径分布g_{d_i}和各自粒径范围的分级效率η_{d_i}，则可由下式计算出除尘装置的平均效率η。

$$\eta=\sum_{i=1}^{n}g_{d_i}\eta_{d_i} \tag{1—24}$$

式中　g_{d_i}——除尘器进口粉尘中粒径为d_i的粉尘质量分数,%；

η_{d_i}——粒径为d_i的粉尘的分级效率,%。

例1—2　在锅炉房对某除尘器进行测定，测得除尘器进口和出口气体中含尘浓度分别为3.2×10^{-3} kg/m³和4.8×10^{-4} kg/m³，除尘器进口和出口粉尘的粒径分布见表1—1。

表1—1　　**分级除尘效率表**

粉尘的粒径 d/μm		0~5	5~10	10~20	20~40	>40
质量分数%	除尘器进口	20	10	15	20	35
	除尘器出口	78	14	74	0.6	0

计算该除尘器的分级效率和除尘效率。

解 （1）计算除尘器的分级效率

根据进、出口粒径分布情况，分级净化效率为：

$$\eta_i = \frac{G_1 g_{d_1} - G_2 g_{d_2}}{G_1 g_{d_1}} = 1 - \frac{g_{d_2} c_2}{g_{d_1} c_1}$$

对 $d_p = 0 \sim 5$ μm 粉尘，$\eta_{0\sim5} = 41.5\%$；

对 $d_p = 5 \sim 10$ μm 粉尘，$\eta_{5\sim10} = 79.0\%$；

对 $d_p = 10 \sim 20$ μm 粉尘，$\eta_{10\sim20} = 92.5\%$；

对 $d_p = 20 \sim 40$ μm 粉尘，$\eta_{20\sim40} = 99.55\%$；

对 $d_p > 40$ μm 粉尘，$\eta_{>40} = 100\%$。

（2）计算除尘器的平均除尘效率

$$\begin{aligned}\eta &= \sum_{i=1}^{n} g_{d_i} \eta_{d_i} \\ &= \frac{20 \times 0.415 + 10 \times 0.79 + 15 \times 0.925 + 20 \times 0.9955 + 35 \times 1}{100} \\ &= 85\%\end{aligned}$$

3. 除尘装置的压力损失

除尘装置的压力损失是一项重要的经济技术指标，含尘气体经过除尘装置后会产生压力下降，被称为除尘装置的压力损失，单位是 Pa。装置的压力损失越大，动力消耗也越大，除尘装置的设备费用和运行费用就越高。不同的除尘装置压力损失有很大不同，一般为 500 ~ 2 000 Pa，有的除尘器可以达到 9 000 Pa。

压力损失的大小除了与装置的结构形式有关外，主要与流速有关。两者之间的关系为：

$$\Delta p = \zeta \times \frac{\rho \mu_1^2}{2} \tag{1—25}$$

式中 Δp——除尘装置的压力损失，Pa；

ζ——净化装置的阻力系数；

ρ——气体的密度，kg/m^3；

μ_1——装置进口气体流速，m/s。

1.2.3.2 污水处理设备的技术指标

1. 综合技术指标

（1）处理污水量

处理后达标污水的多少，一般通过巴氏计量槽测定，并应与管道流量计的测量做比较。对于污水处理厂，利用现有系统，在保证处理效果前提下，处理的污水量越多越能发挥规模效益。一般记录每日平均时流量、最大时流量、平均日流量、年流量等。

（2）污染物去除指标

包括 COD_{Cr}、BOD_5、SS、TN 或 NH_3-N 等污染物指标的总去除量、去除率。必要时应分析主要处理单元的污染物去除指标。

（3）出水水质达标率

出水水质达标率是全年出水水质达标天数与全年总运行天数之比。一般要求出水水质达标率在95%以上。

(4) 设备完好率和设备使用率

城市污水处理厂的设备完好率是设备实际完好台数与应当完好台数之比。设备使用率是设备使用台数与设备应当完好台数之比。管理良好的城市污水处理厂的设备完好率应在95%以上，设备使用率则取决于设计、建设时采购安装的盈余程度和其后管理改造等因素。较高的设备使用率说明设计、建设和管理合理、经济。

(5) 污水、渣、沼气产量及其利用指数

如城市污水处理厂的预处理与一级处理，每天都要去除栅渣、砂及浮渣。运行记录应有各种设施或设备的渣、砂净产量及单位产量。

不论是污泥干重或湿重产量，一般都与污水水质、污水处理工艺、污泥处理工艺有关，应记录其湿、干污泥总产量、单位产量及污泥利用产量等指标。若采用传统活性污泥法处理污水，每处理1 000 m^3污水，可由带式脱水机产生湿泥、污泥饼0.7 m^3（含水率75%～80%）。

生污泥进行厌氧消化时，会产生沼气。一般每消化1.0 kg的挥发性有机物可产生0.75～1.0 m^3 的沼气。沼气的甲烷含量为55%～70%，热值约为23 MJ/m^3。运行指标应包括沼气产量、单位沼气产量、沼气利用量。

2. 污水水质指标

水质是指水和水中所含杂质共同表现出来的综合特性。水质指标是判断水质的具体指标。水质指标主要包括温度、色度、浑浊度、嗅和味、溶解性固体和悬浮性固体、生化需氧量（BOD）、化学需氧量（COD）、总需氧量（TOD）、氮和磷含量、有毒有害有机污染物、细菌总数、总大肠菌群数等。

(1) 温度

温度会对水体环境产生很大影响，因此它是重要的水质指标之一。随着温度的升高，氧在水中的溶解度将降低，水中的各种化学和生化反应将相应发生变化。

(2) 色度

城市污水由于主要污染物不同，会带有不同的颜色，有时会造成感官的不快。在污水处理中，对于色度超标的污水，要进行预处理或后续深度处理。

(3) 嗅和味

嗅和味是人重要的感官指标。人在饮用水时对水的嗅和味的要求非常严格，在城市污水处理中也有相应的处理规定。一般来说，嗅和味不合格是由于污水中存在大量有机物造成的，通过对污水进行物理、化学和生物处理，污水的嗅和味都可以得到去除。

(4) 溶解性固体和悬浮性固体

溶解性固体和悬浮性固体的存在，往往会对污水处理效果产生较大的影响，如会影响生物处理系统的微生物降解效果等。因此，当污水中溶解性固体和悬浮性固体含量过高时，一般选用预处理技术，以保证后续处理工艺的顺利进行。悬浮性固体和挥发性悬浮性固体的浓度，是污水处理工艺设计中的重要参数。

(5) 生化需氧量（BOD）

生化需氧量表示在有氧的情况下，微生物降解有机物使之稳定所需的氧量。BOD 值越大，说明水中有机物含量越高，污染越严重。在实际水质监测中，常以 5 日生化需氧量（BOD_5）来表示污水中的有机物浓度。

（6）化学需氧量（COD）

化学需氧量是指在强氧化剂，如重铬酸钾、高锰酸钾的作用下，氧化水中有机物所需的氧量。当以重铬酸钾作为氧化剂时，化学需氧量常表示为 COD_{Cr}；当以高锰酸钾作为氧化剂时，化学需氧量常表示为高锰酸盐指数（以 COD_{Mn} 表示）。COD 测定方法比 BOD 测定方法准确、快捷。因此，化学需氧量应用较为广泛，但 COD 通常与 BOD 一起，同时作为衡量水体有机物含量的综合指标，成为水处理工程设计的基本水质参数。

（7）总需氧量（TOD）

总需氧量可以反映水中所有还原性物质氧化所需的氧量，在水处理技术研究中应用较多。

（8）氮、磷含量

氮、磷含量是衡量水体富营养化的重要水质指标，一旦水体中氮、磷含量超标，会导致赤潮和水华发生。同时，氮和磷又是污水生物处理必不可少的营养物质。采用生物技术处理污水时，通常生物处理系统要求 C∶N∶P 为 100∶5∶1，但其浓度应控制在适宜的范围内，否则将增加处理系统的脱氮、除磷工序。在污水中氮、磷含量不足以维持生物反应的需要时，要在工艺设计中考虑投加氮、磷。

（9）有毒有害有机物

有毒有害有机物是指除少部分物质外，大多数难以被生物降解，并对人体有较大危害的有机化合物。如表面活性剂、农药、染料、高分子聚合物等。

（10）细菌总数和总大肠菌群数

细菌和大肠杆菌在生活污水和医院污水中经常可检测出。细菌总数和总大肠菌群数是评价水体卫生程度的重要指标，直接关系到人们的健康。细菌总数和总大肠菌群数在生活污水处理与回用以及医院污水处理工序中，是重要的排放控制指标。

污水处理的前提条件是必须正确掌握全面的污水水质，而实际工程中污水的组成成分极其复杂，难以用单一指标来表示其性质。

1.3　环保设备的主要经济指标

1.3.1　环保设备经济指标的分类

从环保设备或环保系统的特点出发，其经济指标大致可以分为 3 类：第一类是反映已形成使用价值的收益类指标；第二类是反映使用价值的消耗类指标；第三类是与上述两类指标相联系，反映技术经济效益的综合指标。

1. 环保设备的收益类指标

（1）处理能力

指单位时间内能处理“三废”物质的量。如水处理设备的流量大小、除尘设备的风量大小等。显然，环保设备的处理能力与处理工艺、设备、体积消耗以及总造价密切相关。一般设备应按系列化要求，对处理能力进行合理分级，力求单位处理能力的总投资最少。

（2）处理效率

指通过处理后的污染物去除率。环保设备的处理效率与处理对象有关，如除尘设备的分级效率就对尘粒大小较为敏感。同时，设备的处理效率又因所采用的处理工艺不同而有较大差异。

（3）设备运行寿命

是指既能保证环境治理质量，又能符合经济运行要求的环保设备运行寿命。设备运行寿命实质上也代表环保设备投资的有效期。

（4）“三废”资源化能力

指通过环保设备对污染源进行治理后，变废为宝，从中获得直接经济价值的能力。如废水再生循环利用，回收贵金属，废渣制建材等。

（5）降低损失水平

指通过环保设备对污染源进行治理后，改善了环境质量，减少或免交处理前的环境污染赔偿费，或减少生产资料损失。

（6）非货币计量效益

指通过环保设备对污染源进行治理后，产生无法直接用货币计量的效益。如空气净化、环境幽雅舒适、社会稳定等社会效益。

2. 环保设备的耗费类指标

（1）投资总额

是指购置和制造环保设备支出的全部费用。含购买、制作、安装等直接费用和管理费、占地费等非直接费用。

（2）运行费用

是指让环保设备正常运行所需的全部费用。包括直接运行费（人工、水、电、材料）和间接运行费（管理、折旧费等）。

（3）设置耗用时间

是指环保设备从开始投资到实际运行所耗用的时间。它反映了从购买到形成使用价值的速度。

（4）有效运行时间

是指环保设备每年实际运行的时间，常用有效利用率表示。它实际代表着环保设备不开动时所造成的耗费。

$$\text{有效利用率} = \frac{\text{年累计运行时间}}{\text{年计划运行时间}} \times 100\% \tag{1—26}$$

3. 环保设备的综合指标

（1）寿命周期费用

环保设备的寿命周期费用，是指环保设备在整个寿命周期过程中所发生的全部费用。所谓寿命周期，是指从研究开发开始，经过制造和长期使用，直到报废或被其他设备取代为止，所经历的整个时期，如图1—2所示。

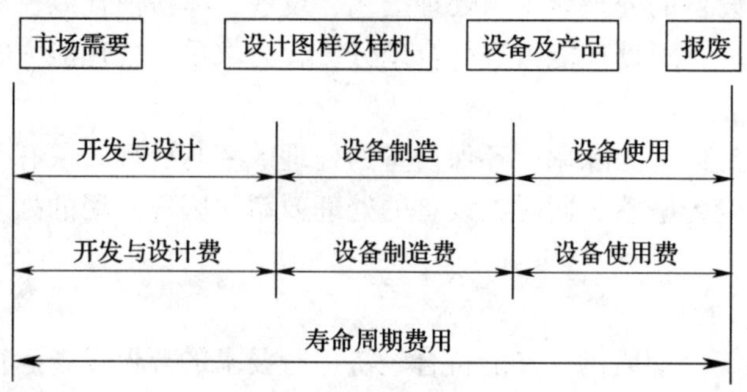

图 1—2　环保设备的寿命周期和寿命周期费用

可以看出，环保设备寿命周期费用由设备开发与设计费、制造费和使用费组成。通常将环保设备寿命周期费用分为设置费和使用费两大部分。设置费是指环保设备由开发研制到正常运行所发生的一切费用，包括开发与设计费、试制费，制造或建筑过程中的直接或间接费用，以及运输、安装、调试等费用；使用费是指包括使用过程中的燃料、动力、原料、辅料、维修、人工等各种费用的总和。

（2）环境效益指数

环境效益指数是反映使用环保设备后环境质量改善的综合指标。

（3）投资回收期

投资回收期是以环保设备的净收益（包括直接和间接的收益）抵偿全部投资所需的时间，一般以年为单位，是考核环保设备投资回收能力的重要指标。根据是否考虑货币资金的时间价值，投资回收期可分为静态投资回收期和动态投资回收期。

设备选择的经济指标，其定义范围很宽，各企业可视自身的特点和需要而从中选择影响设备经济性的主要因素进行分析论证。设备选型时要考虑的经济性影响因素主要有：①初期投资；②对产品的适应性；③生产效率；④耐久性；⑤能源与原材料消耗；⑥维护修理费用等。

设备的初期投资主要指购置费、运输与保险费、安装费、辅助设施费、培训费、税费等。在选购设备时不能简单追求价格便宜而降低其他因素的评价标准。总之，以设备寿命周期费用为依据衡量设备的经济性，在寿命周期费用合理的基础上追求设备投资最高的经济效益。

1.3.2　环保设备经济指标的构成

1．设备利用指标

（1）设备维修费用率

$$\text{设备维修费用率} = \frac{\text{设备维修费用总额}}{\text{设备总原值}} \times 100\% \qquad (1—27)$$

（2）故障（事故）停机损失

故障（事故）停机损失 = 故障（事故）修理费用 + 故障（事故）停产损失费用

（3）备件资金周转率

$$\text{备件资金周转率} = \frac{\text{年备件消耗总额}}{\text{年均库存总额}} \times 100\% \qquad (1—28)$$

2. 能源利用指标

（1）能源弹性系数

$$能源弹性系数 = \frac{年均能源增长率}{年均工业总产值增长率} \tag{1—29}$$

（2）能源弹性系数

$$能源利用率 = \frac{耗能设备总有效使用量}{能源供给总量} \times 100\% \tag{1—30}$$

（3）单位产值综合耗能量

$$单位产值综合耗能量 = \frac{综合耗能量}{企业净产值} \tag{1—31}$$

我国的环保设备运行管理目标是推行设备管理科学化、标准化和现代化，这是一项长期的艰巨任务。必须根据国家相关的方针、政策，制定具体的规划和步骤，积极稳步地推行设备管理现代化；必须积极推行环保设备运行管理的市场化、社会化，为环保设备正常运行管理创造良好的条件。

习　题

1. 什么是设备？
2. 环保设备按功能分为哪几类？
3. 环保设备有哪些特点？
4. 环保设备技术指标的构成有哪几个方面？
5. 废气处理设备的技术指标有哪些？
6. 污水处理设备的综合技术指标包括哪些？
7. 环保设备的主要经济指标包括哪几类？
8. 请说明环保设备的收益类经济指标的组成。
9. 请说明环保设备的耗费类经济指标的组成。
10. 请说明环保设备的综合经济指标的组成。

第2章　环保设备的常用材料

本章学习目标

了解常用金属、非金属材料及金属材料的腐蚀防护的基本知识；
熟悉常用机械零件的种类及用途；
掌握常用金属、非金属材料的名称、牌号及力学性能指标的含义。

材料是人类赖以生存和文明生活的物质基础，在人类社会的发展过程中起着举足轻重的作用。环保设备的常用材料通常分为金属材料和非金属材料两大类。

2.1　常用材料的力学性能

力学性能是指材料在外力作用下所表现出来的特性。常用的力学性能指标有强度、刚度、塑性、硬度、韧性、疲劳极限和耐磨性等。

2.1.1　拉伸实验

静载荷拉伸实验是生产和实验中最常用的力学性能检测方法之一。材料的一些力学性能，如强度、刚度和塑性等，可以通过拉伸实验获得。拉伸实验通常在材料实验机上进行。

2.1.2　强度

强度是指材料在外力作用下抵抗塑性变形和断裂的能力。若将断裂看成变形的极限，则可将强度称为变形的抵抗能力。

2.1.3　刚度

绝大多数机器零件在工作时基本上都处于弹性变形状态，即均会产生一定的弹性变形。但若弹性变形量过大，则工件无法正常工作。由此，引出了材料对弹性变形的抵抗能力——刚度或刚性指标。如果说强度保证了材料不发生过量塑性变形甚至断裂，刚度则保证了材料不发生过量弹性变形。

2.1.4　塑性

塑性是指材料在外力作用下产生塑性变形而不被破坏的能力，即材料断裂前塑性变形的能力。塑性常用试样拉断后的伸长率δ和截面收缩率ψ来表示。

2.1.5　硬度

硬度是反映材料软硬程度的一种性能指标，是材料表面抵抗比它更硬的物体压入时所引起的塑性变形的能力。硬度值的物理意义随着实验方法的不同而改变，生产上常用的有布氏硬度、洛氏硬度和维氏硬度。三种硬度的测定实验都采用压入法，即用硬的压头压被测试的材料，根据压痕的大小来表示硬度值。

2.1.6　韧性

材料的韧性是指材料在塑性变形和断裂的全过程中吸收能量的能力，是材料强度和塑性的综合表现。韧性不足可用其反义词脆性来表达。韧性不足即说明不需要大的力或能量就可以使材料发生断裂。一般用冲击韧度试验评定材料韧性。

2.1.7　疲劳极限

许多零件如弹簧、齿轮、曲轴、连杆等，都是在大小、方向随时间发生周期性循环变化的交变载荷作用下工作的。零件在这种交变载荷下经较长时间工作，在小于其屈服强度，甚至小于比例弹性强度的情况下，无显著外观变形而发生断裂的现象，称为疲劳。疲劳断裂时的应力低于材料静载荷下的屈服强度，断裂前无论是韧性材料还是脆性材料均无明显的塑性变形，是一种无预兆的、突然发生的脆性断裂，故而危险性极大，常造成严重的事故。

材料的疲劳性能常用疲劳极限来评定。材料在长期经受交变载荷作用下不至于断裂的最大应力称为疲劳极限。同一种材料的疲劳极限值的大小，因交变载荷的大小和交变频次的不同而不同。

2.2　常用的金属材料

金属材料是目前应用最为广泛的工程材料，尤其是钢、铸铁、有色金属及其合金中的铝及铝合金、铜及铜合金、钛及钛合金应用最为广泛。

2.2.1　钢

钢是主要由铁和碳元素组成的合金。合金是指由一种金属元素与另一种或几种金属元素或非金属元素组成的具有金属特性的物质。组成合金的最基本的、独立的单元为组元，简称元。合金中的组元可以是化学元素，也可以是化合物。如普通碳钢和铸铁都是由铁元素和碳元素组成的二元合金。在铁元素和碳元素组成的二元合金中，含碳量小于0.02%的铁碳合金称为工业纯铁，含碳量0.02%～2.11%的铁碳合金称为钢，含碳量2.11%～6.69%的铁碳合金称为铸铁。由铁元素和碳元素组成的钢称为碳钢。为了提高某些性能，在碳钢的基础上加入一些元素，就成为合金钢，加入的元素称为合金元素。

依据分类标准不同，钢的分类方法有多种。如按化学成分不同，可分为碳素钢和合金钢。碳素钢按含碳量又可分为低碳钢（含碳量小于0.25%）、中碳钢（含碳量为0.25%～

0.6%）、高碳钢（含碳量大于0.6%）；合金钢按合金元素含量也可分为低合金钢（合金元素含量小于5%）、中合金钢（合金元素含量为5%～10%）、高合金钢（合金元素含量大于10%），按钢的质量等级分为普通钢、优质钢和高级优质钢。按钢的主要用途可分为结构钢、工具钢、特殊性能钢、专业用钢等。

2.2.1.1　结构钢

结构钢是品种最多、用途最广、使用量最大的一类钢，按其主要用途一般分为工程结构用钢和机械制造用钢（或机械结构用钢）两大类。

工程结构用钢主要用于各种工程结构（如建筑、桥梁、船舶、石油化工，压力容器等）和机械产品中要求不高的结构零件，大多是普通质量钢，其冶炼较简单，成本低廉，工艺性能优良，可满足工程结构大量用钢的需要。

机械制造用钢主要用于制造各种机械零件（如轴、齿轮、弹簧、轴承等），通常是优质钢或高级优质钢，性能要求一般比工程结构钢高，通常须经热处理后使用。此类钢按其主要用途、热处理和性能特点不同，可分为表面硬化钢、调质钢、弹簧钢、滚动轴承钢和超高强度钢等。

1. 碳素结构钢

（1）普通碳素结构钢

普通碳素结构钢碳含量较低，一般为0.06%～0.38%，对性能要求及硫、磷和其他残余元素含量的限制较宽。大多用作工程结构钢，一般是轧成钢板或各种型材，如圆钢、方钢，工字钢、钢筋等，少部分也用于要求不高的机械结构。

在国家标准中，普通碳素结构钢主要保证力学性能，所以其牌号首先体现了力学性能。普通碳素结构钢的牌号由代表屈服极限的“屈”字的汉语拼音首位字母Q、屈服强度数值、质量等级符号、脱氧方法符号等部分组成。其中，质量等级A、B、C、D表示钢材质量等级的不同，含硫、磷量依次降低，质量依次提高；脱氧方法用F（沸腾钢）、B（半镇静钢）、Z（镇静钢）和TZ（特殊镇静钢）表示，牌号中“Z”和“TZ”可以省略。如Q235A表示屈服极限为235 MPa、质量等级为A级的碳素结构钢。

（2）优质碳素结构钢

优质碳素结构钢主要用于机械制造，必须同时保证化学成分和力学性能。其牌号用两位数字表示，这两位数字表示钢中碳的平均质量分数为万分之几。如45表示平均含碳量为0.45%。优质碳素结构钢的硫、磷含量较低，一般不大于0.035%，综合力学性能优于普通碳素钢，为充分发挥其性能潜力，一般须经热处理后使用。优质碳素结构钢用途广泛，如用于制造冲压件、焊接件、螺钉、螺母、高压连接盘、齿轮、轴类、连杆等。

2. 低合金结构钢

低合金结构钢是在普通碳素结构钢的基础上添加合金元素而得到的，合金元素总量不超过5%。添加的合金元素主要是锰，辅加合金元素为钒、钛、铝等。少量合金元素的加入提高了钢的性能：提高了强度，屈服强度一般在300 MPa以上；具备足够的塑性和韧性；有良好的焊接性和冷、塑性加工性能。低合金结构钢的牌号体现其力学性能，如Q420表示屈服强度为420 MPa。低合金结构钢主要用于制造桥梁、船舶、车辆、锅炉、高压容器、输油输气管道、大型结构件等。

3. 合金结构钢

合金结构钢主要用于制造各种机械零件，其质量等级都属于特殊质量等级，大多须经热处理后才能使用。合金结构钢按用途及热处理特点可分为渗碳钢、调质钢、弹簧钢、滚动轴承钢、超高强度钢等。

合金钢的牌号按照含碳量及所含合金元素的种类（元素符号）和含量来编制。一般牌号的首位数字表示碳的平均质量分数，对于结构钢以万分数计，对于工具钢以千分数计。当钢中某种合金元素的平均质量分数小于1.5%时，牌号中只标出元素符号，不标明含量；当元素含量为1.5%~2.5%、2.5%~3.5%……时，在该元素后用整数2、3……标出其近似含量，如合金弹簧钢60Si2Mn。滚动轴承钢的牌号前面以“G”（“滚”字汉语拼音首字母）为标志，之后为铬元素符号Cr，其含量的质量分数以千分之几表示，其余与合金结构钢的牌号规定相同，如GCrl5SiMn钢。

2.2.1.2 工具钢

工具钢是用于制造刃具、模具、量具等各类工具的钢种。按化学成分可分为碳素工具钢和合金工具钢两大类。合金工具钢适用于截面尺寸大、形状复杂、承载能力高，且要求热稳定性好的工具。合金工具钢按工具的使用性质和主要用途又可分为刃具钢、模具钢和量具钢3类，但这种分类的界限并不严格，因为某些工具钢（如低合金工具钢CrWMn）既可做刃具，又可做模具和量具。在实际应用中，通过分析，只要某种钢能满足某种工具的使用需要，即可用于制造该种工具。

1. 碳素工具钢

碳素工具钢是高碳钢，其牌号用“碳”字汉语拼音的第一个字母T及数字表示，数字代表碳的平均质量分数为千分之几。如T8表示碳素工具钢的平均含碳量为0.8%。碳素工具钢虽然价格低廉、加工容易，但综合力学性能不高，因此多用于手动工具或低速机用工具，如扁铲、钳子、大锤、冲头、冲模、锉刀、刮刀等。

2. 合金工具钢

合金工具钢是在碳素工具钢的基础上加入适量的合金元素的钢种，可分为刃具钢、模具钢和量具钢。

当碳含量小于1.0%时，合金工具钢牌号前的数字（一位数）表示碳的平均质量分数为千分之几，当碳含量大于1.0%时，牌号前不标数字，后面的元素符号及数字表示合金元素的平均质量分数。

（1）刃具钢

刃具钢主要用来制造车刀、铣刀、钻头等切削刀具。刃具钢要有高的硬度、耐磨性、热硬性及足够的韧性与塑性。刃具钢有低合金工具钢和高速工具钢。

低合金工具钢最高工作温度一般不超过300℃，主要用于低速切削刀具。其化学成分含碳量为0.8%~1.50%，常加入的合金元素有铬、锰、硅、钨、钒等。常用的牌号有9Mn2V、9SiCr、Cr06、CrWMn等。低合金工具钢主要用于冲模、冷压模、丝锥、板牙、铰刀、拉刀、钻头、冷轧辊、量规及量具等。

高速工具钢简称高速钢，是一种高碳高合金工具钢。由于它具有较高的热硬性，当切削温度高达500~600℃时其硬度仍不降低，能以比低合金工具钢更高的切削速度进行切削，故称高速钢。其化学成分含碳量一般为0.70%～1.50%，常加入的合金元素有钨、铬、钼、钒等，常用的牌号有W18Cr4V、W6Mo5Cr4V2、W6MoSCr4V2Al、W10Mo4Cr4V3Al等。高速工具钢主要用于制造较高速度切削的刃具，如车刀、刨刀、钻头、铣刀、插齿刀、铰刀、滚刀、拉刀等。

(2) 模具钢

模具钢是用来制造使金属产生塑性变形所用模具的钢材。根据条件的不同，分为冷作模具钢和热作模具钢。

冷作模具钢的工作温度最高在200～300℃之间。该钢种要有高的硬度和耐磨性，以保证模具的形状和尺寸不变；要有高的强度和足够的韧性，以保证工作时承受压力、弯曲力、冲击力等而不易断裂。冷作模具钢的含碳量较高，一般在1.00%以上，有时高达2.00%。常加入的合金元素有铬、钼、钒等。尤其是铬，其含量有时高达12%。常用的牌号有T10A、9Mn2V、CrWMn、Crl2、Crl2MoV等。冷作模具钢主要用于制造拉丝模、冷冲压模、冲头、粉末冶金模等。

热作模具钢工作温度最高可在300℃以上。该钢种要有一定的硬度和耐磨性，在高温下有高的强度和足够的韧性，有良好的导热性、抗氧化性及耐热疲劳性。热作模具钢的含碳量在0.30%～0.60%之间，常加入的合金元素有铬、镍、锰、钼、钨、钒等。常用的牌号有5CrMnMo、5CrNiMo、3Cr2W8V等。热作模具钢主要用于制造中型锻模、大型锻模、高应力压模、热压模等。

(3) 量具钢

量具钢在使用过程中与被测工件接触，受到磨损和碰撞，一般不承受大的载荷。该钢种要有高的硬度和耐磨性，以保证在使用过程中不会很快磨损；有高的尺寸稳定性，以保证在使用和存放过程中形状和尺寸不发生变化，保持其精确性；有一定的韧性，以免在使用过程中受到冲击而损坏。量具钢的含碳量在0.90%～1.50%之间，常加入的合金元素有铬、锰、钨等。量具钢没有专用钢。简单的量具常用优质碳素结构钢，主要用于制造简单平样板、卡规、大型量具等；也可用碳素工具钢，如T10、T12等，主要用于制造低精度塞规、块规、卡尺等。复杂的、精确度要求高的量具常用合金钢，如CrWMn、Cr2及4Crl3、9Crl8等，主要用于制造高精度量规、高精度块规、形状复杂的样板及耐腐蚀的量具等。

2.2.1.3 不锈钢

不锈钢属于特殊性能钢，通常是不锈钢（耐大气、蒸汽和水等弱腐蚀介质腐蚀的钢）和耐酸钢（耐酸、碱、盐等强腐蚀介质腐蚀的钢）的统称，全称是不锈耐酸钢。广泛用于化工、石油、卫生、食品、建筑、航空、原子能等行业。其性能要求是：①有优良的耐蚀性。耐蚀性是不锈钢最重要的性能，但其耐蚀性对介质具有选择性。某种不锈钢在特定的介质中具有耐蚀性，而在另一种介质中则不一定耐蚀。②有合适的力学性能。③有良好的工艺性能，如冷塑性加工性能、切削加工性能、焊接性等。

不锈钢的牌号与合金工具钢基本相同。当碳的质量分数小于0.08%及小于0.03%时，在牌号前分别冠以“0”及“00”。

不锈钢是在碳素钢的基础上加入一些耐腐蚀的合金元素形成的，其含碳量较低，有的要求小于0.03%，加入的合金元素主要是铬和镍。铬是不锈钢中最基本的合金元素，主要作用是提高钢的耐蚀性。在氧化性介质中，铬能使钢表面形成一层牢固而致密的氧化物，使钢基本受到保护。铬在钢中能显著提高钢的电极电位，其电极电位的提高不是渐变，而是突变，当铬含量达到12%时，电极电位突然增加，因此不锈钢中的含铬量均在13%以上。一定量的镍和铬的配合，赋予钢良好的耐蚀性、强度和韧性。不锈钢按成分可分为铬不锈钢和铬镍不锈钢。如1Crl3、2Crl3主要用于制造汽轮机叶片、水压机阀、不锈设备用螺栓螺母等，1Crl7主要用于制造建筑内装饰品、重油燃烧部件、家用电器部件、硝酸吸收塔、稀硝酸换热器等，1Crl7Ni2主要用于制造具有较高强度的耐硝酸及有机酸腐蚀的零件、容器、设备等，0Crl8Nil2MoTi主要用于制造耐硫酸、硝酸、醋酸的设备。

2.2.2 铸铁

铸铁是应用广泛的一种铁碳合金材料，基本上以铸件形式使用。当铸铁中的碳主要以Fe_3C即渗碳体形式存在时，铸铁断口呈银白色，故称为白口铸铁。白口铸铁具有硬而脆的基本特性，在冲击载荷不大的情况下可作为耐磨材料使用，除此用途不大。当碳主要以石墨形式存在时，铸铁断口呈暗灰色，故称为灰口铸铁。灰口铸铁是工业上广泛应用的铸铁。灰口铸铁可根据石墨的形态进行分类：在高倍显微镜下，具有片状石墨的铸铁为灰铸铁，具有球状石墨的铸铁为球墨铸铁，具有团絮状石墨的铸铁为可锻铸铁，具有蠕虫状石墨的铸铁为蠕墨铸铁。另外，在铸铁的基础上加入一些合金元素，使之提高某些方面的性能，就成了合金铸铁。

2.2.2.1 灰铸铁

灰铸铁是一种价格便宜、应用广泛的铸铁材料。灰铸铁强度较低、塑性差，但由于石墨的润滑作用，具有良好的切削性和耐磨性。其化学成分一般为：含碳量2.70%～4.00%，含硅量1.00%～3.00%，含锰量0.25%～1.00%，含磷量0.05%～0.50%，含硫量0.02%～0.20%，其中锰、磷、硫总含量一般不超过2.00%。

灰铸铁的牌号用“HT”和其后的一组数字表示。“HT”表示“灰铁”二字的汉语拼音首字母，后面的数字为最低抗拉强度，单位为MPa。灰铸铁有HT100、HT150、HT200、HT250、HT300、HT350 6种。HT100主要用于制造承受低载荷的和不重要的零件，如盖、外罩、手轮、支架、重锤等；HT150适用于制造承受中等载荷的零件，如支柱、底座、齿轮箱、刀架、阀体、管路附件等；HT200、HT250适合于制造承受较大载荷的和重要的零件，如气缸体、齿轮、飞轮、缸套、活塞、联轴器、轴承座等；HT300、HT350适用于制造承受高载荷的重要零件，如齿轮、凸轮、高压油缸、滑阀壳体等。

2.2.2.2 球墨铸铁

球墨铸铁是一种高强度铸铁材料，综合性能接近于钢。它不仅有较高的强度，而且有一定的塑性。其化学成分一般为：含碳量3.60%～3.90%，含硅量2.00%～2.80%，含锰量0.60%～0.80%，含磷量小于0.10%，含硫量小于0.07%。

球墨铸铁牌号由“QT”加上两组数字组成。“QT”表示“球铁”二字的汉语拼音首字母，其后两组数字分别表示最低抗拉强度和最低断后伸长率。如QT400－15表示抗拉强度为400 MPa，伸长率为15%。QT400－18、QT400－15主要用于制造承受冲击、振动的零件，如汽车、拖拉机的轮毂、差速器壳，农机具零件，中低压阀门，压缩机上的高低压气缸等；QT600－3、QT700－2、QT800－2主要用于制造承受载荷大、受力复杂的零件，如拖拉机柴油机中的曲轴、连杆、凸轮轴，各种齿轮，部分机床的主轴，蜗杆、蜗轮，轧钢机的轧辊，大齿轮及大型水压机的工作缸、缸套、活塞等。

2.2.2.3　合金铸铁

合金铸铁是在普通铸铁的基础上加入一定量的合金元素后具有特殊性能的铸铁，又称特殊性能铸铁。根据性能的特点，合金铸铁可分为耐磨铸铁、耐热铸铁和耐蚀铸铁。

耐磨铸铁就是不易磨损的铸铁，又可分为减摩铸铁和抗磨铸铁。具有较小摩擦因数的铸铁称减摩铸铁。减摩铸铁的含磷量为0.30%~0.60%，并可主要加入铬、钼、钨、铜、钛、钒等合金元素。减摩铸铁通常在有润滑条件下工作，主要用于制造机床导轨、气缸套、活塞环等。在无润滑剂干摩擦条件下工作的耐磨铸铁称抗磨铸铁。这类铸铁通常以普通白口铸铁为主，加入铬、钼、钒、铜、硼等合金元素而得到，主要用于制造犁铧、轧辊、球磨机零件等。

耐热铸铁是可以在高温条件下使用、抗氧化性或抗抻长性能良好的铸铁，主要加入铬、硅、铝等合金元素。多采用加硅和加硅、铝耐热铸铁，主要用于制造加热炉附件，如炉底板、烟道挡板、传递链构件等。

耐蚀铸铁主要是指在酸、碱条件下有一定的抗腐蚀能力，主要加入铬、硅、钼、铜、镍、铝等合金元素的铸铁。耐蚀铸铁主要用于制造化工机械设备，如容器、管道、泵、阀门等。

2.2.3　有色金属及其合金

2.2.3.1　铝及铝合金

纯铝具有银白色金属光泽，密度为2 720 kg/m^3，熔点为660℃，具有良好的导电性和导热性，其导电性仅次于银和铜。纯铝在空气中易氧化，表面形成一层能阻止内层金属继续被氧化的致密的氧化膜，因此具有良好的抗大气腐蚀性能。纯铝无磁性，有极好的塑性、较低的强度和良好的低温性能。冷变形加工可提高其强度，但会降低其塑性。纯铝具有优良的工艺性能，易于铸造、切削和冷、热压力加工，还具有良好的焊接性能。

纯铝的强度和硬度很低，不适宜作为工程结构材料使用。向铝中加入适量硅、铜、镁锌、锰等元素组成铝合金，可提高其强度和硬度等性能。

铝合金根据成分和生产工艺特点，可分为变形铝合金和铸造铝合金两大类。

1. 变形铝合金

根据变形铝合金的性能特点，将其分为防锈铝合金、硬铝合金、超硬铝合金和锻铝合金4种。GB/T 3190—2008《变形铝及铝合金化学成分》中规定了变形铝及铝合金的化学成分和牌号。

防锈铝合金包括Al-Mn系和Al-Mg系合金，其主要性能特点是具有很高的塑性、较低或中等的强度、优良的耐蚀性能和良好的焊接性能。Al-Mn系防锈铝合金有较好耐蚀性，常用来制造需弯曲、冷拉或冲压的零件，如管道、容器、油箱等。Al-Mg系合金有较高的疲劳性能和抗震性，强度较高，但耐热性较差，常用于航空航天工业中，如制造油箱、管道、铆钉、飞机行李架等。

硬铝合金包括Al-Cu-Mg系和Al-Cu-Mn系两类，常用来制成板材和管材，主要用于制造飞机构件、蒙皮、螺旋桨、叶片等。

超硬铝合金 Al - Zn - Mg - Cu 系合金，是强度最高的变形合金，主要用于制造工作温度较低、受力较大的结构件，如飞机蒙皮、壁板、大梁、起落架部件等。

锻铝合金有 Al - Cu - Mg - Si 系和 Al - Cu - Mg - Fe - Ni 系两类，热塑性好，可用锻压方法来制造形状较复杂的零件。Al - Cu - Mg - Si 系合金主要用于制造要求中等强度、高塑性和耐热性零件的锻压件，如叶轮、导风轮、接头、框架等；Al - Cu - Mg - Fe - Ni 系合金耐热性较好，主要用于制造250℃温度下工作的零件，如叶片、超音速飞机蒙皮等。

2. 铸造铝合金

铸造铝合金主要有 Al - Si 系、Al - Cu 系、Al - Mg 系、Al - Zn 系4种。

Al - Si 系铸造铝合金俗称硅铝明，为进一步提高铝硅合金的强度，可在合金中加入有关合金元素制成特殊硅铝明。硅铝明铸造性能好，密度小，具有优良的耐蚀性、耐热性和焊接性能，应用比较广泛。简单硅铝明强度较低，用于制造形状复杂但强度要求不高的铸件，如电动机、仪表壳体等；特殊硅铝明用于制造低、中强度形状复杂的铸件，如气缸体、叶片、发动机活塞等。

Al - Cu 系铸造铝合金有较高的强度、耐热性，但密度大，耐蚀性差，铸造性能差。主要用于制造在较高温度下工作时要求高强度的零件，如内燃机汽缸头、增压器导风叶轮等。

Al - Mg 系铸造铝合金的耐蚀性好，强度高，密度小，但铸造性能差，耐热性低。主要用于制造在腐蚀介质下工作时承受一定冲击载荷的形状较为简单的零件，如舰船配件、氨用泵体等。

Al - Zn 系铸造铝合金铸造性能好，强度较高，但密度大，耐蚀性较差。主要用于制造受力较小、形状复杂的汽车、飞机、仪表零件等。

2.2.3.2 铜及铜合金

纯铜外观呈紫色，故称紫铜，密度为8 960 kg/m^3，熔点为1 083℃，导电性和导热性优良。纯铜在大气、淡水中具有良好的耐蚀性，但在海水中耐蚀性较差。纯铜强度较低，硬度不高，塑性很好，有优良的焊接性能。纯铜一般不直接用作结构材料，主要用途是配制铜合金，以用于制作导电、导热及耐蚀器材等。

向铜中加入适量锌、锡、铝、锰等元素组成铜合金，可提高其强度和硬度等性能。铜合金按化学成分分为黄铜、青铜和白铜三大类。

1. 黄铜

黄铜是以锌为主要合金元素的铜合金，Cu - Zn 二元合金称为普通黄铜。在普通黄铜中，随着含锌量的增加，其强度和塑性增加。含锌量大于39%时，塑性急剧下降，若继续增加含锌量，强度急剧下降，因此工业黄铜中的含锌量不超过47%。普通黄铜不仅有良好的力学性能、耐蚀性能和加工性能，而且价格也较纯铜便宜，生产中用于制造机器零件。

为进一步提高普通黄铜的某些性能，可加入一些合金元素形成特殊黄铜。如加铅可提高切削加工性和耐磨性，加锡可提高耐蚀性，加铝可提高强度、硬度和耐蚀性等。

普通黄铜的牌号用“黄”字的汉语拼音首字母“H”加数字表示，数字代表铜的平均质量分数。如H68表示含铜量为68%、含锌量为32%的普通黄铜。特殊黄铜在“H”之后标以主加元素的化学符号与铜、合金元素的平均质量分数。如HPb59 - 1表示特殊黄铜，含铜量为59%，含铅量为1%，其余为含锌量。铸造黄铜的牌号由“铸”字汉语拼音的首字母“Z”、Cu、主加元素的化学符号及其平均质量分数组成，如 ZCuZnl6Si4 表示其含铜量为 80%，含锌量为 16%，含硅量为 4%。

H68、H70、H80 主要用于制造弹壳和精密仪器等；H59、H62 主要用于制造油管、水管、散热器、螺钉等；HPb59－1、HSn90－1 主要用于制造冷凝管、齿轮、螺旋桨、钟表零件等。铸造黄铜主要用于制造一般用途结构件、机械制造业的耐蚀零件等。

2. 青铜

青铜原指铜与锡的合金，现除了黄铜和白铜外，铜与其他元素组成的合金均称青铜。按其化学成分的不同，青铜分为锡青铜和无锡青铜两大类。

锡青铜具有良好的耐蚀性、减摩性、抗磁性和低温韧性，在大气、海水、蒸汽、淡水及无机盐溶液中的耐蚀性比纯铜和黄铜好，但在亚硫酸钠、酸和氨水中的耐蚀性较差。主要用于制造弹性元件、耐磨零件、抗磁及耐蚀零件，如轴承、齿轮、蜗轮、弹簧、热圈等。

无锡青铜种类较多，由于各合金元素所起的作用不同，故而各有不同的性能，在实际生产中有着广泛的应用。以铝为主要加入元素的铝青铜的强度、硬度、耐磨性、耐热性、耐蚀性都高于黄铜和锡青铜，主要用于制造齿轮、轴套、摩擦片、蜗轮、螺旋桨等。铍青铜可得到高的强度、硬度、弹性极限、疲劳极限、耐磨性和耐蚀性，并具有良好的导电性和导热性，还不具有磁性，主要用于制造各种精密仪器、仪表的重要弹簧和其他弹性元件以及电焊机电极、防爆工具、航海罗盘等其他重要机件。

青铜的牌号以“青”字汉语拼音首字母“Q”加第一个主加元素符号及除铜以外的各元素平均质量分数表示。如 QSn4－3 表示锡青铜，含铝量为 4%，含锌量为 3%，其余为含铜量；QBe2 表示铍青铜，含铍量为 2%，其余为含铜量。铸造青铜的牌号由“铸”字汉语拼音首字母“Z”、Cu、主加元素的化学符号及其平均质量分数组成。如 ZCuSn6Zn6Pb3 表示铸造青铜，含锡量为 6%，含锌量为 6%，含铅量为 3%，其余为含铜量。

3. 白铜

白铜分为普通白铜和特殊白铜。普通白铜是 Cu－Ni 二元合金，具有较高的耐蚀性和抗腐蚀疲劳性能，优良的冷、热加工性能，主要用于制造在蒸汽和海水环境中工作的精密仪器、仪表零件和冷凝器、蒸馏器及热交换器等。特殊白铜是在 Cu－Ni 二元合金基础上添加锌、锰等元素形成的，分别称为锌白铜、锰白铜等。锌白铜具有很高的耐蚀性、强度和塑性，成本也较低，适于制造精密仪器、精密机械零件、医疗器械等。锰白铜具有较高的电阻率、热电势和低电阻温度系数，用于制造低温热电偶、热电偶补偿导线、变阻器和加热器。

简单白铜的牌号用“白”字汉语拼音首字母“B”，加镍的平均质量分数表示，如 B5 表示白铜，含镍量为 5%，其余为含铜量；特殊白铜的牌号用“白”字汉语拼音首字母“B”加添加元素的化学符号及镍、添加元素的平均质量分数表示，如 BMn40－1.5 表示锰白铜，含镍量为 40%，含锰量为 1.5%，其余为含铜量。

2.2.3.3 钛及钛合金

钛呈银白色，密度 4 500 kg/m^3，熔点 1 668℃。纯钛的强度低，但比强度（强度与密度之比）高，塑性及低温性能好，耐蚀性很好。钛具有良好的压力加工工艺性能，切削性能较差。工业纯钛主要用于制造在 350℃ 以下工作的石油化工用热交换器、反应器、舰船零件、飞机蒙皮等。

在纯钛中加入铝、钼、铬、锰、钒等就形成了钛合金，钛合金可分为α型、β型和（α+β）型。α型钛合金室温强度低，但高温强度高，具有良好的抗氧化性、焊接性和耐蚀性。主要用于制造导弹的燃料罐和超音速飞机的蜗轮、机匣等。β型钛合金有较高的强度、优良的冲压性能，耐热性和抗氧化性不高，性能不够稳定，主要用于制造压气机叶片、轴、轮盘等重载荷旋转件和飞机构件等。（α+β）型钛合金是目前工业钛合金中应用最广泛的一种。这类合金室温强度很高，具有优良的塑性，主要用于制造要求有一定高温强度的发动机零件，如火箭、导弹的液氢燃料箱部件等。钛及钛合金是一种新型的金属材料，现已成为航空航天、石油、造船等工业重要的金属材料。

2.2.4　金属材料的腐蚀与防护

腐蚀是指金属由于环境介质作用而导致的变质和破坏。由于腐蚀存在，金属材料及其制品遭到很大程度的损失和破坏，腐蚀不仅造成巨大的经济损失，引发各种灾难性事故，而且耗费大量宝贵而有限的资源和能源，严重污染环境，在一定程度上威胁着人类的生存与发展。金属腐蚀是一个十分复杂的过程，由于材料、环境因素及受力状态的差异，金属腐蚀的形式和特征千差万别，因此腐蚀的分类也是多样的。

按腐蚀原理分，腐蚀可分为化学腐蚀和电化学腐蚀；按腐蚀形态分，腐蚀可分为全面腐蚀和局部腐蚀；按腐蚀环境的类型分，腐蚀可分为大气腐蚀、海水腐蚀、土壤腐蚀、燃气腐蚀、微生物腐蚀等；按腐蚀环境的温度分，腐蚀可分为高温腐蚀和常温腐蚀；按腐蚀环境的湿润程度分，腐蚀可分为干腐蚀和湿腐蚀。

2.2.4.1　化学腐蚀

金属的化学腐蚀是指金属与周围介质直接发生化学反应而引起的变质和损坏现象。化学腐蚀是一种氧化—还原反应过程，也就是腐蚀介质中的氧化剂直接同金属表面的原子相互作用而形成腐蚀产物。在腐蚀过程中，电子的传递是在金属与介质中直接进行的。

最常见的金属化学腐蚀是金属的狭义氧化，即发生以下反应：

$$mM + nO_2 \rightarrow M_mO_{2n}$$

上面反应中的金属作为还原剂，失去电子后，变为金属离子；氧作为氧化剂，获得了电子成为氧离子。

金属的化学腐蚀主要发生在如下4种介质中。

1．金属在干燥大气中的腐蚀

金属在湿度不大的大气条件下的腐蚀属于化学腐蚀，这种腐蚀进行的速度较慢，造成的危害轻微。

2．金属在高温气体中的腐蚀

这是危害最为严重的一类化学腐蚀，如金属的高温氧化。在高温条件下，金属与环境中的氧或氧化性气体（如H_2O、SO_2、CO_2等）化合生成金属化合物，温度越高，金属氧化的速度越快；钢的高温脱碳，在高温气体作用下，金属表面与高温气体中的O_2、H_2O、SO_2、H_2反应，使碳的含量减少，金属的表面硬度和抗疲劳强度降低。

3．其他氧化剂引起的化学腐蚀

在腐蚀反应中夺取电子，导致金属原子成为离子的物质不是氧，而是硫、卤素原子或其他原子或原子团，这时反应物不是氧化物，而是卤化物、氢氧化物或其他化合物。这种情况下，腐蚀速度和危害程度取决于金属及氧化物的性质。

4. 金属在非水电解质溶液中的腐蚀

金属在不含水、不电离的有机溶剂中，与有机物直接反应而遭受化学腐蚀，如 Al 在 CCl_4中、Mg 和 Ti 在甲醇中的腐蚀。这类腐蚀比较轻微。

2.2.4.2 电化学腐蚀

金属电化学腐蚀是指金属与介质发生电化学反应而引起的变质和损坏。其特点是在腐蚀过程中有电流产生。金属在各种酸、碱、盐溶液、潮湿大气、工业用水中的腐蚀，都属于电化学腐蚀。电化学腐蚀是一种比化学腐蚀更为普遍、危害更为严重的腐蚀。

1. 电极电位

把 Zn 置于水溶液中，由于极性水分子的作用，Zn 表面上的 Zn 离子克服自身电子的引力，一些 Zn 离子将脱离金属表面进入相接触的水中形成水化离子，与这些离子保持中性的电子仍然留在金属上，这就是氧化反应。随着反应的进行，生成的水化离子越多，金属表面的过剩电子也越多。当金属的氧化反应到一定时间，达到动态平衡，形成金属表面带负电、与金属相接触的水带正电的双电层。许多金属如铁、镉等浸在水或酸、碱、盐的水溶液中，都能够形成这样的双电层。

如果金属离子的水化能不足以克服金属离子与电子的吸引力，则溶液中的水化离子可能被金属上的电子吸引而进入金属内部，因而金属表面带正电荷，与之相邻的液层中聚集阴离子而带负电荷，形成一种与前述相反的双电层。铜、银、金等金属在含有该金属盐的水溶液中就形成这种双电层。

形成双电层的金属及电解质溶液称为电极。不同的电极具有不同的电位。若规定某一电极的电位为零电位，此电极即为参比电极，相对于参比电极的电位差就成为该电极的电极电位。

2. 腐蚀电池

如果把两种电极电位不同的金属互相接触，或用导线连接，同时放入同一电解质中，就组成了腐蚀电池。如金属锌和金属铜组成的腐蚀电池，锌的电极电位低，铜的电极电位高。锌离子不断进入电解质溶液中，多余的电子通过导线流向铜极。在锌极上发生的是氧化反应 $Zn-2e \rightarrow Zn^{2+}$，在铜极上发生的是还原反应 $2H^{+}+2e \rightarrow H_2$。腐蚀电池的总反应为：

$$Zn+2H^{+} \rightarrow Zn^{2+}+H_2 \uparrow$$

反应的结果造成金属锌的电化学腐蚀和溶液中的氧化剂被还原成氢气并聚成气泡逸出。在腐蚀电池中，发生氧化反应的电极称阳极，发生还原反应的电极称阴极。在以上腐蚀电池中，锌为阳极，铜为阴极，锌失去电子遭腐蚀，铜得到保护。金属的电化学腐蚀性取决于电极电位，电极电位低的容易被腐蚀。

实际上，腐蚀电池的形式是多样的，只要形成腐蚀电池，就会有金属的腐蚀。如在潮湿的大气条件下，铁和铜的表面凝结一层水膜，就构成腐蚀电池，铁失去电子被腐蚀，腐蚀的结果生成铁锈。即使是同一种金属材料，其内部既有缺陷又有杂质，不同部位有不同的电极电位，在腐蚀介质中也能形成腐蚀电池。

2.2.4.3 金属腐蚀的防护措施

了解发生腐蚀的原因是为了找寻防腐蚀的有效措施，达到防腐、减蚀、缓蚀的目的，以控制腐蚀造成的破坏，延长金属材料或金属设备的使用寿命。腐蚀主要取决于两个方面，一是材料本身的性能，二是材料所处的环境或所接触的介质。这就要求要认真分析环境介质的性质，正确选择材料，改善腐蚀环境或介质。

1．涂敷保护层

在金属表面涂敷耐腐蚀的保护层，使金属与腐蚀环境或介质分开，从而达到防止金属腐蚀的目的。涂层分为金属保护层和非金属保护层。

（1）金属保护层

金属保护层常称为镀层，通常以涂敷工艺来命名。常用的有电镀、热镀、化学镀、渗镀、喷镀、热浸镀、包镀等，目的就是在金属外部包裹一层耐腐蚀的金属层。

（2）非金属保护层

非金属保护层分为无机涂层和有机涂层。无机涂层指搪瓷涂层、玻璃涂层、硅酸盐涂层和化学涂层。硅酸盐涂层主要采用硅酸盐水泥作保护层。化学涂层又称化学膜，是采用化学的方法使金属离子沉积而形成金属镀层的方法。

有机涂层包括涂料涂层、塑料涂层和硬橡胶涂层。涂料是一种流动性物质，能够在金属表面展开连续的薄膜，固化后即能将金属与介质隔开。塑料涂层是用层压法将塑料薄膜直接黏在金属表面。硬橡胶涂层是将硬橡胶覆盖于金属表面。

2．电化学保护

根据电化学腐蚀原理，如果将要保护的金属的电极电位提高，或将金属的电极电位降低到一定程度，则可降低腐蚀速度，甚至使腐蚀完全停止。这种通过改变电极电位来控制金属腐蚀的方法称为电化学保护。电化学保护有阴极保护和阳极保护两种。

（1）阴极保护

阴极保护又分为外加电流法和牺牲阳极法。

外加电流法是把被保护的金属设备与直流电源的负极相连，电源的正极与另一种被称为辅助电极的金属相连，如图2—1所示。电源接通，电源电流的方向与腐蚀电池电流的方向相反，调整电源电流的大小，就能达到减少甚至停止腐蚀的目的。外加电流法在石油、化工、环境工程等方面得到了广泛应用。

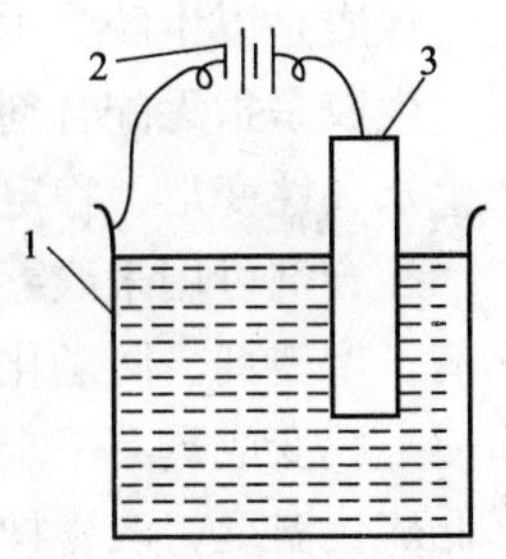

图2—1　阴极保护示意

1—金属设备；2—外加电源；3—辅助阳极

牺牲阳极法是在被保护的金属上连接一块比电极电位更低的金属作为牺牲阳极。由于外接的牺牲阳极电位比被保护的金属低，因此更容易失去电子而遭到腐蚀。如为防止铁制地下管道的电化学腐蚀，可在管道上附以金属锌，由于锌的电极电位较铁的电极电位低，因而失去电子发生氧化反应而遭到腐蚀，而铁制管道得到保护。

（2）阳极保护

阳极保护是把被保护设备与外部直流电源的正极相连，在一定电解质溶液中，把金属阳极的电位降低到一定程度，使金属表面生成一种阻止腐蚀的钝化膜，从而降低金属的腐蚀作用，使设备受到保护。阳极保护只有金属在介质中能生成钝化膜时才能应用，否则会加速阳极的腐蚀。阳极保护应用时受限制较多，且技术复杂，较少使用。

3．腐蚀介质的缓蚀

在腐蚀介质中加入缓蚀剂，可改变介质的性质，降低或消除腐蚀介质对金属的腐蚀作用。缓蚀剂就是能够阻止或减缓金属在环境介质中腐蚀的物质。缓蚀剂的缓蚀作用有3种说法：一是吸附学说，缓蚀剂加到腐蚀介质中，吸附在金属表面，使金属被隔离；二是成膜学说，缓蚀剂与金属或腐蚀介质中的离子发生反应，在金属表面生成不溶或难溶的具有保护作用的各种膜，阻碍了腐蚀过程；三是电极抑制学说，缓蚀剂抑制了金属在腐蚀介质中的电化学过程，减缓了腐蚀速度。腐蚀介质不同，所使用的缓蚀剂不同，同一种缓蚀剂对不同腐蚀介质的效用也各异。要根据腐蚀介质的特点，选择缓蚀剂的类型和用量。

2.3 常用非金属材料

非金属材料包括除金属材料以外几乎所有的材料。非金属材料具有优良的耐腐蚀性能，且原料来源丰富，品种多样，是一种发展前景广阔的工程材料。非金属材料既可以单独作设备的结构材料，又可以作金属设备的衬里、涂层，还可作设备的密封材料、保温材料和耐火材料等。非金属材料分为无机非金属材料、有机非金属材料和复合材料等。无机非金属材料主要有陶瓷、搪瓷、岩石、玻璃等，有机非金属材料主要有橡胶、塑料、涂料等，复合材料主要有玻璃钢、不透性石墨等。

2.3.1 橡胶

橡胶在很宽的温度范围内具有极好的弹性，在小负荷作用下即能产生弹性变形。橡胶具有很高的抗拉强度和疲劳强度，并且具有不透水、不透气、耐酸碱和电绝缘等性能。橡胶以其良好的性能而得到广泛应用。

2.3.1.1 橡胶的组成

橡胶是以生胶为主要成分，添加各种配合剂和增强材料制成的。

生胶是指无配合剂、未经硫化的天然或合成橡胶。生胶具有很高的弹性，但强度低，易产生永久性变形，稳定性差。

配合剂可用来改善橡胶的各种性能。常用的配合剂有硫化剂、硫化促进剂、活化剂、填充剂、增塑剂、防老化剂、着色剂等。硫化剂用来使生胶的结构由线型转变为交联体型，从而使生胶变成具有一定强度、韧性、高弹性的硫化胶。硫化促进剂的作用是缩短硫化时间，降低硫化温度，改善橡胶性能。活化剂用来提高促进剂的作用。填充剂用来提高橡胶的强度、改善工艺性能和降低成本。增塑剂用来增加橡胶的塑性和柔韧性。防老化剂用来防止或延缓橡胶老化，主要有胺类和酚类等防老化剂。

增强材料主要有纤维织物、钢丝加工制成的帘布、丝绳、针织品等，以增加橡胶制品的强度。

2.3.1.2 常用橡胶材料

橡胶根据原材料的来源可分为天然橡胶和合成橡胶。

1. 天然橡胶

天然橡胶由橡胶树上流出的乳胶提炼而成。天然橡胶具有较好的综合性能，弹性高，具有良好的耐磨性、耐寒性和工艺性能，电绝缘性好，价格低廉，但其耐热性差，不耐臭氧，易老化，不耐油。

天然橡胶广泛用于制造轮胎、输送带、减振制品、胶管、胶鞋及其他通用制品。

2. 合成橡胶

(1) 丁苯橡胶

丁苯橡胶是应用最广、产量最大的一种合成橡胶。它由丁二烯和苯乙烯共聚而成，其性能主要受苯乙烯的含量影响。随着苯乙烯含量的增加，橡胶的耐磨性、硬度增大，而弹性下降。丁苯橡胶比天然橡胶质地均匀，耐磨性、耐热性和耐老化性好。主要用于制造轮胎、胶布、胶鞋及其他通用制品，不适用于制造高速轮胎。

(2) 丁基橡胶

丁基橡胶由异丁烯和少量异戊二烯低温共聚而成。其气密性极好，耐老化性、耐热性和电绝缘性较高，耐水性好，耐酸碱，有很好的抗多次重复弯曲的性能，但其强度低，易燃，不耐油，对烃类溶剂的抵抗力差。主要用于制造车辆的内胎、外胎以及化工衬里、绝缘材料、防振动与防撞击材料等。

(3) 氯丁橡胶

氯丁橡胶由氯丁二烯以乳液聚合法制成。其物理、力学性能良好，耐油、耐溶剂性和耐老化性好，耐燃性优良，但电绝缘性差。主要用于制造电缆护套、胶管、胶带、胶黏剂及一般橡胶制品。

2.3.2 塑料

塑料密度小，耐腐蚀，有着良好的电绝缘性、耐磨和减摩性、消声和隔热性、加工性等，但强度、硬度低，耐热性差，受热易变形，易老化，易蠕变等。

2.3.2.1 塑料的组成

塑料是以树脂为主要成分，添加能改善性能的填充剂、增塑剂、稳定剂、固化剂、润滑剂、发泡剂、着色剂、阻燃剂、防老化剂等制成的。

树脂是相对分子质量不固定的，在常温下呈固态、半固态或流动态的有机物质，在塑料中起胶黏各组分的作用，占塑料的40%～100%。如聚乙烯、尼龙、聚氯乙烯、聚酰胺、酚醛树脂等。大多数塑料以所用树脂命名。填充剂主要起增强作用，可以使塑料具有所要求的性能。增塑剂用来增加树脂的塑性和柔韧性。稳定剂包括热稳定剂和光稳定剂，可提高树脂在受热、光、氧作用时的稳定性。润滑剂用来防止塑料黏着在模具或其他设备上。固化剂能将高分子化合物由线型结构转变为交联体型。发泡剂是受热时会分解而放出气体的有机化合物，用于制备泡沫塑料等。

2.3.2.2 常用塑料

塑料按受热时的性质可分为热塑性塑料和热固性塑料。热塑性塑料受热时软化或熔融，冷却后硬化，并可反复多次进行。它包括聚乙烯、聚氯乙烯、聚苯乙烯、聚丙烯、聚酰胺、聚甲醛、聚碳酸酯、聚苯醚、聚四氟乙烯等。热固性塑料在加热、加压并经过一定时间后即固化为不溶解、不熔化的坚硬制品，不可再生。常用热固性塑料有酚醛树脂、环氧树脂、氨基树脂、呋喃树脂、有机硅树脂等。

塑料按功能和用途可分为通用塑料、工程塑料和特种塑料。通用塑料是指产量大、用途广、价格低的塑料，主要包括聚乙烯、聚氯乙烯、聚苯乙烯、聚丙烯、酚醛塑料、氨基塑料等，产量占塑料总产量的75%以上。工程塑料是指具有较高性能，可替代金属用于制造机械零件和工程构件的塑料，主要有聚酰胺、ABS、聚甲醛、聚碳酸酯、聚四氟乙烯、聚甲基丙烯酸甲酯、环氧树脂等。特种塑料是指具有特殊性能的塑料，如导电塑料、导磁塑料、感光塑料等。

(1) 聚乙烯（PE）

聚乙烯无毒、无味、无臭，具有良好的耐化学腐蚀性和电绝缘性，但强度较低，耐热性不高，易老化，易燃烧。

根据密度分为低密度聚乙烯和高密度聚乙烯。低密度聚乙烯主要用于制造日用制品、薄膜、软质包装材料、层压纸、层压板、电线电缆包覆层等；高密度聚乙烯主要用于制造硬质包装材料、化工管道、储槽、阀门、高频电缆绝缘层、各种异型材、衬套、小负荷齿轮、轴承等。

(2) 聚氯乙烯（PVC）

聚氯乙烯具有较高的强度和刚度，良好的电绝缘性和耐化学腐蚀性，有阻燃性，但热稳定性较差，使用温度较低。

根据增塑剂用量的不同分为硬质聚氯乙烯和软质聚氯乙烯。软质聚氯乙烯主要用于薄膜、人造革、墙纸、电线电缆包覆及软管等；硬质聚氯乙烯主要用于工业管道系统、给排水系统、板件、管件、建筑及家居用防火材料、化工防腐设备及各种机械零件等。

(3) 聚苯乙烯（PS）

聚苯乙烯无毒、无味、无臭、无色，具有良好的电绝缘性和耐化学腐蚀性，但不耐苯、汽油等有机溶剂，强度较低，硬度高，脆性大，不耐冲击，耐热性差，易燃烧等。主要用于日用、装潢、包装及工业制品，如仪器仪表外壳、灯罩、光学零件、装饰件、透明模型、玩具、化工储酸槽、包装及管道的保温层、冷冻绝缘层等。

(4) 聚酰胺（PA）

聚酰胺又称尼龙或锦纶，具有较高的强度、韧性和耐磨性，电绝缘性、耐油性、阻燃性良好，耐热性不高。主要用于机械制造、化工、电气零部件。如轴承、齿轮、凸轮、泵叶轮、高压密封圈、阀门零件、包装材料、输油管、储油容器、丝织品、汽车保险杠、门窗手柄等。

(5) 聚甲醛（POM）

聚甲醛具有良好的强度、硬度、刚性、韧性、耐磨性、耐疲劳性、电绝缘性和耐化学腐蚀性，但热稳定性差，易燃。主要用于制造轴承、齿轮、凸轮、叶轮、垫圈、连接盘、活塞环、导轨、阀门零件、仪表外壳、化工容器、汽车部件等，特别适用于制造无润滑的轴承、齿轮等。

(6) 酚醛塑料（PF）

酚醛塑料具有良好的耐热性、耐磨性、耐腐蚀性及电绝缘性。

以木粉为填料制成的酚醛塑料粉，又称胶木粉或电木粉，是常用的热固性塑料。用其制成的电器开关、插座、灯头等，不仅绝缘性好，而且有较好的耐热性，较高的硬度、刚度，以及一定的强度。以纸片、棉布、玻璃布等为填料制成的层压酚醛塑料，具有强度高、耐冲击以及耐磨性优良等特点，常用于制造受力要求较高的机械零件，如齿轮、轴承、汽车刹车片等。

(7) 氨基塑料

最常用的氨基塑料是脲醛塑料（UF）。用脲醛塑料压塑粉压制的各种制品，有较高的表面硬度，颜色鲜艳而有光泽，又有良好的绝缘性，俗称“电玉”。常见的电玉制品有仪表外壳、电话机外壳、开关、插座等。

2.3.3 陶瓷

2.3.3.1 陶瓷的分类和性能

传统的陶瓷材料是黏土、石英、长石等硅酸盐类材料，而现代陶瓷材料是无机非金属材料的统称。按原料可分为普通陶瓷（硅酸盐材料）和特种陶瓷（人工合成材料）；按用途可分为日用陶瓷、结构陶瓷和功能陶瓷等；按性能可分为高强度陶瓷、高阻陶瓷、耐磨陶瓷、耐酸陶瓷、压电陶瓷、光学陶瓷、半导体陶瓷和磁性陶瓷等。

陶瓷材料具有极高的硬度、优良的耐磨性，弹性模量高，刚度大，抗拉强度很低，但抗压强度很高，韧性低，脆性大，在室温下几乎没有塑性，难以进行塑性加工。陶瓷的熔点很高，大多在2 000℃以上，因此，具有很高的耐热性能，线胀系数小，导热性差。陶瓷的化学稳定性高，抗氧化性优良，对酸、碱、盐具有良好的耐腐蚀性。大多数陶瓷具有高电阻率，少数陶瓷具有半导体性质。许多陶瓷具有特殊的性能，如光学性能、电磁性能等。

2.3.3.2 常用陶瓷材料

（1）普通陶瓷

普通陶瓷是指以黏土、长石、石英等为原料烧结而成的陶瓷。这类陶瓷质地坚硬，耐氧化，耐腐蚀，不导电，成本低，但强度较低，耐热性及绝缘性不如其他陶瓷。

（2）普通工业陶瓷

普通工业陶瓷有建筑陶瓷、电瓷、化工陶瓷等。电瓷主要用于制作隔电、机械支持及连接用瓷质绝缘器件。化工陶瓷主要用于化学、石油化工、食品、制药工业中制造实验器皿、耐蚀容器、反应塔、管道等。

2.3.3.3 特种陶瓷

（1）氧化铝陶瓷

氧化铝陶瓷又称高铝陶瓷，主要成分为 $A1_2O_3$，含有少量 SiO_2。其强度高于普通陶瓷，硬度很高，耐磨性很好，耐高温，可在1 600℃高温下长期工作，耐腐蚀性和绝缘性能良好，但韧性低、脆性大，还具有光学特性和离子导电特性。主要用于制作装饰瓷、内燃机的火花塞、管座、石油化工泵的密封环、机轴套、切削工具、模具、磨料、轴承、人造宝石、耐火材料、坩埚、炉管、热电偶保护管等。

（2）氮化硅陶瓷

氮化硅陶瓷是以 Si_3N_4为主要成分的陶瓷。根据制作方法可分为热压烧结陶瓷和反应烧结陶瓷。氮化硅陶瓷具有很高的硬度，摩擦因数小，耐磨性好；具有优良的化学稳定性，能耐受除氢氟酸、氢氧化钠以外的其他酸性和碱性溶液的腐蚀以及抗熔融金属的侵蚀；具有优良的绝缘性能。

热压烧结氮化硅陶瓷的强度、韧性都高于反应烧结氮化硅陶瓷，主要用于制造形状简单、精度要求不高的零件，如切削刀具、高温轴承等。反应烧结氮化硅陶瓷用于制造形状复杂、精度要求高的零件，用于要求耐磨、耐蚀、耐热、绝缘等场合，如泵密封环、热电偶保护套、高温轴套、电热塞、电磁泵管道和阀门等。

(3) 碳化硅陶瓷

碳化硅陶瓷是以 SiC 为主要成分的陶瓷。碳化硅陶瓷按制造方法分为反应烧结陶瓷、热压烧结陶瓷和常压烧结陶瓷。碳化硅陶瓷具有很高的高温强度和良好的热稳定性、抗蠕变性、耐磨性、耐蚀性、导热性、耐辐射性。主要用于石油化工、钢铁、机械、电子、原子能等工业中。如浇铸金属的浇道口、轴承、密封阀片、轧钢用导轮、内燃机器件、热变换器、热电偶保护套管、炉管等。

(4) 氮化硼陶瓷

氮化硼陶瓷分为低压型和高压型两种。低压型结构与石墨相似，又称白石墨，其硬度较低，具有自润滑性，有良好的高温绝缘性、耐热性、导热性和化学稳定性。主要用于耐热润滑剂、高温轴承、高温容器、坩埚、热电偶套管、散热绝缘材料、玻璃制品成型模等。高压型硬度接近金刚石，主要用于磨料和金属切削刀具。

2.3.4 复合材料

由两种或两种以上在物理和化学上不同的物质结合起来而得到的一种多相固体材料，称为复合材料。复合材料不仅具有各组成材料的优点，而且还具有单一材料所无法具备的优越综合性能。因此，复合材料发展迅速，已在各个领域得到广泛应用。

2.3.4.1 复合材料的分类和性能

复合材料是由两种或两种以上的物质组成的，通常分成两个基本组成相：一是连续相，称为基体相，主要起黏结和固定作用；另一相是分散相，称为增强相，主要起承受载荷作用。复合材料按基体材料，可分为树脂基复合材料、金属基复合材料、陶瓷基复合材料等；按增强材料的类型和形态，可分为纤维增强复合材料、颗粒增强复合材料、叠层复合材料、骨架复合材料、涂层复合材料等。

复合材料具有高的比强度、比模量（弹性模量与密度之比）和疲劳强度，减振性和高温性能好，断裂安全性高，抗冲击性差，横向强度较低。

2.3.4.2 常用复合材料

(1) 树脂基复合材料

树脂基复合材料是将树脂浸到纤维和纤维织物上，在成型模具上涂树脂，铺织物，然后固化而成。

1) 玻璃纤维增强塑料又称玻璃钢。基体相为树脂，分散相为玻璃纤维。根据树脂的性质可分为热固性玻璃钢和热塑性玻璃钢。热固性玻璃钢密度小，强度高，耐蚀性好，绝缘好，隔热性好，吸水性差，防磁，弹性模量低，刚度差，耐热性差；热塑性玻璃钢强度比热固性玻璃钢低，但韧性、低温性能良好，线胀系数低。玻璃钢主要用于制造飞机螺旋桨、直升机机身，轻型船的各种配件，汽车、机车、拖拉机的车身、发动机机罩、仪表盘，耐酸碱油的容器、管道、冷却塔等。

2) 碳纤维增强塑料基体相为树脂，分散相为碳纤维。碳纤维增强塑料密度小，比强度、比模量高，抗疲劳性、减摩耐磨性、耐蚀性、耐热性优良，垂直纤维方向的强度、刚度低。主要用于制造飞机螺旋桨、机身、机翼，汽车外壳、发动机壳体，机械工业中的轴承、齿轮，化工中的容器、管道等。

3) 石棉纤维增强塑料基体材料主要有酚醛、尼龙、聚丙烯树脂等，分散相为石棉纤维。石棉纤维增强塑料化学稳定性和电绝缘性良好，主要用于汽车制动件、导管、密封件、化工耐蚀件、隔热件、电绝缘件、耐热件等。

（2）金属基复合材料

金属基复合材料是将金属与增强材料利用一定的工艺均匀混合在一起而制成的，基体相为金属。常用的基体金属有铝、钛、镁等；常用的纤维增强材料有硼纤维、碳纤维、氧化铝纤维、碳化硅纤维等，颗粒增强材料有碳化硅、氧化铝、碳化钛等。

金属基复合材料具有高强度、耐磨性、抗冲击韧度，高弹性模量，好的耐热性、导热性、导电性，不易燃，不吸潮，不变形，不老化。这些优点大大扩展了金属基复合材料的应用范围。但金属基复合材料密度较大，成本较高，有的材料制备工艺复杂。

（3）陶瓷基复合材料

陶瓷基复合材料是将陶瓷与增强材料利用一定的工艺均匀混合在一起而制成的，基体相为陶瓷，常用的增强材料有氧化铝、碳化硅、金属等。

陶瓷具有耐高温、耐磨、耐蚀、高抗压强度和弹性模量等优点，但脆性大，抗弯强度低。而陶瓷基复合材料的韧性、抗弯强度都大为提高。如 SiO_2 的抗弯强度和断裂能分别为 62 MPa 和 1.1 J；而 SiC/SiO_2 复合材料的抗弯强度和断裂能分别为 825 MPa 和 17.6 J，与 SiO_2 相比较，抗弯强度和断裂能分别提高了 12 倍和 15 倍。

2.4　常用机械零件

2.4.1　键、销连接

2.4.1.1　键连接

键连接是由零件的轮毂、轴和键组成，在各种机器上有很多转动零件，如齿轮、带轮、蜗轮、凸轮等，这些轮毂和轴大多数采用平键连接或花键连接。键连接是一种应用很广泛的可拆连接，主要用于轴与轴上零件的周向相对固定，以传递运动或转矩。

（1）平键连接

平键连接装配时先将键放入轴的键槽中，然后推上零件的轮毂，构成平键连接。如图 2—2 所示。平键连接时，键的上顶面与轮毂键槽的底面之间留有间隙，而键的两侧面与轴、轮毂键槽的侧面配合紧密，工作时依靠键和键槽侧面的挤压来传递运动和转矩，因此，平键的侧面为工作面。

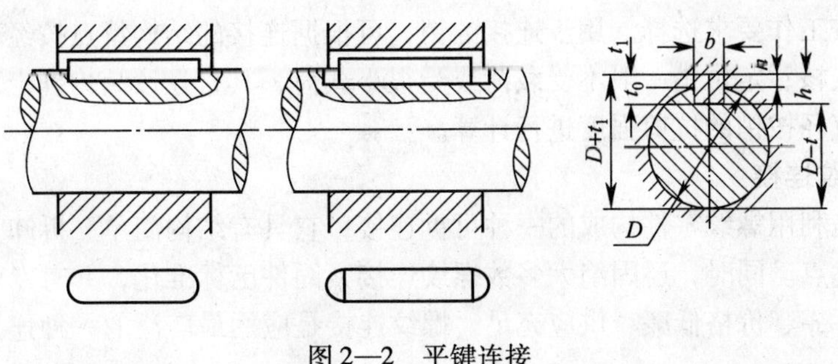

图 2—2　平键连接

键连接结构简单、装拆方便和对中性好，应用广泛。

(2) 花键连接

在使用一个平键不能满足轴所传递的扭矩的要求时，可采用花键连接。花键连接由花键轴与花键套构成，如图 2—3 所示。花键连接常用于传递大扭矩、要求有良好的导向性和对中性的场合。花键的齿形有矩形、三角形及渐开线齿形三种，矩形键加工复杂，但拆装连接便捷，应用较广。

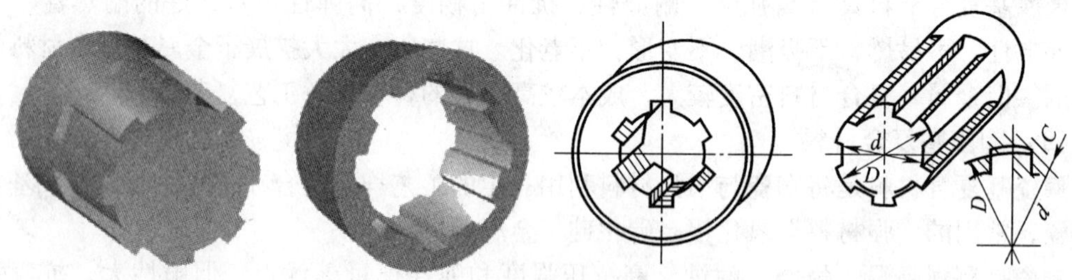

图 2—3 花键连接

(3) 半圆键连接

半圆键的上表面为平面，下表面为半圆形弧面，两侧面互相平行。半圆键连接也是靠两侧工作面传递转矩的，如图 2—4 所示。

其特点是能自动适应零件轮毂槽底的倾斜，使键受力均匀，键槽易加工。主要用于轴端传递转矩不大的场合。

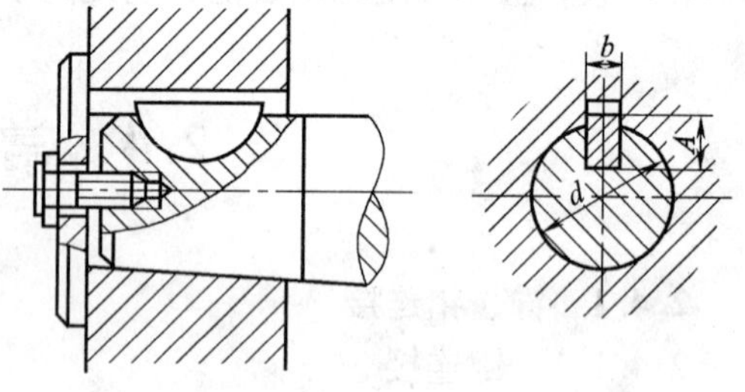

图 2—4 半圆键连接

2.4.1.2 销连接

销连接用来固定零件间的相互位置，构成可拆连接，也可用于轴和轮毂或其他零件的连接以传递较小的载荷；有时还用作安全装置中的过载剪切保护元件。

销是标准件，其基本形式有圆柱销和圆锥销两种。圆柱销连接不宜经常装拆，否则，会降低定位精度或连接的紧固性，如图 2—5 所示。

圆锥销有 1∶50 的锥度，小头直径为标准值。圆锥销易于安装，定位精度高于圆柱销，如图 2—6 所示。圆柱销和圆锥销的销孔均需铰制。铰制的圆柱销孔直径有四种不同配合精度，可根据使用要求选择。

销的类型按工作要求选择。用于连接的销，可根据连接的结构特点按经验确定直径，必要时再做强度校核；定位销一般不受载荷或受很小载荷，其直径按结构确定，数目不得少于两个；安全销直径按销的抗剪强度进行计算。

2.4.2 螺纹连接

螺纹连接是利用螺纹零件构成的一种可拆连接，它具有结构简单、拆卸方便、工作可靠和类型多样等优点。同时，还因绝大多数螺纹连接紧固件已标准化，并有专业工厂大批量生产，故其质量可靠、价格低廉、供应充足。螺纹连接是应用最广泛的一种连接方式。

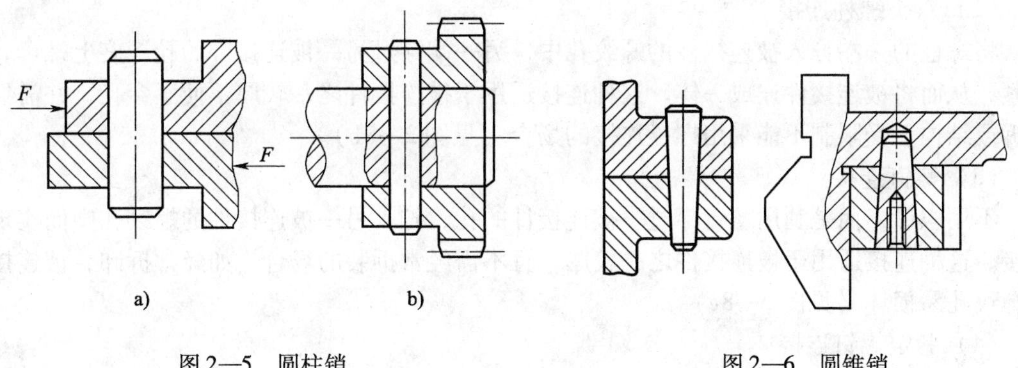

图2—5 圆柱销　　　　图2—6 圆锥销

2.4.2.1 螺纹的分类

螺纹有内螺纹和外螺纹之分。分别具有内、外螺纹的两个零件可以组成螺纹副（螺旋副）。

根据螺旋线的旋向，螺纹可分为右旋螺纹和左旋螺纹。当螺纹体的轴线垂直放置时，所看到的螺纹自左到右升高，称为右旋；反之为左旋。常用的螺纹为右旋。根据螺纹的线数，螺纹分为单线和多线，普通连接螺纹一般用单线。

根据采用的标准不同，螺纹分为米制和英制螺纹。我国除管螺纹外，一般都采用米制螺纹。凡牙型（见图2—7）、大径和螺距等都符合国家标准的螺纹，称为标准螺纹，牙型角为60°的三角形圆柱螺纹，称为普通螺纹。同一公称直径的普通螺纹，按螺距大小又分为粗牙和细牙两种。一般连接多用粗牙螺纹。细牙螺纹的牙浅、升角小，因而自锁性好，螺杆强度高，常用在薄壁零件或受冲击、振动的连接，以及精密机构的调整件上。但细牙螺纹不耐磨、易滑丝，不宜经常装拆。标准螺纹的基本尺寸，可查阅有关标准和手册。

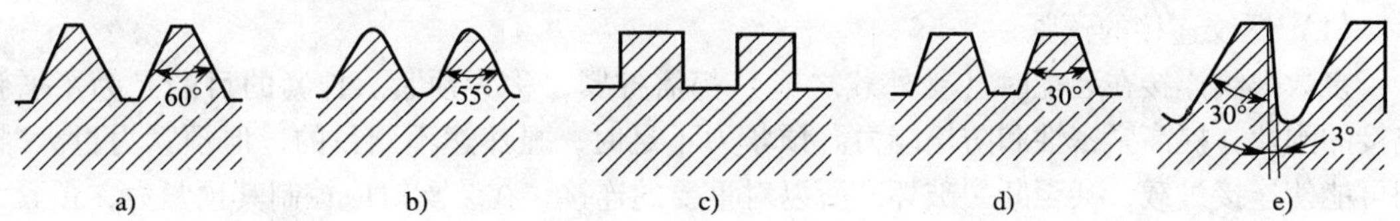

图2—7 螺纹的牙型

a）三角形螺纹；b）管螺纹；c）矩形螺纹；d）梯形螺纹；e）锯齿形螺纹

管螺纹通常是英制细牙三角形螺纹，牙型角为55°。它是用于管件连接的紧密螺纹，内、外螺纹旋合后，牙型间无顶隙，公称直径为管子内径。此外，还有圆锥管螺纹，它的紧密性更好，用于紧密性要求高的连接。

2.4.2.2 螺纹连接的基本类型

螺纹连接的基本类型有螺栓连接、双头螺柱连接、螺钉连接及紧定螺钉连接。

（1）螺栓连接

螺栓连接是利用螺栓穿过被连接件的孔，旋上螺母并拧紧，从而将被连接件连成一体。这种连接结构简单，装拆方便，普遍应用于被连接件不太厚，并有足够装拆空间的场合（见图2—8a）。

（2）双头螺柱连接

将螺柱的一端拧入被连接件的螺纹孔中，另一端穿过另一被连接件的孔，旋上螺母，并拧紧，从而将被连接件连成一体。这种连接适用于被连接件之一较厚不便于穿孔，并需经常装拆或结构上受限制不能采用螺栓连接的场合（见图 2—8b）。

（3）螺钉连接

不用螺母，而是利用螺钉穿过一被连接件的孔，拧入另一被连接件的螺纹孔中而实现的连接。这种连接适用于被连接件之一较厚，且不需经常拆装的场合。如经常拆卸，被连接件的螺纹孔易损坏（见图 2—8c）。

（4）紧定螺钉连接

是利用紧定螺钉拧入一零件，并以末端顶紧另一零件来固定两零件的相互位置。这种连接多用于轴上零件与轴的轴向固定，只能传递不大的力及转矩（见图 2—8d）。

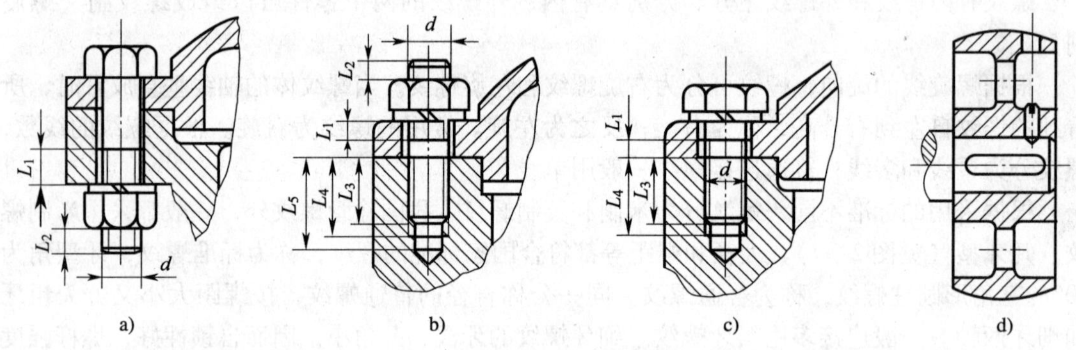

图 2—8　螺纹连接的基本类型

2.4.2.3　螺纹连接的预紧和防松

（1）螺纹连接的预紧

多数螺纹连接在装配时（受外载之前）都需拧紧，称为预紧。拧紧的目的是为了增强连接的刚性，提高紧密性和防松能力。预紧力不足时，显然达不到目的，但预紧力过大时，则可能使连接过载，甚至断裂破坏。所以对重要的连接，在装配时应控制其预紧力，预紧力可通过控制拧紧力矩等方法来实现。对于只靠经验而对预紧力不加控制的重要连接，不宜采用小于 M12 ~ M16 的螺栓，以免预紧时螺栓发生过载失效。

（2）螺纹连接的防松

连接螺纹都能满足自锁条件，且螺母和螺栓头部支撑面处的摩擦也能起防松作用，故在静荷载下，螺纹连接不会自动松脱。但在冲击、振动或变载荷的作用下，或当温度变化很大时，螺纹副间的摩擦力可能减小或瞬时消失，这种现象多次重复就会使连接松脱，降低连接的牢固性和紧密性。甚至会引起严重事故。所以在设计时，必须采取有效的防松措施。

防松的根本问题是防止螺母和螺栓的相对转动。防松的方法很多，按其工作原理可分为摩擦防松、直接锁住和破坏螺纹副运动关系 3 种。

1）弹簧垫圈。如图 2—9 所示，这种垫圈通常用 65Mn 钢制成，经过淬火处理，富有弹性。拧紧螺母后，弹簧垫圈被压平而产生弹性反力，从而使螺母与螺纹间产生一定的摩擦阻力以防止螺母松脱，同时垫圈切口处的尖角也能防止螺母松脱。由于弹簧垫圈结构简单，使用方便，故应用较广。

2）双螺母。如图2—10所示，利用两螺母的对顶作用，在两螺母间的一段螺纹内产生附加拉力，从而产生附加摩擦力。即使外载荷消失，该拉力仍存在。如图可知，副螺母主要承受外荷载，所以主螺母可采用薄螺母。由于使用两个螺母，螺栓及其螺纹部分必须加长，因而增加了连接的外廓尺寸和重量，近年来应用较少。

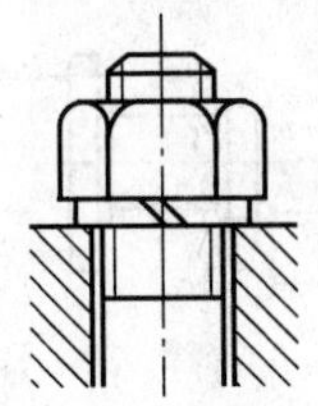

图2—9 弹簧垫圈

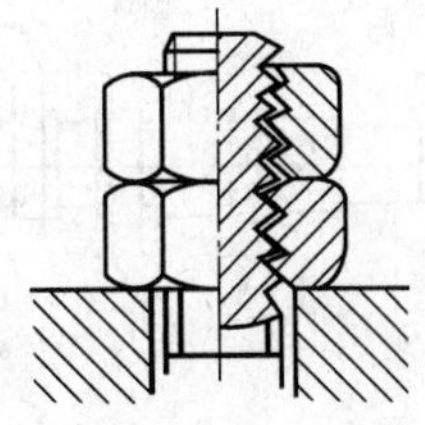

图2—10 双螺母

3）机械防松。这种防松措施是利用附加的机械元件防止螺纹副的相对转动从而实现防松。这类防松方法相当可靠，应用很广。常用的方法有以下几种。

①开口销与槽形螺母。如图2—11所示，在螺栓上钻孔并采用带槽螺母。旋紧螺母后，将开口销穿过螺母上的槽和螺栓末端上的孔后，扳开尾端，使螺母与螺栓之间不能相对转动。这种防松方法可靠，常用于有振动的高速机械上。

②止退垫圈与圆螺母。如图2—12所示，将垫圈的内翅嵌入螺栓（或轴上）的槽内，拧紧圆螺母，将垫圈的一个外翅弯入螺母的一槽内，使螺母与螺栓不能相对转动。常用于滚动轴承的轴向固定、重要的或受力较大的场合。

③止动垫圈。如图2—13所示，将垫圈套入螺栓，并使其下弯的外舌放入被连接件管的小槽中，再拧紧螺母，最后将垫圈的另一边向上弯，使之和螺母的一个边贴紧，但螺栓需另有约束，则可防松。其结构简单，使用方便，防松可靠。

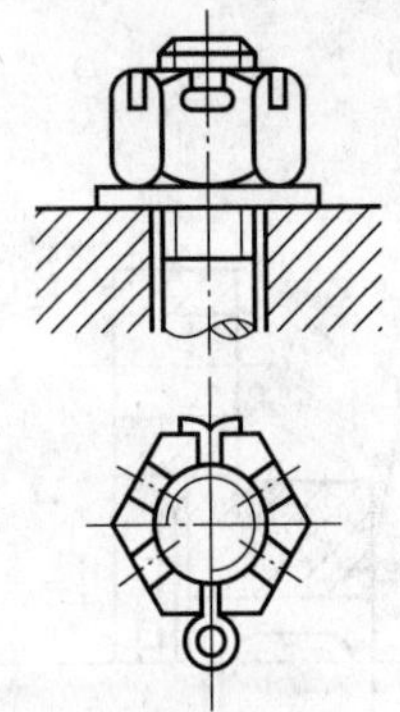

图2—11 开口销与槽形螺母

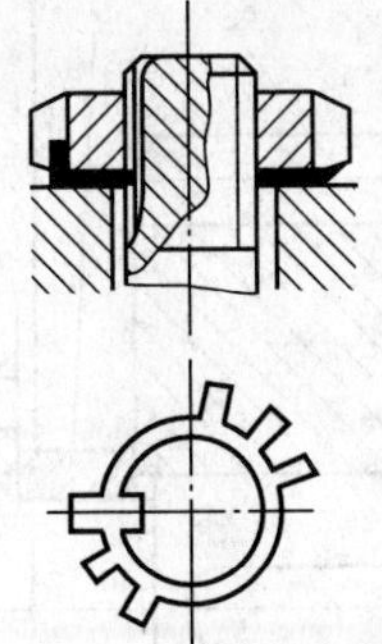

图2—12 止退垫圈与圆螺母

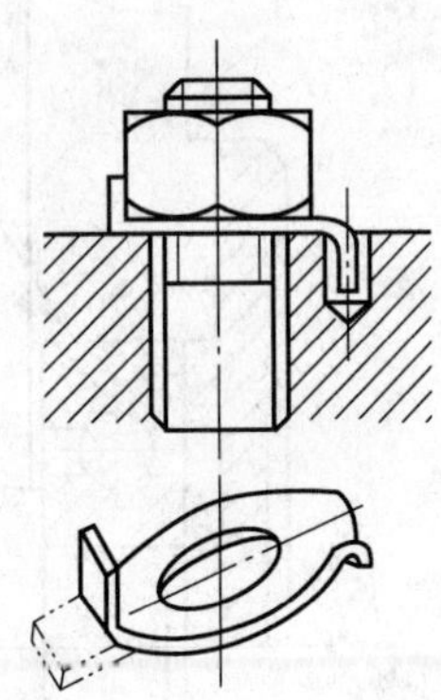

图2—13 止动垫圈

4）化学防松。在螺栓旋合部分涂以胶黏剂，拧紧螺母后，胶黏剂硬化、固着。这种防松方法效果良好，方法简便。但时间久了（1~2年后），防松能力可能减退。

2.4.3 轴

轴是组成机器的重要零件之一，一切作旋转运动的传动零件，都必须安装在轴上才能实现旋转和动力传递。

（1）轴的分类和应用特点

1）按照轴的轴线形状不同，可以把轴分为曲轴（见图 2—14a）和直轴（见图 2—14b、图 2—14c）两大类。曲轴可以将旋转运动改变为往复直线运动或者作相反的运动转换。直轴应用最为广泛，按照其外形不同，可分为光轴（见图 2—14b）和阶梯轴（见图 2—14c）两种。

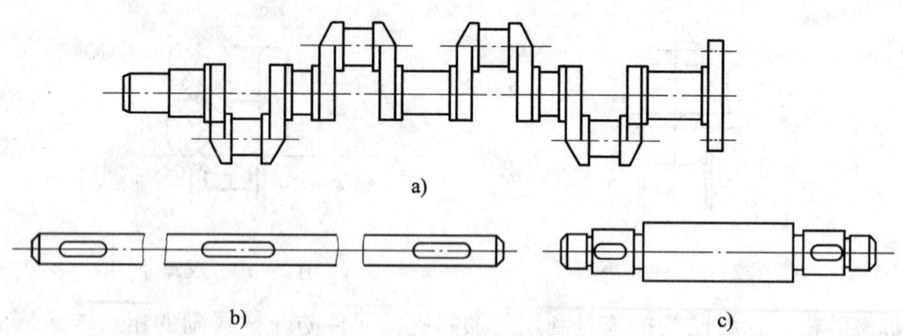

图 2—14　轴

a）曲轴；b）光轴；c）阶梯轴

2）按照轴所受载荷的不同，可将轴分为心轴、转轴和传动轴 3 类。

①心轴。通常指只承受弯矩而不承受转矩的轴。如自行车前轴。

②转轴。既受弯矩又受转矩的轴。转轴常用在各种机器中。

③传动轴：只受转矩不受弯矩或受很小弯矩的轴。如车床上的光轴、连接汽车发动机输出轴和后桥的轴，均是传动轴。

（2）轴的结构

轴主要由轴颈、轴头、轴身和轴肩及轴环构成，如图 2—15 所示。

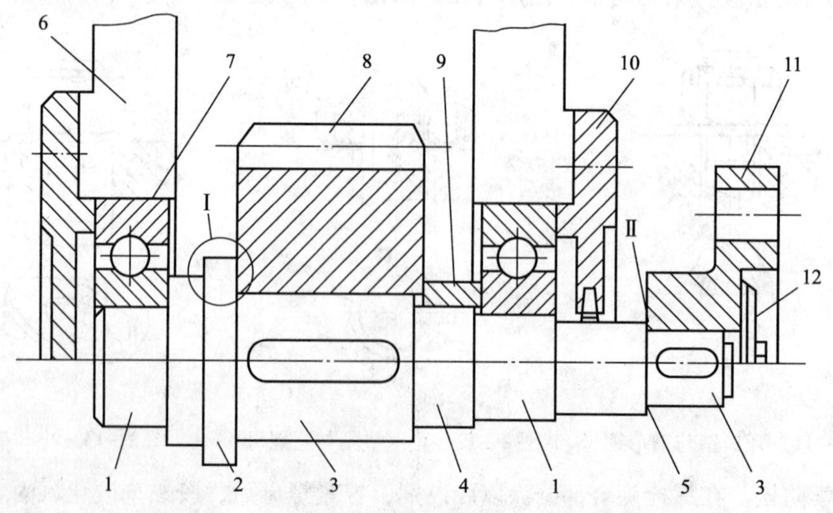

图 2—15　轴的结构

1—轴颈；2—轴环；3—轴头；4—轴身；5—轴肩；6—轴承座；7—滚动轴承；8—齿轮；9—套筒；10—轴承盖；11—联轴器；12—轴端挡阻

①轴颈。是指轴颈与轴承配合的轴段，轴颈的直径应符合轴承的内径系列。

②轴头。是指支撑传动零件的轴段，轴头的直径必须与相配合零件的轮毂内径一致，并符合轴的标准直径系列。

③轴身。是指连接轴颈和轴头的轴段。

④轴肩和轴环是阶梯轴上截面变化之处。

2.4.4　轴承

轴承是机器中用来支撑轴和轴上零件的一种重要部件，用以保证轴的旋转精度、减小转动时轴与支撑间的摩擦和磨损。根据轴工作时摩擦性质不同，轴承可分为滑动轴承和滚动轴承；按所受载荷方向不同，可分为向心轴承、推力轴承和向心推力轴承。

（1）滑动轴承

滑动轴承一般由轴承座、轴瓦装置等部分组成，如图2—16所示。根据轴承所受载荷方向不同，可分为向心滑动轴承、推力滑动轴承和向心推力滑动轴承。

（2）滚动轴承

滚动轴承具有摩擦力矩小，易启动，荷载、转速及工作温度的适用范围较广，轴向尺寸小，润滑维修方便等优点。滚动轴承是各种机器中普遍使用的零件，其尺寸已标准化。滚动轴承由内圈、外圈、滚动体和保持架组成，如图2—17所示。一般内圈装在轴颈上，外圈装在轴承座孔内。内外圈上设置有滚道，当内外圈相对旋转时，滚动体沿着滚道滚动。滚动体是滚动轴承的主体，常见形状有球形和滚子形（圆柱形滚子、圆锥形滚子、鼓形滚子等）。保持架的作用是分隔开两个相邻的滚动体，以减少滚动体之间的碰撞和磨损。按滚动体形状不同，滚动轴承可分为球轴承（见图2—17a）和滚子轴承（见图2—17b）两大类。若按轴承载荷的类型不同可分为3大类：主要承受径向载荷的轴承称为向心轴承；只能承受轴向载荷的轴承称为推力轴承；能同时承受径向和轴向载荷的轴承称为向心推力轴承。

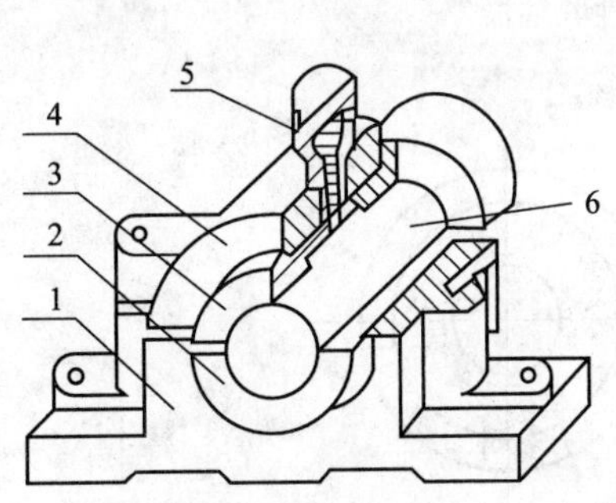

图2—16　滑动轴承

1—轴承座；2、3—轴瓦；4—轴承盖；5—润滑装置；6—轴颈

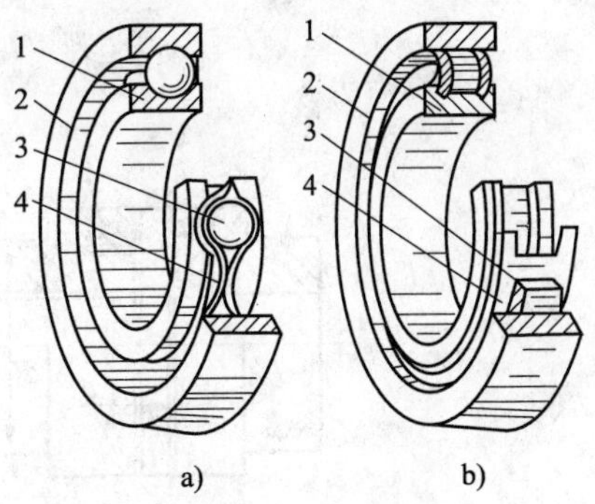

图2—17　滚动轴承构造

a）球轴承；b）滚子轴承

1—内圈；2—外圈；3—滚动体；4—保持架

滚动轴承与滑动轴承相比，具有以下优点：

①滚动轴承的摩擦阻力小，因此功率损耗小，机械效率高，发热少，不需要大量的润滑油来散热，易于维护和启动。

②常用的滚动轴承已标准化，可直接选用，而滑动轴承一般均需自制。

③对于同样大的轴颈，滚动轴承的宽度比滑动轴承小，可使机器的轴向结构紧凑。

④有些滚动轴承可同时承受径向和轴向两种载荷，这就简化了轴承的组合结构。

⑤滚动轴承不需用有色金属，对轴的材料和热处理要求不高。

滚动轴承的缺点主要有：

①承受冲击载荷的能力较差。

②运转不够平稳，有轻微的振动。

③不能部分装配，只能轴向整体装配。

④径向尺寸比滑动轴承大。

2.4.5 联轴器

联轴器用于轴与轴之间的连接，使之共同回转并传递运动及转矩。按性能可分为刚性联轴器和弹性联轴器两类。

(1) 刚性联轴器

刚性联轴器是通过若干刚性零件将两轴连接在一起，可分为固定式（见图2—18）和可移式（见图2—19）两种。固定式刚性联轴器，虽然不具有补偿性能，但有结构简单、制造容易、不需维护、成本低等特点。可移式刚性联轴器具有补偿两轴相对位移的能力。

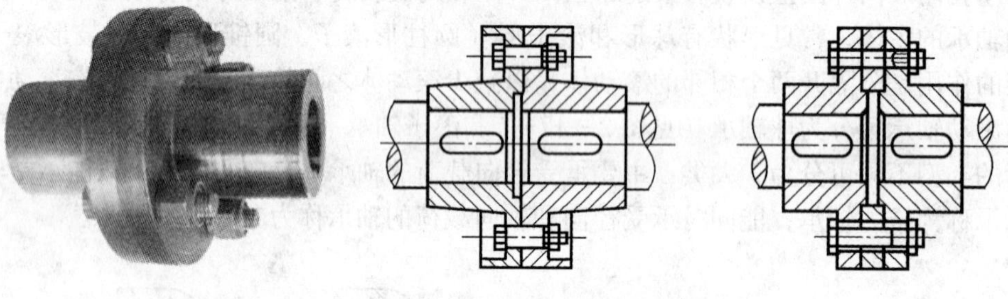

图2—18 固定式刚性联轴器

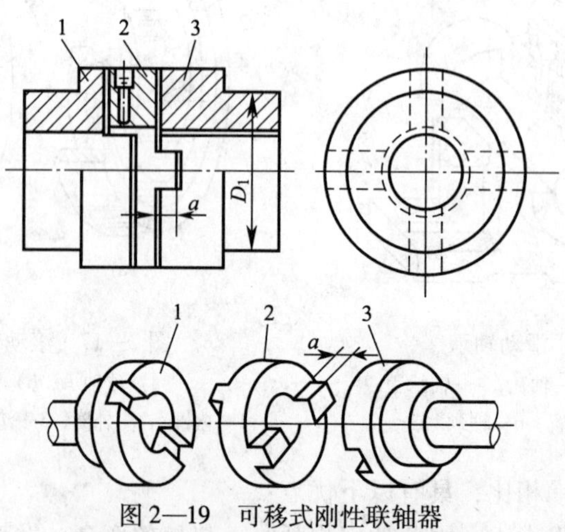

图2—19 可移式刚性联轴器

1—半联轴器；2—滑块；3—半联轴器

（2）弹性联轴器

弹性联轴器种类繁多，它具有缓冲吸振，可补偿较大的轴向位移、微量的径向位移和角位移等特点，常用于正反向变化多、启动频繁的高速轴上。常见的弹性联轴器如图 2—20 所示。

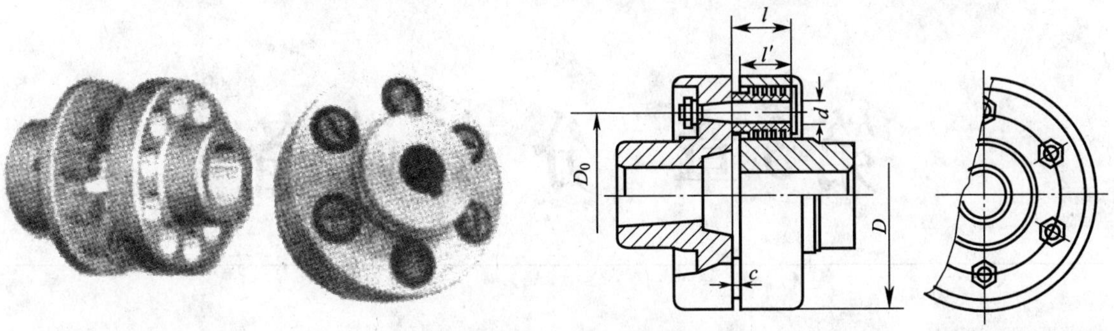

图 2—20　弹性联轴器

习　题

1. 材料强度指什么？材料疲劳强度指什么？
2. 金属材料腐蚀的危害有哪些？
3. 金属腐蚀的防护措施有哪些？
4. 合成橡胶有哪几种？请说明其各自的特点及用途。
5. 键、销连接的作用是什么？有哪些基本形式？
6. 螺纹连接有哪些类型？
7. 螺纹连接的防松措施有哪些？
8. 滚动轴承主要类型有哪几种？各有何特点？
9. 联轴器作用是什么？可分为哪几类？

第3章 分离设备

本章学习目标

熟悉格栅、沉砂池、沉淀池、气浮装置、滤池、除尘等分离设备的类型、构造、工作原理；

掌握常用分离设备的选用原则，能结合具体情况，合理选用分离工艺及设备；

掌握常用分离设备的运行操作方法，能解决实际运行管理中常见的问题。

分离设备是指利用物理、化学、生物的方法进行相态间分离的操作单元。环境污染控制与治理技术中常常会采用分离过程，而且许多分离过程都是在液态或气态流体中进行，分离的对象为流体混合物，即污水和废气。在实际生产中，沉降和过滤是分离工序中常用的两种基本操作方法。

3.1 格栅

格栅一般安装在污水处理流程的前端，或泵站集水池的进口处，用以截留污水中较大的悬浮物、漂浮物、纤维物质和固体颗粒物质等，防止后续处理工序中的管道、阀门或水泵等被堵塞，是污水处理厂站的第一道处理设施。

近年来，作为格栅的机械设备发展很快，市场上各种类型、材质、规格的格栅很多。按形状，格栅可分为平面格栅和曲面格栅；按栅条间隙，可分为粗格栅（50 ~ 100 mm）、中格栅（10 ~ 50 mm）、细格栅（3 ~ 10 mm）；按清渣方式，可分为人工清渣格栅和机械清渣格栅。

3.1.1 格栅的构造与工作原理

机械格栅主要由机架、动力装置、耙齿和电控装置组成，斜置于污水流经的通道中，与地面形成一定的倾角。栅条与机架固定在一起，栅条用于拦截污水中悬浮性污物；传动链条带动数组除污耙齿，耙齿伸入栅条缝隙之中，通过链条带动连续不断地将拦截的污物提升至顶端，在链条运动时，污物掉落到栅条后的栅渣收集箱中。

旋转式格栅除污机的耙齿链（见图3—1）是由若干组用ABS工程塑料、PVC塑料、增强尼龙或不锈钢制成的特殊型耙齿，并按一定的排列次序装配在耙齿轴上，形成密闭式的回转链。耙齿链的下部安装在进水池的液面下。当转动系统带动链轮做匀速定向旋转时，整个耙齿发生自下而上的运动，并将拦截的固体杂物从液体中分离、携带出来，到达顶部时，相邻耙齿产生相对折向运行，大部分污物靠自重脱落，粘在耙齿上的部分污物由特别设置的尼龙刷清污机构反向运动清理干净，流体则通过耙齿的栅隙穿过，整个工作状态连续进行。

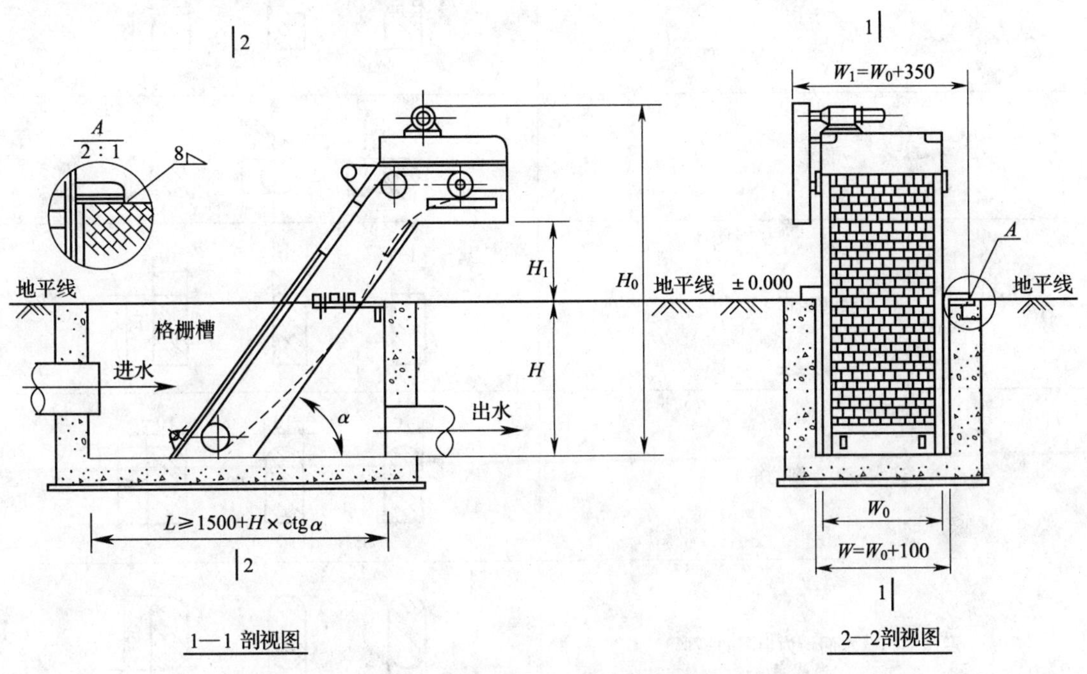

图3—1 旋转式机械格栅示意

3.1.2 格栅的选择

安装污水处理系统或水泵前，必须设置格栅。格栅作为污水预处理设备，应综合考虑后续设备的性能和格栅位置进行选择。

（1）选择栅条间距与栅条断面

当格栅设置于污水处理系统之前时，栅条间距根据污水种类、流量、代表性杂物种类和大小来确定，采用人工清除栅渣时，栅条间隙为25～40 mm，采用机械清除时，栅条间隙为10～25 mm；当格栅设于水泵前时，栅条间隙与污水泵的型号有关，具体数据见表3—1。

表3—1　　污水泵型号与栅条间隙之间的关系

水泵型号	栅条间隙/ mm	水泵型号	栅条间隙/ mm
2½PW，2½PWL	≤20	8PWL	≤90
4 PW，4PWL	≤40	10PWL	≤110
6 PWL	≤70	12PWL	≤150

栅条断面一般有5种，见表3—2。圆形断面水利条件好，水流阻力小，但刚性差，一般多采用矩形断面。3种矩形断面中，迎水面与背水面均为半圆形断面栅条水利条件和刚性最佳。

表3—2　格栅断面形状与尺寸

栅条断面形状	一般采用尺寸/mm
正方形	 20　20　20 20
圆形	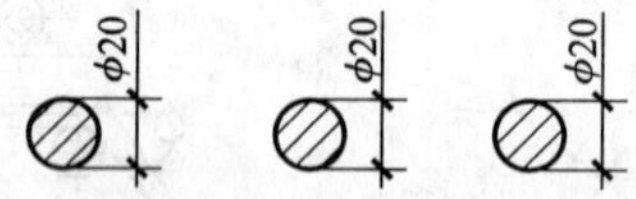 φ20　φ20　φ20
锐边矩形	 10　10　10 50
迎水面为半圆的矩形	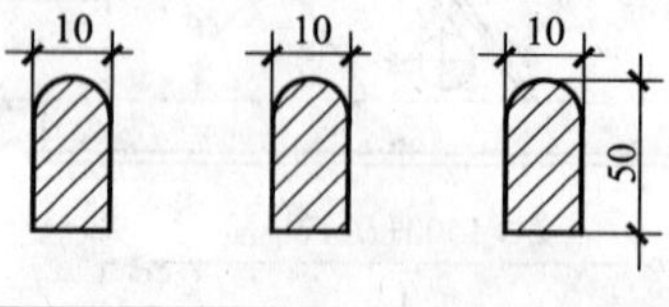 10　10　10 50
迎水面与背水面均为半圆的矩形	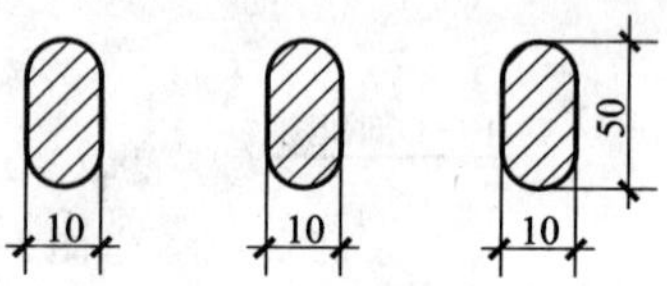 50 10　10　10

（2）选择清渣方式

栅渣的清除方式，一般按所需清渣的量而定。栅渣量与栅条间隙有关，当缺乏运行资料时，可按表3—3确定。

表3—3　栅渣量与栅条间隙的关系

栅条间隙/mm	栅渣量/（$m^3/10^3\ m^3$污水）	栅条间隙/mm	栅渣量/（$m^3/10^3\ m^3$污水）
16～25	0.10～0.05	30～50	0.03～0.01

当每日栅渣量大于0.2 m^3时，应采用机械格栅除污机，目前，一些中小型污水处理厂站，为了改善劳动条件，也采用机械格栅除污机。常用的机械格栅除污机的类型有链条式、移动伸缩臂式、圆周回转式、钢丝绳牵引式等，各类机械格栅除污机的适用范围及优缺点见表3—4。

表3—4 常用格栅除污机的适用范围及优缺点比较

类型	优点	缺点	适用范围
链条式	1. 结构简单，制造方便 2. 占地面积小	1. 杂物进入链条和链轮之间时容易卡住 2. 套筒滚子链造价高，耐腐蚀性差	深度不大的中小型格栅，主要清除长纤维、带状物等生活污水中杂物
移动伸缩臂式	1. 不清渣时，设备全部在水面上，维护检修方便 2. 可不停水检修 3. 钢丝绳在水面上运行，寿命长	1. 需3套电动机和减速器，构造较复杂 2. 移动时耙齿与链条间隙对位较困难	中等深度的宽大格栅。耙斗式适于污水除污
圆周回转式	1. 结构简单，制造方便 2. 动作可靠，容易检修	1. 配制圆弧形格栅，制造较难 2. 占地面积大	深度较浅的中小型格栅
钢丝绳牵引式	1. 适用范围广泛 2. 无水下固定部件的设备，维护检修方便	1. 钢丝绳干、湿交替腐蚀，需采用不锈钢丝绳，货源较少 2. 有水下固定部件的设备，维护检修须停水	固定式适用于中小型格栅，移动式适用于宽大格栅，深度范围广

国家环境保护行业标准 HJ/T 262—2006《格栅除污机》中规定了格栅除污机的技术要求。选用机械格栅除污机时，一般不宜少于2台；在大型污水处理厂站应设置粗、细两道格栅。同时，可根据设备制造厂家提供的格栅宽度、栅条间隙、安装尺寸等技术性能参数、设计水量与水质进行选型。

3.1.3 格栅的设计要点

①格栅前渠道内的水流速度一般采用0.4～0.9 m/s，污水过栅流速宜采用0.6～1.0 m/s。机械清渣格栅倾角宜采用60°～90°；人工清除的宜采用30°～60°。

②通过格栅的水头损失一般采用0.08～0.15 m。

③栅渣量在无当地资料时，可采用以下数据：

格栅间隙16～25 mm，0.10～0.05 m^3栅渣/10^3 m^3污水；格栅间隙30～50 mm，0.03～0.01 m^3栅渣/10^3 m^3污水。

④格栅上部必须设置工作平台，其高度应高出格栅前最高设计水位0.5 m，工作平台上应有安全和冲洗设施。

⑤格栅工作平台两侧边道宽度宜采用0.7～1.0 m。工作平台正面过道宽度，采用机械清除时不应小于1.5 m，采用人工清除时不应小于1.2 m。

⑥栅渣通过机械破碎输送，压榨脱水后外运。栅渣输送宜采用螺旋输送机，输送距离大于8.0 m的宜采用带式输送机。

⑦格栅除污机、输送机与压榨脱水机的进出料口宜采用密封形式，根据周围环境情况，

可设置除臭处理装置。

⑧格栅间应设置通风设施及有毒有害气体的检测与报警装置。

⑨机械格栅的动力装置一般宜设在室内，或采取其他保护措施。

⑩格栅间内应安设吊运设备，以备格栅及其他设备的检修和栅渣的日常清除。

3.1.4 格栅的运行与管理

格栅是水处理设备的运行维护中最为简单的设备之一。对于人工清污格栅，运行管理人员的主要任务是及时清除格栅上截留的污物，防止栅条间隙堵塞，对于机械清除格栅，则是保证格栅除污机的正常运转。

机械清除格栅通常采用间歇式清除装置，其运行可用定时装置控制操作，亦可用格栅前、后渠道水位差的随动装置控制操作。为保证设备安全运行，机械除污装置应设超负荷自动保护装置。

为了保证机械格栅除污机的正常运行，应制定详细的维护检修计划，对设备的各部位进行定期检查维修并认真做好检修记录，如轴承减速器、链条的润滑情况，传动带或链条的松紧程度，控制操作的定时装置或水位差的随动装置是否正常等，及时更换损坏的零件。

当机械格栅除污机出现故障或停机检修时，应采用人工方式清污。

机械格栅除污机在安设与操作管理中，应注意以下事项：

①为使污水通过格栅时水流横断面积不减小，应及时清除格栅上截留的污物。

②为了防止栅前产生壅水现象，将格栅后渠降低一定高度，应不小于通过格栅的水头损失。

③间歇式操作的机械格栅，其运行方式可用定时控制操作，或按格栅前后渠道的水位差的随动装置来控制格栅的工作程度。有时也采用上述两种方式结合的运行方式。

3.2 沉　砂　池

沉砂池的作用是从污水中分离密度较大的无机颗粒，如砂、炉灰渣等。通常设置在细格栅后，以保证后续处理构筑物及设备的正常运行，减少在渠道、管道和处理构筑物处产生大量沉积，避免重力排泥困难，防止对污水生物处理系统及处理构筑物运行的干扰。常用的沉砂池有平流式沉砂池、曝气沉砂池和钟式沉砂池等。

3.2.1 平流式沉砂池

平流式沉砂池是平面为长方形的沉砂池，由入流渠、出流渠、闸板、水流部分、沉砂斗和排砂管组成，一般设为一池两渠的形式。平流沉砂池的水流部分，实际上是一个加宽加深的明渠，两端设有闸板，以控制水流，池底设 1~2 个储砂斗（见图 3—2）。污水在池内沿水平方向流动，具有截留无机颗粒物效果好、工作稳定、构造简单和排砂方便等优点。平流式沉砂池常用的排砂方式与装置，主要有重力排砂和机械排砂两种。如图 3—2 所示为重力排砂。机械排砂主要是依靠真空泵、砂泵等配套设备将砂斗中的泥砂吸出排除。大、中型污水处理厂应采用机械除砂。

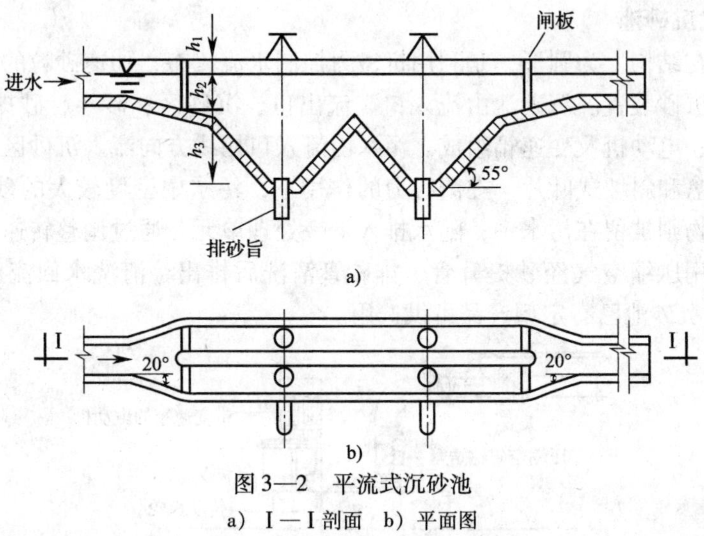

图 3—2　平流式沉砂池

a）Ⅰ—Ⅰ剖面　b）平面图

3.2.2　曝气沉砂池

曝气沉砂池是一长形渠道，沿渠壁一侧为整个长度方向，距池底 60 ~ 90 cm 处安设曝气装置，在其下部设集砂槽，池底有 $i = 0.1 \sim 0.5$ 的坡度，以保证砂粒滑入。由于曝气作用，污水中有机颗粒经常处于悬浮状态，砂粒互相摩擦并承受曝气的剪切力，砂粒上附着的有机污染物能够被去除，有利于取得较为洁净的砂粒。在旋流的离心力作用下，一些密度较大的砂粒被甩向外层沉入集砂槽，而密度较小的有机物随水流向前流动被带到下一处理单元。集砂槽中的砂粒可采用机械刮砂、空气提升器或泵吸式排砂机排除。

曝气沉砂池的优点是可以通过调节曝气量，控制污水的旋流速度，使除砂效率较稳定，受流量变化影响较小。同时，在水中曝气可脱臭，改善水质，有利于后续处理，还可起到预曝气作用。普通沉砂池截留的沉砂中夹杂有 15% 的有机物，使沉砂的后续处理难度增加，采用曝气沉砂池，可在一定程度上克服此缺点。曝气沉砂池断面如图 3—3 所示。

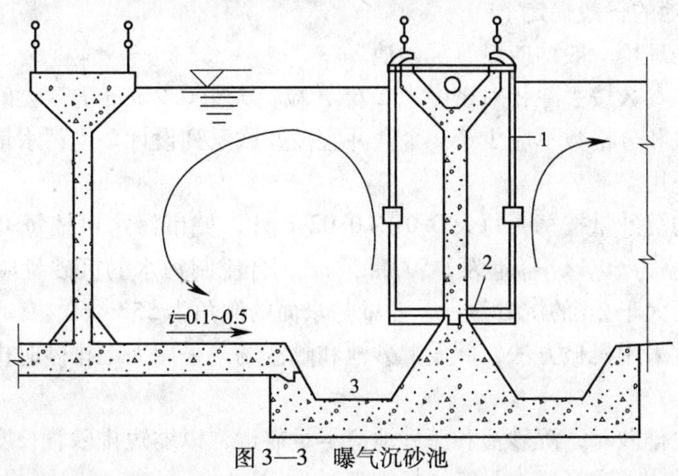

图 3—3　曝气沉砂池

1—压缩空气管；2—空气扩散板；3—集砂槽

3.2.3 钟式沉砂池

钟式沉砂池在结构上为圆形，是利用机械力控制水流流态，加速砂粒的沉淀并使有机物随水流被带走的沉砂装置。沉砂池由流入口、流出口、沉砂区、砂斗、砂提升管、排砂管、压缩空气输送管、电动机及变速箱组成。污水由流入口切线方向流入沉砂区，利用电动机及传动装置带动转盘和斜坡式叶片，在离心力的作用下，污水中密度较大的砂粒被甩向池壁，掉入砂斗，有机物则被留在污水中，随水排入下一处理单元。通过调整转速，可以获得最佳沉砂效果。沉砂用压缩空气经砂提升管、排砂管清洗后排出，清洗水回流至沉砂区，如图3—4所示。钟式沉砂池已有定型产品可供选用。

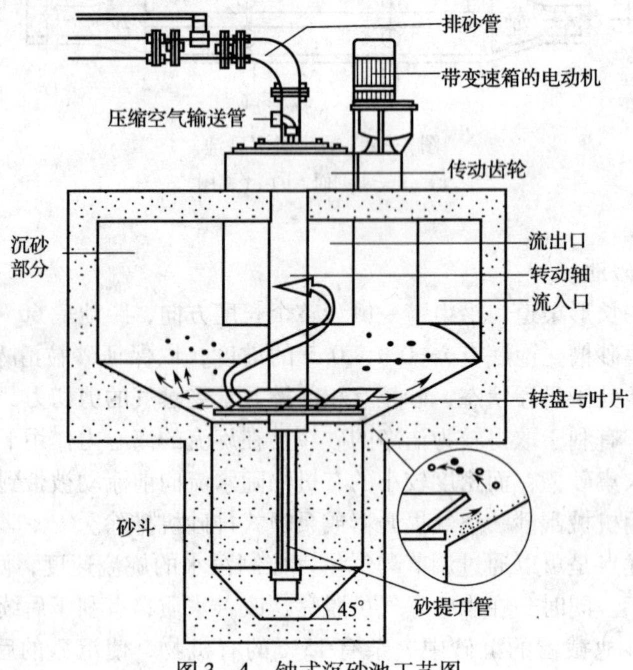

图3—4 钟式沉砂池工艺图

3.2.4 沉砂池的一般规定

①城市污水处理厂一般均应设置沉砂池。

②沉砂池设计参数按去除相对密度为2.65、粒径大于0.2 mm的砂粒确定。

③沉砂池个数和分格数不应少于2个，并宜按并联系列设计。当污水量较小时，可考虑一格工作，一格备用。

④生活污水的沉砂量按每人每天0.01 ~0.02 L计，城市污水可按每10万 m^3 污水沉砂30 m^3 计，其含水率为60%，容重为1 500 kg/ m^3，合流制污水的沉砂量应根据实际情况确定；砂斗容积按不大于2d的沉砂量计，斗壁与水面的倾角为55° ~60°。

⑤除砂一般宜采用机械方法，并设贮砂池和晒沙场。采用人工排砂时排砂管直径不应小于 ϕ200 mm。

⑥当采用重力排砂时，沉砂池和储砂池应尽量靠近，以缩短排砂管长度，并设排砂闸门于管的首端，使排砂管道畅通，易于维护管理。

⑦沉砂池超高不宜小于0.3 m。

3.3 沉 淀 池

沉淀池是分离水中悬浮颗粒的一种主要处理构筑物，是污水处理系统中不可缺少的重要组成部分之一。

沉淀池多为钢筋混凝土结构，池壁一般现场浇注，除满足工艺要求外，其强度与结构设计、制造还应满足《给水排水工程构筑物结构设计规范》（GB 50069—2002）及《给水排水构筑物工程施工及验收规范》（GB 50141—2008）中的规定。沉淀池按池内水流方向的不同，可分为平流式、辐流式、竖流式和斜板（管）式4种类型。

3.3.1 平流式沉淀池

平流式沉淀池池型呈长方形，水在池内按水平方向流动，从池一端流入，从另一端流出(见图3—5)。按功能区分，沉淀池可分为流入区、流出区、沉淀区、缓冲层、污泥区5个部分。流入区由设有侧向或槽底潜孔的配水槽、挡流板组成，起均匀布水和消能作用。流出区设有流出槽和挡板。流出槽设自由溢流堰，溢流堰严格水平，既可保证水流均匀，又可控制沉淀池水位。因此，溢流堰常采用锯齿堰，如图3—6a 所示。为了减少溢流堰负荷，改善出水水质，可采用多槽沿程布置，如需阻挡浮渣随水流走，流出堰可用潜孔出流。锯齿堰及沿程布置出流槽，如图3—6b 所示。

缓冲层的作用是避免已沉污泥被水流搅起和缓解冲击负荷。

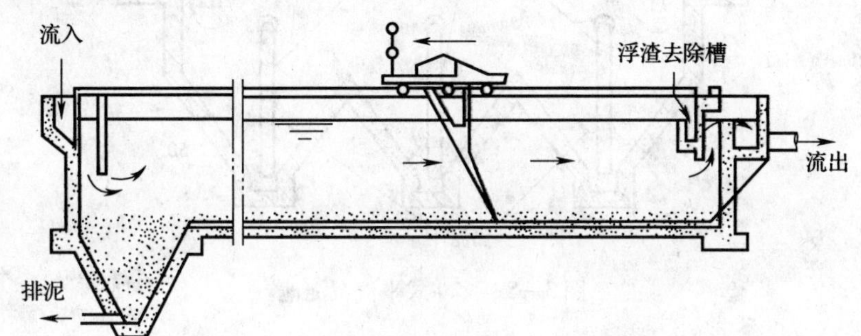

图3—5 设有行车式刮泥机的平流式沉淀池

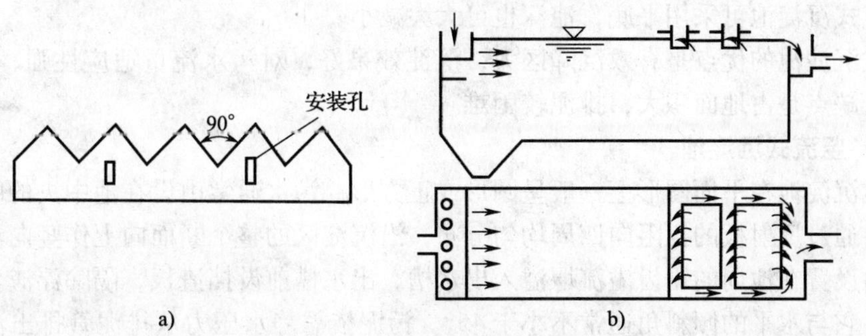

图3—6 溢流堰及多槽出水装置

污泥区起储存、浓缩和排泥作用。

排泥装置与方法一般有：

①静水压力法。利用池内的静水位，将泥排出池外，如图 3—7 所示。排泥管插入泥斗，上端伸出水面，以便清通。为了使池底污泥能滑入泥斗，池底应有一定的坡度。为了减少池深或不设置机械刮泥设备，也可采用多斗式平流沉淀池，如图 3—8 所示。

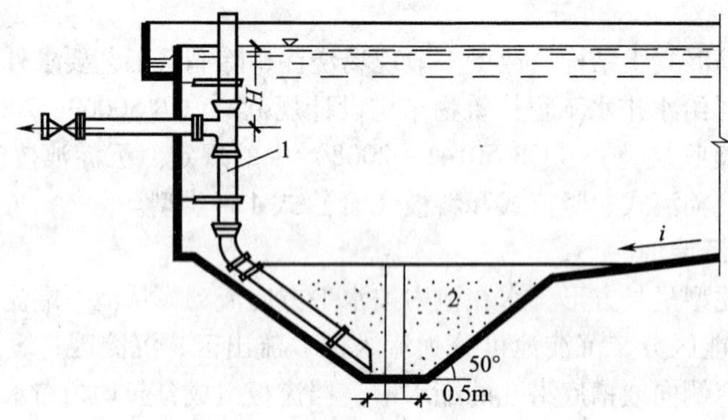

图 3—7　沉淀池静水压力排泥

1—排泥管；2—集泥斗

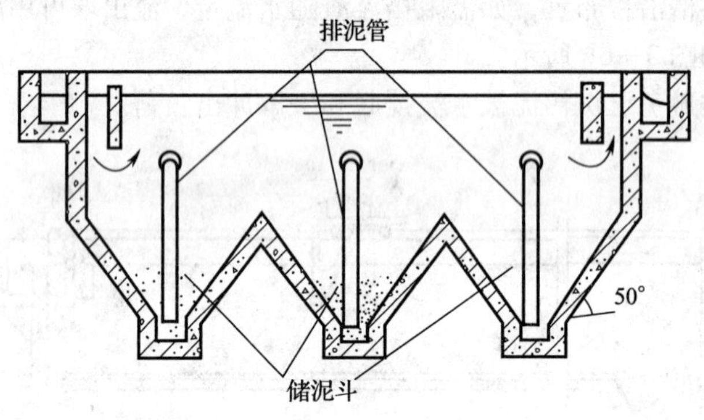

图 3—8　多斗式平流沉淀池

②机械排泥法。机械排泥常采用的刮泥设备除桥式行车刮泥机（见图 3—5）外，还有链带式刮泥机。被刮入污泥斗的污泥，可采用静水压力法或螺旋泵排出池外。采用机械排泥法时，平流式沉淀池可采用平底，池深也可大大减小。

平流式沉淀池的优点是有效沉降区大，沉淀效果好，对污水流量适应性强，施工方便，造价较低。缺点是占地面积大，排泥较困难。

3.3.2　竖流式沉淀池

竖流式沉淀池在平面图形上一般呈圆形或正方形，污水通常由设在池中央的中心管自上而下流入，通过反射板的拦阻向四周均匀分布，沿沉淀区的整个断面向上作竖向流动，沉淀后的出水由设置在池周的锯齿溢流堰溢入出水槽，出水槽前设挡渣板，隔除浮渣。池底锥体为储泥斗，它与水平的倾斜角通常不小于 45°。污泥依靠静水压力从排泥管排出池外。如图 3—9 所示为圆形竖流式沉淀池。

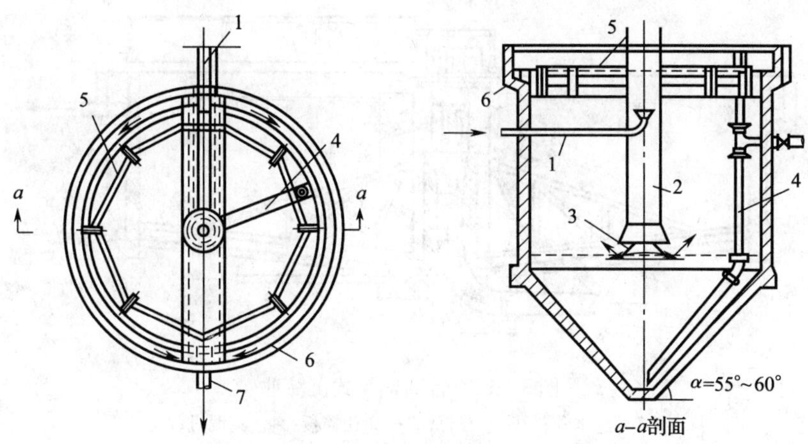

图3—9　圆形竖流式沉淀池

1—进水管；2—中心管；3—反射板；4—排泥管；

5—挡渣板；6—流出槽；7—出水管

竖流式沉淀池的直径或边长常控制在4～7 m之间，一般不大于10 m，沉降区的水流上升速度一般采用0.5～1.0 mm/s。为保证水流自下而上垂直流动，要求池子直径与沉淀区深度之比不大于3∶1。污水在中心管内的流速对悬浮物的去除有一定的影响，中心管内水流速度应不大于30 mm/s，而当设置反射板时，可取100 mm/s。污水从喇叭口与反射板之间的间隙流出的流速不应大于40 mm/s。具体尺寸关系如图3—10所示。

竖流式沉淀池具有排泥容易，不需设机械刮泥设备，占地面积较小等优点。其缺点是造价较高，单池容量小，池深且大，施工较困难。因此，竖流式沉淀池适用于处理水量不大的小型污水处理厂站。

3.3.3　辐流式沉淀池

普通辐流式沉淀池是一种圆形的、直径较大而有效水深相对较浅的池子，直径一般在20～30 m以上，池周水深1.5～3.0 m，池中心处深度为2.5～5.0 m，采用机械排泥，池底坡度不小于0.05，如图3—11所示。

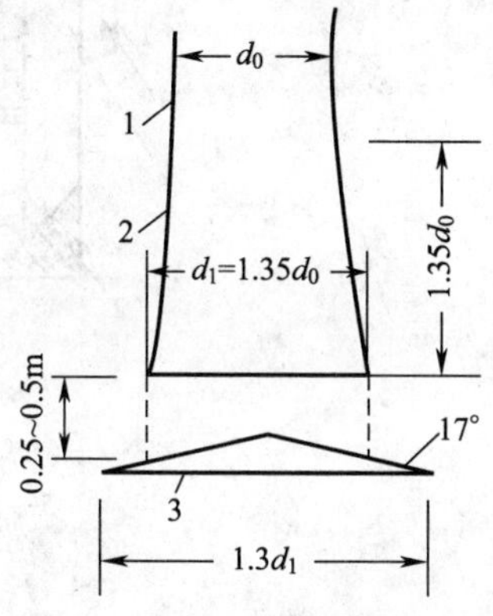

图3—10　中心管和反射板的结构尺寸

污水从池中心处流入，沿半径的方向向池周流出。在池中心处设中心管，污水从池底的进水管进入中心管，在中心管周围设穿孔挡板，使污水在沉淀池内得以均匀流动。出水堰亦采用锯齿堰，堰前设挡板，拦截浮渣。

刮泥机由桁架和转动装置组成，当池径小于20 m时，用中心转动；当池径大于20 m时，用周边转动，将沉淀的污泥推入池中心的污泥斗中，然后借助静水压力或污泥泵排出池外。

辐流式沉淀池的优点是建筑容量大，采用机械排泥，运行较好，管理较简单。其缺点是池中水流速度不稳定，机械排泥设备复杂，造价高。辐流式沉淀池适用于处理水量大的场所。

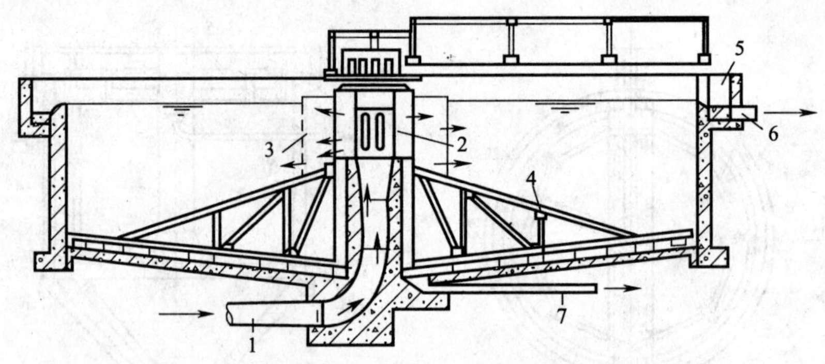

图 3—11 普通辐流式沉淀池

1—进水管；2—中心管；3—穿孔挡板；4—刮泥机；
5—出水槽；6—出水管；7—排泥管

3.3.4 斜板（管）式沉淀池

斜板（管）式沉淀池（见图 3—12）是根据浅池理论，在沉淀池的沉淀区加斜板或斜管而构成。它由斜板（管）沉淀区、进水配水区、清水出水区、缓冲区和污泥区组成。按斜板或斜管间水流与污泥的相对运动方向来区分，斜板（管）沉淀池有同向流和异向流两种。在污水处理中常采用升流式异向流斜板（管）式沉淀池，如图 3—13 所示。

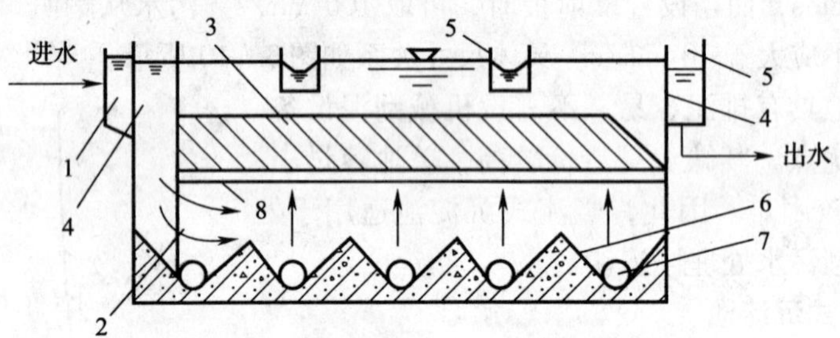

图 3—12 斜板（管）式沉淀池

1—配水槽；2—穿孔墙；3—斜板或斜管；4—淹没孔口；
5—集水槽；6—集泥斗；7—排泥管；8—阻流板

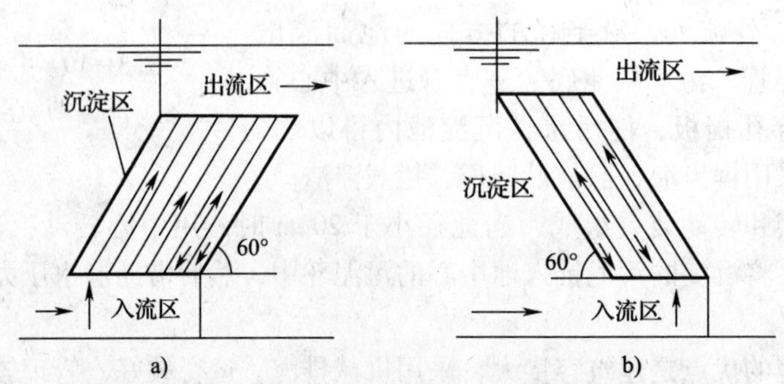

图 3—13 升流式异向流斜板（管）沉淀池的两种形式

异向流斜流沉淀池中，斜板（管）与水平面呈60°角，长度通常为1.0 m左右，斜板净距（或斜管孔径）一般为80～100 mm。斜板（管）区上部清水区水深为0.7～1.0 m，底部缓冲层高度为1.0 m。

斜板（管）沉淀池的进水方式一般采用穿孔墙整流布水，在池壁与斜板（管）的间隙处装有阻流板，以防止水流短流。斜板（管）上缘一般向池子进水端倾斜安装。出水方式一般采用多槽出水，在池面上增设几条平行的出水堰和集水槽，以改善出水水质和加大出水量。斜板（管）沉淀池一般采用重力排泥，每日排泥次数至少1～2次，或连续排泥。一般设有斜板（管）冲洗设施。

斜板（管）沉淀池具有沉淀效率高、停留时间短、占地少等优点，因此在需要挖掘原有污水处理厂潜力或当污水处理厂占地面积受到限制等技术经济要求下，可选为初次沉淀池用。

斜板（管）沉淀池不宜作为二次沉淀池，因为活性污泥易黏附在斜板（管）上，影响沉淀效果甚至堵塞斜管。同时，黏附在斜板（管）上的污泥会在厌氧情况下产生气体，干扰沉淀，且会将从斜板（管）上脱落的污泥带至水面形成污泥层。

3.3.5 沉淀池的一般规定

沉淀池的一般规定如下：

①沉淀池的座数或分格数不小于2座（个），多于2座（个）时宜按并联系列设计。

②城市污水沉淀池的设计数据可参照表3—5选用。

表3—5 城市污水沉淀池设计数据

沉淀池类型	沉淀池位置	沉淀时间 (h)	表面负荷 $m^3/(m^2 \cdot h)$	污泥量		污泥含水率（%）
				g/（p·d）	L/（p·d）	
初次沉淀池		1.0～2.0	1.5～3.0	14～25	0.36～0.83	95～97
二次沉淀池	活性污泥法后	1.5～2.5	1.0～1.5	10～21	—	99.2～99.6
	生物膜法后	1.5～2.5	1.0～2.0	7～19	—	96～98

注：工业废水沉淀池的设计数据应按实际水质试验确定，或参照类似工业废水的运转或试验资料采用。

③沉淀池的超高至少采用0.3 m，缓冲层高度一般采用0.3～0.5 m。

④污泥斗壁与水面的倾角，一般为55°～60°。

⑤排泥管直径不应小于ϕ200 mm；采用机械排泥时可连续或间歇排泥；采用静水压力法，初次沉淀池的静水头不应小于1.5 m，二次沉淀池的静水头，生物膜法后不应小于1.2 m，活性污泥法后不应小于0.9 m，并应每日排泥。

⑥采用多斗排泥时，每个泥斗均应设单独的闸阀和排泥管。

⑦当采用两个以上沉淀池时，应在每个沉淀池的入流口设置调节阀门，调节流量，使每池的入流量均等。

⑧进水管有压力时，应设配水井，进水管应由池壁接入，不宜由井底接入，且将进水管的进口弯头朝向井底。

3.3.6 沉淀池的选用

各种类型的沉淀池在其适宜的条件下都能获得最佳效果。因此，在污水处理的设计中，首先要了解各种类型沉淀池的特点和使用条件，选用适合具体情况的沉淀池。各类型沉淀池的特点和适用条件见表3—6。

表3—6　各种沉淀池的特点及适用条件

类　型	主要优缺点	适用条件
平流式沉淀池	沉淀效果好，对冲击负荷和温度变化的适应能力较强，施工简易，造价较低。但占地面积大，配水不易均匀，多斗排泥操作量大，链带式刮泥机易锈蚀	地下水位高及地质条件差的地区，大、中、小型污水处理厂
竖流式沉淀池	占地面积小，管理简单，排泥方便。但池深大，施工难，对冲击负荷和温度变化的适应能力较差，池径不宜过大，否则布水不均匀	水量不大的小型污水处理厂站
辐流式沉淀池	采用机械排泥，运行效果较好，管理较简单。但机械排泥设备复杂，对施工质量要求高	地下水位较高地区，大、中型污水处理厂
斜板斜管沉淀池	沉淀效率高，占地面积小，水力负荷高。但斜板、斜管造价高，需定期更换，易堵塞	小型污水处理厂站

3.3.7 沉淀池的运行与维护

3.3.7.1　刮泥和排泥

刮泥和排泥一般有两种操作方式，即间歇刮（排）泥和连续刮（排）泥。

（1）刮泥

污泥在沉淀池中沉淀后，并不是全都进入到污泥斗中，常通过设置在沉淀池中的刮泥机将池底污泥刮至泥斗，有的刮泥机同时将池面浮渣刮入浮渣槽。平流式沉淀池采用行车式刮泥机时，一般采用间歇方式刮泥；当采用链条式刮泥机时，既可间歇刮泥也可连续刮泥。刮泥周期的长短除与设计有关外，还取决于泥量及泥质的变化，当泥量较大或污泥已腐败时就应该缩短刮泥周期，将污泥及时刮入泥斗。缩短刮泥周期时，刮泥机的行走速度不能过快，否则沉淀的污泥会因搅动重新进入污水中。对于辐流式沉淀池，通常采用的连续刮泥方式，周边线速度不宜超过3 m/min，否则已沉淀污泥会“沉渣泛起”，使沉淀效果下降。

（2）排泥

排泥是沉淀池运行中最重要也是最难控制的一项操作，要求既要将泥排净，又要使污泥浓度较高。排泥时间持续多长，取决于污泥量、排泥泵的流量和浓缩池要求的进泥浓度。排泥时间可采用如下方法确定：在排泥开始时，从排泥管定时连续取样测定含固量变化，直至含固量基本为零，所需时间即排泥时间。

排泥的控制形式可分为手动排泥和自动排泥。小型污水处理厂站，多为手动排泥，即人工操作排泥阀启闭或污泥泵的开停，可以根据工艺要求每班排泥，也可以根据泥量决定排泥次数。大型污水处理厂主要进行自动排泥。按照排泥控制系统的时间程序定时开泵排泥，定时停泵。为了更好地进行排泥控制，目前比较广泛采用的方式是浓度控制排泥，即在沉淀池内或排泥管道上安装污泥浓度计，在线监测污泥浓度的变化，由控制器根据污泥浓度的变化控制污泥泵的开或停。这种方式能根据泥量的变化自动调整排泥时间，既不降低排泥浓度，又能排泥彻底；既节约了电耗，又减轻了后续处理的压力，能够明显提高沉淀池的运行效率。这种控制方式是时间和浓度联合控制。根据经验设定时间定时启动排泥，停泵由装在沉淀池内或排泥管道上的污泥浓度计控制，启动排泥后，污泥浓度会逐渐变小，当污泥浓度降至设定值时，泥泵自动停止。

3.3.7.2　运行管理

沉淀池运行管理的基本要求是保证各项设备安全完好，及时调控各项运行控制参数，保证出水水质稳定达到规定的指标。为此，在做好刮泥及排泥的基础上，还应当做好以下几方面工作。

（1）避免短流

进入沉淀池的水流，在池中停留的时间通常并不相同，一部分水的停留时间小于设计停留时间，很快流出池外；另一部分则停留时间大于设计停留时间，这种停留时间不相同的现象称为短流。短流使一部分水的停留时间缩短，得不到充分沉淀，降低了沉淀效率；另一部分水的停留时间可能很长，甚至出现水流基本停滞不动的死水区，浪费了时间，减少了沉淀池的有效容积。总之，短流是影响沉淀池出水水质的主要原因之一。

形成短流现象的原因很多。为避免出现短流，一是在设计中尽量采取一些措施，如采用适宜的进水分配装置，以消除进口射流，使水流均匀分布在沉淀池的过水断面上；降低紊流并防止污泥区附近的流速过大；增加出流堰的长度；沉淀池加盖或设置隔墙，以降低池水受风力和光照升温的影响；高浓度污水经过预沉淀等。二是加强运行管理，在沉淀池投产前应严格检查出水堰是否平直，发现问题，要及时修理。在运行中，浮渣可能堵塞部分溢流堰口，致使整个出流堰的单位长度溢流量不等而产生水流抽吸，操作人员应及时清理堰口上的浮渣。通过采取上述措施，可使沉淀池的短流现象降低到最小限度。

（2）正确投加混凝剂

当沉淀池使用混凝工艺的液固分离时，正确地投加混凝剂是沉淀池运行管理的关键之一。要做到正确投加混凝剂，必须根据水质、水量的变化及时调整投药量。特别要防止断药事故的发生，因为即使短时期停止加药也会导致出水水质的恶化。

（3）及时排泥

及时排泥是沉淀池运行管理中极为重要的工作。污水处理过程中，沉淀池内所含污泥量较多，绝大部分为有机物，如不及时排泥，就会产生厌氧发酵，致使污泥上浮，不仅破坏了沉淀池的正常工作，而且使出水水质恶化。

初次沉淀的池排泥周期一般不宜超过 2 日，二次沉淀池排泥周期一般不宜超过 2 h，当排泥不彻底时，应停止工作，采用人工冲洗的方法清除污泥。机械排泥的沉淀池要加强排泥设备的维护管理，一旦机械排泥设备发生故障，应及时修理，以避免池底积泥过度，影响出水水质。

（4）防止藻类滋生

在给水处理中的沉淀池，当原水藻类含量较高时，会导致藻类在池中滋生，尤其是在气温较高的地区，沉淀池中加装斜板或斜管时，这种现象可能更为突出。藻类滋生虽不会严重影响沉淀池的运转，但对出水的水质不利。预防措施是：在水中加氯，以抑制藻类生长。另外，采用三氯化铁混凝剂亦对藻类有抑制作用。对于已经在斜板和斜管上生长的藻类，可用高压水冲洗，即可去除附着的藻类。

(5) 定期维护

对于沉淀池的定期维护主要是指定期对沉淀池进行排空。一般每年一次，对沉淀池进行彻底清查。主要包括：清除池内死角的沉泥、沉砂；检查刮泥机水下金属部件的腐蚀情况以及是否需要更换，排泥管道是否有堵塞情况，沉淀池常年处于水下的混凝土是否脱落等。可通过在沉淀池及其一些附属设备、装置的长期操作的基础上，注意总结、积累实际经验，更有利于沉淀池的正常运行。

3.3.7.3 沉淀池的异常问题及解决措施

(1) 出水带有细小悬浮颗粒

这说明沉淀池局部沉淀效果不好。原因有：水量负荷冲击或长期超负荷；因短流而减少停留时间，絮体在沉降前即流出出水堰；曝气池活性污泥过度曝气，使污泥自身氧化而解体。

解决方法有调整进水、出水配水设施不均匀状况，减轻冲击负荷的影响，克服短流；调整曝气池的运行参数，以改善污泥絮凝性能，如营养缺乏时补充，泥龄过长污泥老化应使之缩短，过度曝气时应调整曝气量；均匀分配浓缩池上清液的负荷影响。

(2) 出水堰脏且出水不均

因污泥黏附、藻类长在堰上，或浮渣等物体卡在堰口上，导致出水堰很脏，甚至某些堰口堵塞出水不均。

解决办法为经常清除出水堰口卡住的污物；适当加氯消毒阻止污泥、藻类在堰口的生长积累。

(3) 污泥上浮

导致污泥上浮的原因有污泥停留时间过长，有机质腐败；沉池中污泥反硝化，还原成氮气而使污泥上浮。

解决办法有保证正常的储存和排泥时间；检查排泥设备故障；清除沉淀池内壁、部件或某些死角的污泥；降低耗氧处理系统污泥的硝化程度；调整污泥回流量，调整污泥泥龄；防止其他构筑物腐化污泥进入。

(4) 浮渣滞流

产生原因为浮渣去除装置位置不当或去除频次过低，浮渣停留时间过长。

解决办法为：维修浮渣刮除装置；调整浮渣刮除频率；严格控制浮渣的产生量；如含油脂多的废水的预处理，减少其他构筑物腐败污泥或高浓度上清液进入，克服污泥的上浮和藻类的过量生长。

(5) 污泥管道或设备堵塞

这类现象一般多发生在城市污水处理厂的初沉池，是由污泥中易沉淀物含量高，而管道或设备口径太小，又不经常工作造成的。

解决办法有设置清通措施；增加污泥设备操作频率；改进污泥管道或设备。

（6）刮泥机故障

刮泥机因承受过高负荷等原因停止运行。

解决办法有，减少储泥时间，降低存泥量；检查刮泥板是否被砖石或松动的零件卡住；及时更换损坏的钢丝绳、刮泥板等部件；防止沉淀池表面结冰；减慢刮泥机的转速。

3.4 气浮设备

气浮设备是利用高度分散的微小气泡为载体，黏附水中的污染物，使其密度小于水而上浮至水面，实现固—液或液—液分离的过程。在水处理中，气浮设备广泛应用于含有细小悬浮物、藻类、微絮体的废水、造纸废水和含油废水等的处理。

按照微小气泡产生的方式不同，可将气浮设备分为电解气浮设备、布气气浮设备和溶气气浮设备。

3.4.1　气浮分离的特点和应用领域

（1）气浮分离的特点

①由于气浮池的表面负荷可高达12 $m^3/m\cdot h$，水力停留时间10～20 min，池深需2 m左右，优点是占地省。

②气浮池具有预曝气作用，有利于后续处理。

③对低浊度污水处理效率高，甚至还可去除原水中的浮游生物，出水水质好。

④浮渣含水率低，对污泥的后续处理有利。

⑤可以回收污水中有用物质。

⑥气浮所需药剂量比沉淀法节省，但电耗较大。

（2）气浮分离应用领域

①石油化工、机械制造业和食品加工业等的含油污水处理，分离回收悬浮油和乳化油。

②造纸行业污水中纸浆纤维的回收工艺。

③有机和无机污水的物化处理。

④代替二次沉淀池，分离和浓缩剩余活性污泥。

⑤处理低浊、含藻类及浮游生物的生活饮用水处理工艺。

3.4.2　电解气浮设备

电解气浮是在直流电的作用下，采用不溶性阳极和阴极直接电解污水，两极分别产生大量的氢和氧的微小气泡，污水中的悬浮颗粒黏附在气泡上，随其上浮，从而达到净化废水的目的。与此同时，在阳极上电解形成的氢氧化物起着混凝剂的作用，能使气浮过程和混凝过程结合进行，有助于废水中的污染物上浮或下沉。电解气浮法所产生的气泡直径很小，仅有20～100 μm，浮升时不会引起水流紊动，特别适用于脆弱絮凝状悬浮物的分离。电解气浮对污水负荷变化的适应性强，处理有机污水除降低BOD外，还具有氧化、脱色和杀菌作用，生成污泥量少，占地面积小。由于存在耗电能大，操作管理复杂，存在电极结垢等问题，主要用于小规模工业废水处理。

电解气浮设备可分为竖流式和平流式两种，如图3—14和图3—15所示。

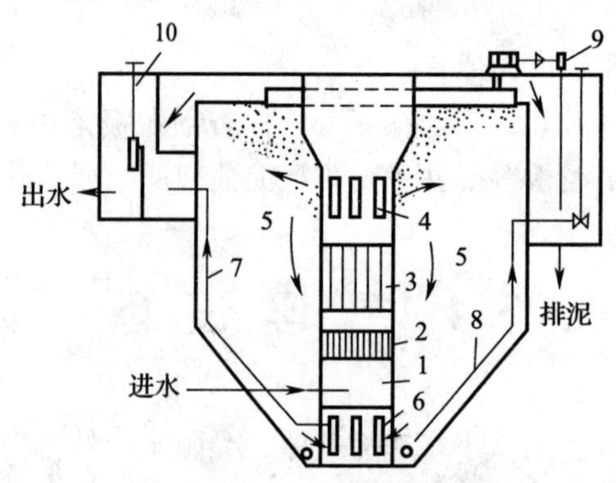

图 3—14　竖流式电解气浮装置

1—入流室；2—整流栅；3—电极组；4—出流孔；5—分离室；6—集水孔；
7—出水管；8—排泥管；9—刮渣机；10—水位调节器

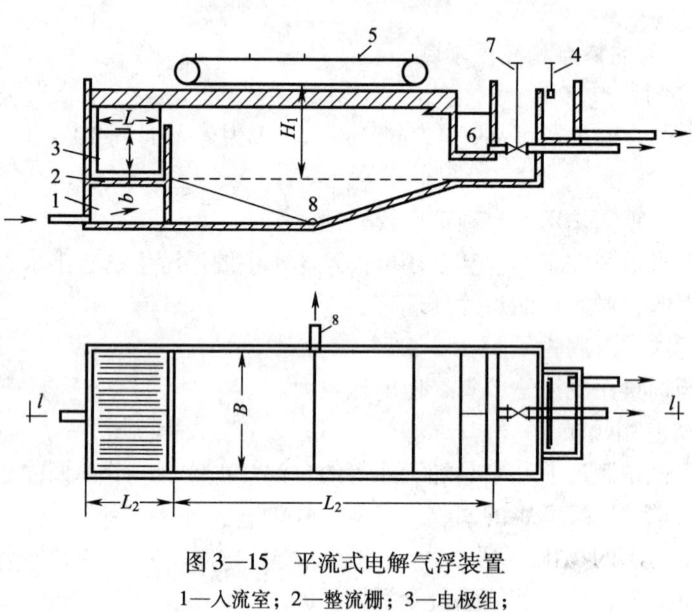

图 3—15　平流式电解气浮装置

1—入流室；2—整流栅；3—电极组；
4—出流孔水位调节器；5—刮渣机

3.4.3　布气气浮设备

布气气浮是利用机械剪切力，将混合于水中的空气粉碎成细小的气泡以进行浮选的方法。按粉碎气泡方法的不同，分为水泵吸水管吸气气浮、射流气浮、扩散板曝气气浮和叶轮气浮 4 种。目前使用较多的是叶轮气浮。

叶轮气浮设备如图 3—16 所示。在气浮池底部设有旋转叶轮，在叶轮的上部装着带有导向叶片的固定盖板，盖板上有孔洞。当电动机带动叶轮旋转时，在盖板下形成负压，从进气管吸入空气，污水由盖板上的小孔进入，在叶轮的搅动下，空气被粉碎成细小的气泡，并与水充分混合为水气混合体，甩出叶片之外，导向叶片使水流阻力减小，又经整流板稳流后，在池体内平稳地垂直上升，称为浮选。浮选后的浮渣不断地被刮渣板刮出池外。

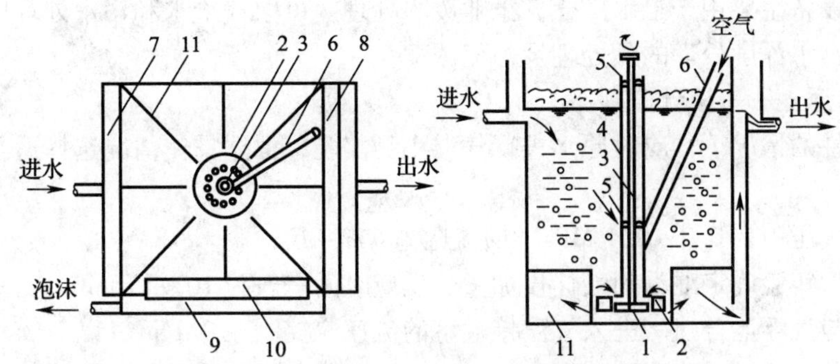

图3—16　叶轮气浮设备构造示意图

1—叶轮；2—盖板；3—转轴；4、5—轴承；6—进气管；
7—进水槽；8—出水槽；9—浮渣槽；10—刮渣板；11—整流板

布气气浮法的优点是设备不易堵塞，适用于处理水量不大、污染物浓度较高的污水，除油效果可达80%左右。缺点是其产生的气泡较大，气浮效果较差。

3.4.4　溶气气浮设备

溶气气浮是使空气在一定的压力条件下溶解于水中，并达到过饱和状态，在减压时以微细的气泡释放出来，从而使水中的杂质颗粒被黏附而上浮。根据气泡在水中析出时所处压力的不同，溶气气浮又可分为真空溶气气浮和加压溶气气浮两种。

真空溶气气浮是空气在常压或加压条件下溶入水中，而在负压条件下析出。其主要特点是：空气溶解所需压力比加压溶气低，动力设备和电能消耗较小；气浮在负压条件下运行，气浮池需密闭，池体构造复杂，维护运行困难。这种方法只适用于处理污染物浓度不高的废水，生产中应用较少。

加压溶气气浮是空气在加压条件下溶入水中，而在常压下析出。其特点是：溶气量大，能提供足够的微气泡，可满足不同要求的固液分离，确保去除效果；经减压释放后产生的气泡粒径小（20～100 μm），粒径均匀，微气泡在气浮池中上升速度很慢，对池水扰动较小，特别适用于絮凝体松散、细小的固体分离；设备和流程都比较简单，维护管理方便。加压溶气气浮是生产上应用最广泛的一种气浮法。如图3—17所示为加压溶气气浮装置处理污水的工艺流程示意图。

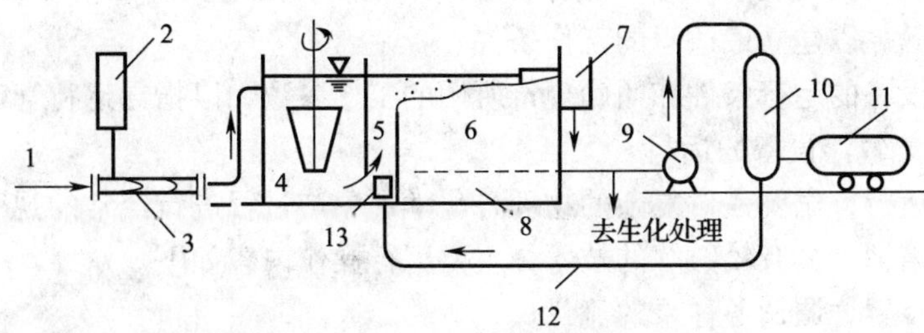

图3—17　加压溶气气浮装置处理污水工艺流程示意图

1—隔油池出水；2—混凝剂投加设备；3—管道混合器；4—絮凝池；
5—气浮接触池；6—气浮分离池；7—排渣槽；8—集水管；9—回流水泵；
10—压力溶气罐；11—空气压缩机；12—溶气水管；13—溶气释放器

溶气气浮设备主要用于给水净化、工业废水处理。可取代给水和污水处理中的沉淀和澄清；也可用于污水深度处理的预处理及污泥浓缩。

3.4.5 气浮池一般设计原则

①在有条件的情况下，应对原水进行气浮小型实验，根据具体情况选择适当的溶气压力和气水比。

②通常溶气压力为0.2 ~0.4 MPa，回流比为5% ~10%。

③根据小型实验确定混凝剂最佳投加量。反应时间一般为10 ~15 min。

④反应池与气浮池合建。进入气浮接触室的流速应控制在0.1 m/s以下。

⑤接触室的水流上升流速，一般取10 ~20 mm/s，室内水流水力停留时间不宜小于60 s。

⑥接触室内的溶气释放器，应根据所需的回流水量、溶气压力及释放器性能来确定适宜的型号与数量。

⑦气浮分离室的表面负荷取0.54 ~9.0 m^3/（m^2·h），分离室水流（向下）一般取1.5 ~2.5 mm/s。

⑧气浮池有效水深一般取1.5 ~2.0 m，不超过2.5 m，水力停留时间10 ~20 min。长宽比无严格要求，一般以单格宽度不超过10 m、池长不超过15 m为宜。

⑨一般采用刮渣机定期排渣，刮渣机的行车速度宜控制在5 m/min以内。

⑩气浮池集水应力求均匀，一般采用穿孔集水管，集水管最大流速宜控制在0.5 m/h左右。

3.4.6 气浮设备的调试与运行

（1）加压溶气气浮设备的调试

为确定实际设备的工作条件，必须按下列顺序对加压溶气气浮设备进行调试，调试内容如下：

①使被处理水在气浮池内均匀分布。

②调节压力溶气罐和管道的压力，使其符合设计要求。

③检查气浮池表面浮渣，浮渣应均匀。

④确定排除浮渣的周期。

⑤制定从气浮池表面排除浮渣的操作规程。

⑥确定气浮设备的工作效率。

⑦当出现处理的实际效率与原设计有偏差时，应修正其主要的工艺参数，如泵的压力、供气量、回流比等，以建立最适宜的工作条件。

⑧提出气浮设备的运行条件和明确规定所用的工作参数，以指导运行管理工作。

（2）加压溶气气浮设备的运行

气浮设备的运行，主要是对复杂的物理、化学现象与过程进行经常的观察。运行管理人员应经过专门的培训，具有较熟练的技术，主要运行操作内容如下。

①管理全部装置，调整各种泵的流量。

②调节压力溶气罐的压力。

③调节空气量或回流水量。

④按时按规定完成投药工作。

⑤开启和关闭刮渣机械，调节其运行速度。

⑥调节气浮池的出水量。

⑦调节排渣量。

⑧操纵输送浮渣的机械设备。

3.5 滤池过滤

过滤是去除悬浮物，特别是去除浓度比较低的悬浊液中微小颗粒的一种有效方法。常用的过滤设备是各种类型的滤池。按过滤速度不同，有效率小于 4 m/h 的慢滤池、有效率为 4 ~ 10 m/h 的快滤池和 10 ~ 60 m/h 的高速滤池三种；按作用力不同，有作用水头为 4 ~ 5 m 的重力滤池和作用水头为 15 ~ 25 m 的压力滤池两种；按过滤水流方向分类，有下向流、上向流、双向流和径向流滤池四种；按滤料层组成分类，有单层滤料、双层滤料和多层滤料滤池三种。

在污水处理中，过滤常作为吸附、离子交换、膜分离法等的预处理手段，也作为生化处理后的深度处理，使滤后水达到回用的要求。此外，常用过滤处理沉淀或澄清池出水，使滤后出水浑浊度满足用水要求。

3.5.1 普通快滤池的构造与工艺过程

如图 3—18 所示为普通快滤池的透视与剖面示意图。快滤池一般用钢筋混凝土建造，池内有排水槽、滤料层、垫料层和配水系统；池外有集中管廊，配有进水管、出水管、冲洗水管、冲洗水排出管等管道以及与其相应的控制闸阀等附件。

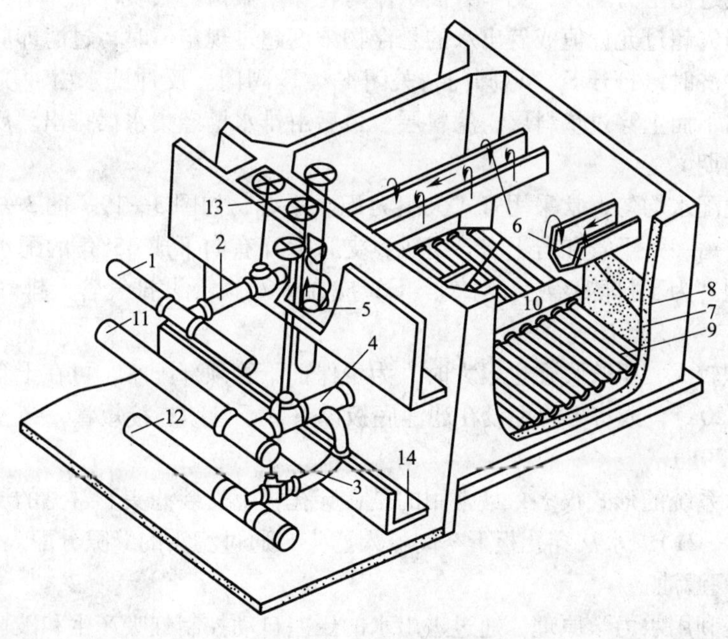

a)

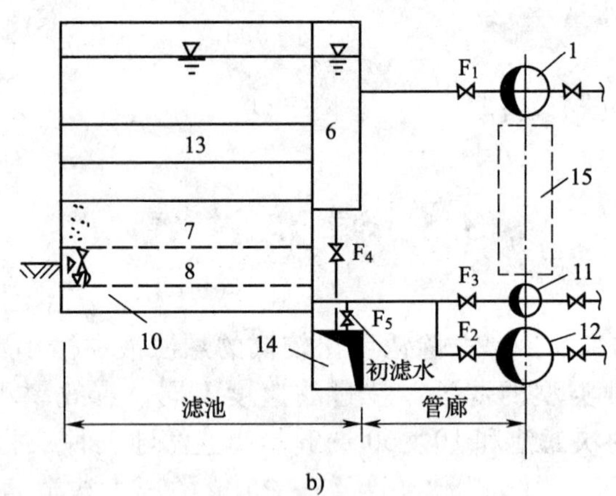

图 3—18　普通快滤池构造

1—进水总管；2—进水支管；3—清水支管；4—冲洗水支管；5—排水阀；
6—集水渠；7—滤料层；8—承托层；9—配水支管；10—配水干管；
11—冲洗水总管；12—清水总管；13—反冲洗排水槽；
14—废水渠；15—走道空间

快滤池的运行过程包括过滤和冲洗两个交替循环的过程，过滤是生产清水的过程。过滤时，加入混凝剂的原水自进水管经集水渠、排水槽进入滤池，自上而下穿过滤料层、垫料层，由配水系统收集，并经出水管排出。此时打开 F_1、F_2 阀门，关闭 F_3、F_4、F_5 阀门。经过一段时间过滤，滤料层截留的悬浮物数量增加；滤层孔隙率减小，使孔隙水流速增大，其结果一方面造成过滤阻力增大，另一方面水流对孔隙中截留的杂质冲刷力增大，使出水水质变差。当水头损失超过允许值或者出水的悬浮物浓度超过规定值时，过滤即应终止，进行滤池反冲洗。反冲洗时，打开 F_3、F_4 阀门，关闭 F_1、F_2 阀门。反冲洗水由冲洗水管经配水系统进入滤池，由下而上穿过垫料层，滤料层，最后由排水槽经集水渠排出。反冲洗完毕，又进入下一过滤周期。

为保证滤池配水均匀，常采用管式大阻力配水系统，如图 3—19、图 3—20 所示。管式大阻力排水系统由一条干管和若干支管组成，支管上开有向下成 45°角的配水孔，相邻两孔的方向交错排列。为了排除反洗水空气，干管应在末端顶部设排气管，排气管末端应设阀门。

当滤池面积较大，干管直径也较大时，为了保证干管顶部配水，可在干管顶上开孔安装滤头（见图 3—20a），或将干管埋设在滤池底板以下，干管须连接短管，穿过底板与各支管相连（见图 3—20b）。

小阻力配水系统的形式很多，最常用的是在穿孔板上安装滤头。常见的滤头为圆柱形和塔形等（见图 3—21），水从穿孔板下空间流入滤头，通过滤头的缝隙分配入滤池。

3.5.2　无阀滤池

无阀滤池是利用水力学原理，通过进出水的压差自动控制虹吸产生和破坏，实现水自动运行的滤池。它克服了快滤池管道系统复杂、各种控制阀门多、操作步骤复杂及建造费用高的缺点。

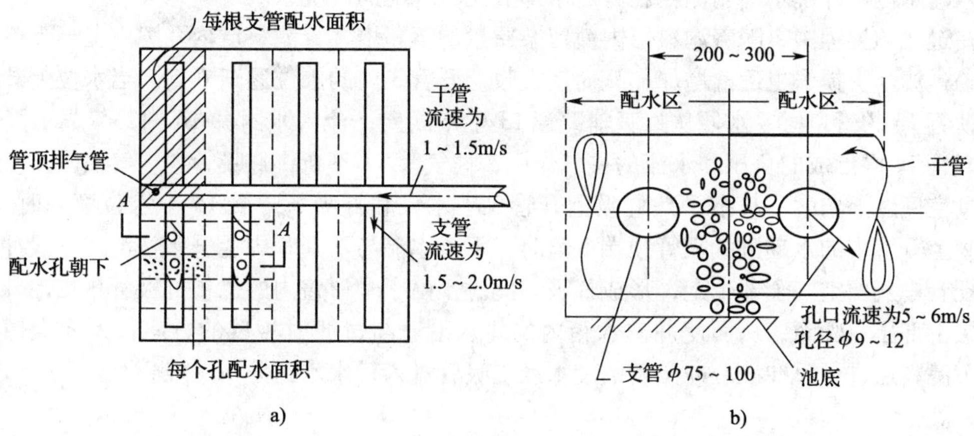

图3—19　管式大阻力配水系统

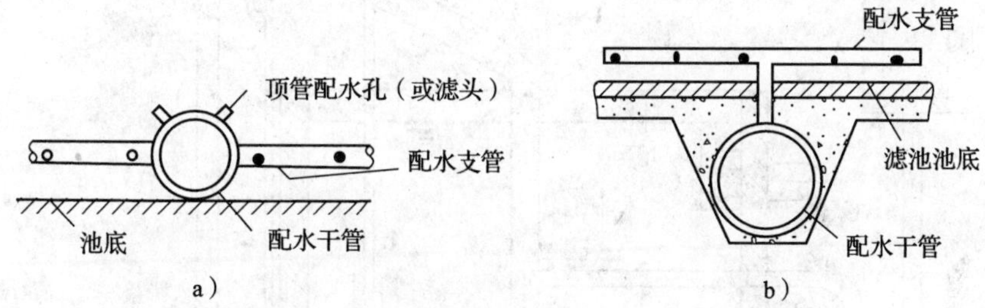

图3—20　“丰”字形大阻力配水系统

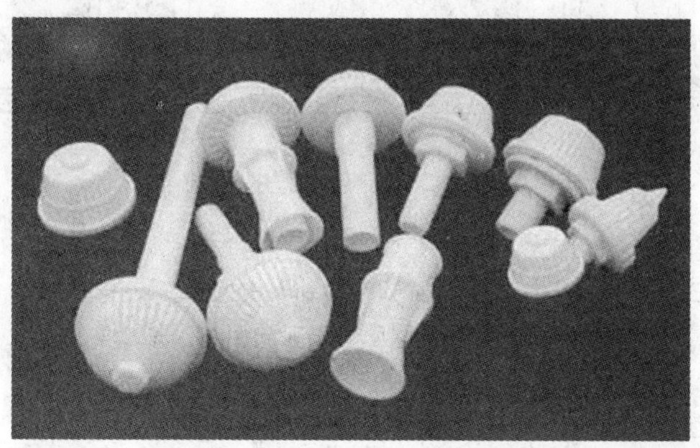

图3—21　过滤头

无阀滤池的构造如图3—22所示。其工作过程为：过滤时，待滤水经进水分配槽1，由进水管2进入虹吸上升管3，再经伞形顶盖4下面的配水挡板5整流和消能后，均匀地分布在滤料层6的上部，水流自上而下通过滤料层6，承托层7，小阻力配水系统8，进入底部集水空间9，然后清水从底部集水空间经连通渠（管）10上升到冲洗水箱11，冲洗水箱水位开始逐渐上升，当水箱水位上升到出水渠12的溢流堰顶后，溢流入渠内，最后经滤池出水管进入清水池。冲洗水箱内储存的滤后水即为无阀滤池的冲洗水。

在过滤的过程中，随着滤料层内截留杂质量的不断增多，滤料层内孔隙由上至下逐渐被堵塞，过滤水头损失也逐渐增加，从而使虹吸上升管 3 内的水位逐渐升高。当水位上升到虹吸辅助管 13 的管口时，水便从虹吸辅助管 13 中不断向下流入水封井 16 内，依靠下降水流在抽气管 14 中形成的负压和水流的挟气作用，抽气管 14 不断将虹吸管中空气抽出，使虹吸管中真空度逐渐增大。其结果是虹吸上升管 3 中水位和虹吸下降管 15 中水位都同时上升，当虹吸上升管中的水越过虹吸管顶端下落时，下落水流与下降管中上升水柱汇成一股冲出管口，把管中残留空气全部带走，形成虹吸。此时，由于伞形盖内的水被虹吸管排出池外，造成滤层上部压力骤降，从而使冲洗水箱内的清水沿着与过滤时相反的方向自下而上通过滤层，对滤料层进行反冲洗。冲洗后的废水经虹吸管进入排水水封井 16 排出。

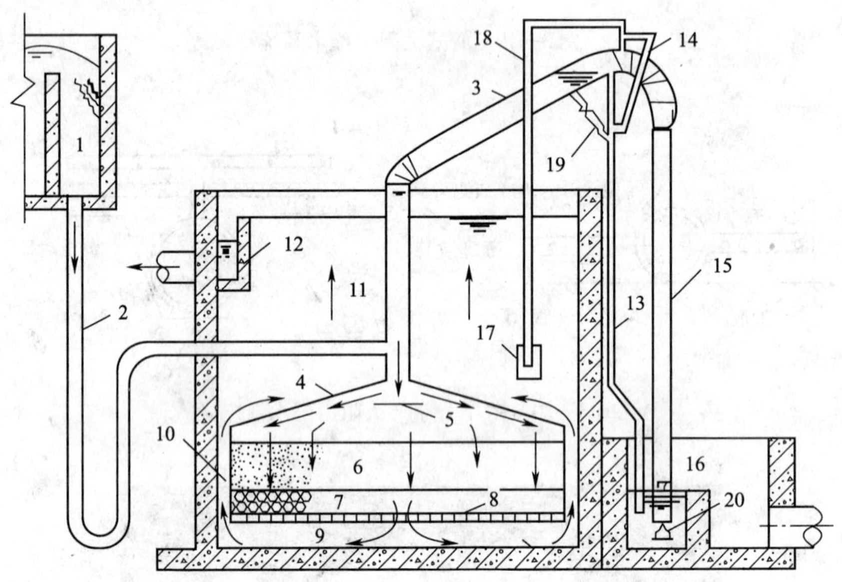

图 3—22　无阀滤池构造示意

1—进水分配槽；2—进水管；3—虹吸上升管；4—伞形顶盖；5—配水挡板；6—滤料层；
7 承托层；8—配水系统；9—底部配水空间；10—连通渠（管）；11—冲洗水箱；
12—出水渠；13—虹吸辅助管；14—抽气管；15—虹吸下降管；
16—水封井；17—虹吸破坏斗；18—虹吸破坏管；
19—强制冲洗管；20—冲洗强度调节管

在冲洗过程中，冲洗水箱内水位逐渐下降。当水位下降到虹吸破坏斗 17 缘口以下时，虹吸管在排水同时，通过虹吸破坏管 18，抽吸虹吸破坏斗中的水，直至将水吸完，使管口与大气相通，空气由虹吸破坏管进入虹吸管，虹吸即被破坏，冲洗结束。下一次过滤将自动重新开始。

无阀滤池多用于中小型水处理工程，且进水悬浮物浓度宜在 100 mg/L 以内。由于采用小阻力配水系统，所以单池面积不能太大。已有标准设计可供选用。

3.5.3　虹吸滤池

虹吸滤池的滤料组成和滤速选定，与普通快滤池相同，采用小阻力配水系统。所不同的是利用虹吸原理进水和排出反洗水，其构造和工作原理如图 3—23 所示。

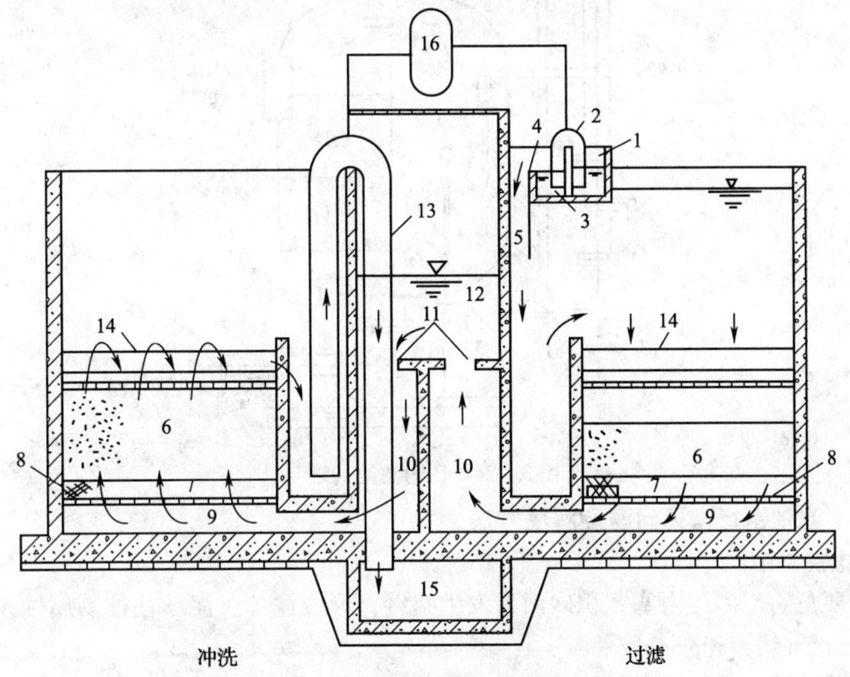

图 3—23　虹吸滤池构造示意

1—进水总渠；2—进水虹吸管；3—进水槽；4—溢流堰；5—布水管；6—滤料层；7 承托层；8—配水系统；9—底部配水空间；10—清水室；11—连通孔；12—清水渠；13—排水虹吸管；14—配水槽；15—排水渠；16—真空系统

虹吸滤池不需要大型进水阀或控制滤速装置，也不需冲洗水塔或水泵。比同规模的快滤池造价投资节省 20% ~30%，但滤池深度较大为 5 ~6 m。适用于中、小型水处理厂。

3.5.4　压力滤池（罐）

压力滤池是一个承压的钢罐，内部构造与普通快滤池相似，在压力下工作，允许水头损失可达 6 ~7 m。进水用泵直接抽入，滤后水压较高，常可直接送到用水装置或水塔中。压力滤池过滤能力强，容积小，设备已定型，使用的机动性大。但是，单个滤池的过滤面积较小，只适用于水量小的场合。

压力滤池分竖式和卧式两种，竖式滤池有现成的产品（见图 3—24），水罐直径一般不超过 3 m。

3.5.5　滤池运行前的准备

检查所有管道和阀门是否完好，各管口标高是否符合设计要求，排水槽面设计施工严格要求。初次铺设滤料应比设计厚度多 5 mm 左右。清除杂物，保持滤料平整，然后放水检查，排除滤料内空气。放水检查结束后，对滤料进行连续冲洗，直至清洁。当滤料用于净化饮用水时，还必须对滤料进行消毒处理。

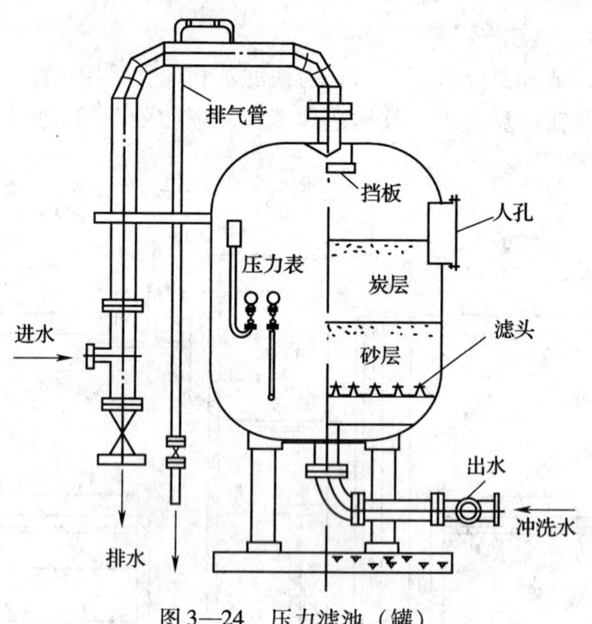

图 3—24 压力滤池（罐）

3.5.6 滤池运行常见问题及解决方法

（1）滤料中结泥球

1）主要危害。砂层阻塞，积砂面易发生裂缝，形成泥球。泥球往往易腐蚀发酵，直接影响滤砂的正常运转和净水效果。

2）主要原因。冲洗强度不够，虽长时间冲洗，并不干净；进入滤池的水浊度过高，使滤池负担过重；配水系统不均匀，部分滤池冲洗不干净。

3）解决方法

①改善冲洗条件，调整冲洗强度和冲洗时间。

②降低进水浊度。

③检查承托层有无移动，配水系统是否堵塞。

④用液氯或漂白粉溶液等浸泡滤料，情况严重时要大修滤料层。

（2）冲洗时大量气泡上升

1）主要危害。滤池水头损失增加很快，工作周期缩短；滤层产生裂缝，影响水质或大量漏砂、跑砂。

2）主要原因。滤池发生滤干后，未经反冲排气又再过滤使空气进入滤层；工作周期过长，水头损失过大，使砂面上的作用水头小于滤料水头损失，从而产生负水头，使水中逸出空气存于滤料中；当用水塔供给冲洗水时，因冲洗水塔存水用完，空气随水夹带进滤池；水中溶气量过多。

3）解决方法

①加强操作管理，一旦出现上述情况，可用清水倒滤。

②调整工作周期，提高滤池内水位。

③检查产生水中溶气量大的原因，消除溶气的来源。

（3）滤料表面不平，出口产生喷口现象

1）主要危害。过滤不均匀，影响出水水质。

2）主要原因。滤料凸起，可能是滤层下面承托层及配水系统有堵塞；滤料凹下，可能是配水系统局部有碎裂或排水槽口不平。

3）解决方法。查找凸起和凹下的原因，翻整滤料层和承托层，检修配水系统和排水槽。

（4）漏砂跑砂

1）主要危害。影响滤池正常工作，使清水池和出水中带砂影响水质。

2）主要原因。冲洗时大量气泡上升；配水系统发生局部堵塞；冲洗不均匀，使承托层移动；反冲洗式阀门开放太快或冲洗强度过高，使滤料跑出；滤水管破裂。

3）解决方法

①解决冲洗时产生大量气泡上升的问题。

②检查配水系统，排出堵塞。

③改善冲洗条件。

④注意操作。

⑤检修滤水管。

（5）滤速逐渐降低，周期减短

1）主要危害。影响滤池正常生产。

2）主要原因。冲洗不良，滤层积泥；滤料强度差，颗粒破碎。

3）解决方法

①改善冲洗条件。

②刮除表层滤砂，换上符合要求的滤砂。

3.6　膜分离过滤

3.6.1　概述

膜是具有选择性分离功能的材料，利用膜的选择性实现料液不同组分的分离、纯化、浓缩的过程称作膜分离。膜分离一般采用错流过滤方式，进料流向与滤过流向垂直，即物料以流动的方式流过膜的一侧，给物料加以一定的压力后，滤出液即透过膜，从膜的另一侧流出，从而达到净化的目的。它与传统过滤的不同在于，膜可以在分子这一层次内进行分离，并且过程是一种物理过程，不需发生相的变化和添加助剂。

3.6.1.1　膜的分类

膜的孔径一般为微米级，依据其孔径的大小，可将膜分为微滤膜（MF）、超滤膜（UF）、纳滤膜（NF）、反渗透膜（RO），如图3—25所示。根据材料的不同，可分为无机膜和有机膜，无机膜主要是陶瓷膜和金属膜，其过滤精度较低，选择性较小，有机膜是由高分子材料制成的，如醋酸纤维素、芳香族聚酰胺、聚醚砜、聚氟聚合物等。把上述的膜制成适合工业使用的构型，与驱动设备（如压力泵、真空泵等）、阀门、仪表和管道连接，即构成膜分离系统设备。由于膜的构型和分离过程各具特点，设备也有多种类型，常用的有微滤、超滤、纳滤和反渗透等膜分离设备。

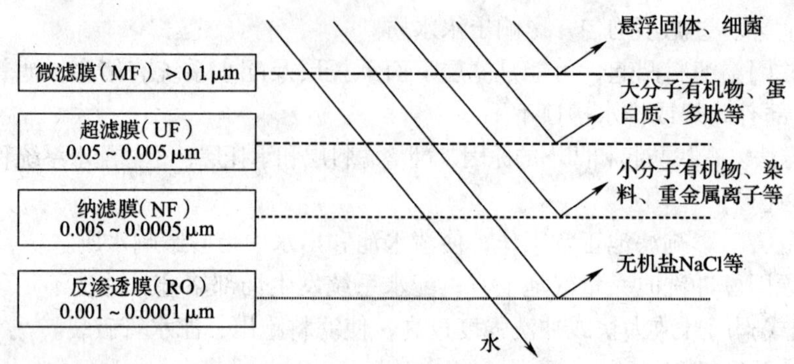

图 3—25　膜的分类与分离范围

3.6.1.2　膜组件

用膜、固定膜的支撑材料、间隔物或管式外壳等组装成的一个单元称为膜组件。膜组件的结构及形式取决于膜的形状，常用的膜组件主要有板框式、管式、螺旋卷式、中空纤维式四种形式。管式和中空纤维式组件又可以分为内压式和外压式两种，如图 3—26 所示。

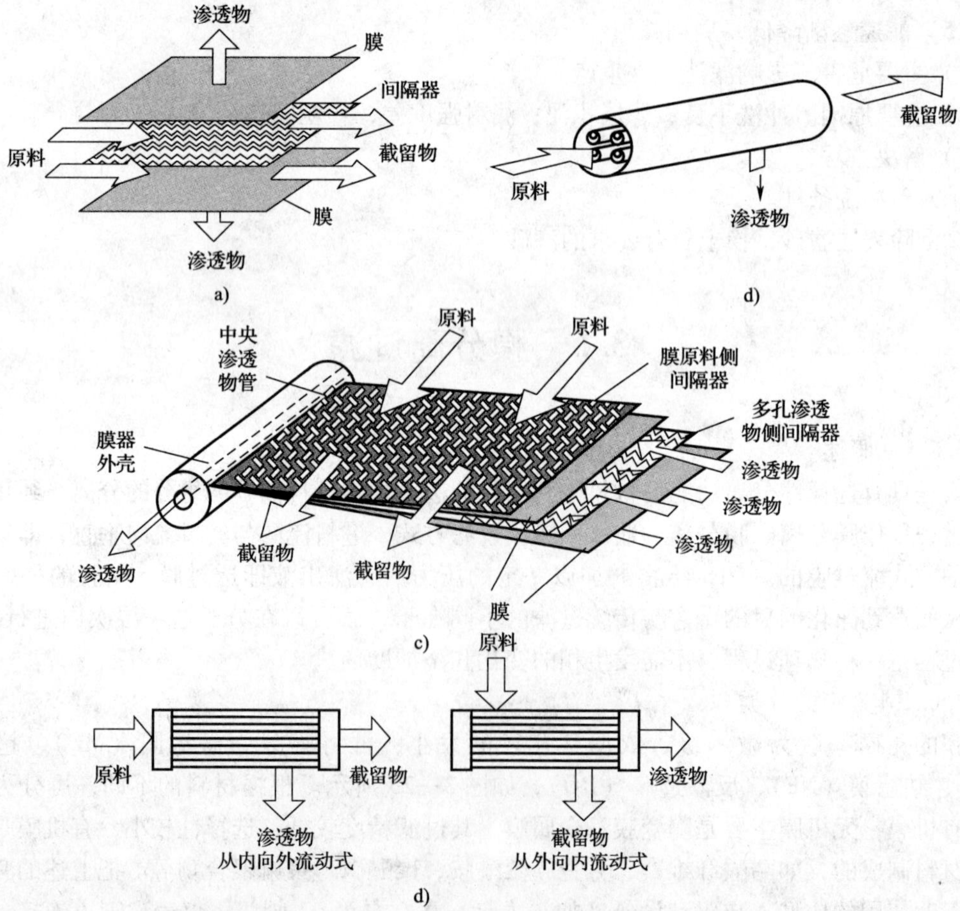

图 3—26　膜组件的 4 种形式示意

a）板框式　b）管式　c）螺旋卷式　d）中空纤维式

（1）板框式膜组件

板框式是最早使用的一种膜组件，如图3—27所示。其结构类似于常规的板框过滤装置，膜被放置在多孔的支撑板上，两块多孔的支撑板叠压在一起形成的料液流道空间，组成一个膜单元，单元与单元之间可并联或串联连接。

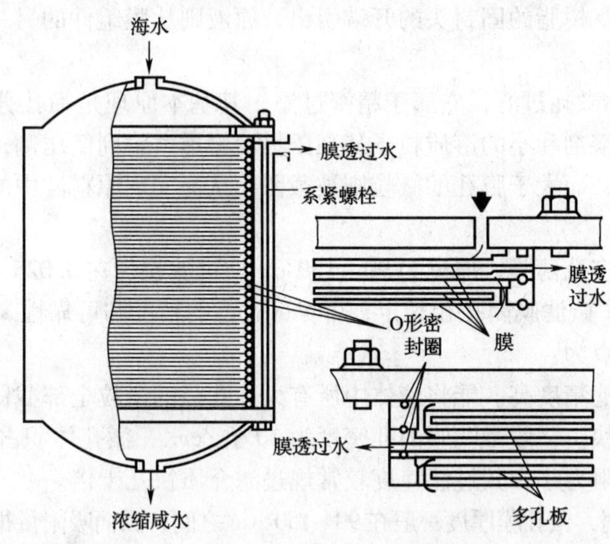

图3—27 板框式膜组件装配示意

（2）管式膜组件

管式膜组件有外压式和内压式两种。对于内压式膜组件，膜被直接浇铸在多孔的不锈钢管内或用玻璃纤维增强的塑料管内。加压的料液流从管内流过，透过膜的渗透溶液在管外侧被收集。对于外压式膜组件，膜则被浇铸在多孔支撑管外侧面。加压的料液流从管外侧流过，渗透溶液则由管外侧渗透通过膜进入多孔支撑管内。无论是内压式还是外压式，都可以根据需要设计成串联或并联形式。管式膜组件如图3—28所示。

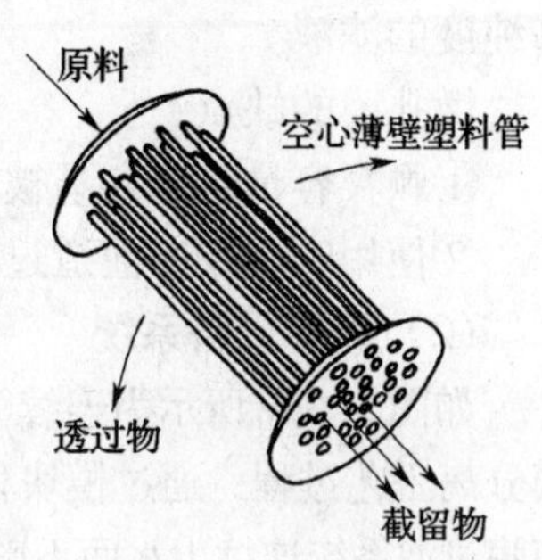

图3—28 管式膜组件

（3）螺旋卷式膜组件

螺旋卷式膜组件被广泛地应用于多种膜分离过程。膜、料液通道网以及多孔的膜支撑体等通过适当的方式被组合在一起，然后将其装入能承受压力的外壳中制成膜组件，如图3—29所示。

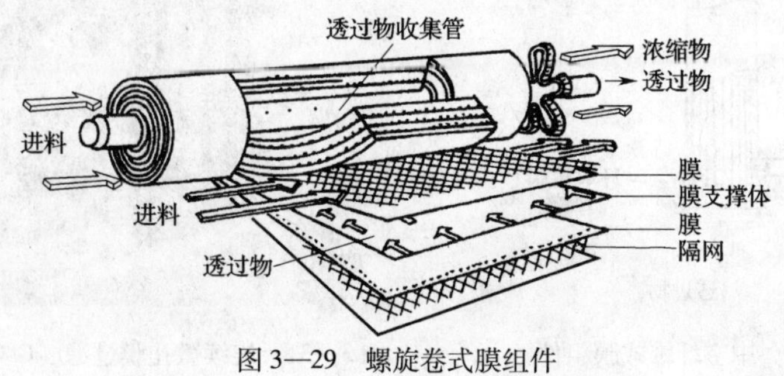

图3—29 螺旋卷式膜组件

(4) 中空纤维式膜组件

中空纤维式膜组件也分为外压式和内压式两种。如图 3—30 所示，将大量的中空纤维安装在一个管状容器内，中空纤维的一端以环氧树脂与管外壳壁固封制成膜组件。料液从中空纤维组件的一端流入，沿纤维外侧平行于纤维束流动，透过液则渗透通过中空纤维壁进入内腔，然后从纤维在环氧树脂的固封头的开端引出，原液则从膜组件的另一端流出。

3.6.2 微滤设备

微滤（MF）又称微孔过滤，它属于精密过滤，其基本原理是筛孔分离过程。在压差的推动下，原料液中的溶剂和小的溶质粒子从高压料液侧透过膜到低压侧，所得到的液体一般称为滤出液或透过液，而大于膜孔的微粒则被截留，从而实现原料液中的微粒与溶剂分离。

(1) 微滤膜

微滤膜是均匀的多孔薄膜，厚度为 90 ~ 150 μm，过滤粒径在 0.025 ~ 10 μm 之间，操作压为 0.01 ~ 0.2 MPa。微滤膜因孔径固定，可保证过滤的精度和可靠性。

微滤膜的主要优点为：

①孔径均匀，过滤精度高。能将液体中所有大于孔径的微粒全部截留。

②孔隙大，流速快。一般微孔膜的孔密度为 10^7 孔/cm^2，微孔体积占膜总体积的 70% ~ 80%。由于膜很薄，阻力小，其过滤速度较常规过滤介质快几十倍。

③无吸附或少吸附。微孔膜厚度一般在 90 ~ 150 μm 之间，因而吸附量很少，可忽略不计。

④无介质脱落。微孔膜为均一的高分子材料，过滤时没有纤维或碎屑脱落，因此能得到高纯度的滤液。

微孔膜的缺点：

①颗粒容量较小，易被堵塞。

②使用时必须有前道过滤的配合，否则无法正常工作。

(2) 微滤设备系统

如图 3—31 所示为连续微孔膜过滤（CMF）设备。该设备系统作为一种可实现自动控制的膜分离工艺过程，通过模块化的结构设计，采用错流过滤方式和间歇式自动在线气水反冲技术，使膜过滤系统连续出水而不影响后续系统的运行。可作为纳滤或反渗透的预处理及单独使用。

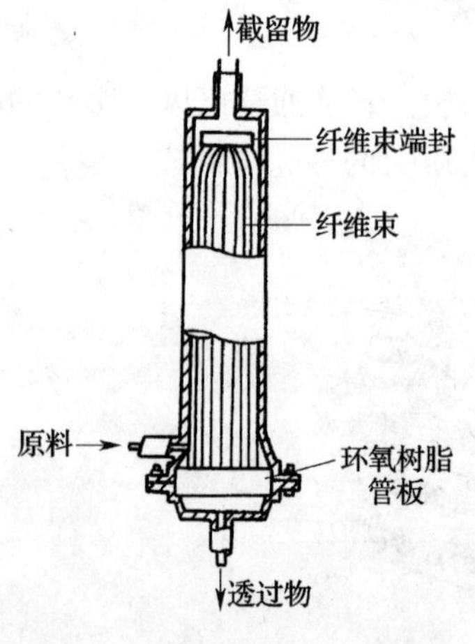

图 3—30　中空纤维式膜组件

图 3—31　连续微孔膜过滤（CMF）系统设备

微滤膜的过滤是利用筛分原理，当水经过膜表面时，水中粒径大于如膜表面微孔的物质被膜截留，而水、水溶性物质及尺寸小于膜表面微孔的物质则透过膜孔。如图3—32所示为中空纤维式微滤膜的断面示意图，膜外壁和内壁附近是指状微孔，而膜中间则是海绵状微孔。当微滤膜系统运行一定时间后，膜表面积累了大量悬浮物质，这就需要进行反冲洗。反冲洗采用在线气水联合双洗技术，首先停止进水，此时鼓入压缩空气，使纤维丝摇曳摆动，以抖落沉积在膜表面的悬浮物质，同时让处理后的出水缓慢从纤维丝内部打回，冲洗膜表面；然后停止供气，加大反冲洗水的流量；最后将反冲洗水排出。微滤膜反冲洗过程可控制在30～60 s，反冲洗间隔控制在30～45 min为宜。连续微滤系统设备一般3～5周需进行一次化学清洗，以去除有机物污染，恢复膜通量。做好系统清洗前的准备，系统会自动执行清洗程序，在线完成清洗工作。

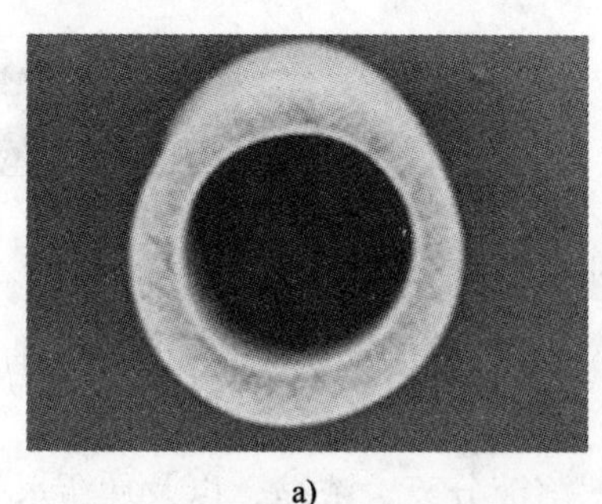

a）

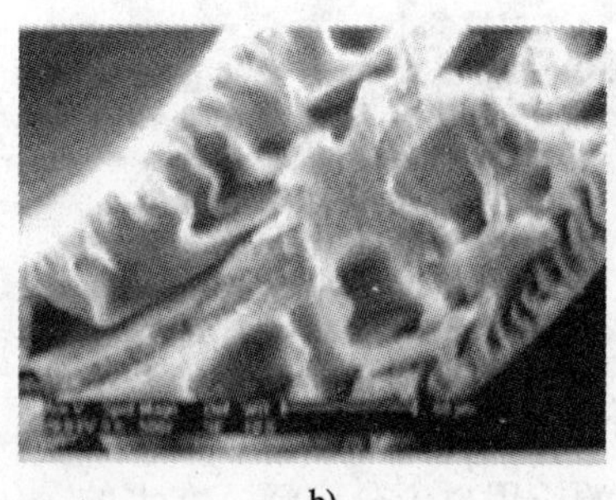

b）

图3—32 中空纤维式微滤膜断面形貌图

a）断面全景 b）断面局部

（3）微滤设备应用领域

①过滤经生化处理后的城市污水，使之达到杂用水回用标准。

②自来水、地下水、地表水的除菌、除浊、净化。

③反渗透系统的前级预处理。

④海水淡化前级预处理等。

3.6.3 超滤设备

（1）超滤和超滤膜的特点

超滤也是以压力为推动力的筛分过程，其过滤粒径介于微滤和纳滤之间，为5～10 nm，在0.1～0.5 MPa静压差的推动下，适用于分离相对分子量大于500，直径为0.005～10 μm的大分子和胶体微粒等。对于水中的悬浮固体、胶体、大分子物质、细菌等有较高的去除率，对BOD和COD有一定的去除率。

超滤设备的核心部件是超滤膜，膜上微孔的尺寸和形状决定膜的分离效率。超滤膜均为不对称膜，膜组件形式有平板式、卷式、管式和中空纤维式等。超滤膜的结构一般由三层结构组成。即最上层的表面活性层，致密而光滑，厚度为0.1～1.5 μm，其中细孔孔径一般小于10 nm；中间的过渡层，具有大于10 nm的细孔，厚度一般为1～10 μm；最下面的支撑层，厚度为50～250 μm，具有50 nm以上的孔。支撑层的作用是支撑，提高膜的机械强度。膜的分离性能主要取决于表面活性层和过渡层。

中空纤维式超滤膜是膜分离产品的最重要形式之一，膜呈毛细管状，其纤维管外径一般为0.5～1.4 mm，管壁上布满微孔，其特点是直径小，强度高，不需要支撑结构，管内外能承受较大的压力差，原水在中空纤维外侧或内腔内加压流动，被截留物质可随浓缩水排除，从而减小膜的堵塞，保证长期连续运行。此外，单位体积中空纤维状超滤膜的内表面积很大，能有效提高渗透通量。如图3—33所示为中空纤维式超滤设备系统与膜组件。

a)

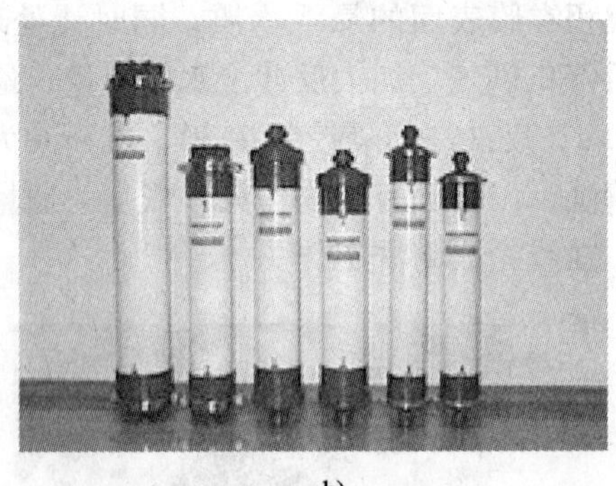

b)

图3—33　中空纤维式超滤设备系统与膜组件

a）超滤设备系统　b）膜组件

（2）超滤设备的应用领域

超滤设备的应用也十分广泛，在水的净化、溶液分离、浓缩，以及从污水中回收有机物质、污水净化再生利用等众多领域都发挥着重要作用。

①对生物处理后的污水进行深度处理。

②油漆废水处理，回收油漆，实现水循环利用。

③含油废水处理。

④纸浆废水处理。

⑤作为反渗透系统的高级预处理设备。

⑥工业给水处理及特殊溶液的分离。

3.6.4　纳滤设备

（1）纳滤和纳滤膜的特点

纳滤是一种介于反渗透和超滤之间靠压力驱动的膜分离设备。主要用于截留粒径在0.1～1 nm、分子量为1 000左右的物质，可以使一价盐和小分子物质透过，具有0.5～1 MPa较小的操作压力。其被分离物质的尺寸介于反渗透膜和超滤膜之间，恰好填补了超滤与反渗透之间的空白，它能截留透过超滤膜的那部分小分子量的有机物，渗析被反渗透膜所截留的无机盐。而且，纳滤膜对不同价态离子的截留效果不同，对单价离子的截留率低，为10%～80%，对二价及多价离子的截留率明显高于单价离子，截留率在90%以上。

纳滤膜是压力渗透膜，孔径为纳米级，介于反渗透膜（RO）和超滤膜（UF）之间，其表层较RO膜的表层要疏松得多，但较UF膜的要致密得多。因此其制膜关键是合理调节表层的疏松程度，以形成大量具纳米级的表层孔。近年我国的纳滤技术发展很快，研制的磺化聚醚砜复合纳滤膜以及超薄复合纳滤膜都具有良好的性能。如图3—34所示为螺旋卷式纳滤设备系统。

图3—34 螺旋卷式纳滤设备系统

（2）纳滤设备的应用领域

纳滤设备由于其操作压力低，与低压反渗透相比能耗可节约15%～20%，并且在去除大部分有机物的同时，可以保留一部分无机物，因此近年来其应用领域迅速扩大，主要用于以下领域：

①污水、中水回用处理。

②工业有机印染废水处理。

③饮用水中加氯前去除三卤代烷（THM、致癌物质）的前驱物（腐殖酸、灰黄霉酸）。

④水的软化、脱盐。

⑤食品、饮料、乳品、生物医药等行业的浓缩。

3.6.5 反渗透设备

反渗透是一种以压力为驱动力的膜分离技术。反渗透设备所分离物质的分子量一般小于500，操作压力为2～10 MPa。由于其具有分离过程无相变、能耗低、工艺简单、不污染环境等优点，因而得到了迅速发展。其应用已从早期脱盐，扩展到化工、医药、食品及电子行业的溶液分离浓缩、纯水制备、污水深度处理与再生回用等，已成为一种普遍使用的现代分离技术。

3.6.5.1 反渗透原理及反渗透膜的特点

（1）原理

渗透和反渗透的原理如图3—35所示。如果用一张只能透过水而不能透过溶质的半透膜将两种不同浓度的水溶液隔开，水会自然地透过半透膜从低浓度水溶液向高浓度水溶液一侧迁移，这一现象称为渗透（见图3—35a）。这一过程的推动力是低浓度溶液中水的化学位与高浓度溶液中水的化学位之差，表现为水的渗透压。随着水的渗透，高浓度水溶液一侧的液面升高，压力增大。当液面升高H时，渗透达到平衡，两侧的压力差就称为渗透压（见图3—35b）。渗透过程达到平衡后，水不再有渗透，渗透通量为零。如果在高浓度水溶液一侧加压，使高浓度水溶液侧与低浓度水溶液侧的压差大于渗透压，则高浓度水溶液中的水将通过半透膜流向低浓度水溶液侧渗透，这一过程就称为反渗透（见图3—35c）。

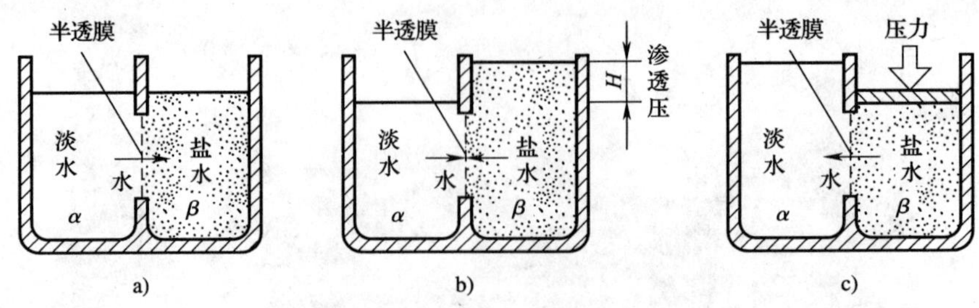

图 3—35 渗透和反渗透的原理示意图

a）渗透 b）渗透平衡 c）反渗透

（2）反渗透膜的特点与设备

用于实施反渗透操作的膜为反渗透膜。反渗透膜大部分为不对称膜，孔径小于 0.5 nm，可截留溶质分子，膜的类型主要有管式、平板式、螺旋卷式和中空纤维式。各种反渗透膜组件的技术特征列举于表 3—7。

表 3—7 各种反渗透膜组件的技术特征及其比较

技术特征	管式	平板式	螺旋卷式	中空纤维式
单位容积膜面积（m^2/m^3）	小（33 ~ 330）	中（180 ~ 360）	大（830 ~ 1 660）	特大（33 000 ~ 66 000）
单位容积透过水量	小	中	大	大
要求的前处理程度	低	中	高	高
膜面冲洗难易程度	易	中	较难	难

以上几种形式的反渗透装置各有特点和相适应的应用范围。螺旋卷式及中空纤维式装置的单位体积处理量高，故大型装置采用这两种形式较多，而一般小型装置宜采用板框式或管式。

3.6.5.2 反渗透处理工艺

反渗透处理工艺包括预处理工艺、膜分离工艺和膜的清洗工艺。

（1）预处理工艺

1）确定膜组件进水水质指标。采用污染密度指数 *SDI* 确定膜组件进水水质指标。用有效直径 42.7 mm，平均孔径 0.45 μm 的微孔滤膜，在 0.21 MPa 压力下，测定最初 500 mL 的进料液的过滤时间（t_1），在加压 15 min 后，再次测定 500 mL 的进料液的过滤时间（t_2），按下式计算 *SDI* 值：

$$SDI = \frac{t_2 - t_1}{15t_2} \times 100\% \tag{3—1}$$

不同膜组件要求进水有不同的 *SDI* 值，中空纤维式组件一般要求 *SDI* 值在 3 左右，卷式组件 *SDI* 值为 5 左右，管式组件为 15 左右。

2）预处理方法

①用混凝沉淀和精密过滤相结合工艺，去除水中 0.3 ~ 1 μm 以上的悬浮固体及胶体。

②采用氯或臭氧等氧化可有效地去除可溶性、胶体状有机物，也可根据有机物种类采用活性炭吸附。

③在反渗透分离过程中，可溶性无机物同时被浓缩，当其浓度超出它们的溶解度范围后，会在水中析出并被截流在膜表面形成硬垢，因此，需要控制水的回收率，以防止硬垢生成。同时，可将进水的 pH 值调整在 5～6，以控制水中碳酸钙和磷酸钙的形成。也可借助投加六偏磷酸钠防止硫酸钙沉淀。

④超滤也可作为反渗透的预处理，以去除水中的油、胶质体、微生物等。

⑤细菌、藻类、微生物易使膜表面产生软垢，可采用消毒法抑制其生长。

（2）膜分离工艺

在膜分离工艺中，组件有多种组合方式可满足不同水处理对象对溶液分离技术的要求。组件的组合方式分为一级和多级（一般为二级）。在各个级别中又分为一段或多段。一级是指一次加压的膜分离过程，多级是指进料必须经过多次加压的膜分离过程。反渗透常用的组合方式如图 3—36 所示，其设备系统如图 3—37 所示。

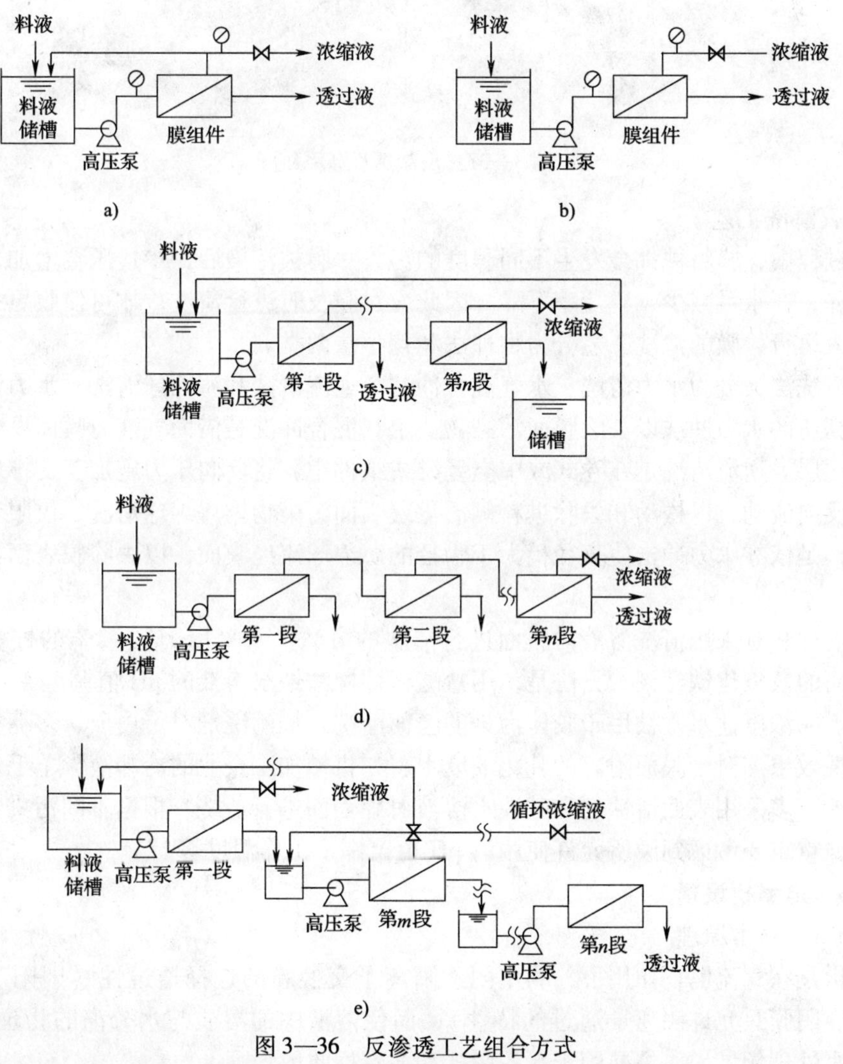

图 3—36　反渗透工艺组合方式

a）一级一段循环式　b）一级一段连续式　c）一级多段循环式

d）一级多段连续式　e）多级多段循环式

图 3—37 反渗透设备系统

(3) 膜清洗工艺

使用过程中，膜组件都会发生不同程度的污染。膜被污染后，渗透压会增加，渗透效率会随之下降，产水量减少，脱盐率下降。因此应对膜及时进行清洗，才可使膜更有效地恢复原态，持久运行。膜的清洗工艺分为物理法和化学法两类。

物理清洗法又分为水力清洗、水气混合冲洗、逆流清洗和海绵球清洗。水力清洗主要采用减压后高速的水力冲洗以去除膜面污染物。水气混合冲洗是借助气液与膜面发生剪切作用而消除极化层。逆流清洗是在卷式或中空纤维式组件中，将反向压力施加于支撑层，引起膜透过液的反向流动，以松动和去除进料侧活化层表面污染物。海绵球清洗，仅限于在内压管件中使用，是依靠水力冲击使直径稍大于管径的海绵球流经膜面，以去除膜表面黏附的污染物。

化学清洗法是采用清洗溶液对膜面进行清洗的方法。常采用 1% ~2% 的柠檬酸铵水溶液去除膜面的氢氧化铁污染。方法是，用盐酸将柠檬酸钠水溶液的 pH 值调至 4 ~5，可去除无机沉垢。高浓度盐水常被用于胶体污染的膜面清洗。加酶洗剂对蛋白质、多糖类及胶体有较好的清洗效果。对于膜面附着的乳化油废水，如机械加工企业的冷却液、羊毛加工企业的洗毛废水等，多采用表面活性剂和碱性水溶液对膜表面进行清洗。根据不同污染物确定其清洗工艺时，重点要考虑到膜所允许使用的 pH 值范围、工作温度等。

3.6.6 电渗析设备

3.6.6.1 基本原理

电渗析是在直流电场作用下，利用阴、阳离子交换膜的选择透过性（即阳膜只允许阳离子通过、阴膜只允许阴离子通过的特性），而使溶液中的溶质与水分离的物理化学过程。电渗析在水处理领域内，主要用于水的脱盐和酸碱回收。

如图 3—38 所示为电渗析装置原理示意图，阳离子交换膜和阴离子交换膜交替配置，两者分隔成多数隔室，在两端设阴、阳两电极。将各隔室注满含有无机盐的水，并在两电极间接通直流电流。此时阳离子向阴极方向移动，阴离子则向阳极方向移动，且阳离子交换膜只能允许阳离子通过，把阴离子截留下来；而阴离子交换膜只允许阴离子通过，而把阳离子截留下来，其结果是这些隔室的一部分形成含离子很少的淡水室，成为淡水排出；与淡水室相邻的隔室则成为富集大量离子的浓水室，成为浓水排出。从而使无机盐类得到分离和浓缩。

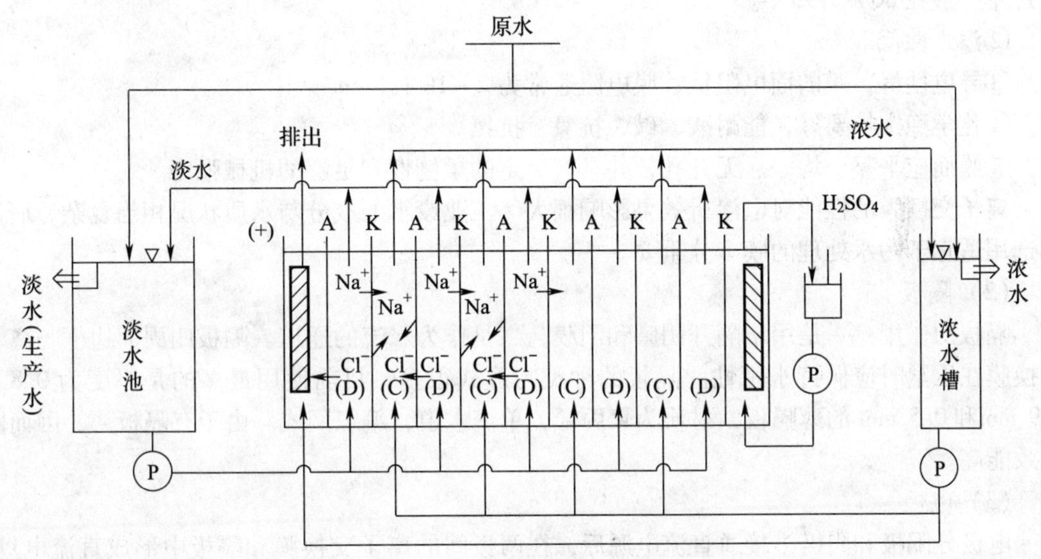

图3—38 电渗析装置原理示意

K—阳离子交换膜；A—阴离子交换膜；D—淡水室；C—浓水室

由电极和膜组成的隔室称为极室。极室中发生的电化学反应与普通的电极反应相同。阳极室内发生氧化反应，产生氯气和氧气，阳极水（即阳极室的出水）呈酸性，阳极易被腐蚀；阴极室内发生还原反应，产生氢气，阴极水（即阴极室的出水）呈碱性，阴极上易结水垢。

离子交换膜是电渗析设备的关键部件，应具有较好的离子选择透过性、较高的交换容量、较小的电阻、较好的化学稳定性及良好的机械强度。

电渗析处理工艺，设备简单，不需要化学药剂，但消耗电能较多。

3.6.6.2 电渗析设备

电渗析设备是由膜堆（包括离子交换膜、隔板）、极区（包括电极、板框、垫板）和压紧装置三大部分组成。

(1) 离子交换膜

离子交换膜的化学组成与离子交换树脂相同，都含有活性基团和可使离子透过的细孔。因此，可以把离子交换膜理解为薄膜状的离子交换树脂。

离子交换膜按解离的电荷性质分，有阳离子交换膜（简称阳膜）、阴离子交换膜（简称阴膜）和复合膜等几种。在电解质溶液中，阳膜允许阳离子透过而排斥阴离子，阴膜允许阴离子透过而排斥阳离子，这就是离子交换膜的选择透过性。按膜体的构造分，有异相膜、半均相膜和均相膜。均相膜比异相膜的电化性能好，耐温性能好，但制造较复杂；按膜的基材分，有聚苯乙烯膜、聚氯乙烯膜、全氟磺酸膜等。此外，还有很多特殊性能和用途的离子交换膜。

良好的离子交换膜应具备以下条件：

①高的离子选择透过性，即阳膜只允许阳离子透过，阴膜则相反，实际应用的膜的选择透过率一般在80%～95%。

②渗水性低。

③导电性好，膜的面电阻低，膜电阻通常为2～10 $\Omega \cdot cm^2$。

④化学稳定性要好，能耐酸、碱、抗氧、抗氯。

⑤膜面应平整、均一、无针孔，并具有一定的柔韧性和足够的机械强度。

离子交换膜的性能对电渗析效果影响很大。工业废水的成分与水质状况相当复杂，研制与选用适宜于污水处理的膜十分重要。

（2）隔板

隔板的作用：一是用于隔开阴膜和阳膜，二是作为水流的通道。隔板四周的边框与离子交换膜在压紧时应保持水密性。隔板的种类与形式很多，目前使用最多的是厚度为0.8～0.9 mm和0.5 mm的薄隔板，材质为聚丙烯，单流水道，编织网式。由于有隔板薄，因而除盐效能高。

（3）电极

电极分阳极和阴极，接通直流电源后，在两极间的离子交换膜和隔板中形成直流电场。电极的形式有平板式、网式和丝条式等。电极的材料有石墨、不锈钢、钛涂钌、铁镀铂、铅和二氧化铅等。电极的选择与水质、电流密度、使用寿命、加工、价格等因素有关。电渗析的电极应选择耐腐蚀性能好、廉价的材料。

（4）板框

板框的主要功能是使膜不与电极接触，通过极水排除极室中的电极过程产物，如阳极应及时排除 Cl_2、O_2及酸性阳极液和阳极腐蚀下来的固体颗粒物；阴极室应排除 H_2及碱性阴极液和阴极产物水垢。板框的形状与隔板很相似，只是厚度稍大且没有布水槽。

构成极室的离子交换膜受到电极过程的影响而极易腐蚀和结垢，因此，为了保护靠近电极的第一张膜，可在该膜与电极之间增设“保护框”，保护框中的水流自成独立的系统，但与淡水系统、浓水系统、极水系统相并列。此外，靠近电极的第一张膜也可以选择抗氧化性能好的特种膜。

（5）压紧装置

压紧装置的作用是将大量薄片状的部件压紧成一个整体，使得内部各水流系统互不串水，也不向外渗漏。压紧装置有螺栓夹板型和压滤机型两种。螺栓夹板型压紧装置因造价低因而采用较多。

3.6.6.3　电渗析的运行方式

电渗析的运行方式有多级串联式、序批循环式和部分循环式等，如图3—39所示。

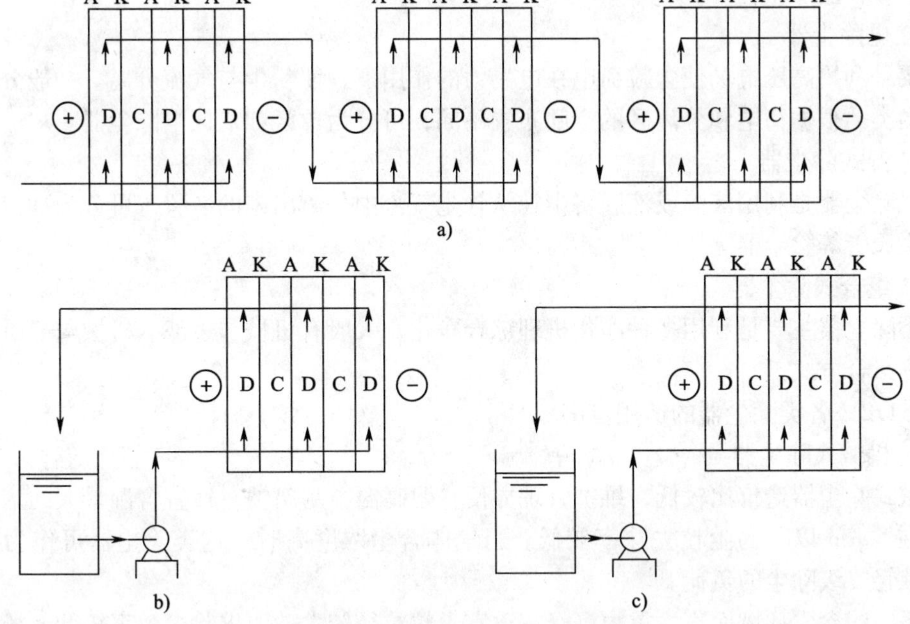

图3—39 电渗析处理工艺的各种系统

a）多级串联式 b）序批循环式 c）部分循环式

K—阳离子交换膜；A—阴离子交换膜；D—淡水室；C—浓水室

在实际生产中，多级串联式应用广泛；序批循环式应用不多；部分循环式适用于已经定型的电渗析器，以调整循环量的方式来适应不同的水质。

污水中通常含有大量的悬浮物、有机物、胶体等杂质，这些杂质能够影响电渗析的工作和膜的功能，必须先将其去除。在污水处理中，电渗析多用于深度处理，主要去除废水中的盐分。经过生化处理的污水进入电渗析设备之前，需要经过过滤和活性炭吸附等预处理，以去除其中残留的悬浮物和有机物等，以免污染交换膜和在隔室内造成堵塞现象。

3.7 除尘设备

3.7.1 除尘设备分类与适用范围

3.7.1.1 除尘设备分类

按除尘的主要机理，一般分为机械式除尘器、过滤式除尘器、电除尘器、湿式除尘器和组合式除尘器五类。

(1) 机械式除尘器

机械式除尘器是利用质量力（重力、惯性力和离心力等）的作用从含尘气流中分离尘粒的装置。有重力沉降室、惯性除尘器和旋风除尘器等。

(2) 过滤式除尘器

过滤式除尘器是使含尘气流通过织物或多孔的填料层进行过滤分离的装置。主要有袋式除尘器、颗粒层除尘器等。

（3）电除尘器

主要是利用高压电场使尘粒荷电在电场力的作用下，使粉尘与气流分离。一般分为干式和湿式两类。根据荷电和分离区的空间布置不同，可分为单区和双区电除尘器。

（4）湿式除尘器

湿式除尘器是利用液滴或液膜将尘粒从含尘气流中分离出来的装置。可分为冲击式、泡沫塔、文氏管等除尘器。

（5）组合式除尘器

该类除尘器主要是利用多种净化机理综合净化。一般有机械与过滤、机械与静电、湿式与静电等组合方式。

3.7.1.2　各类除尘器的适用范围

（1）机械式除尘器

机械式除尘器造价比较低，维护管理方便，耐高温，耐腐蚀，适宜含湿量大的烟气，但对粒径在 5 μm 以下的尘粒去除率较低。当气体含尘浓度高时，这类除尘器可作为初级除尘，以减轻二级除尘的负荷。

就不同的含尘环境而言，重力沉降室适宜尘粒粒径较大、要求除尘效率较低、场地足够大的情况；惯性除尘器适宜排气量较小、要求除尘效率较低的地方；旋风除尘器适宜要求除尘效率较低的地方，主要用于 1 ~20 t/h 的锅炉烟气处理。

（2）过滤式除尘器

过滤式除尘器以袋滤器为主，其除尘效率高，能除掉微细的尘粒，对处理气量变化的适应性强，最适宜处理有回收价值的细小颗粒物。但袋式除尘器的投资比较高，允许使用的温度范围较窄，操作时气体的温度需高于露点温度，否则不仅会增加除尘器的阻力，甚至因湿尘黏附在滤袋表面而使除尘器无法正常工作。当尘粒浓度超过尘粒爆炸下限时，也不能使用袋式过滤器。

袋式过滤器广泛应用于各种工业生产的除尘过程。大型反吹风布袋式除尘器适用于大型冶炼厂、钢铁厂的除尘；大型低压脉冲布袋除尘器，适用于冶金、建材、矿山等行业的大风量烟气净化；回转反吹风布袋除尘器，适用于建材、粮食、化工、机械等行业的粉尘净化；中小型脉冲布袋除尘器，适用于建材、粮食、制药、烟草、机械、化工等行业的粉尘净化；单机布袋除尘器，适用于各局部扬尘点，如输送系统、库顶、库底等部位的粉尘净化。颗粒层除尘器适宜于处理高温含尘气体，也能处理比电阻较高的粉尘，气体温度和气量变化较大时也能适用。其缺点是体积较大，清灰装置较复杂，阻力较高。

（3）湿式除尘器

湿式除尘器结构比较简单，投资少，除尘效率比较高，能除去小粒径粉尘，并且可以同时除去一部分有害气体，如火电厂烟气脱硫除尘一体化等。其缺点是用水量比较大，泥浆和废水需及时进行处理，设备及构筑物易腐蚀，寒冷地区使用要注意防冻。

（4）电除尘器

电除尘器具有除尘效率高、压力损失低、运行费用较低的优点。电除尘器的缺点是投资大，设备复杂，占地面积大，对操作、运行、维护管理都有较高的要求，对粉尘的比电阻也有要求。目前，电除尘器主要用于处理气量大、对排放浓度要求比较严格，又有一定维护管理水平的大企业，如燃煤发电厂和建材、冶金等企业。

3.7.2　机械式除尘器

机械式除尘器构造简单、投资少、动力消耗低，除尘效率一般为 40% ~90%，是常用的除尘设备之一。在排气量比较大或要求比较严格的场合，这类设备可作为预处理用，以减轻第二级除尘设备的负荷。常用机械式除尘器的特性参数见表 3—8。

表 3—8　　机械式除尘器的特性参数

除尘器类型	最大烟气处理量 (m^3/h)	可去除最小粒径/μm	除尘效率%	压力损失 Pa	使用最高温度（烟气温度）℃
重力沉降室	可根据安装场地决定最大烟气处理量	350	80 ~ 90	50 ~ 130	850 ~ 550
旋风除尘器	85 000	10	50 ~ 60	250 ~ 1 500	350 ~ 550
旋流除尘器	30 000	2	90	<2 000	<250
串联旋风除尘器	170 000	5	90	750 ~ 1 500	300 ~ 550
惯性力除尘器	127 500	10	90	750 ~ 1 500	<400

3.7.2.1　重力沉降室

重力沉降室是一种最古老、最简易的除尘设备，有水平气流沉降室和垂直气流沉降室两种。简易重力沉降室效率是有限的，大多数沉降室只能除去粒径大于 43 μm 的尘粒。但这种沉降装置也具备一些明显的优点，如结构简单，造价低，压降小，可处理高温气体，能用于去除磨蚀性砂粒等。

3.7.2.2　惯性除尘器

惯性除尘器工作原理是，使含尘气流冲击挡板，气流方向发生急剧改变，借助尘粒本身惯性力的作用，将粉尘分离下来的一种除尘装置。它一般多用于密度大、颗粒粗的金属和矿物性粉尘的处理，对密度小、颗粒细的粉尘及黏结性和纤维性粉尘，因易堵塞而不宜采用。

由于惯性除尘器的净化效率不高，故一般只用于多级除尘中的第一级除尘，捕集密度和粒径较大的金属或矿物性粗尘粒。

3.7.2.3　旋风除尘器

旋风除尘器是一种利用含尘气体旋转产生离心力，将尘粒从含尘气流中分离出来的除尘设备。旋风除尘器能有效地收集粒径在 5 ~ 10 μm 以上的尘粒，且结构简单，造价低廉，维护工作量小，粉尘适应性强，是目前应用较多的一种除尘设备。

（1）旋风除尘器的结构与除尘原理

普通旋风除尘器是由进气管、筒体、锥体、排气管和排灰口等组成，气流流动状况如图 3—40 所示。当含尘气流由进气管沿切线方向进入除尘器，在壳体内壁由上向下作旋转运动，同时有少量气体沿径向运动到中心区域。此时旋转气流的大部分到达锥体底部后，因锥体空间的变化，使得气流转而向上沿轴心向上产生旋转，最后经排出管排出。气流作旋转运动时，尘粒在离心力作用下逐步移向内壁，到达内壁的尘粒在气流和重力共同作用下沿壁面落入储灰斗。

（2）选型要求

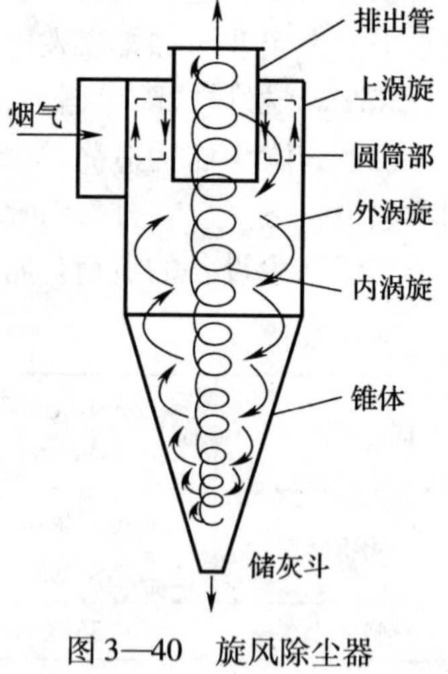

图 3—40　旋风除尘器结构及原理

①旋风除尘器适用于净化粒径大于 5 μm 的尘粒，对更细微尘粒，则除尘效率较低，但高效旋风除尘器对细微尘粒也有一定的净化效果。

②一般用于净化非纤维性粉尘及温度在 400℃以下的非腐蚀性气体。

③旋风除尘器对入口粉尘浓度变化的适应性强，可处理高含尘浓度的气体。

④旋风除尘器不适宜用于黏结性强的粉尘。当处理相对湿度较高的含尘气体时，应注意避免因结露而造成的黏结。

⑤设计或运用时必须配置气密性好的卸灰装置或其他防止旋风除尘器底部漏风的措施，以防底部漏风，效率下降。

⑥由于风量波动对旋风除尘器除尘效率和压力损失影响较大，故旋风除尘器不宜用于气量波动大的情况。

⑦当旋风除尘器内的旋转气速较高时，应注意加耐磨衬，防止内壁过度磨损。

⑧性能相同的旋风除尘器一般不宜两极串联使用。当必须串联使用时，应采用不同结构和尺寸。

⑨在并联使用旋风除尘器时，要尽可能使每台除尘器的处理气量相等。

（3）运行与维护

①在旋风除尘器运行时，必须保证设备和管线的气密性。

②控制含尘气体处理量的变化不应该超过 10% ~ 12%。因为气体处理量减少，气流速度将降低，从而导致除尘效率下降；反之处理量增加，压力损失就会增大，也会影响除尘效率。

③保证排灰通畅，及时清除灰斗中的粉尘。若沉积在除尘器锥体底部的灰尘未连续及时排出，就会有高浓度粉尘在底部形成流转，导致锥体过度磨损。

④防止储灰和集灰系统中的粉尘结块硬化。粉尘越细、越软，就越容易在器壁上结块，潮湿或黏性粉尘更容易结块，控制进气口气流速度在 15 m/s 以上，就可以减少粉尘黏壁现象。

3.7.3　湿式除尘器

湿式除尘器是利用洗涤水或其他液体（通常为水）去除含尘气流中的尘粒和有害气体的设备。其主要原理是利用水滴、水膜、气泡去除废气中的尘粒，并兼备吸收有害气体的作用。湿式除尘器具有结构简单、耗用钢材少、投资低、运行安全的特点，因而在现代除尘技术中得到广泛运用。

3.7.3.1　分类

湿式除尘器的类型很多。按其除尘机制的不同，可分为重力喷雾洗涤除尘器（见图 3—41a）、离心（旋风）洗涤除尘器（见图 3—41b）、储水式冲击水浴除尘器（见图 3—41c）、板式塔鼓泡洗涤除尘器（见图 3—41d）、填料塔洗涤除尘器（见图 3—41e）、文丘里洗涤除尘器（见图 3—41f）和机械动力洗涤除尘器（见图 3—41g）。表 3—9 中列出了这 7 种类型湿式除尘器的性能特性。

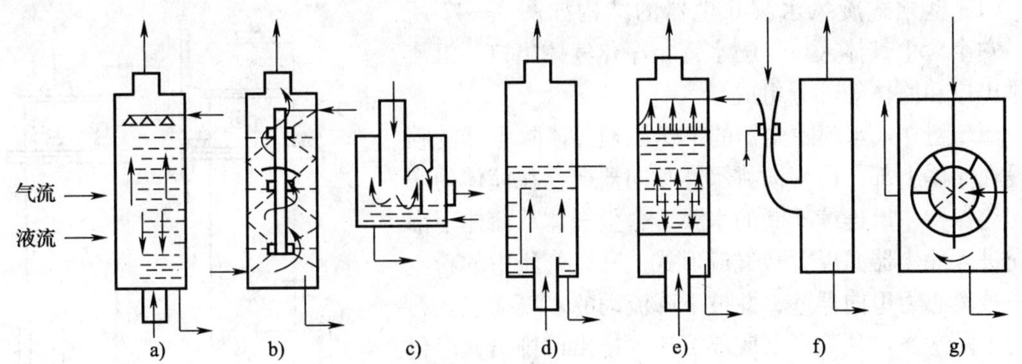

图 3—41 常见 7 种类型湿式除尘器工作示意

表 3—9 部分湿式除尘器的性能特征

装置名称	气体流速（m/s）	最大气体流量（m^3/h）	压力损失（Pa）	液气比（L/m^3）	水压	最小捕集粒径（μm）
重力喷雾除尘器	0.5～2	600 000	50～500	0.05～1	大	3～5
旋风水膜除尘器	1～2	30 000	500～1 500	0.5～5	中	1
储水式冲击水浴除尘器	5～100	30 000	500～2 000	1～5	小	0.3
板式塔洗涤除尘器	1.3～2.5	14 500	50～250	1.1～2.7	小	5
填料塔洗涤除尘器	1～2	1 800	1 000～3 000	1～10	小	1～2
文丘里洗涤除尘器	30～150	9 000	3 000～20 000	0.3～2	中	0.1～0.3
机械动力洗涤除尘器	1～2	60 000	2 000～4 000	0.5～2	小	0.2

3.7.3.2 常见类型介绍

（1）洗涤塔

洗涤塔又称喷淋塔、喷雾塔。最早的洗涤塔是在一空塔内喷水，使其逆向与上升的含尘气体相接触，利用尘粒与水滴接触碰撞进而相互凝集或尘粒间团聚，使其重量大大增加，从而靠重力作用沉降下来。

喷淋塔效率低，后来发展到在塔内装置填料或塔板等结构，增加了水与含尘气体的接触面积，提高了除尘效率并减小除尘器的体积，这就是填料塔、板式塔及湍球塔。

湍球塔在较大的喷淋量范围内均能保持较好的效率。对于除尘过程，喷淋密度一般可取 35～40 $m^3/(m^2 \cdot h)$。对 2 μm 的粉尘，除尘效率可达 99% 以上。由于填料球的自清洗作用，湍球塔的压力损失较低，一般为 750～1 250 Pa。

（2）水膜除尘器

采用喷雾或其他方式，使除尘装置的壁上形成一薄层水膜，以捕集粉尘。常用的水膜除尘器有以下几种形式。

1）CLS 型立式旋风水膜除尘器。CLS 型立式旋风水膜除尘器是国内常用的一种立式旋风水膜除尘器。这种除尘器的优点在于构造简单而且除尘效率较高，一般大于90%，且金属耗量少；缺点是高度较高，安装布置较困难。

CLS 型立式旋风水膜除尘器的结构如图 3—42 所示，它由含尘气体入口、喷水管、净化气体出口、沉渣水排出口和筒体等部分组成。

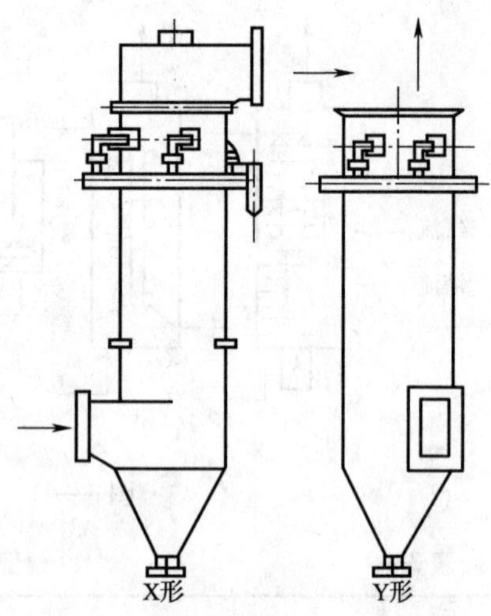

图 3—42　CLS 型立式旋风水膜除尘器的结构

CLS 型立式水膜除尘器的工作原理：该除尘器的喷嘴设在筒体上部，由切向将水雾喷向器壁，在筒体内表面始终保持一层连续不断的水膜。含尘气体从筒体下部切向进入除尘器并以旋转气流形式上升，气流中的粉尘粒子被离心力甩向器壁，并被下降流动的水膜捕获。粉尘粒子随洗涤水从除尘器底部沉渣水排出口排出，净化后的气体由筒体上部排出。

CLS 型立式水膜除尘器定型设备共有 7 种规格，按出风口形式可分为 X 形和 Y 形，X 形通常用于通风机前，Y 形常用于通风机后；按气体进出口方向（即从顶部看气体在设备内的旋转方向），可分为 N 形（逆时针）和 S 形（顺时针）。

这种除尘器的入口最大允许浓度为 2 g/m^3，处理大于此浓度的含尘气体时，应在其前设置一级除尘器，以降低进气含尘浓度。除尘器含尘气体入口速度一般控制在 15 ~ 22 m/s，如果速度过大，不仅压力损失激增，而且还可能破坏水膜层，出现严重带水现象。

2）卧式旋风水膜除尘器。卧式旋风水膜除尘器是一种阻力不高而效率比较高的除尘器。由于构造简单，操作、维护方便，耗水量小，而且不易磨损，因此在机械、冶金等行业应用较多。

卧式旋风水膜除尘器的构造如图 3—43 所示。它具有横置筒形外壳的特点，其内芯横断面为倒梨形或倒卵形，在外壳和内芯之间有螺旋导流片，筒体下部为接灰浆斗。

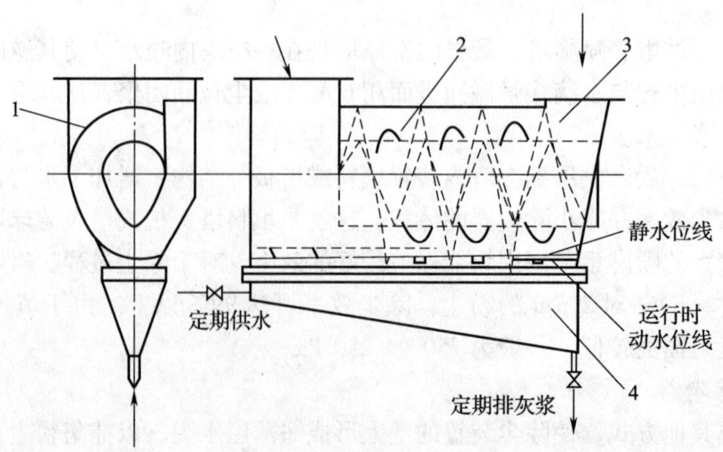

图 3—43　卧式旋风水膜除尘器构造

1—外壳；2—螺旋导流片；3—内芯；4—灰浆斗

其工作原理是，含尘气体从除尘器一端沿切线方向高速进入，并在外壳与内芯之间沿螺旋导流片做螺旋运动前进。一部分大粒子烟尘在烟气多次冲击水面时，由于惯性力的作用沉留在水中。而小粒径烟尘被烟气多次冲击水面溅起的水泡、水珠所润湿，产生凝聚然后在随烟气做螺旋运动的同时，受离心力作用加速向外壳内壁位移，最终被水膜黏附。被捕获的尘粒在灰浆斗内靠重力沉淀，并通过排灰浆阀定期排出。净化的烟气则通过檐板或旋风脱水后排入大气。

由此可见，卧式旋风水膜除尘器既有储水式冲击水浴除尘器捕尘作用，又有离心水膜除尘器捕尘的效果，因而具有较高的除尘效率。实际运行表明，其除尘效率可达85%～92%。

3）麻石立式旋风水膜除尘器。某些工业含尘气体中不仅含有粉尘粒子，而且还含有毒、有害气体。如锅炉燃烧含硫煤时，燃烧烟气中不仅含有粉尘粒子，还含有SO_2、SO_3、H_2S、NO_x等有毒有害气体。在湿式除尘时，这些有害气体极易与设备金属材料发生不同程度的化学反应，形成化学腐蚀。为防止这种化学腐蚀，人们往往在钢制湿式除尘器内涂装衬里，给设备的制造、施工、安装造成很大麻烦。而麻石水膜除尘器可从根本上解决除尘防腐问题。

麻石立式旋风水膜除尘器的构造如图3—44所示。它是由圆筒、溢水槽、水越入区和水封锁器等组成。

含尘气体从圆筒下部沿切线方向以很高的速度进入筒体，并沿筒壁成螺旋形态上升，含尘气体中的尘粒在离心力作用下被甩到筒壁上，经自上而下在筒内壁产生的水膜湿润捕获后随水膜下流，经锥形灰斗、水封池排入灰沟。净化后的气体经风机排入大气。

麻石立式旋风水膜除尘器入口气体速度一般采用18 m/s左右，直径大于2 m的除尘器可采用22 m/s，除尘器筒体内气流上升速度取4.6～5 m/s为宜。处理1 m^3含尘气体的耗水量为0.15～0.20 kg。阻力一般为588～1 180 Pa。这种除尘器对锅炉排尘的除尘效率一般为85%～90%。

立式旋风水膜除尘器是一种运行简单、维护管理方便的除尘器，一般用耐磨、耐腐蚀麻石砌筑，也可以用砖、混凝土、钢板等其他材料制造。其缺点是耗水量比较大，废水需经处理才能排放。

(3) 冲击水浴式除尘器

如图3—45所示，冲击水浴式除尘器是一种高效率湿式除尘设备。它没有喷嘴，也没有很窄的缝隙，因此不容易发生堵塞，是一种比较常用的湿式除尘设备。

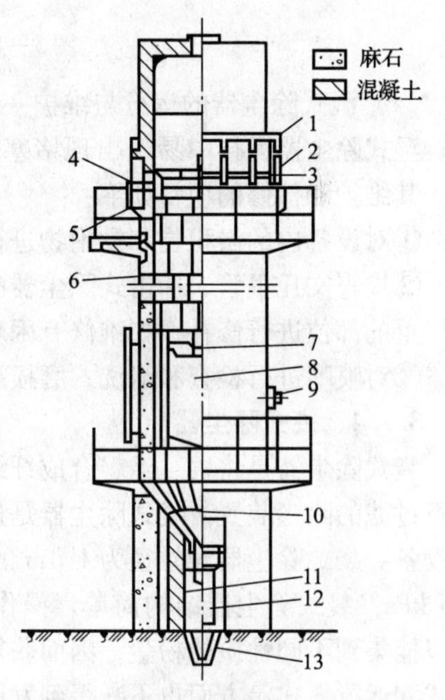

图3—44　麻石立式旋风水膜除尘器结构

1—环形集水管；2—扩散管；3—挡水檐；4—水越入区；5—溢水槽；6—筒体内壁；7—烟道进口；8—挡水槽；9—通灰孔；10—锥形灰斗；11—水封池；12—插板门；13—灰沟

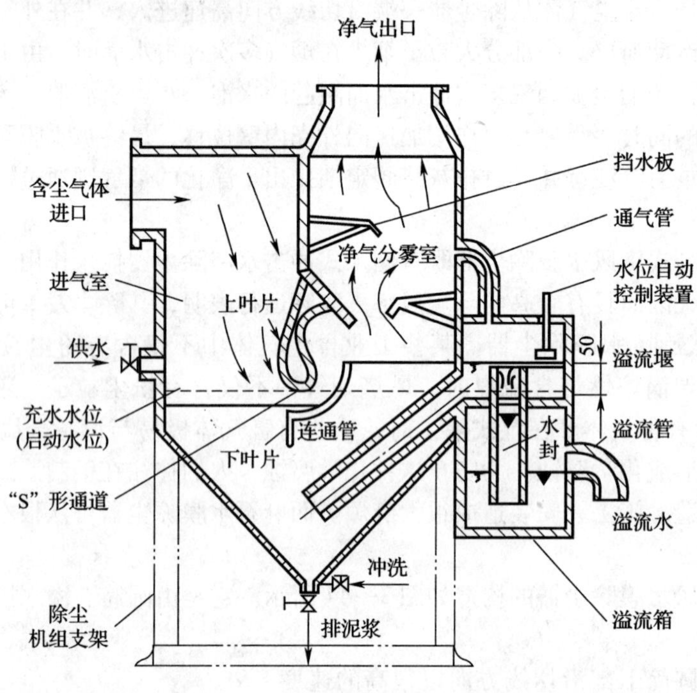

图 3—45　冲击水浴式除尘器构造

（4）湿式除尘器的运行与维护

湿式除尘器运行中易于出现堵塞、腐蚀和磨损等问题，因此对湿式除尘器更要精心维护。其维护和检修的项目如下：

①对设备内的淤积物和黏附物进行定期清除。

②检查文丘里管、冲击式除尘器的喉部以及洗涤器内部的磨损、腐蚀情况，对磨损和腐蚀严重的部位进行修补，如维修有困难应及时更换设备。

③对喷嘴进行检查和清洗，磨损严重的喷嘴应进行更换。

3.7.4　袋式除尘器

袋式除尘器是将棉、毛、合成纤维或人造纤维等织物作为滤料编织成滤袋，对含尘气体进行过滤的除尘装置。袋式除尘器是过滤式除尘器的一种，常用在旋风分离器后作为末级除尘设备。袋式除尘器对粒径为 1 μm 的细微尘粒净化效率可高达 99.9%，压力损失为 1.0 ~ 1.5 kPa。袋式除尘器结构简单，操作方便，工作效率高，性能稳定可靠，便于回收干料，可以捕集到不同性质的粉尘，因而获得越来越广泛的应用；同时，在结构形式、滤料、清灰方式和运行方式等方面也不断得到发展。但这种除尘器占地面积大，且不适宜于净化黏性强及吸湿性强的粉尘，入口浓度不宜大于 15 g/m^3。

3.7.4.1　袋式除尘器的结构与除尘机理

袋式除尘器的结构类型多种多样。按滤袋形状，可分为圆筒形和扁形；按进气方式，可分为上进气与下进气；按过滤方式，可分为内滤式与外滤式；按清灰方式，可分为人工、机械振动、逆气流反吹、气环反吹、脉冲喷吹与联合清灰等多种。简单的袋式除尘器如图 3—46 所示。

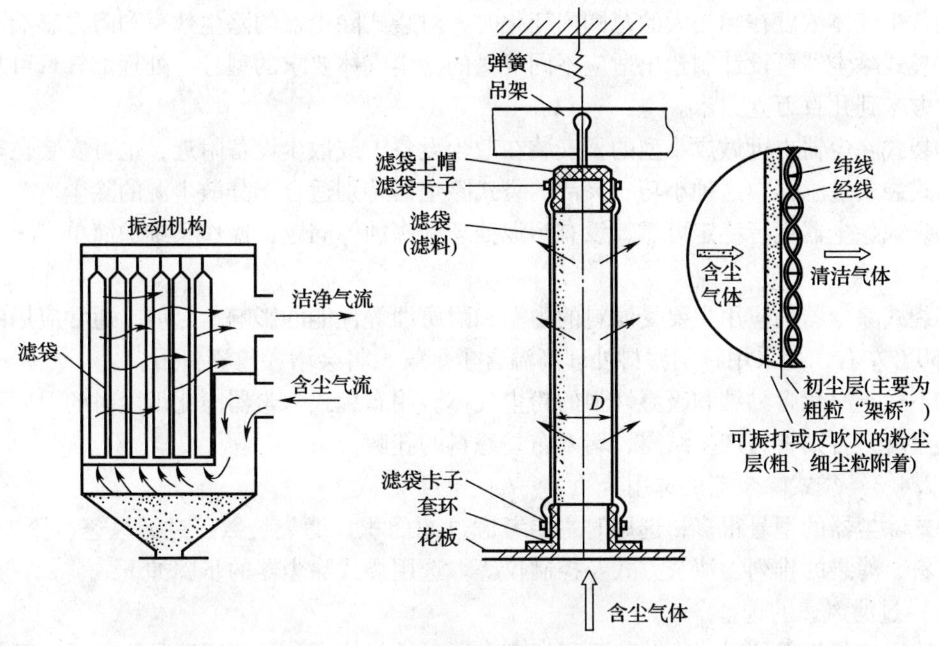

图3—46　袋式除尘器构造及原理示意

它主要由滤袋、箱体、灰斗与清灰机构、排灰机构等几个重要部分组成。工作时含尘气流从下部进入圆筒形滤袋，在通过滤料的孔隙时粉尘被捕集于滤料上，透过滤料的清洁气体由排出口排出。沉积在滤料上的粉尘，可以在机械振动的作用下从滤料表面脱落，落入灰斗中。内滤式滤袋的结构安装与过滤过程如图3—47所示。

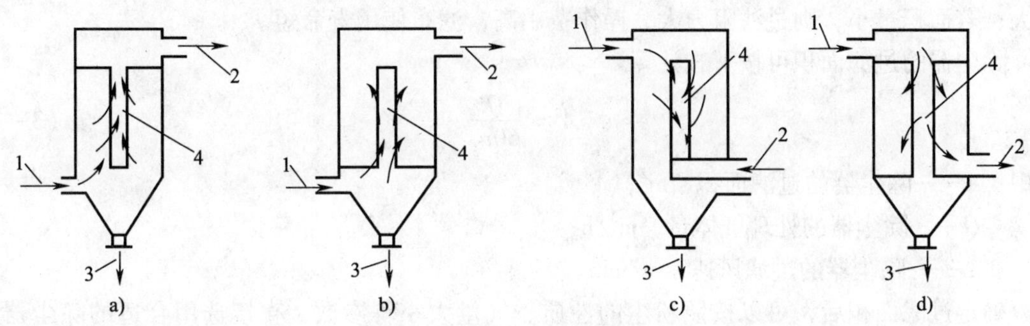

图3—47　袋式除尘器过滤示意

a）下进风外滤式　b）下进风内滤式　c）上进风外滤式　d）上进风内滤式

1—含尘气；2—净化气；3—排尘；4—滤袋

3.7.4.2　袋式除尘器的优缺点

（1）优点

①袋式除尘器对净化微米或亚微米数量级粉尘粒子的除尘效率较高，一般可达99%，甚至可达99.99%以上。

②这种除尘器可以捕集多种干性粉尘，特别是对于高比电阻粉尘，采用袋式除尘器净化要比用电除尘器净化的效率高很多。

③含尘气体浓度在相当大的范围内变化时，对袋式除尘器的除尘效率和阻力影响不大。

④袋式除尘器可设计制造出适应不同气量的含尘气体要求的型号。处理烟气量可从每小时几立方米到几百万立方米。

⑤袋式除尘器也可做成小型的，安装在散尘设备上或散尘设备附近，也可安装在车上做成移动式袋式过滤器，这种小巧、灵活的袋式除尘器特别适合于分散尘源的除尘。

⑥袋式除尘器运行稳定可靠，没有污泥处理和腐蚀等问题，操作和维护简单。

（2）缺点

①袋式除尘器的应用主要受滤料的耐温和耐腐蚀等性能的影响。目前，通常应用的滤料可耐250℃左右，如采用特别滤料处理高温含尘烟气，将会增大投资费用。

②不适于净化含黏结和吸湿性强的粉尘气体。用布袋式除尘器净化烟尘时的温度不能低于露点温度，否则将会产生结露，堵塞布袋滤料的孔隙。

3.7.4.3　袋式除尘器的选用

袋式除尘器的型号很多，选用时主要考虑过滤面积、滤袋袋数、过滤风速、压力损失、过滤材料、滤袋的排列、清灰方式及控制仪等。选用袋式除尘器的步骤如下。

（1）过滤风速的选择

过滤风速是指单位时间内单位面积滤布上通过的气体量。过滤风速是除尘器选型的关键因素，不同应用场合选用不同的值。主要考虑因素是含尘气流的浓度、气体温度、粉尘特性、含水量、所选用的滤料等。过滤风速选用范围：涤纶滤料一般为0.6～1.0 m/min，玻璃纤维滤料一般为0.4～0.5 m/min。

（2）过滤面积的计算

根据气体处理量的大小，选择适当的过滤风速，计算过滤面积。若面积太大，则设备投资大；若面积过小，则过滤阻力大，操作费用高，滤布使用寿命短。

除尘器的过滤面积可按下式计算。

$$A = \frac{Q}{60u_f} \tag{3—2}$$

式中　A——除尘器的过滤面积，m^2；

Q——除尘器的处理气体量，m^3/h；

u_f——除尘器的过滤风速，m/min。

确定过滤面积后，可以按照粉尘的性质、气量大小等参数，直接选用合适的除尘器类型。若自行设计，可以进行下面的步骤。

（3）滤袋袋数的确定

$$n = \frac{A}{\pi DL} \tag{3—3}$$

式中　A——除尘器的过滤面积，m^2；

D——单个滤袋直径，m；

L——单个滤袋长度，m。

滤袋的直径由滤布的规格确定，一般为100～300 mm，滤袋的长度一般取3～5 m，有时高达10～12 m。滤袋的排列有三角形排列和正方形排列两种。

(4) 压力损失的选择

压力损失的大小受多种因素的影响，因此，确定了压力损失也就确定了操作的主要参数，如清灰方式等。采用一级除尘时，一般压力损失为980～1 470 Pa；采用二级除尘时，一般压力损失为490～784 Pa。

(5) 过滤材料的选择

在选择过滤材料时，要根据气体的温度、湿度，粉尘的粒度、化学组成、酸碱性、吸湿性、荷电性、爆炸性、腐蚀性等物理、化学性质，选择适当的滤布。

一般在含水量较小、无酸性时根据含尘气体温度来选用。当温度低于130℃时，常用500～550 g/m^{2}涤纶针刺毡。当温度低于250℃时，宜选用芳纶诺梅克斯针刺毡，有时采用800 g/m^{2}玻璃纤维针刺毡和800 g/m^{2}纬二重玻璃纤维织物，或氟美斯（FMS）高温滤料（含氟气体不能用玻璃纤维材质）。

当水分含量较大、粉尘浓度又较大时，宜选用防水、防油滤料（或称抗结露滤料）或覆膜滤料（基布应是经过防水处理的针刺毡）。

当含尘气体含酸性、碱性物质且气体温度低于190℃时，常选用莱通（ryton 聚苯亚胺）针刺毡。若气体温度低于240℃，耐酸碱性要求不太高时，可选用聚酰亚胺针刺毡。

当含尘气体为易燃易爆气体时，选用防静电涤纶针刺毡；当含尘气体既有一定的水分又为易燃易爆气体时，选用防水、防油、防静电涤纶针刺毡。

(6) 清灰方式的选择

袋式除尘器的清灰主要有机械振动、逆气流反吹风、喷嘴反吹风、脉冲喷吹、反吹风振动等方式，针对不同的粉尘选用具体的滤料和清灰方式参见表3—10。

表3—10　袋式除尘器的使用情况

粉尘种类	滤料纤维种类	清灰方式	过滤风速（m/min）
飞灰（煤）	玻璃、聚四氟乙烯	逆气流、脉冲喷吹、机械振动	0.58～1.8
飞灰（油）	玻璃	逆气流	1.98～2.35
飞灰（焚烧）	玻璃	逆气流	0.76
水泥	玻璃、丙烯酯	逆气流、机械振动	0.46～0.64
铜	玻璃、丙烯酯	机械振动	0.18～0.82
电炉	玻璃、丙烯酯	逆气流、机械振动	0.46～1.22
硫酸钙	聚酯	逆气流、机械振动	2.28
炭黑	玻璃、丙烯酯、聚四氟乙烯	逆气流、机械振动	0.34～0.49
白云石	聚酯	逆气流	1.00
石膏	棉、丙烯酯	机械振动	0.76
石灰窑	玻璃	逆气流	0.70
氧化铅	聚酯	逆气流、机械振动	0.30
烧结尘	玻璃	逆气流	0.70

3.7.4.4　袋式除尘器的运行与维护

袋式除尘器除了处理一般含尘气体外，也能处理高温、高湿、黏结、磨琢及超细烟尘，有的还作为生产过程中物料回收的设备。其维护重点是检查和修理其漏气的部位，在使用时应注意如下几点。

①运行之前要检查滤袋是否全部完好，修补滤袋上的硅酮、石墨、聚四氟乙烯等耐磨和耐高温涂料损坏的部分，保证固定、拉紧方法正确，粉尘的输送、回收及综合系统完好。

②对已破损和黏附物无法打落下来的滤袋要及时更换。滤袋如果发生变形要及时进行修理和调整。

③清洗压缩空气的喷嘴和脉冲喷吹部分，并更换失灵的配管和阀门。检查清灰机构可动部分的磨损程度，对磨损严重的部分进行更换。

④在袋式除尘器运行过程中，应确保滤袋不损坏，滤袋和清灰系统正常运行。还应注意被净化气体湿度和温度的变化。必须避免滤袋织物过热，否则会造成织物丧失过滤性和织物损坏。

⑤根据要处理气体及粉尘的物理、化学性质，选择恰当的滤料，严格控制使用温度。当烟气含尘浓度超过 5 g/m^{3}时，应进行预除尘。

3.7.5 电除尘器

电除尘器是含尘气体在通过高压电场进行电离的过程中，尘粒荷电后在电场力的作用下沉积在集尘极上，并从含尘气体中分离出来的一种除尘设备。电除尘过程与其他除尘过程有根本区别：分离力（主要是静电力）直接作用在粒子上，而不是作用在整个气流上，因此具有目标集中、分离粒子耗能少、气流阻力小的特点。由于作用在粒子上的静电力相对较大，所以能有效地捕集亚微米级的粒子。

电除尘器对 1 ~ 2 μm 粉尘的净化效率可高达 99% 以上，每小时可处理气体上百立方米，阻力仅为 200 ~ 300 Pa，正常操作温度可高达 400℃，但一次投资费用大，占地面积大，对粉尘有一定的选择性，且结构复杂，安装、维护管理要求严格。电除尘器的主要优点是：压力损失小，一般为 200 ~ 500 Pa；处理烟气量大，一般为 105 ~ 106 m^3/h；能耗低，为 0.2 ~ 0.4 W/m^3；对细粉尘有很高的捕集效率，高于 99%；可在高温或强腐蚀性气体下操作。

3.7.5.1 电除尘器的工作原理与结构

（1）电除尘器的工作原理

高压静电除尘器主要由气体电离、尘粒荷电、尘粒沉集与振打清灰等几个过程组成。

1）气体电离。在电晕极上施加高压直流电，产生电晕放电，使气体电离，产生大量正离子和负离子。

2）尘粒荷电。若电晕极附近带负电，则正离子被吸引而失去电荷，自由电子和负离子受电场力的作用向集尘极移动，与含尘气流中的尘粒碰撞而结合在一起，使尘粒荷电。

3）尘粒沉集。荷电尘粒到达集尘极后失去电荷，成为中性后沉积在集尘极表面。

4）振打清灰。当集尘极表面的尘粒达到一定厚度时，影响中和，需借助于振打装置使电极抖动，将尘粒振掉，自动落入灰斗。

（2）电除尘器的结构

电除尘器由除尘器本体、供电装置和附属设备三部分组成。

1）本体结构。电除尘器的本体主要由电晕极、集尘极、气流分布板、振打清灰装置和灰斗等几个主要部件组成，如图 3—48 所示。

电晕电极是电除尘器的放电极亦即阴极。电除尘器的集尘电极也称为除尘电极、集尘电极或阳极等。电除尘器内气流分布对除尘效率具有较大影响。电除尘器的集尘电极与电晕电极保持洁净，除尘效率才能高，因此必须经常将电极上的积灰清除干净。

目前电除尘器的清灰方法有湿式和干式两种。湿式清灰的主要优点是二次扬尘最小，没有比电阻问题，水滴凝聚有利于小尘粒的捕集，空间电荷增强，不会产生电晕等。此外，湿式除尘器还可净化有害气体，如 SO_3、HF 等。其主要问题是设备腐蚀、结垢严重，以及污泥需要处理等。干式清灰分为极板清灰和电晕极清灰。

2）供电装置。电除尘器的供电系统选择适当与否，直接影响到电除尘器的性能，因此必须保证供电系统的合理、可靠。

电除尘器的供电设备主要由升压变压器、整流器、控制箱等几个组成部分。

为了保证电除尘器正常运行和操作人员的安全，除尘器的壳体一定要接地，接地电阻一定要小于 4 Ω。

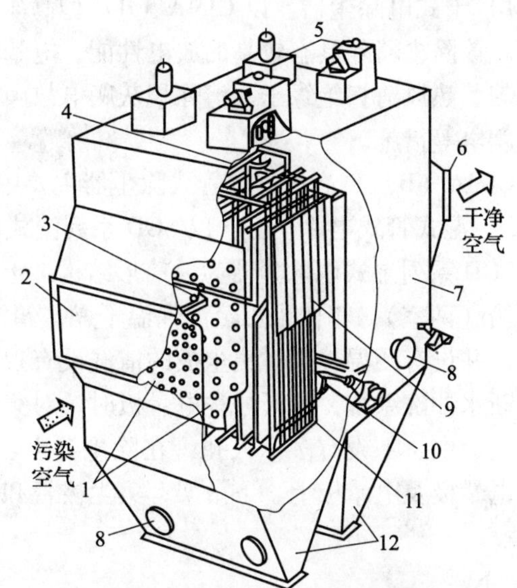

图 3—48　电除尘器结构

1—入口；2—气流分布板；3—气流分布板的清灰装置；4—电晕极的清灰装置；5—绝缘子室；6—出口；7—除尘器外壳；8—观察孔；9—集尘极；10—集尘极的清灰装置；11—电晕极；12—集灰斗

3）附属设备。除了本体和供电装置以外，电除尘器常配置一些附属设备，如湿式除尘器需配置溢流装置，或增加喷雾加湿装置。为了防止绝缘子受到粉尘的污染而漏电，通常还需要对绝缘子加设保护装置。另外，有的电除尘器还要向烟气内兑入 SO_3 或 NH_3 等气体，加装调节烟气成分、提高除尘性能的一些装置和其他附属设备。

3.7.5.2　几种电除尘器的简介

目前市场上的静电除尘器种类较多，按集尘极的结构类型可分为板式电除尘器和管式电除尘器两类。

（1）板式电除尘器

1）CWDY 系列电除尘器。它是卧式静电除尘器，主要用于水泥工业。其型号的代表意义为：C 为除尘器，W 为卧式，D 为静电，Y 为窑。

2）GP 系列电除尘器。它主要用于火力发电厂，供 25 ~ 600 MW 发电机组燃煤锅炉配套使用。其型号的代表意义为：G 为干式，P 为普通型。

3）CDPK 系列宽间距电除尘器。型号的代表意义为：C 为除尘器，D 为静电，P 为普通型，K 为宽间距。

宽间距电除尘器是先进的高效除尘器之一。所谓“宽间距”就是电除尘器的集尘极板间距大于 300 mm，具体指 400 mm 以上的极板间距。

（2）管式电除尘器

管式电除尘器又可分为干式和湿式两类。管式电除尘器具有制造、安装和调试容易，制造周期短，不需要专用轧机以及造价低等优点。

1）干式电除尘器。以 CJMA（B）型高压静电管式除尘器为例介绍。其结构如图 3—49 所示。该除尘器除具有较高的放电性能、电晕线不断线、不包灰、振打清灰效果好、气流分布均匀、热风清扫绝缘子、清除积灰爬电故障等优点外，还增加了防止二次扬尘、解决高压进线爬电等措施。

CJMA（B）型高压静电管式除尘器主要用于煤磨机的除尘。

2）湿式管式电除尘器。以 SGD 系列湿式电除尘器为例。其电除尘器结构如图 3—50 所示。SGD 系列湿式电除尘器为一筒形结构，上、下为锥形，顶盖设有 3 个绝缘子箱或 6 个绝缘子箱（两室），箱体采用蒸汽保温干燥，箱内温度保持在 70 ~ 90℃，箱上设有供气和排水接头，并设有测温接头。集尘极的清洗设有独立的连续水冲洗系统，电晕极上的灰尘和油污设间断水冲洗系统，间断冲洗电晕极时，对集尘极也起到了冲洗作用。为了检修方便，在除尘器上、中、下设有多个人孔，在除尘器上、下各设防爆孔。除尘器内部构件由气流分布板，电晕极及电晕极上、下吊架，集尘极管和定距隔板等组成。

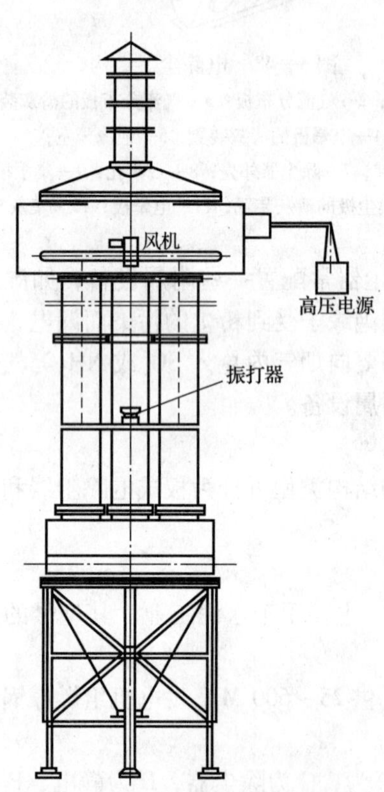

图 3—49　高压静电管式除尘器

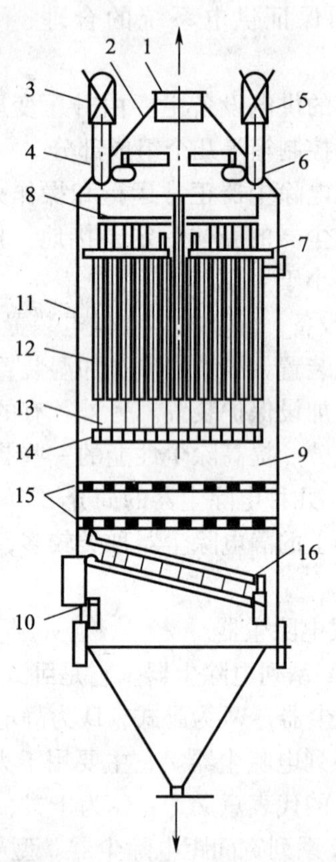

图 3—50　SGD 系列湿式电除尘器结构

1—节流阀；2—上部锥体；3—绝缘子箱；4—绝缘子接管；5—人孔门；6—电极定期洗涤，喷水器；7—电晕极悬吊架；8—提供连续水膜的水管；9—带输入电源的绝缘子箱；10—进风口；11—壳体；12—集尘极；13—电晕极；14—电晕极下部框架；15—气流分布板；16—气流导向板

SGD 系列湿式电除尘器主要用于以焦炭为原料的煤气发生炉煤气净化，也可作为以煤为原料的水煤气发生炉的煤气净化，即用于发生炉、焦炉、直立炉、两段炉的煤气净化。

3.7.5.3 电除尘器对工艺流程的要求

电除尘器可以在正压和负压条件下操作，但为了防止烟气向外逸出，最好采用负压操作。在采用正压操作时，必须配置一套热风装置，向电晕极框架各吊点的石英套管（或瓷套管）通入热风，以防止因正压操作而使烟气中的粉尘沾污绝缘套管，造成套管表面的电击穿，影响电除尘器的正常运行。

电除尘器采用负压操作时，在流程设置上应尽量使其负压值不要过大，因为过大的负压不仅需增加壳体的重量，而且会增大除尘器的漏风量。因此对于流程阻力小、烟气量大的电除尘器，其引风机应设置在除尘器与烟囱之间，如发电厂的电除尘器大多是这样；反之，对于系统阻力较大、烟气量也大的流程，如水泥工业中的悬浮预热窑窑尾的电除尘器，则应在除尘器前、后均装设引风机。但对于一些容量较小的生产流程（如烟气量仅为 100 ~ 200 m^3/h），为了简化流程，应适当加高烟囱，以省去除尘器与烟囱之间的引风机。因为当烟气温度为 200℃左右、烟囱高度为 50 m 时，烟囱产生的抽力基本上可以克服电除尘器内部的阻力，此时系统的零压点基本上位于除尘器的进口气体分布板处，除尘器内部处于微负压工作状态。

在除尘器的进、出口处均应设置伸缩节以补偿由于温度变化引起的壳体伸长或缩短，伸缩节的伸长量应根据除尘器的长度和操作温度予以确定，伸缩节对除尘器的作用力不宜过大，否则会引起壳体的严重变形。

由于电除尘器有许多独特的优点，所以广泛应用于冶金、化工、水泥、建材、火力发电、轻工、纺织等工业部门，已成为高效除尘的主要设备之一，特别是在处理高温大烟气量的场合，更显示出突出的优越性。

习 题

1. 在格栅的运行与维护管理中，应注意的事项有哪些？
2. 常用的沉砂池有哪些类型？
3. 沉淀池有哪些类型？各适用于哪些场合？
4. 平流式沉淀池由哪几部分构成？其工作原理是什么？
5. 沉淀池的运行管理及注意事项有哪些？
6. 沉淀池的异常问题有哪些？解决措施是什么？
7. 按照微气泡产生的方式不同，可将气浮设备分为哪几种？
8. 气浮分离的特点和应用领域有哪些？
9. 简述普通快滤池的构造及工作原理。
10. 滤池投产前应做好哪些准备？
11. 滤池运行中常见问题有哪些？解决方法是什么？
12. 除尘设备是怎样分类的？适用范围有哪些？
13. 依据孔径的大小，可将膜分为哪几个种类？常用的膜组件有哪几种形式？
14. 反渗透的工作原理是什么？

第4章　水的生物处理设备

本章学习目标

了解生物处理设备和污泥处理设备的分类、熟悉各类设备的基本构造；

熟悉活性污泥、生物膜及厌氧生物处理工艺的技术特征，设备性能及工作原理；

掌握典型生物处理设备的单体设计方法，能设计单体生物处理设备；

掌握常用水的生物处理设备的运行管理方法，能解决生物处理设备运行管理中出现的常见问题。

4.1　活性污泥法污水处理设备

活性污泥法是指处理城市污水和有机性工业污水的有效生物处理法，是利用悬浮生长的微生物絮体处理污水的一类好氧生物处理方法。活性污泥法系统的设备主要包括曝气池、曝气设备、污泥回流设备、二次沉淀池等。

对于生活污水和性质与其类似的工业污水目前国内已有较为成熟设计参数，设计时可直接采用。对于其他的工业污水，往往需要通过试验才能确定有关设计的一些参数和原始资料，主要包括下列内容：

①活性污泥及其吸附能力。

②污泥负荷与出水 BOD 的关系。

③污泥负荷与污泥沉降、浓缩性能的关系。

④污泥负荷与污泥增长率、需氧量的关系。

⑤混合液浓度与污泥回流比的关系。

⑥pH 值、水温对处理效果的影响。

⑦有关补充营养物质（如氮、磷）的影响。

⑧有毒物质的允许浓度以及驯化的可能性。

⑨冲击负荷的影响。

4.1.1　曝气池

4.1.1.1　曝气池容积的计算

曝气池容积，常用有机负荷法计算。有机负荷通常有两种表示方法，即污泥负荷和容积负荷。一般采用污泥负荷的方法计算。根据污泥负荷的定义：$N_s = QS_a/XV$，可以求得曝气池的容积为：

$$V = \frac{QS_a}{XN_s} \tag{4—1}$$

式中　V——曝气池容积，m^3；

Q——污水流量，m^3/d；

S_a——原污水中 BOD 浓度，mg/L 或 kg/m^3；

X——混合液悬浮固体（MLSS）浓度，mg/L 或 kg/m^3；

N_s——污泥负荷，[kgBOD/（kgMLSS·d）]。

污泥负荷 N_s与出水 BOD 浓度之间的关系为：

$$N_s = \frac{K_2 S_e f}{\eta} \tag{4—2}$$

式中　S_e——处理水中 BOD 浓度，mg/L 或 kg/m^3；

f——曝气池混合液挥发性悬浮固体与混合液悬浮固体比值，即 MLVSS/MLSS，对于城市污水一般在 0.75～0.85 之间；

η——原污水 BOD 去除率，%，即（$S_a - S_e$）/S_a；

K_2 ——系数，对于城市污水一般在 0.016 8～0.028 1 之间。

污泥负荷的确定，主要考虑处理效率和出水水质，同时还应结合污泥的凝聚沉淀性能来考虑，即根据所需要的出水水质计算出的 N_s值，再进一步复核相应的污泥容积指数值是否在正常运行的允许范围内。

混合液污泥浓度 X 一般控制在 2 000～4 000 mg/L，设计时采用较高的污泥浓度，可缩小曝气区容积，但污泥浓度不宜过高。

一般说来，污泥负荷在 0.3～0.5 kgBOD/（kg MLSS·d）范围内时，BOD 去除率可达 90% 以上，污泥容积指数 SVI 在 80～120 范围内，污泥吸附和沉淀性能都较好。对于剩余污泥不便处置的小型污水处理厂站，污泥负荷应低于 0.2 kgBOD/（kg MLSS·d），使污泥自行氧化。

4.1.1.2　曝气池的构造

曝气池的构造形式随着活性污泥法的改进和发展已呈多样化，根据混合液在曝气池中的流态可分为推流式、完全混合式和循环混合式三种池型；根据平面几何形状可分为长方形、廊道形、圆形、方形和环形跑道形四种；根据所采用的曝气方法可分为鼓风曝气池和机械曝气池；根据曝气池和二次沉淀池的关系可分为曝气—沉淀合建式和分建式两种；根据运行方式，可分为传统式、阶段式、生物吸附式、曝气沉淀式、延时式等多种。

（1）推流式曝气池

推流式曝气池多为长方廊道形，常采用鼓风曝气。传统的做法是将空气扩散装置安装在曝气池廊道底部的一侧（见图 4—1a），这样布置可使水流在池中呈螺旋状流动，提高气泡和混合液的接触时间。如果曝气池的宽度较大，则应考虑将空气扩散装置安装在曝气池廊道底部的两侧（见图4—1b）。也可按一定的形式，如互相垂直的正交形式或呈梅花形交错式均衡地布置在整个曝气池池底。

曝气池的数目随污水处理厂的规模而定，一般在结构上分成若干单元，每个单元包括一座或几座曝气池，每座曝气池常由1个或2~5个廊道组成，如图4—2所示。当廊道数为单数时，污水的进、出口在曝气池的两端；而廊道数为双数时，则位于廊道的同一端。

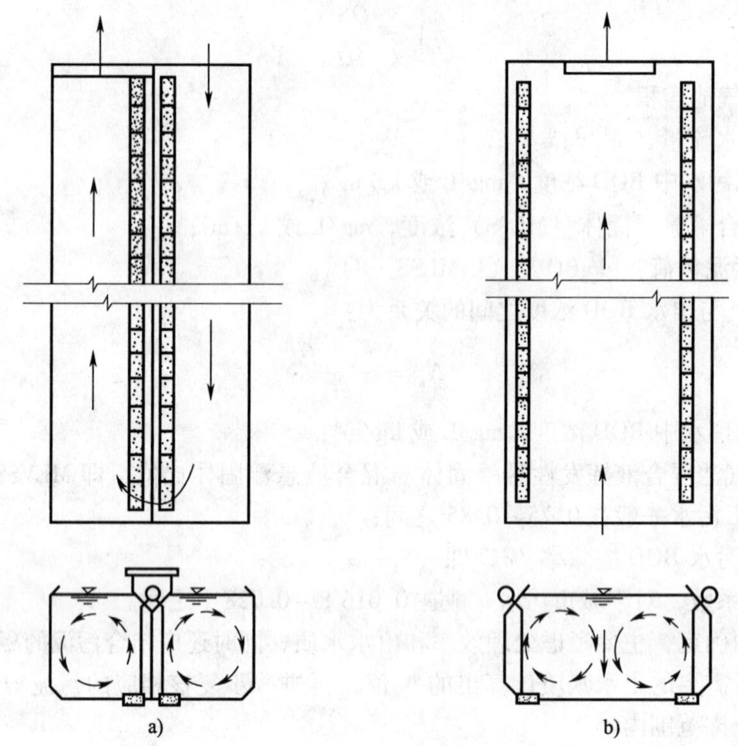

图4—1　推流式鼓风曝气池空气扩散装置布置形式与水流在横断面的流态

（a）在池底一侧；（b）在池底的两侧

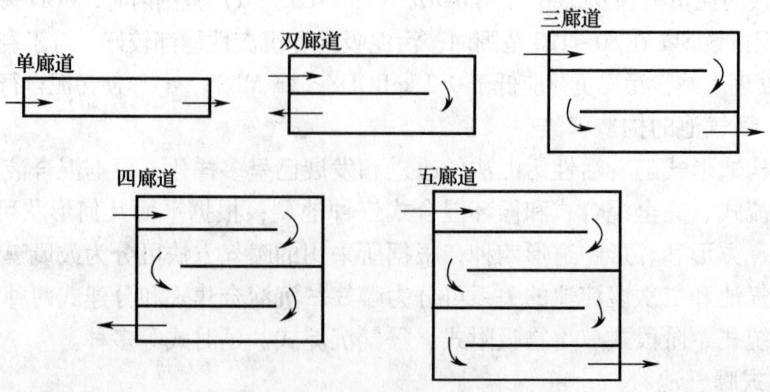

图4—2　曝气池的廊道组合

曝气池廊道的长度可达100 m，一般以50～70 m为宜。为了防止短流，廊道的长度和宽度之比应大于5，甚至大于10。曝气池的宽深比常在1.5～2之间。池深与造价和动力费用密切相关。池深大，有利于氧的利用，但造价和动力费用将有所提高。反之，造价和动力费用降低，但氧的利用率也将降低。

此外，还应考虑土建结构和曝气池的功能要求，允许占用的土地面积，能够购置到的鼓风机所注的压力等因素。目前我国对推流式曝气池采用的深度多为3～5 m。

为了使混合液在曝气池内的旋转流动能够减少阻力，并避免形成死区，将廊道横剖面池壁两墙的墙顶和墙脚作成45°斜面。为了节约空气管道，相邻廊道的空气扩散装置常沿公共隔墙布置。

曝气池的进水口和进泥口均设于水面以下，采用淹没出流方式，以免形成短流，也可设闸门以调节流量；出水一般采用溢流堰的方式，处理水流超过堰顶，溢流即流入排水渠道。

（2）完全混合曝气池

完全混合曝气池常采用表面机械曝气装置供氧，其表面多呈圆形、方形或多边形。曝气装置安装于池中心，污水进入池内立即与全池混合，水质没有像推流式那样具有明显的上下游区别。完全混合曝气池可以与沉淀池合建或分建，因此可分为合建式和分建式。

1）合建式。合建式完全混合曝气沉淀池，简称曝气沉淀池，平面结构多设计为圆形，沉淀池与曝气池合建，沉淀池设于池的外环，与曝气池的底部有污泥回流缝连通，靠表面曝气装置形成水位差，使回流污泥循环，如图4—3所示。

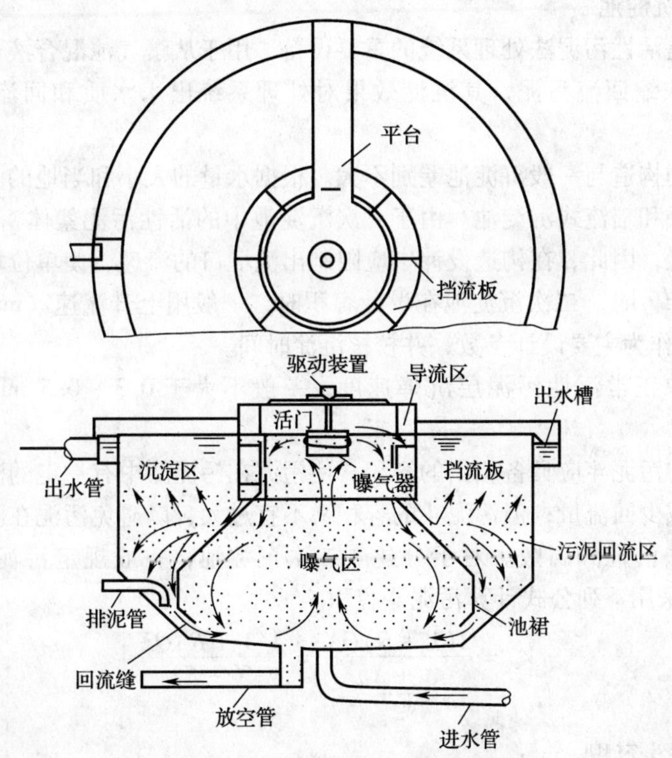

图4—3　圆形曝气沉淀池剖面示意图

合建式曝气池的各部位结构尺寸可按下列数值选定：曝气沉淀池直径 $D\leqslant20$ m；曝气池水深 $H\leqslant5$ m；沉淀区水深 1 m$\leqslant h_1\leqslant$2 m；导流区下降流速 15 mm/s 左右；池底斜壁与水平成 45°斜角；曝气池结构容积系数取 3% ~5%；当合建式完全混合曝气沉淀池的平面设计为正方形或长方形时，沉淀区仅在曝气区的一侧设置。

合建式曝气池结构紧凑，耐冲击负荷，但存在曝气池与二次沉淀池相互干扰的问题，其出水水质不如分建式曝气池。

2）分建式。分建式完全混合曝气池既可采用表面曝气装置，也可用鼓风曝气装置。表面曝气装置的充氧与混合性能同池的构造设计关系密切，因而在选用时应参照池型构造设计。当采用泵型叶轮，线速度在 4 ~5 m/s 时，曝气池直径与叶轮的直径之比宜采用 4. 5 ~7. 5，水深与叶轮直径之比宜采用 2. 5 ~4. 5。当采用倒伞形和平面型叶轮时，叶轮直径与曝气池直径比宜为 1/5 ~13。在圆形池中，一般要在水面处设置 4 块挡流板，板宽为池径的 1/20 ~1/15，在方形池中可不设挡板。

分建式曝气池需专门设置污泥回流设备，便于运行中控制和调节。

3）循环混合式曝气池。循环混合式曝气池，又名氧化沟。多采用转刷曝气器供氧，池平面常设计成椭圆形，形状如环状跑道，池宽度与转刷长度相适应。断面形状可采用矩形或梯形，为梯形时底角坡度多取 45°，其有效水深为 1 ~2 m。

在设计曝气池时，应在池底部设置放空管，用于维修或池子清洗时放空；在池深 1/2 处或距池底 1/3 处设置排水管，培养活性污泥等预备间歇运行时使用。

4. 1. 2　二次沉淀池

二次沉淀池是活性污泥法处理系统的重要设备，用于从曝气池混合液中分离出符合设计要求的澄清水。浓缩回流污泥，其沉淀效果对处理系统出水水质和回流污泥浓度有直接影响。

二次沉淀池的构造与一般沉淀池差别不大。根据水量的大小和当地的具体条件，可以采用平流式、竖流式和辐流式沉淀池。由于二次沉淀池中的活性污泥絮体密度小，沉速较慢，容易被流出水带走，因此，在构造设计中应限制出流堰口的流速，使单位堰长的出流量小于或等于 10 m^3/（m · h）。二次沉淀池在设计容积时，一般用上升流速（mm/s）或表面负荷［m^3/（m^2 · h）］作为主要设计参数，并校核沉淀时间。

上升流速应取正常活性污泥层沉降速度，一般不大于 0. 3 ~0. 5 mm/s；沉淀时间为 1. 5 ~2. 0 h。

二次沉淀池的污泥斗应具备相当的容积，使污泥在污泥斗中有一定的浓缩时间，以提高回流污泥浓度，减少回流量；但污泥斗的容积又不宜过大，以避免污泥在泥斗中停留时间过长，因缺氧而失去活性和腐败。对于分建式二次沉淀池，一般规定污泥斗的储泥时间为 2. 0 h。因此，可采用下列公式计算污泥斗容积。

$$V_s=\frac{2(1+R)QX}{\dfrac{X+X_R}{2}}=\frac{4(1+R)QX}{X+X_R} \tag{4—3}$$

式中　V_s——污泥斗容积，m^3；

Q——污水流量，m^3/h；

X——混合液污泥浓度，mg/L；

X_R——回流污泥浓度，mg/L；

$\frac{X+X_R}{2}$——污泥斗中平均污泥浓度，其中2为污泥斗储泥时间，一般为2.0 h；

R——污泥回流比。

对于合建式曝气沉淀池，可作为竖流式沉淀池的一种变形，一般不需要计算污泥区的容积。

采用静水压力排泥的二次沉淀池，静水压头不应小于0.9 m，其污泥斗的底坡与水平面夹角不应小于50°，以便于排泥。

4.1.3　污泥回流设备

在分建式曝气池中，活性污泥从二次沉淀池回流到曝气池时需设置污泥回流设备。污泥的提升设备常用污泥泵或空气提升器。空气提升器的效率不如污泥泵，但其结构简单，管理方便，且所消耗的空气对补充污泥中的溶解氧也有好处，如采用鼓风曝气池，可以考虑选用空气提升器。

污泥回流量的计算公式如下：

$$Q_R = QR \tag{4—4}$$

$$R = \frac{X}{X_R - X} \tag{4—5}$$

式中　Q_R——污泥回流量，m^3/h；

Q——污水流量，m^3/h；

R——污泥回流比；

X——混合液污泥浓度，mg/L；

X_R——回流污泥浓度，mg/L。

X_R与污泥容积指数SVI值有关，$X_R = \frac{10^6}{SVI}r$，r为与污泥在二次沉淀池中停留时间、池深、污泥厚度等因素有关的系数，一般取1.2。

空气提升器常附设在二次沉淀池的排泥井或曝气池的进泥口处，如图4—4所示为空气提升器示意图，h_1为淹没水深，h_2为提升高度。一般$h_1/(h_1+h_2)\geqslant 0.5$。

采用污泥泵时，常将二次沉淀池的回流污泥集中抽送到一个或数个回流污泥井中，然后再分配给各个曝气池。泵的台数视污水处理厂的具体使用情况，考虑一定的备用台数来确定，一般不少于2台。

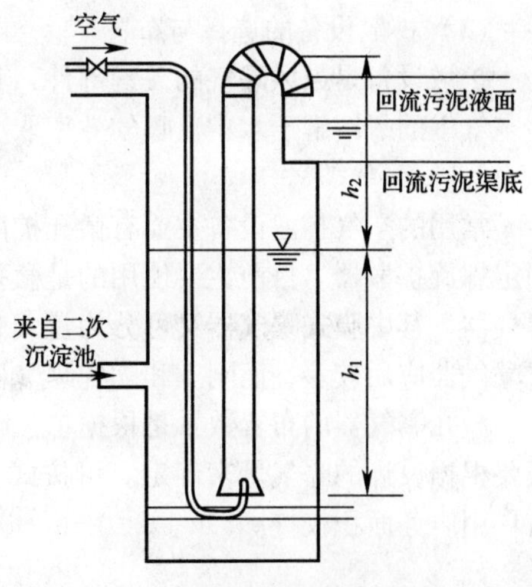

图4—4　空气提升器示意图

4.1.4 曝气设备

曝气设备是采用活性污泥法处理污水工艺系统中的重要组成部分。采用鼓风曝气法时曝气设备的设计包括：空气扩散器的选择和布置，空气管路布置和管径的确定，选择鼓风机并确定所需的台数。其中扩散器按需氧量要求的氧转移量选择，鼓风机台数及管路直径是根据供气量确定的。当采用机械曝气时，要确定曝气机械的形式和相应的规格，如叶轮直径、转速、功率等。

4.1.4.1 鼓风曝气设备

(1) 鼓风机的选择

鼓风曝气式是采用空气（或纯氧）作氧源，以气泡形式鼓入污水中。它适合于长方形曝气池，布水设备装在曝气池的一侧或池底。气泡在形成、上升和破裂时向水中传氧并搅动水流。曝气设备中可采用的鼓风机的类型较多，常用的有罗茨鼓风机和离心式鼓风机。罗茨鼓风机在中小型污水处理厂站较为常用，单机风量在 80 m^3/min 以下，缺点是噪声大，必须采取消音、隔音措施。当单机风量大于 80 m^3/min 时，一般采用离心式鼓风机，噪声较小，效率较高，适用于大中型污水处理厂。

在选择鼓风机时，以空气量和风压为依据，并参考必需的储备量，以保证空气供应的可靠性和运转上的灵活性。鼓风机房至少需配备 2 台鼓风机，其中 1 台备用。为适应负荷的变化，并使运行具有灵活性，工作鼓风机的台数不宜少于 2 台，当工作鼓风机≤3 台时，备用 1 台；工作鼓风机≥4 台时，备用 2 台。

(2) 空气管道布置

鼓风机通过空气管道将空气输送至曝气池，这就需要不同长度和管径不等的空气管道。从鼓风机房到曝气池上的空气干管，其经济流速可采用 10 ~ 15 m/s，通向空气扩散设备的支管的经济流速可取 4 ~ 5 m/s。空气通过空气管道和扩散设备的总压力损失一般控制在 15 kPa以内，其中管道损失控制在 5 kPa 以下。

(3) 扩散设备的选择与布置

扩散设备是鼓风曝气的关键部件，其作用是将空气分散成空气泡，增大气液接触界面，使空气中的氧溶解于水中。曝气效率取决于气泡大小、水的亏氧量、气液接触时间和气泡的压力等因素。

常用的空气扩散设备主要有微孔扩散器、中气泡扩散器、大气泡扩散器、射流扩散器、固定螺旋扩散器。目前主要使用的是微孔曝气器，从材质上分，主要分为陶瓷、刚玉和膜式曝气器，其中膜式曝气器又可分为盘式和管式两种。各种空气扩散器有其优点和利弊，但膜式曝气器应用较多，而刚玉和陶瓷曝气器已经使用得越来越少。

微孔曝气器的布置数量是根据单位曝气器的服务面积来确定的，但整个池子的布置数量还要根据设计的曝气量来确定。可按式（4—6）计算出盘式曝气器个数或曝气管米数，然后再用服务面积校核。

$$n = G/G_0 \tag{4—6}$$

式中 n——曝气器数量，个（米）；

G——设计曝气量，m^3/min；

G_0——曝气器设定通气量（可依据产品说明书设定），m^3/min·个（m^3/min·m）。

微孔曝气器的布置方式有多种。可以安装在曝气池廊道底部的一侧，这样布置可使水流在池中呈螺旋状流动，以提高气泡和混合液的接触时间。如果曝气池的宽度较大，则应考虑将微孔曝气器安装在曝气池廊道底部的两侧。也可按一定的形式，如相互垂直的正交形式或呈梅花形交错式均衡地布置在整个曝气池池底。

4.1.4.2 机械曝气设备

机械曝气设备也称为表面曝气设备，大多以装在曝气池水面的叶轮快速转动，进行表层充氧。按转轴方向不同，可分为立式和卧式两类。常用的立式表面曝气机有平板叶轮、倒伞形叶轮和泵型叶轮等，卧式表面曝气机有转刷曝气机和转盘曝气机等。叶轮的充氧能力和提升能力同叶轮浸没深度、叶轮的转速等因素有关，在适宜的浸深和转速下，叶轮的充氧能力最大，并可保证池内污泥浓度和溶解氧浓度均匀。

所谓选用机械曝气设备，主要是选择叶轮的形式和确定叶轮的直径。叶轮形式的选择可根据叶轮的充氧能力和动力效率以及加工条件等为准则。叶轮直径的确定主要取决于曝气池的需氧量。此外，叶轮直径与曝气池构造应相互匹配。

一般而言，机械曝气设备常用于曝气池较小的场合，这样可减少动力消耗，维护管理也较方便。鼓风曝气设备供应空气的伸缩性较大，曝气效果也较好，一般用于较大的曝气池。

4.1.5 间歇式活性污泥法污水处理设备（SBR）

间歇式活性污泥法，又称序批式活性污泥法。其主要设备是间歇式反应器（sequencing batch reactor），因此简称SBR法，是一种间歇运行的活性污泥法。SBR是国内近年来采用较多的污水处理方法之一。该工艺因具有投资省、效率高、节省占地面积等诸多优点而被广泛应用，特别是经改进后的变形工艺（CASS、CAST、ICEAS、DAT－IAT），还能进行生物除磷脱氮，耐负荷冲击能力强。

滗水器是SBR及其变形的水处理工艺在沉淀阶段为排除与活性污泥分离后的上清液而设置的专用设备，所以使用广泛。其最基本的功能应满足如下要求。

①追随水位连续排水的性能。为收集泥水分离后清澄的上清液，滗水器的集水器（又称堰口）应靠近水面，在上清液排出的同时，能随反应池水位的变化而变化，具有连续排水的性能。

②定量排水的功能。滗水器在滗水（排水）时的卓越功能在于不扰动沉淀的污泥，又不会将池中的浮渣带出，始终按规定的流量排放。

③有高可靠性。滗水器在排水或停止排水期间，动作有序、正确、平稳、安全、可靠、耗能小、使用寿命长。

滗水器种类繁多，具有各自的优缺点和不同的适用条件，常用的有机械式滗水器、虹吸式滗水器、自力（浮力）式滗水器。

（1）机械式滗水器

机械式滗水器主要有两种形式，旋转式和套筒式。

1）旋转式滗水器。旋转式滗水器由执行机械（包括电动机、减速器）、滑道、丝杠、排水主管和支管、挡渣浮筒、淹没出流堰口，回转支撑等组成，如图4—5所示。在执行机械的带动下，丝杠沿滑道滑动，从而使堰口绕出水管做旋转运动，滗出上清液，液面也随之同步下降。挡渣浮箱可在堰口上方和前后端之间形成一个无浮渣或泡沫的出流区域，并可调节堰口之间的距离，以适应堰口淹没深度的微小变化。

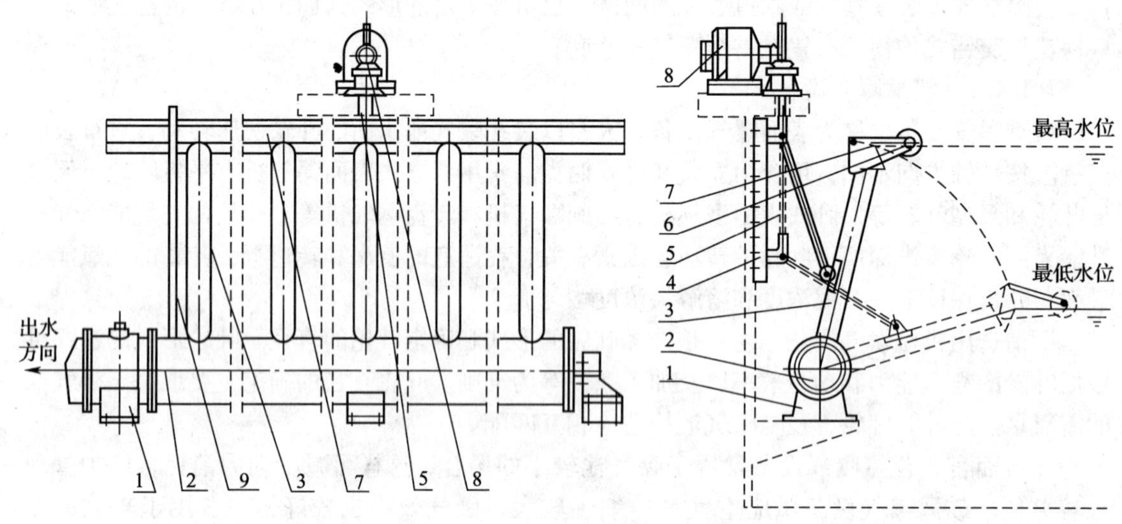

图 4—5　旋转式滗水器结构示意图

1—回转支撑；2—排水主管；3—排水支管；4—滑道；5—丝杠；
6—挡渣箱；7—出流堰口；8—执行机械；9—排气管

2）套筒式滗水器。套筒式滗水器主要由传动装置、滗水槽、弹性橡胶接头、支架、伸缩套管、排水干管等组成，有丝杠式和钢丝绳式两种，都是在一个固定的池内平台上，通过电动机带动丝杠或滚筒上的钢丝绳，牵引出流堰口上下移动。堰口下的排水管插在有橡胶密封的套筒中，可以随出水堰上下移动，套筒连接在水总管上，将上清液滗出池外。在堰口上也有一个拦浮渣和泡沫用的浮箱，采用剪刀式铰链和堰口连接，以适应堰口淹没深度的微小变化。如图 4—6 所示为丝杠式套筒滗水器。

机械式滗水器的滗水量大、易自控，但机械结构复杂、造价高，滗水距离也有一定的限度。

（2）虹吸式滗水器

虹吸式滗水器滗水器如图 4—7 所示，实际是一组淹没的出流堰，它由一组垂直的短管组成，短管吸口向下，上端同总管连接，总管与 U 形管相通，U 形管应一端高于最高水位，而另一端低于反应池的最低水位。高端设自动阀与大气相通，低端接出水管以排出上清液。运行时通过控制进排气阀的开闭，采用 U 形管水封，故能形成滗水器中循环间断的真空和充气空间，达到开关滗水器和防止混合液流入的目的。滗水的最低水面限制在短管吸口以上，以防浮渣或泡沫进入。

虹吸式滗水器结构简单、运行可靠、造价低、运行费用低，但滗水深度较低且不易调整，设计精度要求高，滗水负荷难以控制。

（3）自力（浮力）式滗水器

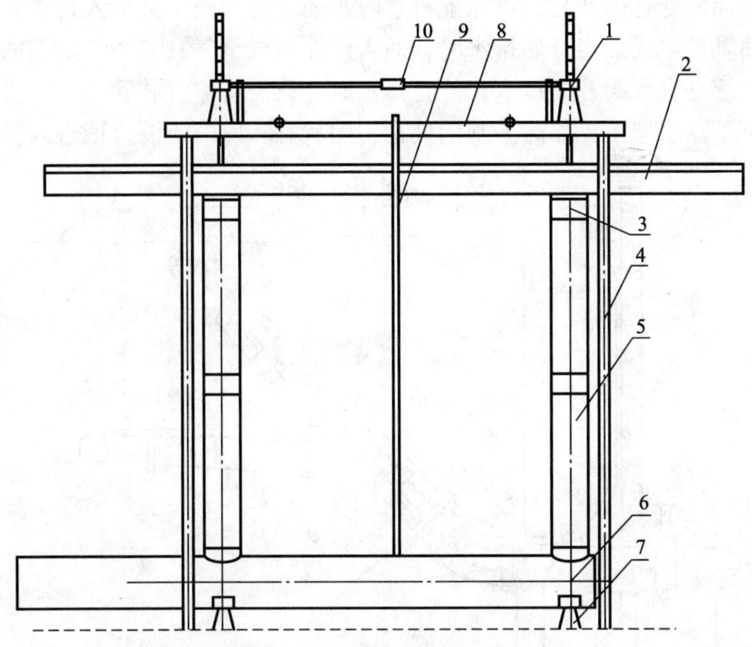

图4—6　套筒式滗水器结构示意图

1—传动装置；2—滗水槽；3—弹性橡胶接头；4—支架；5—伸缩套管；6—排水干管；7—干管支架；8—天桥；9—排气管；10—伸缩式万向联轴器

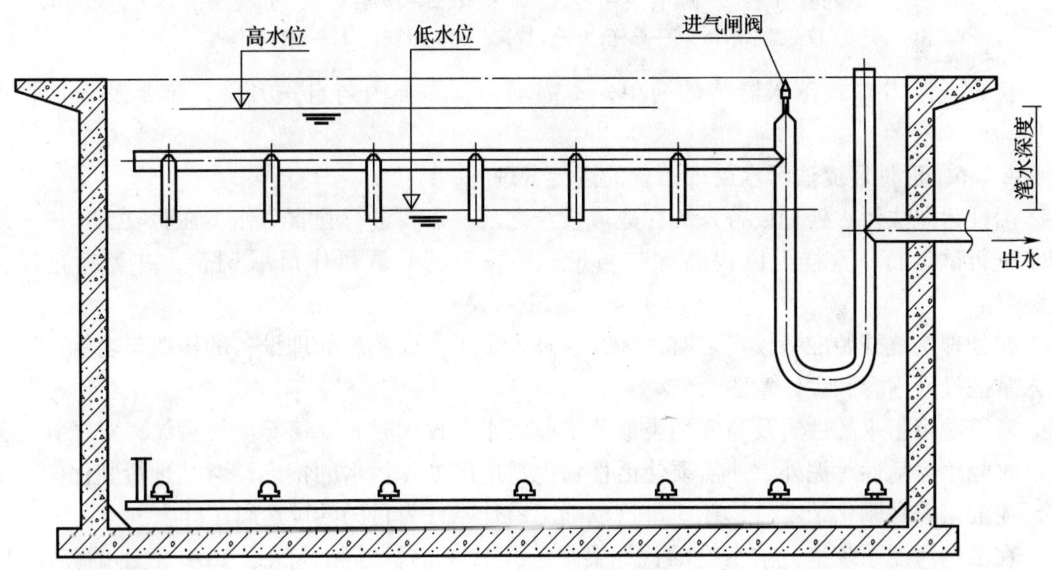

图4—7　虹吸式滗水器示意图

自力（浮力）式滗水器也有多种形式，如前所述的两种机械式滗水器也都可以制成自力式滗水器，不同的是它只依靠堰口上方的浮筒本身的浮力，使堰口随液面上下运动而无经外加机械动力。如图4—8所示为可调节柔性管浮力式滗水器。由于浮筒的浮力，使滗水器的进水头可随水面的变化而变化，可保证排水时水面上的浮渣不会进入排水管内；进水头由气缸、闸门、曲轴等组成。当开始排水时，通入压缩空气至气缸，由气缸中的气动活塞带动曲轴打开闸门，浮动进水头开始排水；停止排水时，只需将输气软管中空气排出，通过曲轴将闸门关闭即可。滗水器不工作时，闸门处在常闭状态，以防止混合液进入管道。

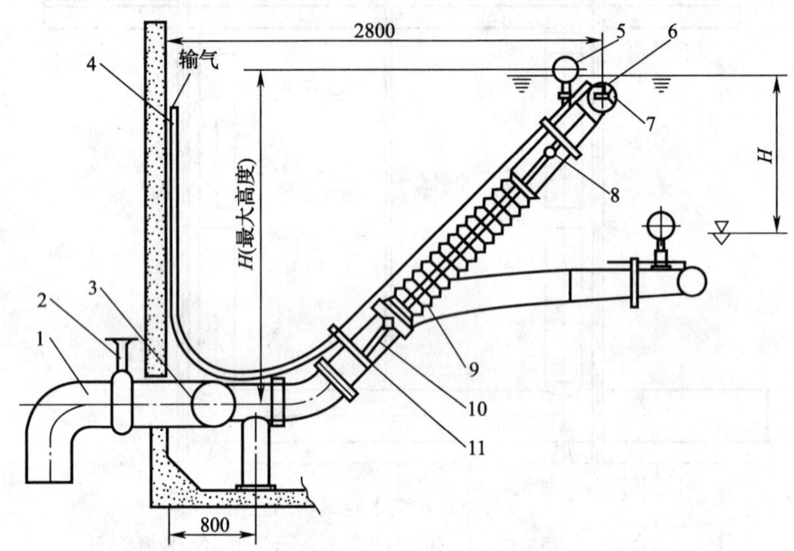

图 4—8　浮力式滗水器示意

1—出水弯管；2—闸门；3—T 形管；4—气管；5—浮筒；6—浮动进水头；
7—排水闸阀；8—导杆；9—波纹管；10—支撑杆；11—限位板

自力（浮力）式滗水器结构简单，不需动力，靠浮力与自重升降，维修及运行管理方便。

4.1.6　活性污泥法污水处理设备的运行管理

活性污泥法污水处理设备系统在建成投产之前，需要进行验收工作。在验收工作中，用清水进行试运行，这样可以提高验收质量，对发现的问题可作最后调整，并为运行提供资料。

在处理系统开始准备投产之时，运行管理人员不仅要熟悉处理设备的构造与功能，还要深入掌握设计内容和设计意图。

对于城市污水的性质及与之相类似的工业废水，投产时先要培养活性污泥；对于其他工业废水除培养活性污泥外，还需要使活性污泥适应所处理污水的特点，对其进行驯化。当活性污泥的培养和驯化结束后，还应进行以确定最佳条件为目的的试运行工作。

在活性污泥系统里，微生物的代谢需要一定比例的营养物，除以 BOD 表示的碳源外，还需要氮、磷和其他微量元素。对于城市污水，其中菌种和营养物都具备，因此可直接用城市污水进行培养。方法是将污水引入曝气池进行充分曝气，并开动污水回流设备，使曝气池和二次沉淀池接通循环。经 1 ~2 天曝气后，曝气池内就会出现模糊不清的絮凝体。为补充营养和排除对微生物增长有害的代谢产物，要及时换水，将污水再次放入曝气池中，并顶替原有的一部分培养液，经二次沉淀池沉淀后排走，换水可间歇进行，也可连续进行。

对于工业废水或以工业废水为主的城市污水，由于污水中缺乏专性菌种和足够的营养，因此在投产时除用一般菌种和所需营养培养足量的活性污泥外，还应对所培养的活性污泥进行驯化，使活性污泥中微生物群体逐渐形成具有代谢特性工业污水的酶系统，使其具有某种专性。

活性污泥的培养和驯化可归纳为异步培驯法、同步培驯法和接种培驯法等。异步法即先培养后驯化；同步法则是培养和驯化同时进行或交替进行；接种法是利用其他污水处理厂的剩余污泥，取来再进行适当培驯。

在工业废水处理站，先可用粪便水或生活污水培养活性污泥。因为这类污水中细菌种类繁多，本身所含营养也丰富，细菌易于繁殖。当缺乏这类污水时，可用化粪池和排泥沟的污泥、初次沉淀池或消化池的污泥等。采用粪便水培养时，先将浓粪便用水过滤后投入曝气池，再用自来水稀释，使 BOD_5 控制在 500 mg/L 左右，进行静态（闷曝）培养。经过 1～2 天后，为补充营养和排除代谢产物需及时换水。对于生产性曝气池，由于培养液量大，收集比较困难，一般采用间歇换水方式，或先间歇换水，后连续换水。粪便水的投加量应根据曝气池内已有的污泥量在适当的 N_s 值范围内进行调节，即随污泥量的增加而相应增加粪便水量。连续换水仅用于就地有生活污水来源的处理站。在第一次投料曝气或经数次闷曝而间歇换水后，就不断地往曝气池投加生活污水，并不断将出水排入二次沉淀池，将污泥回流至曝气池。随着污泥培养的进展，应逐渐增加生活污水量，将 Ns 值调到适宜的范围内。此外，污泥回流量应比设计值稍大些。

当活性污泥培养成熟时，即可在进水中加入并逐渐增加工业废水的相对数量。使微生物逐渐适应新的生活环境并得到驯化。开始时，工业废水可按设计流量的 10%～20% 加入，达到较好的处理效果后，再继续增加相对数量。每次增加的百分比以设计流量的 10%～20% 为宜，并待微生物适应巩固后再继续增加，直至满负荷为止。在驯化过程中，让曝气池能分解工业污水的微生物得到发展繁殖，不能适应的微生物逐渐被淘汰，从而使驯化过的活性污泥具有处理该种工业废水的能力。

上述先培养后驯化的方法即异步培训法。为了缩短培养和驯化的时间，也可以把培养和驯化这两阶段合并进行，即在培养开始就加入少量工业废水，并在培养过程中逐渐增加相对数量，使活性污泥在增长的过程中，逐渐适应工业废水并具有处理能力。这就是同步培训法。这种做法的缺点是，在缺乏经验的情况下不够稳定可靠，出现问题时不易确定是培养上的问题还是驯化上的问题。

在有条件的地方，可直接从附近污水处理厂引来剩余污泥，作为种泥进行曝气培养，这可以缩短培养时间，如能从性质类似的工业废水处理站引来剩余污泥，更能提高驯化效果，缩短培驯时间。这种做法称为接种培驯法。

工业废水中，如缺乏氮、磷等营养元素，则在驯化过程中应把这些物质逐渐加入曝气池中。

培养和驯化这两个阶段不能完全分开，间歇与连续换水也应常结合进行，具体到培养驯化时应依据净化机理和实际情况灵活进行。

活性污泥培养成熟后，就可以开始试运行。试运行的目的是为了确定最佳的运行条件。在活性污泥系统的运行中，作为变数考虑的因素有混合液污泥浓度（MLSS）、空气量、污水注入的方式等；如采用生物吸附法，则还有再生时间和吸附时间的比值；如采用曝气沉淀池，还有回流窗孔开启高度问题；当工业废水养料不足时，还有氮、磷的投加量等。将这些变数组合成几种运行条件，分段进行试验，观察各种条件下的处理效果，并确定最佳运行条件，这就是试运行的任务。

活性污泥法要求在曝气池内保持适宜的营养物与微生物的比值，供给所需的氧，使微生物很好地与有机物相接触，整体均匀地保持适当的接触时间等。营养物与微生物的比值一般用污泥负荷率控制，其中营养物的控制由流入的污水量和浓度决定，因此，应通过控制活性污泥量来维持适宜的污泥负荷率。不同的运行方式有不同的污泥负荷率，运行时的混合液污泥浓度就是以其运行方式的适宜污泥负荷率作为基础规定的，并在试运行过程中获得最佳条件下的 N_s 值和 MLSS 值。

活性污泥法处理设备的进水方式，一般设计得比较灵活，即可按传统做法，也可按阶段曝气法或生物吸附法运行。在这种情况下，必须通过试运行加以比较观察，然后得出最佳效果的运行方式。如按生物吸附法运行，还应得出吸附和再生时间的最佳比值。

试运行确定最佳条件后，即可转入正常运行。为了保持良好的处理效果，及时发现问题，采取有效对策，积累生产经验，需对处理情况定期进行检验。经常性检测项目如下：

①反映处理效果的项目。进出水总的和溶解性的 BOD、COD，进出水总的和挥发性的 SS，进出水的有毒物质（对应工业废水）。

②反映污泥情况的项目。污泥沉降比（SV%）、MLSS、MLVSS、SVI、溶解氧（DO）、微生物观察等。

③反映污泥营养和环境的项目。氮、磷、pH 值、水温等。

一般 SV% 和 DO 最好 2 ~4 h 测定一次，至少每 8 h 一次，以便及时调节回流污泥量和空气量。微生物观察最好每 8 h 一次。除氮、磷、MLSS、MLVSS、SV% 可定期测定外，其他各项应每天测一次。水样除测 DO 外，均取混合水样。

此外，每天要记录进水量、回流污泥量、剩余污泥量，还要记录剩余污泥的排放规律、曝气设备的工作情况以及空气量和电耗等，剩余污泥（或回流污泥）浓度也要定期测定。上述检测项目如有条件，应尽可能进行自动检测和自动控制。

正常的活性污泥沉降性能良好，含水率一般在 99% 左右。当污泥变质时，污泥就不易沉降，含水率上升，体积膨胀，澄清液减少，这种现象称作污泥膨胀。污泥膨胀主要是大量丝状菌在污泥内繁殖，使污泥松散、密度降低所致。其次，真菌的繁殖也会引起污泥膨胀，也有由于污泥中结合水异常增多导致的污泥膨胀。

为防止污泥膨胀，首先应加强操作管理。经常检测污水水质，曝气池内 DO、SV%、SVI 并进行显微镜观察等，一旦发现不正常现象应及时采取预防措施。一般可调整、加大空气量、及时排泥；有可能时采取分段进水，以免发生污泥膨胀。

当发生污泥膨胀后，解决的办法可针对引起膨胀的原因采取措施。如缺氧、水温高等可加大曝气量，或降低水温、减轻负荷，或适当降低 MLSS 值、使需氧量减少等；如污泥负荷率过高，可适当提高 MLSS 值，以调整负荷，必要时还要停止进水，“闷曝”一段时间；如缺氮、磷等养料，可投加硝化污泥液或氮、磷等成分；如 pH 值过低，可投加石灰等调节

pH值；若污泥大量丢失，可投加5～10 mg/L氯化铁，促进凝聚，刺激菌胶团生长，也可投加漂白粉或液氯，抑制丝状菌繁殖，特别是控制结合水性污泥膨胀。此外，投加石棉粉末、硅藻粉、黏土等物质也有一定凝聚效果。

污泥膨胀是活性污泥法处理装置运行中的一个较难解决的问题，污泥膨胀的原因很多，有些原因人们至今还未认识，尚待研究。以上介绍只是污泥膨胀的一般原因及处理措施，仅供参考。

处理水质混浊、污泥絮凝微细化、处理效果变坏等是污泥解体现象。导致这种异常现象的原因有运行中的问题，也有由于污水中混入了有毒物质所致。

运行不当，会使活性污泥生物营养的平衡遭到破坏，使微生物减少且失去活性、吸附能力降低、絮凝体缩小质密、一部分则成为不易沉淀的羽毛状污泥、处理水质混浊、SV%值降低等。当污水中存在有毒物质时，微生物会受到抑制或伤害，净化能力下降或完全停止，从而使污泥失去活性。一般可通过显微镜观察来判别有毒物质产生的原因。当鉴别出是运行方面的问题时，应对污水量、回流污泥量、空气量和排泥状态以及SV%、MLSS、DO、N_s等多指标进行检查，加以调整。

4.2 生物膜法污水处理设备

4.2.1 生物滤池

生物膜法是好氧生物处理法的另一种方法，是指废水流过生长在固定支撑物表面上的生物膜，利用生物氧化作用和各相间的物质交换降解废水中有机污染物的方法。应用生物膜法首先要建造生物滤池。生物滤池是以土壤自净原理为依据，在污水灌溉的实践基础上，经间歇砂滤池和接触滤池而发展起来的生物处理设备。

采用生物滤池处理的污水，需经过预处理，以去除悬浮物、油脂和堵塞滤料的物质，使水质均化。一般在生物滤池前设置初次沉淀池或其他预处理设备；生物滤池后设二次沉淀池，截留随处理水流出的脱落生物膜，保证出水水质。

生物滤池按其构造特征和净化功能可分为普通生物滤池、高负荷生物滤池和塔式生物滤池三种。

4.2.1.1 普通生物滤池

普通生物滤池，又称滴滤池，是最早期出现的第一代生物滤池，一般适用于处理每日污水量不大于1 000 m^3的小城镇污水和工业有机废水。该设备具有净化效率高，处理效果好，剩余污泥量小，运行稳定，易于管理，动力消耗低，节省能源的特点。但负荷较低，占地面积大，且其冲刷能力不足，易引起滤料内生物膜积累和堵塞，从而影响滤池内的通风，运行过程中会产生滤池蝇，且卫生条件较差，因此，使用受到限制。

普通生物滤池由池体、滤床、布水装置和排水系统四部分组成，如图4—9所示。

(1) 普通生物滤池的构造

普通生物滤池池体的平面形式多呈方形、矩形或圆形，池壁一般用砖石或钢筋混凝土筑造而成，有的池壁上带有小孔，用以促进滤层的内部通风。

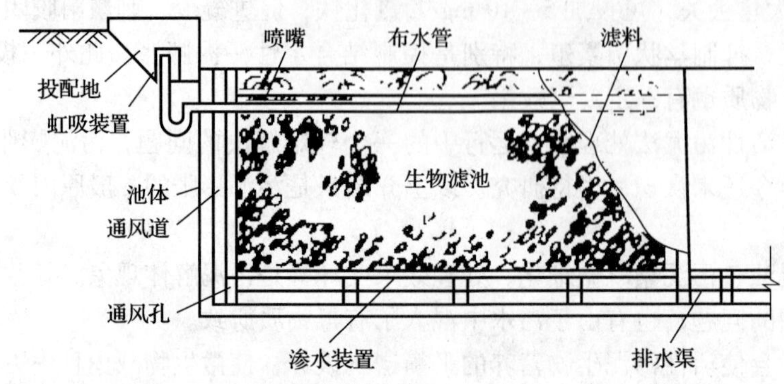

图 4—9　普通生物滤池

滤床由滤料组成，滤料表面有生物膜附着，是净化污水的主体，滤料对生物滤池的工作效能影响较大。生物滤池一般采用实心拳状无机滤料，如碎石、卵石和炉渣等。一般分为工作层和承托层两层。近年来，生物滤池多采用塑料滤料，主要由聚氯乙烯、聚乙烯、聚苯乙烯等加工成波纹板、蜂窝管、环状以及空圆柱等复合式滤料，其特点是质轻、强度高、耐腐蚀、比表面积大、孔隙率高，从而大大改善了膜生长及通风条件，使处理能力大为提高。

布水装置的作用是将污水均匀地分配到整个滤池表面，应具有适应水量变化、不易堵塞和易于清通等特点。普通生物滤池多采用固定式喷嘴布水装置，主要由虹吸装置、配水池、布水管道和喷嘴等部分组成，如图 4—10 所示。

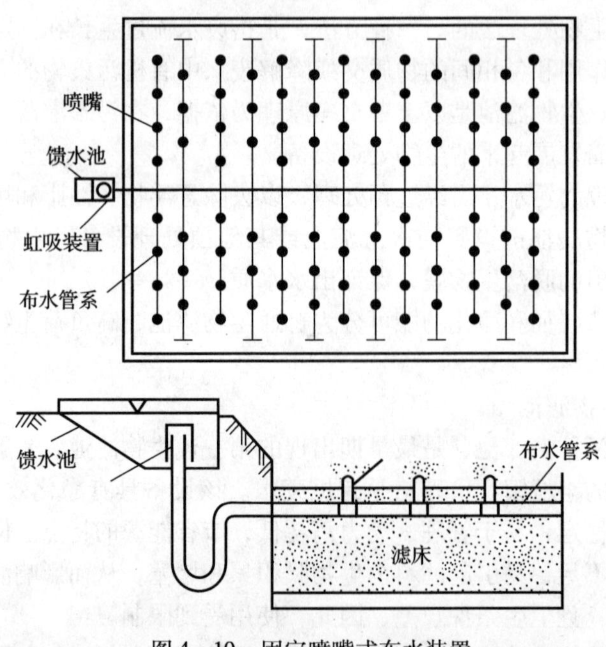

图 4—10　固定喷嘴式布水装置

排水系统位于滤料层的下面，主要起收集及排出处理后的污水，保证通风和支撑滤料的作用。排水系统通常分为两层，即滤料下的渗水装置和底板处的集水渠和排水渠。

（2）普通生物滤池的主要设计参数

①普通生物滤池的座数或分格数不应少于两个，并按同时工作设计，设计流量按平均日处理废水流量计算。

②在正常气温条件下，处理生活污水时，表面水力负荷为1~3 m^3/（m^2·d），BOD_5容积负荷为150~300 $gBOD_5$/（m^3滤料·d），处理效率为85%~95%；对于某些工业废水，须先考虑小型试验设备情况，初步选定滤料厚度再进行计算。

③以碎石为滤料时，工作层滤料的粒径应为25~40 mm，厚度为1.3~1.8 m，承托层粒径为70~100 mm，厚度为0.2 m，总厚度为1.5~2 m。

④布水管设在滤料层中，距滤层表面0.7~0.8 m，喷嘴安装在布水管上，伸出滤料表面0.15~0.2 m，喷嘴管的口径一般为15~20 mm。

⑤渗水装置上排水孔隙的总面积不得低于滤池总面积的20%，与池底距离不得小于0.4 m。目前常采用混凝土折板式渗水装置。

⑥池壁四周通风口的面积不应小于滤池表面积的1%。

4.2.1.2　高负荷生物滤池

高负荷生物滤池的废水负荷量高，微生物代谢速度快，生物膜增长迅速。是继普通生物滤池之后为解决普通生物滤池在净化功能和运行中存在的实际弊端，开发出来的第二代生物滤池。与普通生物滤池相比，其负荷能力大大提高，水力负荷为普通生物滤池的10倍，BOD_5容积负荷一般为普通生物滤池的6~8倍，因此，它的池体较小，占地面积较少，卫生条件较好，比较适合于浓度和流量变化较大的污水处理。

（1）高负荷生物滤池的构造

其构造与普通生物滤池的构造基本相同，常用的高负荷生物滤池一般由钢筋或砖石砌筑而成，池平面有矩形、圆形或多边形，其中以圆形为多，主要组成部分是滤料、池壁、排水系统和布水系统，如图4—11所示。高负荷生物滤池多采用连续工作的旋转式布水器，由进水竖管和可旋转的布水横管组成，如图4—12所示。

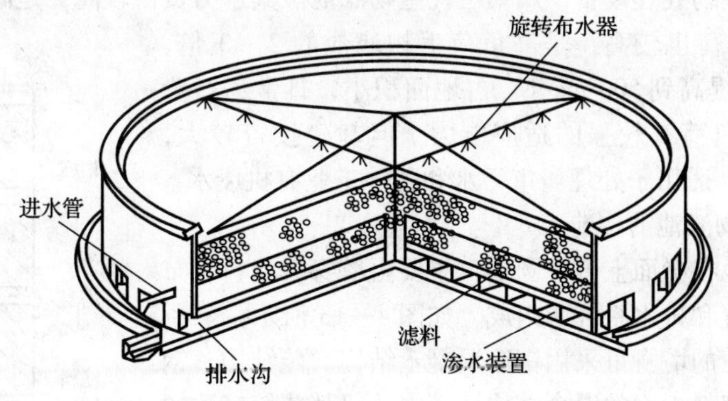

图4—11　高负荷生物滤池构造

（2）高负荷生物滤池的主要设计参数

①在正常气温下处理城市污水时，表面水力负荷为10~30 m^3（m^2·d），BOD_5容积负荷不大于1 200 gBOD5/m^3滤料·d，单级滤池的BOD_5的去除率一般为75%~85%；两级串联时，BOD_5的去除率一般为90%~95%。

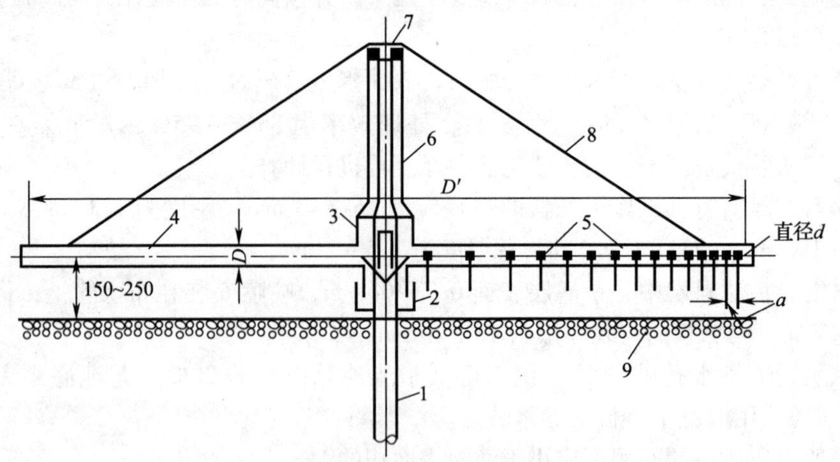

图 4—12　旋转式布水器

1—进水竖管；2—水封；3—配水短管；4—布水横管；5—布水小孔；6—旋转竖管；7—上部轴承；8—钢丝拉绳；9—滤料

②以碎石为滤料时，工作层滤料的粒径应为 40 ~ 70 mm，厚度不大于 1.8 m，承托层的粒径为 70 ~ 100 mm，厚度为 0.2 m；当采用塑料滤料时，滤床高度可达 4 m。

③进入滤池废水的 BOD_5 值必须低于 200 mg/L，否则应采用处理水回流稀释。回流比常采用 0.5 ~ 3，但有时也高达 5 ~ 6 倍。

④池壁四周通风口的面积不应小于滤池表面积的 2%。

⑤滤池数量不应小于 2 座。

4.2.1.3　塔式生物滤池

塔式生物滤池是在普通生物滤池处理污水的基础上，吸取了化工设备中气体洗涤塔的特点而发展起来的生物处理设备，属第三代生物滤池。其水力负荷较高，是高负荷生物滤池的 2 ~ 10倍，BOD 负荷也较高，是高负荷生物滤池的 2 ~ 3 倍，进水 BOD 浓度可提高到 500 mg/L。占地面积小，日常运行费用较低，对冲击负荷有较强的适应能力，但基建投资较大，BOD 去除率较低。适用于处理城市污水和各种工业有机废水。

(1) 塔式生物滤池的构造

塔式生物滤池在平面上多呈圆形，主要由塔身、滤料、布水设备、通风装置和排水系统所组成，如图 4—13 所示。

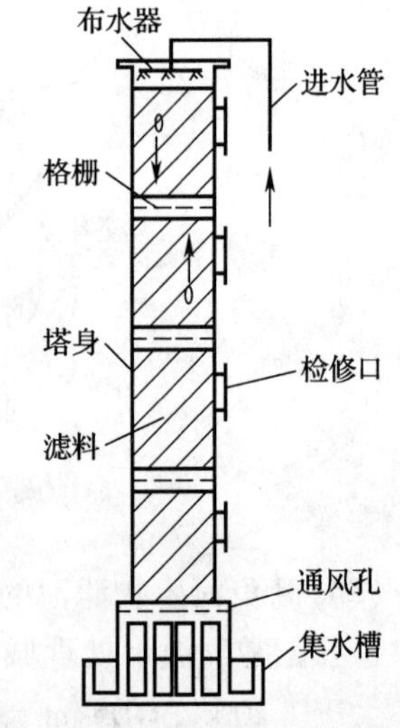

图 4—13　塔式生物滤池示意

塔式生物滤池的塔身可采用钢筋混凝土结构、砖结构、钢结构或钢框架与塑料板面的混合结构。塔内一般都装填轻质的滤料，如纸质蜂窝滤料、玻璃布蜂窝、塑料蜂窝，和聚氯乙烯斜交错波纹板等。其布水装置与一般生物滤池的基本相同，多采用旋转式布水器，也可以使用多孔管和溅水型筛板等布水。在滤塔的底部设有集水池，以收集处理水，并由管渠连续排入二沉池或气浮池进行泥水分离。集水池水面以上开有许多通风窗口，当污水中含有易挥发的有毒物质时，为了防止污染空气，一般应采用机械通风，尾气应经过水洗去除有毒物质后才能排入大气。

（2）塔式生物滤池的主要设计参数

①滤池总高度一般为8～12 m，也可更高；每层滤料的厚度不应大于2.5 m，径高比为1∶6～1∶8。

②容积负荷为1.0～3.0 kgBOD_5（m^3·d），表面水力负荷为80～200 m^3/（m^2·d），BOD的去除率一般为65～85%。

③自然通风时，滤池四周通风口的面积不应小于滤池横截面积的7.5%～10%；采用机械通风时，风机容量一般按气水比为100∶1～150∶1来设计。

④滤池数量不应小于2座。

4.2.1.4　生物滤池的运行管理

生物滤池投入运行之前，先要检查水泵、布水器等机械设备和管道，然后用清水代替污水试运行，以便及时发现工程施工和设备安装中存在的问题，并予以整改。

生物滤池的投产也有一个生物膜培养与驯化的阶段，这一阶段一方面是使微生物生长、繁殖，直到滤池上长生长的生物膜微生物的数量满足污水处理需求；另一方面则是让微生物能逐渐适应所处理的污水水质，即驯化微生物。可先将生活污水投配入滤池，待生物膜形成后（夏季时2～3周即可成熟）再逐渐加入工业废水，或直接将生活污水和工业废水的混合液投入滤池或向滤池投配其他污水处理厂站的生物膜或活性污泥等。当处理工业废水时，通常先投配20%的工业废水和80%的生活污水来培养生物膜，当观察到有一定的处理效果时，逐渐加大工业废水的投配比例，直到全部是工业废水为止。如果所处理工业废水的可生化性较好，也可直接利用该废水培养生物膜，但废水的流量应根据观察到的处理效果由小到大逐渐增加，直至满负荷为止。生物膜的培养和驯化结束后，生物滤池便可按设计方案正常运行。

在生物滤池设备运行过程中，布水管和喷嘴的堵塞常使污水在滤料表面上分布不均，导致进水面积减小，处理效率降低，严重时大部分喷嘴堵塞，造成布水器内压增高而破裂。

布水管和喷嘴堵塞的防治措施有：清洗所有孔口，提高初次沉淀池对油脂和悬浮物的去除效率，维持滤池适当的水力负荷以及按规定对布水器进行涂油润滑等。

4.2.2　生物转盘

生物转盘是在生物滤池基础上开发的一种生物膜法处理设备。它具有机械设备简单、运行稳定、能源消耗低、净化功能好、耐冲击负荷能力强、不易堵塞、便于维护管理等优点。在石油化工、化学纤维、印染、制革、造纸、煤气发生站等行业的工业废水处理、医院污水和生活污水处理中得到应用。

4.2.2.1　生物转盘的构造

如图4—14所示，生物转盘主要由盘片、氧化槽、转轴以及驱动装置4部分组成。

盘片作为生物膜的载体是生物转盘最重要的部分，多采用聚氯乙烯硬质塑料或玻璃钢制作，它是挂膜介质，具有质轻、耐腐蚀、易于挂膜、不变形、便于加工等性质。盘片的形状有圆形或正多边形平板。为了提高单位体积盘片的表面积，也可采用表面呈同心圆状波纹或放射状波纹的盘片。盘片直径一般为1～4 m，厚度为2～10 mm。盘片的间距一般为15～30 mm，这主要是考虑不为生物膜增厚所堵塞，并保证良好的通风等条件而确定的。

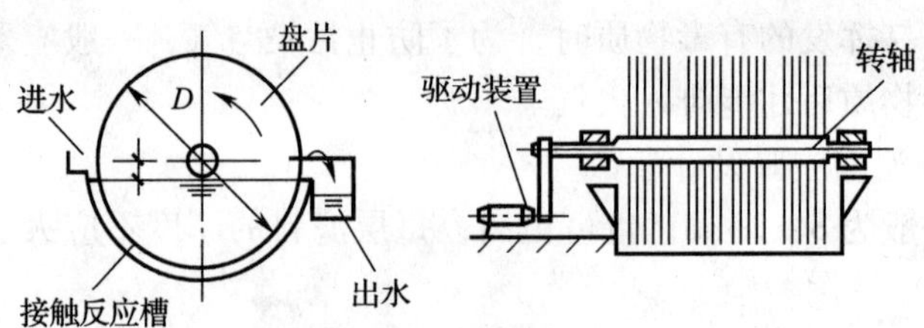

图 4—14 生物转盘示意图

氧化槽又称曝气槽或接触反应槽，可用钢筋混凝土建造，也可用钢板或塑料板制作。断面大多做成与盘片外形基本吻合的半圆形，直径比转盘大 20 ~ 50 mm。

转动轴是用来固定盘片并带动其旋转的装置，一般采用实心钢轴或无缝钢管制成，两端固定安装在氧化槽两端的支座上。转动轴的中心与氧化槽水面的距离一般不应小于 150 mm。槽底设放空管。

根据具体情况，驱动装置通常采用电动机传动，也可采用空气驱动及水力驱动等。

4.2.2.2　生物转盘的净化机理

生物转盘去除废水中有机污染物的机理与生物滤池基本相同，但构造形式却完全不同。在生物滤池中，生物膜为固定式，但是在生物转盘中，生物膜处于运动状态。生物转盘的核心处理装置是表面附有生物膜的盘片。典型的生物转盘由安装在水平轴上的一系列间距很小的圆盘或多角盘片组成，40% ~ 45% 的盘片面积浸没于半圆形槽的污水中。生物转盘旋转时，生物膜与污水及空气交替接触，使有机污染物被吸附、氧化过程不断进行，从而达到净化水质的目的。

生物转盘可以分为单级单轴、单级多轴和多级多轴等形式（见图 4—15），级数的多少主要根据污水的水质、水量和处理要求来确定。

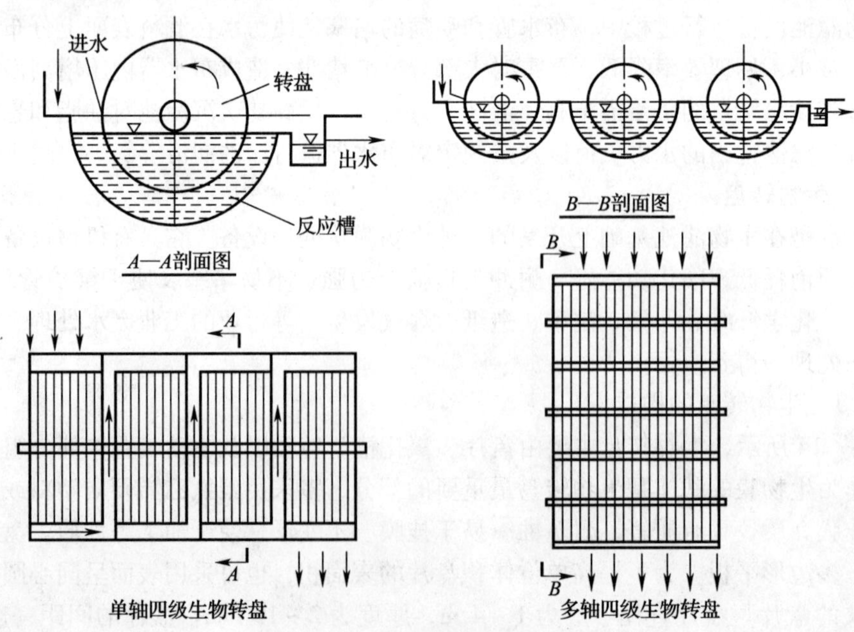

图 4—15 生物转盘的布置形式

4.2.2.3　生物转盘的运行管理

生物转盘与生物滤池同属生物膜法处理设备，因此，在生物转盘正式投产，发挥其净化功能前，首先要使盘面上生长出生物膜，即挂膜。

生物转盘挂膜的方法与生物滤池挂膜的方法相同。因氧化槽内可以不让污水或废水排放，故开始时，可以按照培养活性污泥的方法，培养出适合于待处理污水的活性污泥，然后将活性污泥置于氧化槽中（如有条件，直接引入同类污水处理的活性污泥效果更佳），在不进水的情况下使盘片低速旋转 12 ~ 24 h，盘片上便会黏附少量微生物，接着开始放水，进水量依生物膜逐渐生长而由小到大，直至满负荷运行。

挂膜所需的环境条件与前述生物处理设备微生物大体相同，即要求进水具有合适的营养、温度、pH 值等，避免有毒物的大量进入；因初期膜量少，盘片转速应低些，以免使氧化槽内溶解氧浓度过高。

为了保持生物转盘的正常运行，应对生物转盘的所有机械设备进行定期检修与维护。

4.2.3　生物接触氧化反应装置

生物接触氧化反应装置与前述生物膜法处理设备的主要不同点是，滤池内充满污水，滤料淹没在水中，并采用与曝气池相同的曝气方法，向微生物供氧，它是一种介于活性污泥法与生物滤池两者之间的生物处理设备。净化污水主要依靠载体上的生物膜作用，且生物接触氧化池内存在一定浓度的活性污泥，因此它兼有活性污泥和生物膜法的优点。无论在城市污水，还是在工业废水和给水水源水预处理等领域，均有良好的处理效果。

生物接触氧化反应装置具有以下特征。

①生物固体浓度（10 ~ 20 g/L）高于活性污泥法和生物滤池，具有较高的容积负荷（可达 3.0 ~ 6.0 $kgBOD_5/m^3 \cdot d$），填料上附着的生物膜的生物丰富。

②能接受较高的有机负荷率，处理效率高，减小了滤池容积和占地面积。

③抗冲击负荷能力较强，操作简单，运行方便，不需要污泥回流，不会产生污泥膨胀。

④如果设计或运行不当，填料可能堵塞，另外，如果布水和曝气不均匀也可能在局部出现死角。

4.2.3.1　生物接触氧化法反应装置的构造

如图 4—16 所示为生物接触氧化池构造示意。生物接触氧化池组成部分主要有池体、填料及支架、曝气装置。

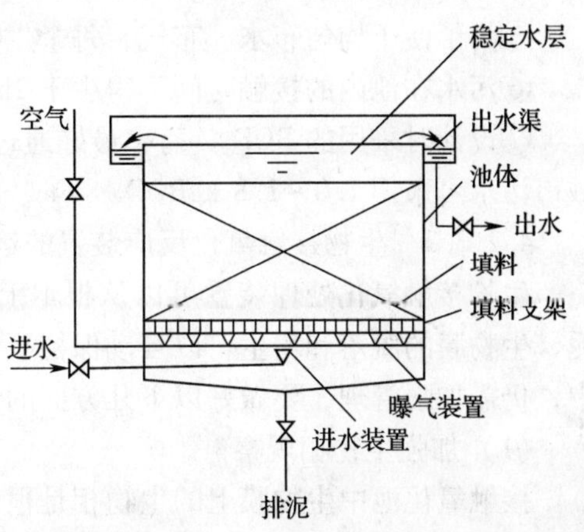

图 4—16　生物接触氧化池的基本构造

池体在平面上有圆形、矩形和方形，可用钢筋混凝土结构或钢板焊制。

目前常用的填料有硬性、软性和半软性 3 种。硬性材料有：玻璃钢蜂窝、塑料波纹板、塑料多面球等。软性填料由化学纤维制成，特点是比表面积大、质轻、运输和组装方便、不宜堵塞，但是当氧化池停止工作时，会形成纤维束结块，清洗较困难。半软性填料由变性聚乙烯塑料制成，它既有一定刚度，也有一定柔性，能保持一定形状，又有一定的变形能力，克服了软性填料易于结块成束的缺点。

生物接触氧化法处理装置的形式很多，以水流状态可分为分流式和直流式两种布置形式，如图4—17所示。直流式直接从填料底部进行充氧，国内应用较多；分流式污水的充氧和同生物膜的接触分别在不同的隔间内进行，污水在单独的隔间内充氧，在池内进行单向或双向循环。

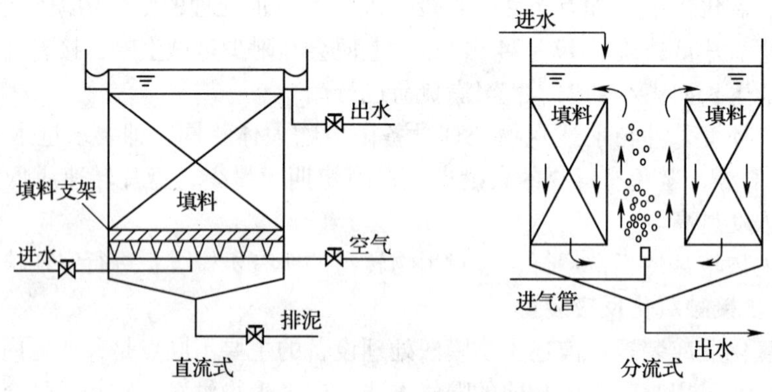

图4—17　生物接触氧化池的布置形式

曝气装置可布置在池子中心、侧面或全池。全池曝气时，要在整个池底安装空气扩散装置。

4.2.3.2　生物接触氧化反应装置的主要设计参数

一般原则

①一般按日平均污水量计算。

②池数不应少于2座，并按同时工作设计。

③填料高度一般取3 m，当采用蜂窝填料时，应分层装填，每层高1.0 m，蜂窝内孔径不得小于25 mm。

④溶解氧一般维持在2.5～3.5 mg/L，处理城市污水时，气水比为3:1～5:1，一般工业废水为15:1～20:1。

⑤为了便于均匀布水、布气，每个生物接触氧化池的面积一般应小于或等于25 m^2。

⑥污水在池内的接触时间不得少于2h（按填料体积计算）。

⑦设计时采用的BOD负荷率最好通过试验确定，也可审慎地采用经验数据。一般处理城市污水可采用1.0～1.8 $kgBOD_5/(m^3 \cdot d)$。

4.2.3.3　生物接触氧化反应装置的运行管理

生物接触氧化处理装置可以从根本上克服污泥膨胀问题，可以间歇运转，不需回流污泥，生物膜的脱落和增生可以自动保持平衡，处理效果稳定，运行管理方便，但在运行过程中，仍需加强管理，要做好以下几方面的工作。

（1）加强生物相观察

接触氧化池中生物膜上的生物相是很丰富的，起作用的微生物包括许多门类，由细菌、真菌、原生动物、后生动物组成比较稳定的生态系统。

在正常运行和生物膜降解能力良好时，生物膜上的生物相相对稳定，细菌和原生动物之间存在着制约关系。在运行过程中，若有机物负荷或营养状况有较大变化，则原生动物中固着性钟虫、等枝虫会突然消失，丝状菌稀少，菌胶团结构松散，而游泳性草履虫、钟虫游泳体大量出现，出水水质变差。反之，若原来出水水质较差，一旦出现钟虫、等枝虫、丝状菌丛生，菌胶团结构紧密，而游泳性纤毛虫减少，则说明环境条件有了改善，出水水质变好。因此，原生动物纤毛虫，特别是钟虫、等枝虫、盖纤虫是生物接触氧化系统运转良好有价值的指示性生物。

与活性污泥法不同的是，在生物接触氧化池中的生物膜上存在着大量的后生动物如轮虫、线虫、红斑瓢体虫。这些是以食死肉为主的动物，能软化生物膜，促使其脱落更新，从而经常保持活性和良好的净化功能。如轮虫等后生动物量多且活跃，个体肥大，则处理后出水水质良好；反之，则处理效果差。一旦发现生物呆滞，个体死亡，则预示着处理效果急剧下降。

通过加强生物相观察，可以及时发现问题，分析原因，以便采取相应的措施。

（2）控制进水 pH 值

影响生物接触氧化池正常运转的因素主要有温度、pH 值、溶解氧和营养物。而其中最为直接且易于测定的是 pH 值。对于 pH 值过高或过低的废水，要进行 pH 值的调节处理，将生物接触氧化池 pH 值控制在 6.5 ~ 9.5 之间。否则，氧化池中微生物会受到不适 pH 值的冲击损害，影响生物相和处理效果。

（3）防止填料的堵塞

防止填料堵塞除在设计过程中采取一些必要措施（如选择的填料药与被处理污水的浓度相适应）外，在运行过程中，还应定时加大气量对填料进行反冲洗。这对于填料上衰老生物膜的脱落，促进生物膜的新陈代谢，防止填料堵塞是有效的。

4.2.4　曝气生物滤池

曝气生物滤池是在普通生物滤池的基础上，借鉴给水滤池工艺而开发的一种污水处理工艺。曝气生物滤池是普通生物滤池的一种变形，也可以看成是生物接触氧化法的一种特殊形式，将生化反应与吸附过滤两种处理过程合并在同一个反应设备中进行。在生物反应器内装填比表面积高的颗粒填料，以提供微生物膜生长的载体，填料同时也起到物理过滤作用。

4.2.4.1　曝气生物滤池的构造

曝气生物滤池的构造与污水三级处理的滤池基本相同，只是滤料不同，一般采用单一均粒滤料。根据污水在滤池运行中过滤方向的不同，曝气生物滤池可分为上向流和下向流滤池，除污水在滤池中的流向不同外，上向流和下向流滤池的池型结构基本相同。如图 4—18 所示，为上向流曝气生物滤池，其组成部分主要有滤池池体、滤料、承托层、布水系统、布气系统、反冲洗系统、出水系统、管道和自控系统等。

曝气生物滤池的池体形状有圆形、正方形和矩形 3 种，结构形式有钢制设备和钢筋混凝土结构等。其作用是容纳被处理水量和围挡滤料，并承托滤料和曝气装置的重量。

滤料是生物膜的载体，并兼有截留悬浮物质的作用，直接影响曝气生物滤池的效能。可供使用的滤料种类很多，对于滤料的要求是孔隙率大，可以吸附更多的生物量，密度合适，有利于气—水反冲洗。常用的滤料有活性炭、陶粒、石英砂、沸石、焦炭等，目前应用较多的是陶粒滤料。陶粒滤料的特点是：①质轻，松散容重小，有足够的机械强度；②比表面积大，孔隙率高，属多孔惰性载体；③不含有害人体健康和妨碍工业生产的有害杂质，化学稳定性良好；④水头损失小，形状系数好，吸附能力强；⑤滤速高，工作周期长。

承托层主要是用来支撑生物滤料，防止滤料流失和堵塞滤头，同时还可以保持反冲洗的稳定进行。承托层的常用材料为卵石或磁铁矿等。承托层高度一般为400～600 mm。

曝气生物滤池的布水系统主要包括滤池最下部的配水室和滤板上的配水滤头。滤板、滤头及组装方式如图4—19所示。

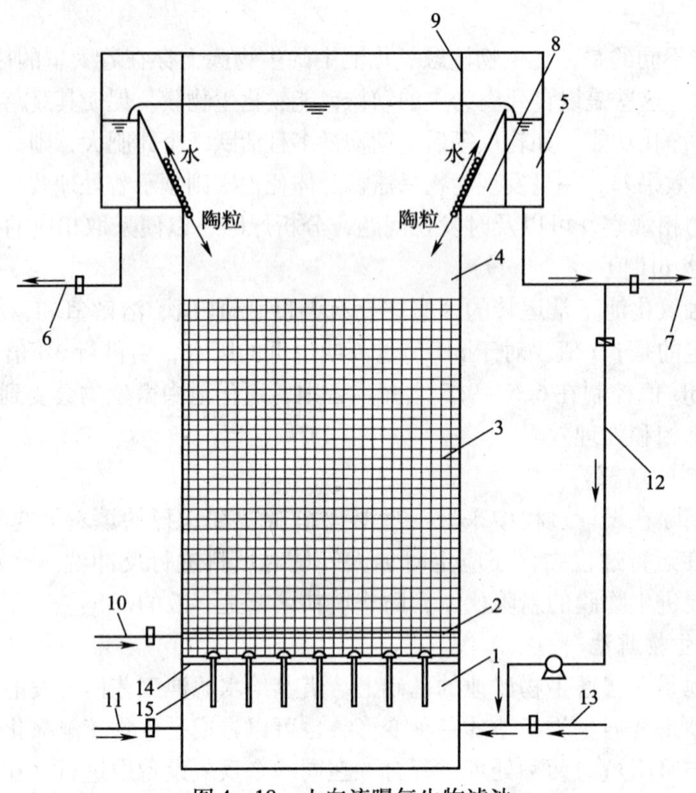

图4—18　上向流曝气生物滤池

1—缓冲配水区；2—承托层；3—滤料层；4—出水区；5—出水槽；6—反冲洗排水管；7—净化水排出管；8—斜板沉淀区；9—栅型稳流板；10—曝气管；11—反冲洗供气管；12—反冲洗供水管；13—滤池进水管；14—滤料支撑板；15—长柄滤头

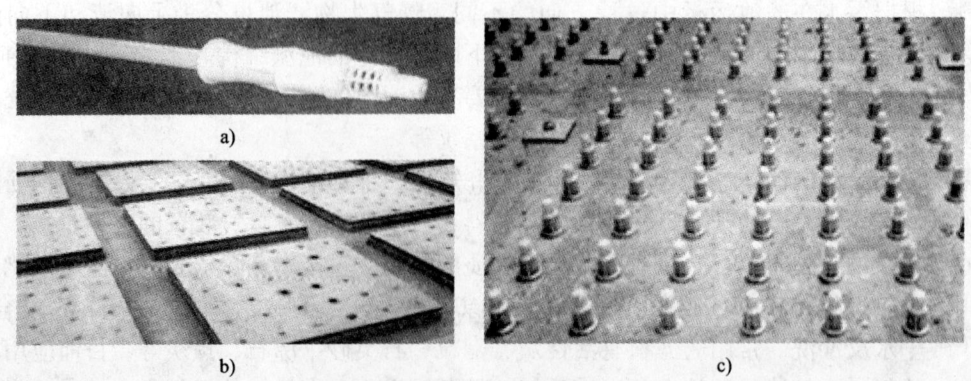

图4—19　滤板、滤头及组装方式

a）滤头　b）滤板　c）组装方式

滤池内设置布气系统，以保证正常运行时曝气和气水反冲洗时布气所需。

曝气系统的设计，必须根据工艺计算所需供气量来进行。目前，常采用滤池专用单孔膜曝气器作为空气扩散装置，按一定间隔安装在空气管道上，空气管道又被固定在滤板上，并使曝气器置于承托层中（距滤板约 0.1 m），曝气器的出气孔位置应一致正对滤板，如图 4—20 所示。

图 4—20 单孔膜曝气器及安装方式

反冲洗供气和供水管路均设置于滤池底部，一般可采用穿孔管。反冲洗是保证曝气生物滤池正常运行的关键，其目的是在较短的反冲洗时间内，使滤料得到适当的清洗，恢复其截污功能。采用气水联合反冲洗的顺序通常为：先单独用气反冲洗，再用气水联合反冲洗，最后用清水反冲洗。在反冲洗过程中必须掌握好冲洗强度和冲洗时间。

曝气生物滤池出水系统可采用周边出水或单侧堰出水等方式。

曝气生物滤池既要完成有机污染物的降解功能，也要完成对污水中各种颗粒及胶体污染物以及老化脱落的生物膜的截留功能，同时还要完成滤池本身的反冲洗，这几种操作方式交替运行。对于小型工业废水处理，曝气生物滤池的控制可以简单些，甚至可以采用手动控制；而对于城镇污水处理厂，由于污水处理规模较大，一般由若干组滤池模块拼装而成，而且在运行中还要根据需要进行若干组滤池之间的切换，若采用手动控制则工作量较大，且较难完成。为提高滤池的处理能力和对污染物的去除效果，所以必须由 PLC 控制系统来自动完成对滤池的运行控制，需要设置必要的自控系统。

4.2.4.2 曝气生物滤池的性能特点

①占地面积小。

②出水水质好。

③氧的传输效率高，供氧动力消耗低。

④抗冲击负荷能力强，受气候、水量和水质变化影响相对较小。

⑤生物曝气滤池具有多种净化功能，除了用于有机物去除外，还能够去除污水中的

氨、氮。

⑥曝气生物滤池在采用上向流或下向流方式运行时均有一定的过滤作用。

4.2.4.3 与其他生物处理工艺的比较

（1）曝气生物滤池的优点

曝气生物滤池除了上述自身的优点外，与其他生物处理方法相比还具有以下非常明显的优点：占地面积小，过滤速度高，滤池容积和占地面积通常为常规处理厂占地面积的1/10～1/5，而且厂区布置紧凑，节省了土建费用；总体投资省，直接一次性投资比传统方法低1/4；处理水质量高，供氧动力消耗低，运行费用比常规处理低1/5；曝气生物滤池抗冲击负荷能力强；处理设施采用全部模块化结构，便于进行后期的改扩建。

（2）曝气生物滤池的主要缺点

预处理要求较高；产泥量相对于活性污泥法稍大，污泥稳定性稍差。

4.2.4.4 曝气生物滤池的运行管理

（1）曝气生物滤池的启动

曝气生物滤池工艺的启动与传统的生物膜法工艺基本相同。目前，一般采用下列3种启动方式。

①预先间歇培养，然后提高滤速连续运行。

②连续培养，利用待处理的废水在滤速不变状态下逐步提高容积负荷，或在一个最初的低滤速值下，逐步提高滤速进行连续培养。

③接种培养，反应器在稳态条件下运行，用活性污泥进行接种。

（2）曝气生物滤池的反冲洗

目前，气水联合反冲洗是普遍采用的反冲洗方式，其中气和水的反冲洗强度的控制极为重要。反冲洗时间一般为5～7 min，在反冲洗过程中，以使滤料层有轻微的膨胀（一般将膨胀率控制在8%～10%）为原则，实现气水对滤料的良好冲刷作用及滤料间的相互摩擦，并在最短的时间内完成反冲洗过程。表4—1所列数据为曝气生物滤池气水反冲洗强度，可供运行时参考。

表4—1　　曝气生物滤池气水反冲洗强度

指　标	气反冲洗	水反冲洗
反冲洗强度［m^3/（m^3滤料·min）］	0.43～0.52	0.33～0.35
用量（m^3/m^3滤料）	5.14～6.25	2.5

（3）滤料的管理与维护

1）预处理。对于滤池中的生物滤料，在被装入滤池前需对其进行分选、浸洗等预处理，以提高滤料颗粒的均匀性，并去除尘土等杂质。

2）运行观察与维护。生物滤料在曝气生物滤池中正常运行时，应定期观察生物膜生长和脱膜情况，观察其是否被损坏。有很多原因会造成微生物膜生长不均匀，还会表现在微生物膜的颜色、微生物膜脱落的不均匀性上，一旦发现这些问题，应及时调整布水布气的均匀性，并调整曝气强度来予以纠正。

(4) 曝气生物滤池的布水、布气

对于生物滤池处理设施，为了保证其微生物膜的均匀生长，防止污泥堵塞滤料，保证处理效果均匀，应对滤池均匀布水和布气。由于设计上不可能保证布水和布气的绝对均匀，运行时应利用布水、布气系统的调节装置，调节各池或池内各部分的配水或供气量，保证均匀布水、布气。

由于生物滤池采用滤头布水，所以滤头的堵塞会使污水在滤料层中分配不均，滤料层受水量影响出现差异，会导致微生物膜的不均匀生长，进一步又会造成布水布气的不均匀，最后使处理效率降低。为防止布水管和滤头的堵塞，必须提高预处理设施对油脂类和悬浮物的去除率，保证通过滤头有足够的水力负荷。

对于布气系统，由于曝气生物滤池采用不易堵塞的单孔膜曝气器，所以在运行中被大量堵塞的概率不大，如有堵塞，则可根据具体情况调节空气阀门，使供气均匀，并可用曝气器冲洗系统进行冲洗。

(5) 预处理

采用曝气生物滤池处理生活污水和工业废水，一般须对原水进行预处理。否则原水中大量杂质和固体悬浮物都将进入曝气滤池，会堵塞曝气和布水系统，给系统的运行带来严重的后果。预处理一般用沉淀或水解，对工业废水还需在曝气滤池前加设调节池。如果用曝气生物滤池处理饮用水的微污染，由于饮用水源中固体杂质比生活污水和工业废水少得多，故可不另外考虑预处理，可直接将水通入曝气滤池。

4.3　污水厌氧生物处理设备

在污水处理中，厌氧生物处理设备通常用于处理高浓度的有机废水或好氧法难以降解的有机废水，有厌氧接触法、厌氧生物滤池、两相厌氧消化法、升流式厌氧污泥床反应器、厌氧膨胀颗粒污泥床等。

4.3.1　厌氧接触法

厌氧接触法工艺流程类似于好氧的传统活性污泥法，如图4—21所示。在机械或水力或压缩沼气的搅拌下，混合接触池（消化池）内呈完全混合状态。该系统既使污泥不流失、出水水质稳定，又可提高消化池内污泥浓度，从而提高了设备的有机负荷和处理效率。然而，从消化池排出的混合液在沉淀池中进行固液分离却有一定的困难。为了提高沉淀池中混合液的固液分离效果，要进行脱气，采用较多的是真空脱气装置。

厌氧接触法具有如下特点：

①耐冲击能力强；②消化池的容积负荷较普通消化池大大减小；③可以直接处理悬浮固体含量较高或颗粒较大的料液；④出水水质好，但需增加沉淀池、污泥回流和脱气设备；⑤混合液难于在沉淀池中进行固液分离，污泥中脱气不彻底。

4.3.2　厌氧生物滤池

厌氧生物滤池的构造类似于一般的生物滤池，池内放置滤料，但池顶密封，产生的沼气聚集在池顶部集气罩内，并从顶部引出。处理水所挟带的生物膜，一般在滤后再经沉淀池分离。按水流方向，厌氧生物滤池可分为升流式、降流式和升流式混合型，如图 4—22 所示。

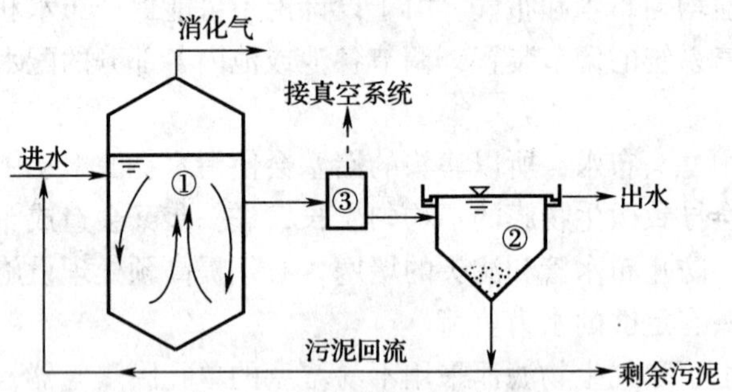

图 4—21　厌氧接触法工艺流程

1—混合接触池；2—沉淀池；3—真空脱气器

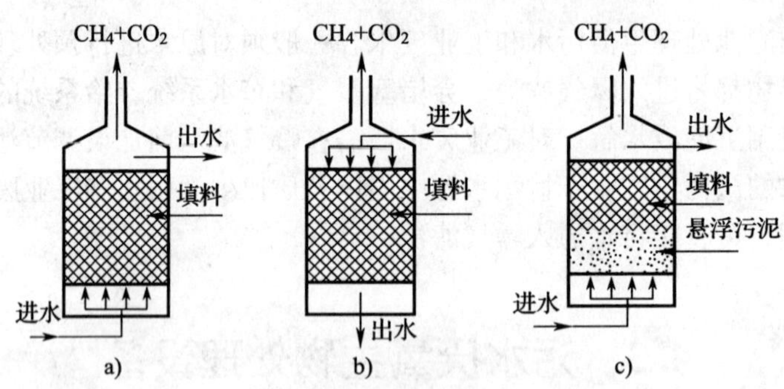

图 4—22　厌氧生物滤池

a）升流式　b）降流式　c）升流式混合型

滤料是厌氧生物滤池的主要部分，其选择对滤池的运行有着重要的影响，影响因素主要有材质、粒度、表面性质、比表面积和空隙率等。常用的滤料有碎石、卵石、焦炭和各种形式的塑料滤料。工程中，设计的填料堆积高度一般控制在 2 m 左右。升流式厌氧生物滤池中，生物量除大部分以生物膜的形式附着在滤料表面，还有少部分以厌氧活性污泥的形式存在于滤料间隙中，其生物总量比降流式高，因此效率高，但是升流式厌氧生物滤池底部易于堵塞，污泥浓度沿深度分布不均，而降流式堵塞则较轻。

厌氧生物滤池的主要优点是：微生物浓度较高，因此能承受较高的有机负荷及冲击负荷，不需搅拌和回流污泥，设备简单，操作方便，能耗低，启动时间短，泥龄长，水力停留时间较短，反应器的体积小。

4.3.3　两相厌氧消化法

两相厌氧消化法工艺流程如图 4—23 所示。该工艺实现了生物相的分离，使产酸相和产甲烷相成为两个独立的处理单元以便于分别调控，确保发挥两大类微生物各自优势所需的条件，大幅度提高了废水处理能力和反应器的运行稳定性，又进一步提高了厌氧法处理污水的能力和范围。

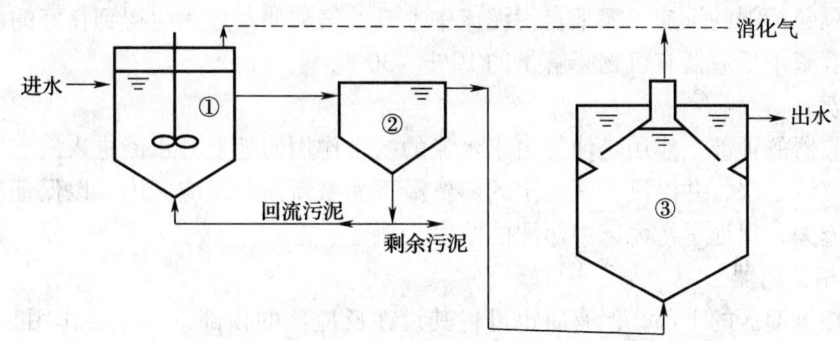

图4—23 两相厌氧消化法工艺流程

1—产酸相反应器；2—沉淀池；3—产甲烷反应器

两相厌氧消化工艺的主要特征是：①产酸相反应器可以在高的负荷下运行，产甲烷相反应器也在最佳的工作状态下运行，两相厌氧工艺总体负荷比单相工艺有明显提高；②两相厌氧消化工艺运行相对稳定，承受冲击负荷的能力强；③当污水中含有大量硫酸盐等抑制物时，可以通过在两相反应器中间增设硫化氢等有害物质脱除装置，降低产甲烷菌受抑制的程度；④工艺系统相对复杂。

4.3.4 升流式厌氧污泥床反应器

简称UASB反应器，是一种悬浮生长形的消化反应器，主要由反应区、沉淀区和气室三部分组成，如图4—24所示。在反应器底部是浓度较高的污泥层，称为污泥床，在污泥床上部是浓度较低的悬浮污泥层，通常把污泥层和悬浮层称为反应区，在反应区上部设有气、液、固三相分离器。

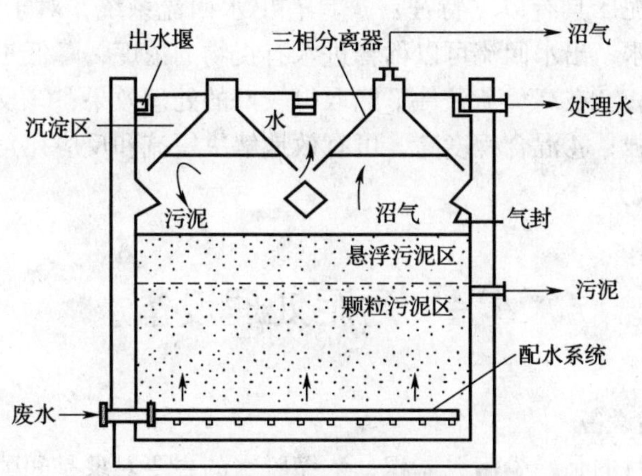

图4—24 升流式厌氧污泥床反应器示意图

(1) 污泥床

污泥床位于整个反应器的底部，污泥床内具有很高的污泥生物量，由于污泥层中的污泥量比悬浮层大，底物浓度高，微生物酶的活性也高，有机物的代谢速度较快，因此，大部分有机物在污泥层被去除。

(2) 污泥悬浮层

污泥悬浮层位于污泥床的上部，由高度絮凝的污泥组成，一般为非颗粒状污泥，其沉速要明显小于颗粒污泥的沉速，靠来自污泥床中上升的气泡使此层污泥得到良好的混合。这一层污泥担负着整个反应器有机物降解量的10%～30%。

（3）沉淀区

位于反应器的顶部，作用是使得由于水流的挟带作用而随上升水流进入出水区的固体颗粒在沉淀区沉淀下来，并沿沉淀区底部的斜壁滑下而重新回到反应区内，以保证反应器中的污泥不至于流失，保证了污泥床中污泥的浓度。

（4）三相分离器

一般设在沉淀区的下部，但有时也可将其设在反应器的顶部，其主要作用是将气、固、液三相加以分离，将沼气引入集气室，将处理出水引入出水区，将固体颗粒导入反应区。

升流式厌氧污泥床的混合是靠上升的水流和消化过程中产生的沼气气泡来完成的。因此，一般采用多点进水，使进水较均匀地分布在污泥床的断面上。常采用穿孔管布水和脉冲进水。

该反应器的特点是：①反应器内污泥浓度高；②有机负荷高，水力停留时间短，中温消化；③反应器内设三相分离器，一般无污泥回流设备；④无混合搅拌设备；⑤污泥床内不填载体，节省造价。缺点：反应器内有短流的现象，影响处理能力，运行启动时间长，对水质和负荷突然变化比较敏感。

4.3.5 厌氧膨胀颗粒污泥床

简称EGSB，是对UASB反应器的改进，运行中维持高的上升流速，因此反应器中的颗粒污泥处于膨胀悬浮状态，从而保证了进水与污泥颗粒的充分接触，运行效果较好。该反应器常采用较大的高径比和回流比，其中高径比可达20以上。

厌氧膨胀颗粒污泥床具有以下特征：①具有出水回流系统，对于超高浓度或含有难降解、有毒有机物的废水，出水回流可以稀释进水有机物的浓度，降低难降解有机物、有毒有机物对微生物的抑制；②在高负荷条件下能取得较好的处理效果；③反应器内颗粒污泥粒径大，抗冲击负荷能力强；④混合程度高，可有效地解决短流和反应死角的问题；⑤占地面积小。

4.4 污泥处理设备

4.4.1 污泥浓缩设备

污泥浓缩的主要目的是减少污泥体积，浓缩脱水的主要对象是间隙水，浓缩后为后续处理创造了良好的条件，可降低处理成本。污泥浓缩可分为重力浓缩、气浮浓缩和离心浓缩，其中重力浓缩应用较多。

4.4.1.1 污泥重力浓缩设备

重力浓缩是利用污泥中的固体颗粒与水之间的密度差来实现泥水分离的。重力浓缩构筑物称为重力浓缩池，可分为间歇式重力浓缩池和连续式重力浓缩池两种。

间歇式污泥浓缩池可建成矩形或圆形，多用于小型污水处理厂。连续流重力浓缩池适用于大、中型污水处理厂。连续式污泥浓缩池可采用沉淀池的形式，一般为辐流式浓缩池，其基本工作状况为：污泥由中心进泥管连续进泥，浓缩污泥通过刮泥机刮到污泥斗中，并从排泥管排出，澄清水由溢流堰溢出，如图4—25所示。如果浓缩池较小，也可采用竖流式浓缩池。

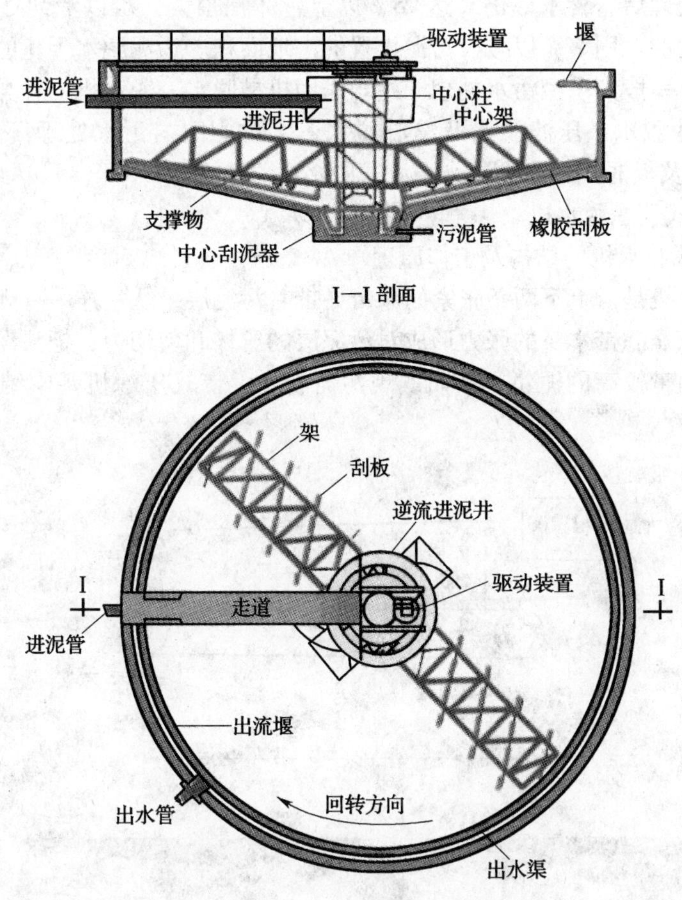

图4—25　连续式污泥浓缩池

重力浓缩法的优点是储存污泥的能力强，操作要求不高，运行费用低，缺点是占地面积大，且会产生臭气，对于某些污泥工作不稳定，经浓缩后的污泥非常稀薄。

4.4.1.2　污泥气浮浓缩设备

气浮浓缩是依靠微小气泡与污泥颗粒产生黏附作用，使污泥颗粒的密度小于水而上浮，并得到浓缩。气浮浓缩对于密度接近于水的、疏水的污泥尤其适用，对于浓缩时易发生污泥膨胀的、易发酵的剩余活性污泥，其效果尤为显著。目前，气浮浓缩最常用的方法是压力溶气气浮。

与重力浓缩法相比，气浮浓缩法的优点是泥水分离效果好，所需土地面积少，臭气小，污泥含水率低，可使砂砾不混于浓缩污泥中，能去除油脂，但是其运行费用比重力浓缩法高。

4.4.1.3　污泥离心浓缩设备

离心浓缩法的原理是利用污泥中固、液相的密度不同，在高速旋转的离心机受到不同的离心力而使两者分离，达到浓缩的目的。离心浓缩机呈全封闭式，可连续工作。其优点是工作效率高，占地面积小，卫生条件好等。缺点是电耗很大，一般还需要添加助凝剂。

4.4.2 污泥的脱水干化设备

污泥经浓缩处理后，含水率仍高达95%以上，体积很大，难以消纳处置，必须经过脱水处理，提高污泥的含固率，以减少污泥堆置的占地面积。污泥脱水干化的方法有自然干化和机械脱水两类。一般大中型污水处理厂站均采用机械脱水。脱水机的种类很多，按脱水原理可分为真空过滤脱水、压滤脱水及离心脱水三大类。国内污水处理厂常用的有压滤机（包括带式压滤机及板框式压滤机）和离心式脱水机。

4.4.2.1 带式压滤脱水机

（1）带式压滤脱水机的结构及工作原理

带式压滤脱水机是由上下两条张紧的滤带夹带着污泥层，从一连串有规律排列的辊压筒中呈S形经过，依靠滤带本身的张力形成对污泥层的压榨和剪切力，把污泥层中的毛细水挤压出来，获得含固量较高的泥饼，从而实现污泥脱水。带式压滤机基本结构如图4—26所示。

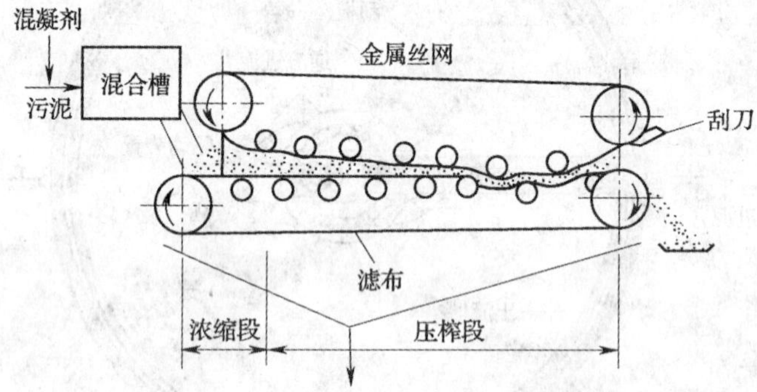

图4—26 带式压滤脱水机

工作原理：经絮凝处理后的污泥进入布泥机构后，首先进重力脱水区，这一段为较长的水平运动段和很小角度的上升段，在这区段污泥在滤带上随滤带一起运动，在自身重力作用下，自由水与絮团分离，脱除污泥中大部分的自由水。污泥基本失去流动性。然后进入楔形区脱水，楔形区主要作用是使污泥进一步平整、厚度均匀，同时受到轻度挤压，由上下滤带形成的楔形空间由大到小，最后两滤带合拢，使夹在滤带中间的污泥再次受到的挤压逐步增加，水分不断地从污泥中排出，此时污泥已失去流动性，为下一步进入压榨脱水区做好准备。压榨脱水区的轧辊按直径由大到小的顺序布置，污泥受到的压榨力由小逐渐增大，经数个压榨辊对滤饼进行呈S形的压榨、错动、剪切后，污泥脱去大部分结合水，最终完成污泥脱水。滤带经过卸料机构时，泥饼被刮刀从滤带上刮落（见图4—27）。上下滤带经清洗后重新返回脱水区，完成了一次污泥脱水的循环。

图4—27　工作中的带式压滤机

（2）选择带式压滤机的注意事项

一般带式压滤脱水机由滤带、辊压筒、滤带张紧系统、滤带调偏系统、滤带冲洗系统和滤带驱动系统构成。作机型选择时，应从以下几个方面加以考虑：

①滤带。要求具有较高的抗拉强度、耐曲折、耐酸碱、耐温度变化等特点，同时还应考虑污泥的具体性质，选择适合的编织纹理，使滤带具有良好的透气性能及对污泥颗粒的拦截性能。

②辊压筒的调偏系统。通过气动装置完成。

③滤带的张紧系统。一般也由气动系统来控制。滤带张力一般控制在0.3～0.7 MPa，常用值为0.5 MPa。

④带速控制。不同性质的污泥对带速的要求各不相同，任何一种特定的污泥都存在一个最佳的带速控制范围，在该范围内，脱水系统既能保证一定的处理能力，又能得到高质量的泥饼。

带式压滤脱水机受污泥负荷波动的影响小，还具有出泥含水率较低，且工作稳定，电耗少、管理控制相对简单等特点。近年来还发展了传统的带式滤机与机械浓缩设备相结合的污泥浓缩脱水一体化装置，可以取消重力浓缩池。

4.4.2.2　板框式压滤脱水机

根据板框形式不同，板框式压滤脱水机可分为板框式和厢式两种；根据压紧方式不同可分为手动、机械、液压3种方式。

（1）板框式压滤脱水机的结构及工作原理

如图4—28所示，板框式压滤机的结构主要由机架、压紧机构、过滤机构3部分组成。

1）机架。机架是压滤机的基础部件，两端是止推板和压紧板，两侧的大梁将二者连接起来，大梁用以支撑滤板和压紧板。

①止推板。它与支座连接将压滤机的一端落在地基上，厢式压滤机的止推板中间是进料孔，四个角还有四个孔，上端两角的孔是洗涤液或压榨气体进口，下端两角为出口（暗流结构还是滤液出口）。

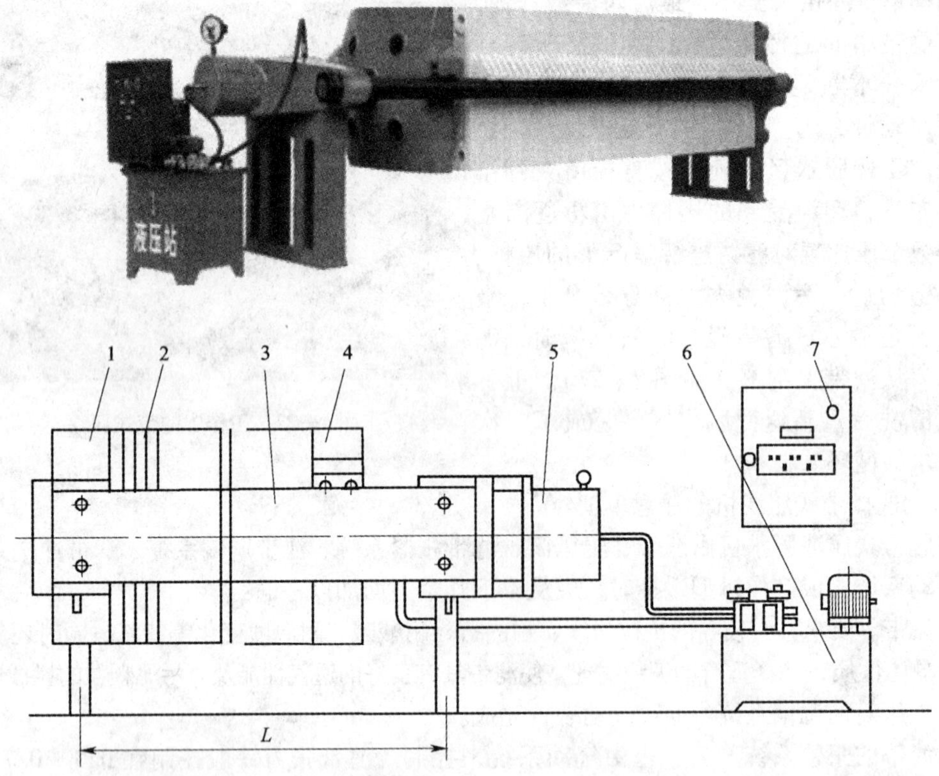

图4—28　板框式压滤脱水机

1—止推板；2—滤板；3—大梁；4—压紧板；5—油缸总成；　6—液压站；7—电控箱

②压紧板。用以压紧滤板，两侧的滚轮用以支撑压紧板在大梁的轨道上滚动。

③大梁。是承重构件。

2）压紧机构。压紧机构分为手动压紧、机械压紧和液压压紧3种方式。

①手动压紧。是以螺旋式机械千斤顶为动力推动压紧板将滤板压紧。

②机械压紧。压紧机构由电动机减速器、齿轮副、丝杆和固定螺母组成。

③液压压紧。液压压紧机构由液压站、油缸、活塞、活塞杆以及活塞杆与压紧板连接组成。

3）过滤机构。①过滤机构由过滤板和滤布组成。滤板两侧由滤布包覆，压紧后形成多个滤室，污泥从止推板上的进料孔进入各滤室，固体颗粒因其粒径大于过滤介质（滤布）的孔径被截流在滤室里，滤液则从滤板下方的出液孔流出。

②滤液流出的方式分为明流过滤和暗流过滤两种。明流过滤，每个滤板的下方出液孔上装有水嘴，滤液直观地从水嘴里流出；暗流过滤，每个滤板的下方设有出液通道孔，若干块滤板的出液孔连成一个出液通道，由止推板下方与出液孔相连的管道排出。

③滤布。滤布是一种主要过滤介质，滤布的选用和使用，对过滤效果有决定性的作用，选用时要根据过滤物料的pH值、固体粒径等因素，选用合适的滤布材质和孔径，以保证低

的过滤成本和高的过滤效率，使用时，要保证滤布平整不打折，孔径畅通。

工作原理：板框压滤机由连续排列的滤板和滤布构成一组滤室。滤板的表面有沟槽，其凸出部位用以支撑滤布。滤板的边角上有通孔，组装后构成完整的通道，能通入污泥、洗涤水和引出滤液。滤板两侧各有把手支托在大梁上，由压紧装置压紧滤板。滤板之间的滤布起密封垫片的作用。由供料泵将污泥压入滤室，在滤布上形成滤渣，直至充满滤室。滤液穿过滤布并沿滤板沟槽流至板框边角通道，集中排出。过滤完毕，打开压滤机卸除滤渣，清洗滤布，重新压紧滤板，开始下一工作循环。

（2）选择板框式压滤机的注意事项

设备选型时，应考虑以下几个方面：

①对泥饼含固率的要求。一般板框式压滤机与其他类型脱水机相比，泥饼含固率最高可达35%，如果从减少污泥堆置占地因素考虑，板框式压滤机应该是首选方案。

②滤板及滤布的材质。要求耐腐蚀，滤布要具有一定的抗拉强度。

③滤板的移动方式。要求可以通过液压—气动装置全自动或半自动完成，以减轻操作人员劳动强度。

④滤布振荡装置，作用是使滤饼易于脱落。

板框式压滤机因间断式运行，效率低，操作间环境较差，有二次污染等，在大型污水处理厂已逐渐不采用。目前在工业污水处理中使用量仍较大，已有塑料板框、预加压脱水等新技术推广使用。

4.4.2.3　离心式污泥脱水机

如图4—29所示，离心式污泥脱水机主要由转鼓、带空心转轴的螺旋输送器、差速器、液位调节片、驱动及控制系统等组成。

工作原理：污泥由空心转轴送入转鼓后，在高速旋转产生的离心力作用下，立即被甩入转鼓腔内。污泥颗粒比重较大，因而产生的离心力也较大，被甩贴在转鼓内壁上，形成固体层；水密度小，离心力也小，只在固体层内侧产生液体层。固体层的污泥在螺旋输送器的缓慢推动下，被输送到转鼓锥端高出液面的干燥区，经转鼓周围的出口连续排出，液体则由堰口溢流排至转鼓外，汇集后排出脱水机。

离心脱水机最关键的部件是转鼓，转鼓的直径越大，脱水处理能力越大，但制造及运行成本都相当高，很不经济。转鼓的长度越长，污泥的含固率就越高，但转鼓过长会使性能价格比下降。使用过程中，转鼓的转速是一个重要的控制参数，控制转鼓的转速，使其既能获得较高的含固率又能降低能耗，是离心脱水机运行优劣的关键。目前，多采用低速离心脱水机。在作离心式脱水机选型时，因转轮或螺旋的外缘极易磨损，对其材质要有特殊要求。新型离心脱水机螺旋外缘大多做成装配块，以便更换。装配块的材质一般为碳化钨，价格昂贵。

离心式污泥脱水机具有设备占地面积小，效率高，可连续生产，自动控制，卫生条件好等优点，缺点是对污泥预处理要求高，必须使用高分子聚合电解质作为调理剂，设备易磨损。

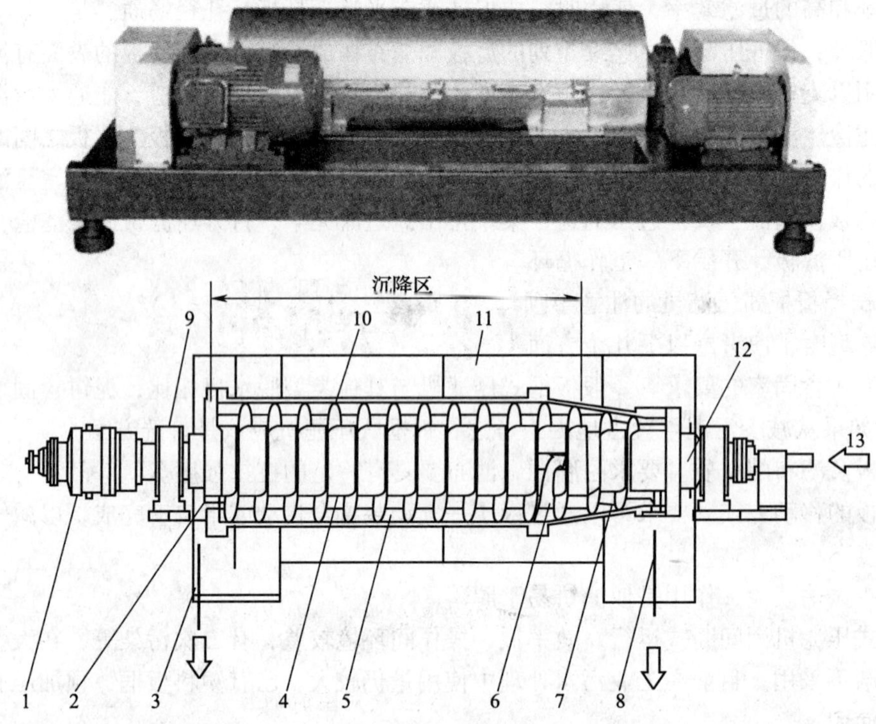

图 4—29　离心式污泥脱水机

1—差速器；2—液位调节片；3—液相；4—螺旋输送器；5—液池；6—分料装置；7—干燥区；8—固相；9—轴承座；10—转鼓；11—罩壳；12—空心轴；13—进料

习　题

1．活性污泥生产工艺系统由哪几部分构成？其中最主要的设备是什么？
2．曝气池的构造形式有哪些？各有什么特点？
3．二沉池的作用是什么？
4．SBR 工艺中的滗水器有哪些基本功能？常用的有哪几种类型？各自的优缺点是什么？
5．普通生物滤池由哪几部分构成？其优缺点有哪些？
6．生物接触氧化处理装置的构造特点是什么？
7．试述曝气生物滤池的构造及性能特点。
8．升流式厌氧污泥床反应器由哪几部分组成？各组成部分的功能有哪些？
9．常用的污泥浓缩方法有哪些？

第5章 吸收与吸附设备

本章学习目标

了解吸收与吸附的概念，熟悉吸收和吸附设备的类型、结构特点，能合理选用吸收与吸附设备；

掌握吸收和吸附设备的运行与维护的基本方法及应用时的注意事项。

5.1 吸收设备

吸收是利用液体处理气体中的污染物，使其中的一种或多种有害成分以扩散方式通过气、液两相的界面而溶于液体或者与液体组分发生选择性化学反应，从而将污染物从气流中分离出来的操作过程，其逆过程称为解吸。吸收是净化气态污染物、控制大气污染的有效措施之一。

5.1.1 概述

5.1.1.1 吸收过程

图5—1以煤气脱苯为例，说明吸收与解吸联合操作的流程。在炼焦及城市煤气制取的生产过程中，焦炉煤气内含有少量的苯、甲苯类低碳氢化合物的蒸气，约为35 g/m^3，这些物质应予以分离和回收。所用的吸收溶剂为该工艺生产过程的副产物，即煤焦油的精制品，称为洗油。

回收苯系物质的流程包括吸收和解吸两大部分。含苯煤气在常温下从底部进入吸收塔，洗油从塔顶淋入，塔内装有木栅等填充物。在煤气与洗油的接触过程中，煤气中的苯蒸气溶解于洗油中，使塔顶离去的煤气苯含量降至≤2 g/m^3的允许值，而溶有较多苯系溶质的洗油（称富油）由吸收塔底排出。为取出富油中的苯并使洗油能够再次使用（称溶剂的再生），在另一个称为解吸塔的设备中进行与吸收相反的操作——解吸。为此，可先将富油预热至170℃左右由解吸塔顶淋下，塔底通入过热水蒸气。洗油中的苯在高温下逸出而被水蒸气带走，经冷凝分层将水除去，最终可得苯类液体（粗苯），而脱除溶质的洗油（称贫油）循环使用。该解吸过程也称汽提操作。

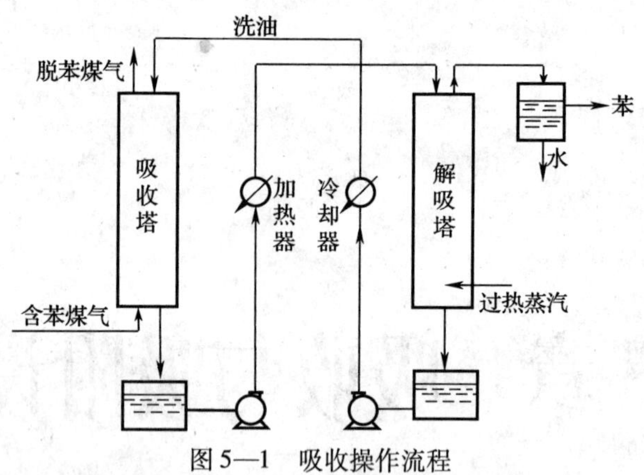

图 5—1　吸收操作流程

由此可见，采用吸收操作实现气体混合物的分离必须解决下列问题。

①选择合适的吸收剂，选择性地溶解某个（或某些）被分离组分。

②提供适当的传质设备以实现气、液两相接触，使被分离组分从气相转移至液相。

③吸收剂的再生和循环使用。

总之，一个完整的吸收分离过程，一般包括吸收和解吸两个组成部分。吸收操作中，所用的液体称为吸收剂或溶剂；被吸收的气体中可溶解的组分称为吸收质或溶质，不被溶解的组分称为惰性气体；吸收排出的气体称为吸收尾气，其主要成分是惰性气体和残余的少量溶质。气体吸收的必要条件是废气中的污染物在吸收液中有一定的溶解度。

5.1.1.2　气体吸收的分类

吸收操作通常有以下分类方法。

（1）按过程有无化学反应分类

1）物理吸收。吸收过程中吸收质与吸收剂之间不发生明显的化学反应，可看成气体单纯地溶解于液相的过程，如用洗油回收焦炉煤气中所含少量苯、甲苯等。

物理吸收操作的极限取决于当时条件下吸收质在吸收剂中的溶解度，吸收速率则取决于气、液两相中吸收质的浓度差以及吸收质从气相传递到液相的扩散速率。加压和降温可以增大吸收质的溶解度，有利于物理吸收。物理吸收是可逆的，热效应小。

2）化学吸收。吸收过程中吸收质与吸收剂之间有显著的化学反应，如用硫酸溶液吸收氨气等。

化学吸收操作的极限主要取决于当时条件下的反应平衡常数，吸收速率则取决于吸收质的扩散速率或化学反应速率。化学吸收也是可逆的，但伴有较高的热效应，需及时移走反应热。

（2）按被吸收的组分数目分类

1）单组分吸收。混合气体中只有一个组分（溶质）进入液相，其余的组分皆可认为不溶解于吸收剂的吸收过程。如用水吸收氯化氢气制取盐酸，用碳酸丙烯酯吸收合成气（含有 N_2、H_2、CO、CO_2等）中的 CO_2等。

2）多组分吸收。混合气体中有两个或更多组分进入液相的吸收过程。如用洗油处理焦炉气时，气体中的苯、甲苯、二甲苯等几种组分在洗油中都有显著的溶解，这种状况就属于多组分吸收。

（3）按吸收过程有无温度变化分类

1）非等温吸收。气体溶解于液体时，常常伴随着热效应，当有化学反应时，还会有热反应，其结果是随吸收过程的进行，溶液温度会逐渐变化，此过程为非等温吸收。

2）若吸收过程的热效应较小，或被吸收的组分在气相中浓度很低，而吸收剂用量相对较大时，温度升高不显著，则可认为是等温吸收。

（4）按吸收过程的操作压力分类

1）常压吸收。常压条件下的吸收操作。

2）加压吸收。当操作压力增大时，溶质在吸收剂中的溶解度将随之增加。

5.1.1.3　吸收设备的主要类型

气体吸收设备的种类很多，但主要为板式塔与填料塔两大类。板式塔内各层塔板之间有溢流管，吸收液从上层向下层流动，板上设有若干通气孔，气体由此自下层向上层流动，在塔板内分散成小气泡，两相接触面积增大，湍流程度增强。气、液两相逐级接触，两相组成沿塔高呈阶梯式变化，因此这类设备统称为逐级接触或级式接触设备，如图5—2a所示。填料塔则填充了许多薄壁环形填料，从塔顶淋下的溶剂在向下流的过程中沿填料的各处表面均匀分布，并与自下而上的气流很好地接触，此种设备由于气、液两相不是逐次而是连续接触，因此两相浓度沿填料层连续变化，这类设备称为连续或微分接触式设备，如图5—2b所示。由于填料塔具有结构简单、阻力小、加工容易、吸收效果好、装置灵活等优点，故在气态污染物的吸收操作中应用普遍。

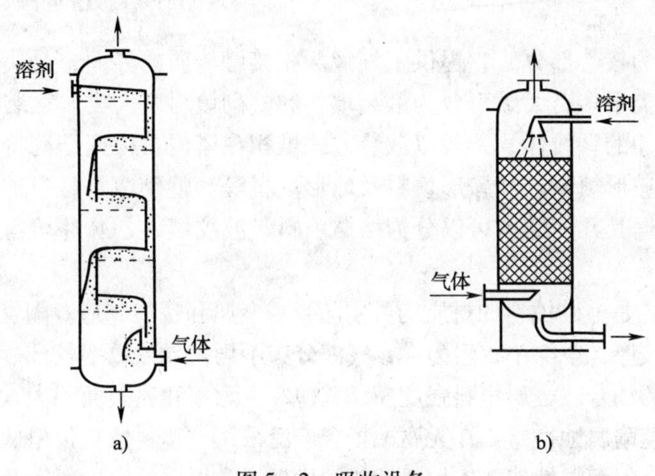

图5—2　吸收设备

a）级式接触　b）微分接触

5.1.2　填料塔

填料塔是工业上使用最早、最普遍的吸收设备。塔内填充适当高度的填料，以增加两种流体间的接触表面。在应用于气体中污染物吸收时，液体由塔的上部通过分布器进入，沿填料表面下降。气体则由塔的下部通过填料孔隙逆流而上，途中与液体密切接触而相互作用。

5.1.2.1　填料塔的结构原理

填料塔由塔体、填料、液体分布装置、填料压紧装置、填料支撑装置、液体再分布装置等构成。如图5—3所示。填料塔的塔身是一直立式圆筒，填料以乱堆或整砌的方式放置在支撑板上。安装在填料上方的压板，用以防止填料被上升的气流吹动。

填料塔工作时，液体从塔顶经液体分布器喷淋到填料上，并沿填料表面呈膜状流下。当液体沿填料层向下流动时，有逐渐向塔壁集中的趋势，使得塔壁附近的液流量逐渐增大，这种现象称为壁流。壁流会造成气液两相在填料层中分布不均，从而使传质效率下降。因此，当填料层较高时，需要进行分段，中间设置液体再分布装置，将液体重新均匀分布到下层填料上，最后从塔底排出。

气体从塔底送入，经气体分布装置（小直径塔一般不设气体分布装置）分布后，通过填料支撑装置在填料缝隙中的自由空间上升并与下降的液体接触，最后从塔顶排出。为了除去排出气体中夹带的少量雾状液滴，在气体出口处常装有除沫器。

由于填料层内气液两相呈逆流接触，填料的润湿表面即为气液两相的主要传质表面，两相的组成沿塔高连续变化。

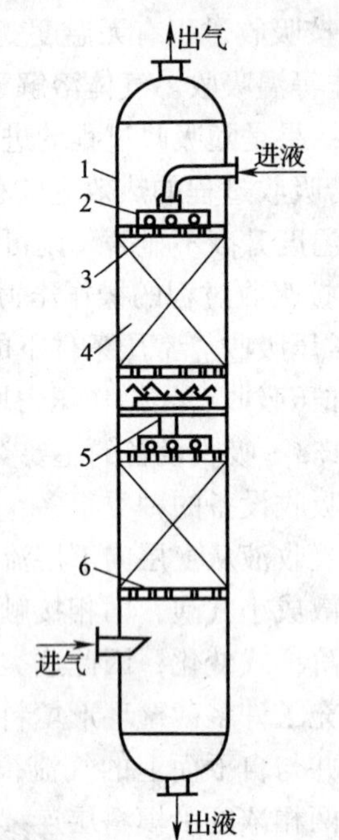

图 5—3　填料塔结构示意图

1—塔体；2—液体分布器；3—填料压紧装置；4—填料层；5—液体再分布器；6—填料支撑装置

5.1.2.2　填料

填料是填料塔的核心部分，它提供了气液两相接触传质的界面，是决定填料塔性能的主要因素。填料的种类很多，大致可分为散装填料和整砌填料两大类。散装填料是一粒粒具有一定几何形状和尺寸的颗粒体，一般以散装方式堆积在塔内。根据结构特点的不同，散装填料分为环形填料、鞍形填料、环鞍形填料及球形填料等。整砌填料是一种在塔内整齐的有规则排列的填料，根据其几何结构可以分为格栅填料、波纹填料、脉冲填料等。常见的填料如图 5—4 所示。

无论散装填料还是整砌填料的材质均可用陶瓷、金属和塑料制造。陶瓷填料应用最早，其润湿性能好，但因较厚，空隙小，阻力大，气液分布不均匀导致效率较低，而且易破碎，故仅用于高温、强腐蚀的场合。金属填料强度高，壁薄，空隙率和比表面积大，故性能良好。不锈钢较贵，碳钢便宜但耐腐蚀性差，在无腐蚀场合广泛采用。塑料填料价格低廉，不易破碎，质轻耐蚀，加工方便，但润湿性能差。填料性能的优劣通常根据效率、通量及压降来衡量。在相同的操作条件下，填料塔内气液分布越均匀，表面润湿性能越优良，则传质效率越高；填料的空隙率越大，结构越开放，则通量越大，压降也越低。除上述几种常见填料外，近年来还不断有构型独特的新型填料被开发出来，工业上常用填料的特性数据可查寻相关手册。

确定填料尺寸时，要求所选填料的直径要与塔径符合一定比例。若填料直径与塔径之比过大，容易造成液体分布不良，故塔径与填料直径之比 D/d 有下限没有上限。计算所得 D/d 的值不能小于表 5—1 中列出的最小值，否则应改选更小的填料进行调整。对于一定的塔径，满足径比下限的填料可能有几种尺寸，应按经济因素进行选择。

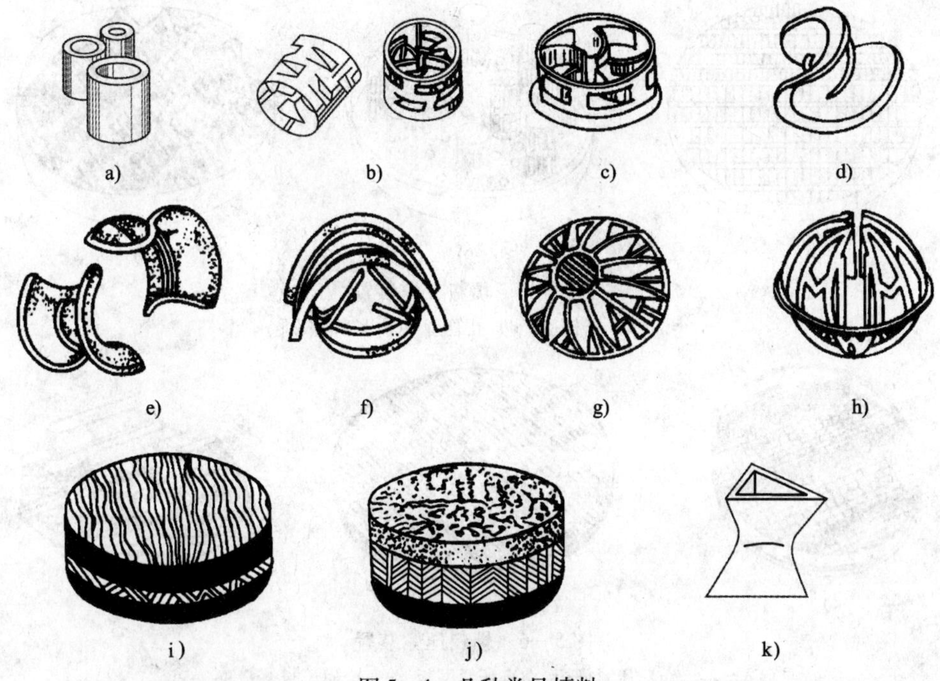

图5—4　几种常见填料

a）拉西环　b）鲍尔环　c）阶梯环　d）弧鞍　e）矩鞍　f）金属环鞍　g）多面球形填料　h）TRI球形填料　i）金属丝网波纹填料　j）金属板波纹填料　k）脉冲填料

表5—1　塔径与填料直径之比的最小值

填料种类	拉西环	金属鲍尔环	矩鞍环
$(D/d)_{min}$	20～25	8	8～10

5.1.2.3　填料塔的附件

填料塔的附件主要有填料支撑装置、填料压紧装置、液体分布装置、液体再分布装置和除沫装置等。合理的选择和设计填料塔的附件，对保证填料塔的正常操作及良好的传质性能十分重要。

（1）填料支撑装置

填料支撑装置的作用是支撑塔内填料及其持有的液体重量。故支撑装置要有足够的强度。同时为使气液顺利通过，支撑装置的自由截面积应大于填料层的自由截面积，否则当气速增大时，填料塔的液泛（指吸收液不再沿填料向下流而开始随同上升的气流一起被带出塔外的现象）将首先在支撑装置附近发生。

常用的填料支撑装置有栅板型、孔管型、驼峰型等类型，如图5—5所示。

（2）填料压紧装置

安装于填料上方，保持操作中填料床层高度恒定，防止在高压下降、瞬时负荷波动等情况下填料床层发生松动和跳动。填料压紧装置分为填料压板和床层限制板两大类，每类又有不同的形式，如图5—6所示。填料压板适用于陶瓷、石墨制成的散装填料。床层限制板用于金属散装填料、塑料散装填料及所有的规整填料。

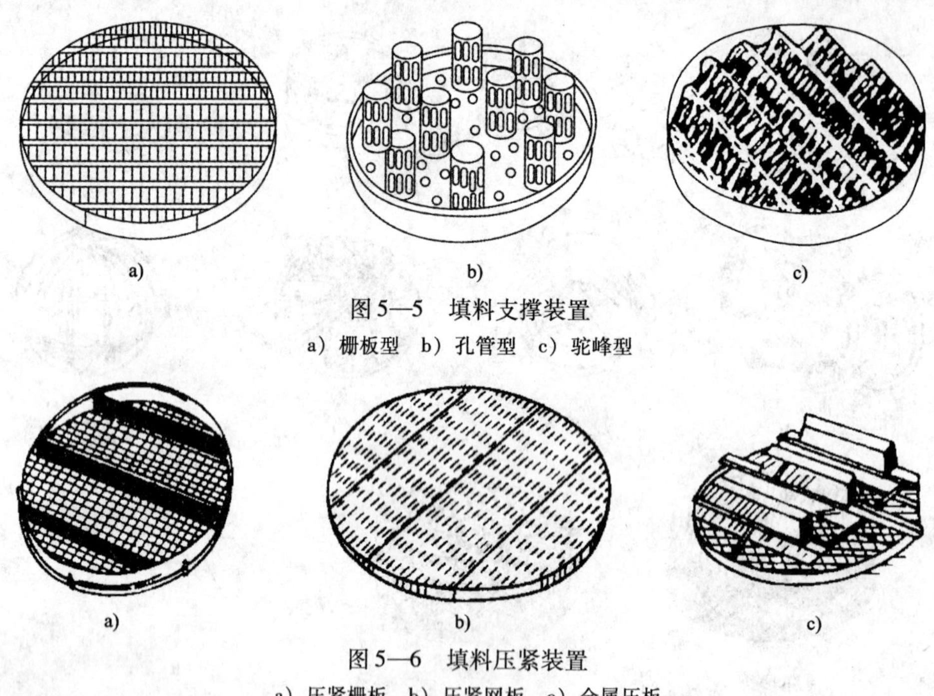

图 5—5　填料支撑装置

a）栅板型　b）孔管型　c）驼峰型

图 5—6　填料压紧装置

a）压紧栅板　b）压紧网板　c）金属压板

（3）液体分布装置

液体分布装置设在塔顶，为填料层提供足够数量并分布适当的喷淋点，以保证液体始终均匀地分布。

常用的液体分布装置如图 5—7 所示。莲蓬式喷洒器一般适用于处理清洁液体，且直径小于 600 mm 的小塔。盘式分布器常用于直径较大的塔。管式分布器适用于液量小而气量大的填料塔。槽式液体分布器多用于气液负荷大及含有固体悬浮物、黏度大的分离场合。

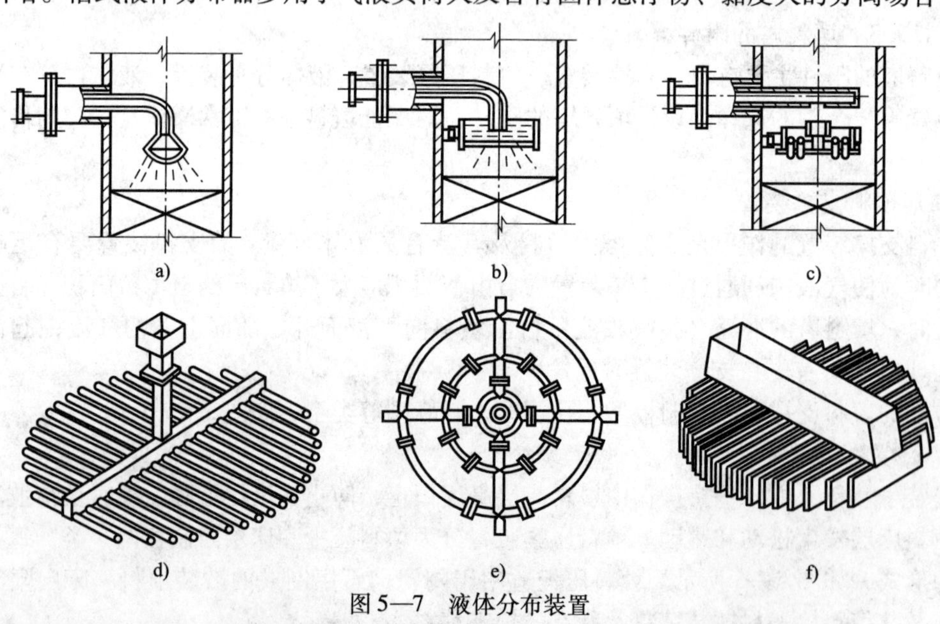

图 5—7　液体分布装置

a）莲蓬式　b）盘式筛孔型　c）盘式溢流管式　d）排管式　e）环管式　f）槽式

（4）液体再分布装置

壁流将导致填料层内气液分布不均，使传质效率下降。为减小壁流现象，可每间隔一定高度，在填料层内设置液体再分布装置。

最简单的液体再分布装置为截锥式再分布器。如图 5—8 所示。图 5—8a 是将截锥筒体焊在塔壁上。图 5—8b 是在截锥筒的上方加设支撑板，截锥下面隔一段距离再装填料，以便于分段卸出填料。

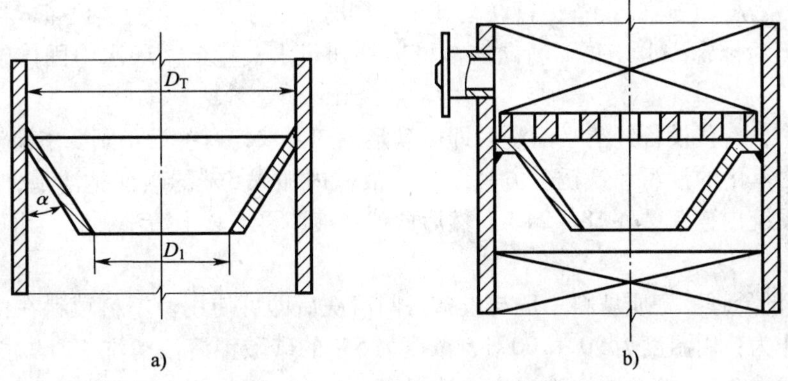

图 5—8　液体再分布装置

（5）除沫装置

在液体分布器的上方安装除沫装置，清除气体中夹带的液体雾沫。丝网除沫器和填料除沫器，如图 5—9 所示。

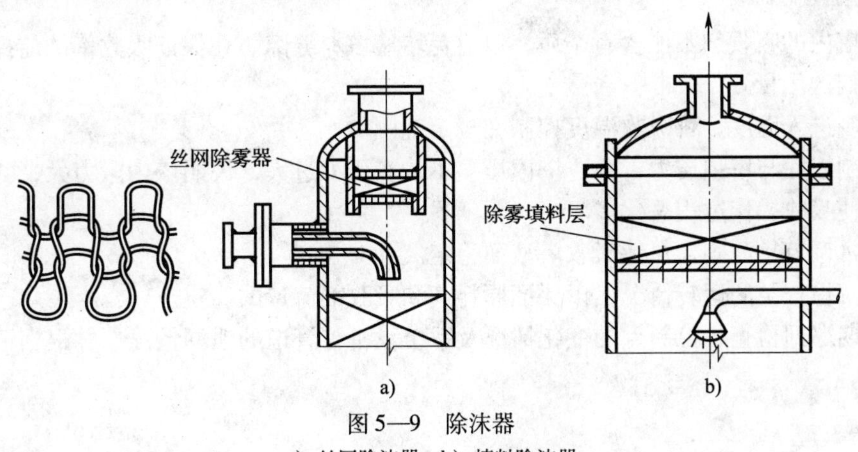

图 5—9　除沫器

a）丝网除沫器　b）填料除沫器

填料塔结构简单，制造方便，适于处理黏性、易起泡、热敏性的物料及传质速率，是由气相（膜）控制的物料，但体积大，重量大，吸收效率低，不适于处理污浊介质。为了避免液泛现象，气流速度不宜太大。有时填料成本高，投资大。

5.1.3　填料吸收塔的基本操作

（1）装填料

吸收塔经检查吹扫后，即可向塔内装入用清水洗净的填料。对拉西环、鲍尔环等填料，均可采用不规则和规则排列法装填。若采用不规则排列法，则先在塔内注满水，然后从塔的人孔部位或塔顶，将填料轻轻地倒入，待填料装至规定高度后，把漂浮在水面上的杂物捞出，并放净塔内的水，将填料表面耙平，最后封闭人孔或顶盖。在填装填料时，要注意轻拿轻倒，以免碰碎而影响塔的操作。矩鞍形、弧鞍形以及阶梯环填料均可采用乱堆法装填。若采用规则法排列，则操作人员从人孔处进入塔内，按排列规则将填料排至规定高度。塔内填料装完后，即可进行系统的气密性试验。

（2）设备的清洗及填料的处理

1）设备清洗。在运转设备进行联动试车的同时，还要用清水清洗设备，以除去固体杂质。清洗中不断排放污水，并不断向溶液槽内补加新水，直至循环水中固体杂质含量小于0.005%为止。

在生产中，有些设备经清水清洗后即可满足生产要求，有些设备则要求清洗后，还要用稀碱溶液洗去其中的油污和铁锈。方法是向溶液槽内加入5%的碳酸钠溶液，启动溶液泵，使碱溶液在系统内连续循环18～24 h，然后放掉碱液，再用软水清洗，直至水中含碱量小于0.01%为止。

2）填料的处理。瓷质填料一般与设备一同清洗后即可使用。塑料填料在使用前必须用碱洗，其操作为：用温度为90～100℃、浓度为5%的碳酸钾溶液清洗48 h，随后排放掉碱液；用软水清洗8 h；按此法清洗过程清洗2～3次。

塑料填料的碱洗一般在塔外进行，洗净后再装入塔内。有时也可装入塔内进行碱洗。

（3）填料塔的操作

①进塔气体的压力和流速不宜过大，否则会影响气、液两相的接触效率，甚至使操作不稳定。

②进塔内的吸收剂不能含有杂质，以避免堵塞填料缝隙。在保证吸收率的前提下，尽量减少吸收剂的用量。

③控制进入温度，将吸收温度控制在规定范围。

④控制塔底与塔顶压力，防止塔内压差不均。压力过大，说明塔内阻力大，气、液接触不良，致使吸收操作过程恶化。

⑤经常调节排放阀，保持吸收塔液面稳定。

⑥经常检查泵的运转情况，以保证原料气和吸收剂流量的稳定。

⑦定期巡回检查各控制点的变化情况及系统设备与管道的泄漏情况，并根据记录表要求做好记录。

5.2 吸附设备

吸附是利用某些多孔性固体具有能够从流体混合物中选择性地在其表面上聚集一定组分的能力，使混合物中各组分得以分离。用来实现吸附分离操作的设备称为吸附设备。吸附设备是分离和纯化气体与气体、气体与液体、液体与液体混合物的重要操作单元之一。

由于吸附净化作用可以进行得相当完全，因此能有效地清除用一般手段难以处理的气体或液体中的低浓度污染物。在环境工程中，吸附净化常用于废气、废水的净化处理，如回收废气中的有机污染物、治理烟道气中的硫氧化物和一氧化碳，以及废水的脱色、脱臭等。

5.2.1 吸附设备的类型与特点

按照吸附剂在吸附器中的工作状态，把吸附设备分为固定床吸附器、移动床吸附器、流化床吸附器和旋转床吸附器等类型。

5.2.1.1 固定床吸附器

在固定床吸附器内，吸附剂固定在承载板上。根据吸附剂床层的布置形式，固定床吸附器主要有立式和卧式、方形、圆环形和圆锥形等，如图5—10所示。

固定床吸附器的优点在于结构简单、工艺成熟、性能可靠，特别适合于小型、分散、间歇性污染源的治理。其缺点是间歇操作缺乏连续性，因此在设计流程时应根据其特点，设计多台吸附器相互切换，以保证操作的正常运行。

5.2.1.2 移动床吸附器

移动床吸附器中固体吸附剂在吸附床中不断移动，一般固体吸附剂是由上向下移动，而气体或液体则由下向上流动，形成逆流操作。如果被净化气体或液体是连续而稳定的，固体和流体都将以恒定的速度流过吸附器，其任一断面的组成都不随时间而变化，即操作达到了连续与稳定的状态。移动床吸附器的结构如图5—11所示。最上端为冷却器，用于冷却吸附剂。吸附段Ⅰ、精馏段Ⅱ、汽提段Ⅲ之间由分配板分开。

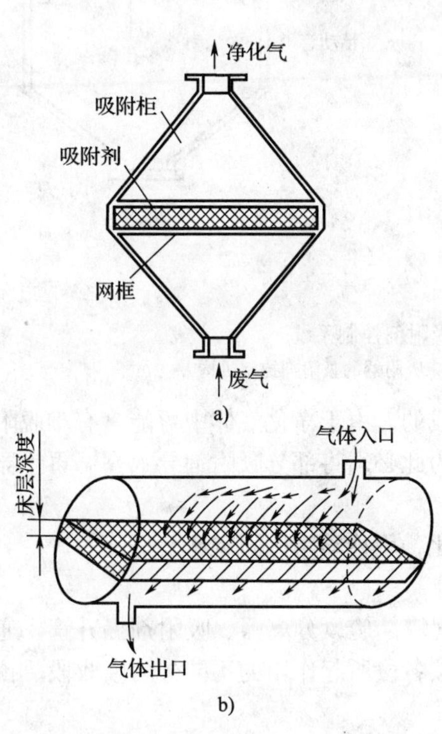

图5—10 固定床吸附器

a）立式固定床吸附器 b）卧式固定床吸附器

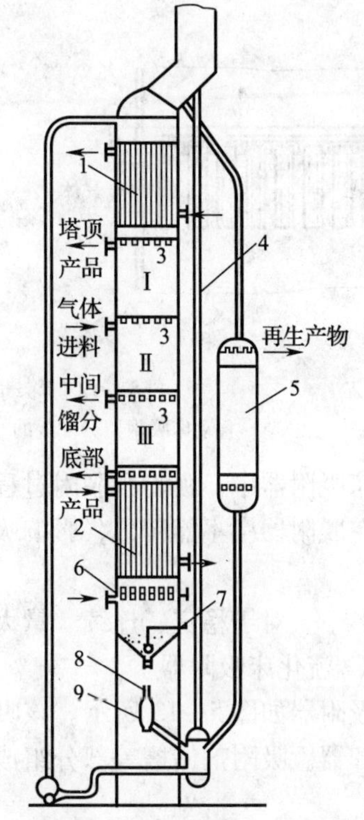

图5—11 移动床吸附器

1—冷却器；2—脱附塔；3—分配板；4—提升管；5—再生器；6—吸附剂控制机构；7—固粒料面控制器；8—封闭装置；9—出料阀门

图 5—12 为移动床吸附器的吸附剂控制示意。移动床吸附器的工作原理为：经脱附后的吸附剂从设备顶部进入冷却器，温度降低后，经分配板进入吸附段，借重力作用不断下降，通过整个吸附器。需净化的流体，从上面第二段分配板下面引入，自下而上通过吸附床，与吸附剂逆流式接触，易吸附的组分全被吸附。净化后的流体从顶部排出。吸附剂下降到气提段时，由底部上来的脱附气（易吸附组分）与其接触，进一步吸附，并将难吸附气体置换出来，使吸附剂上的组分更纯，最后进入脱附器，在这里用加热法使被吸附组分脱附出来，吸附剂得到再生。脱附后的吸附剂用气力输送到塔顶，进入下一个循环操作。

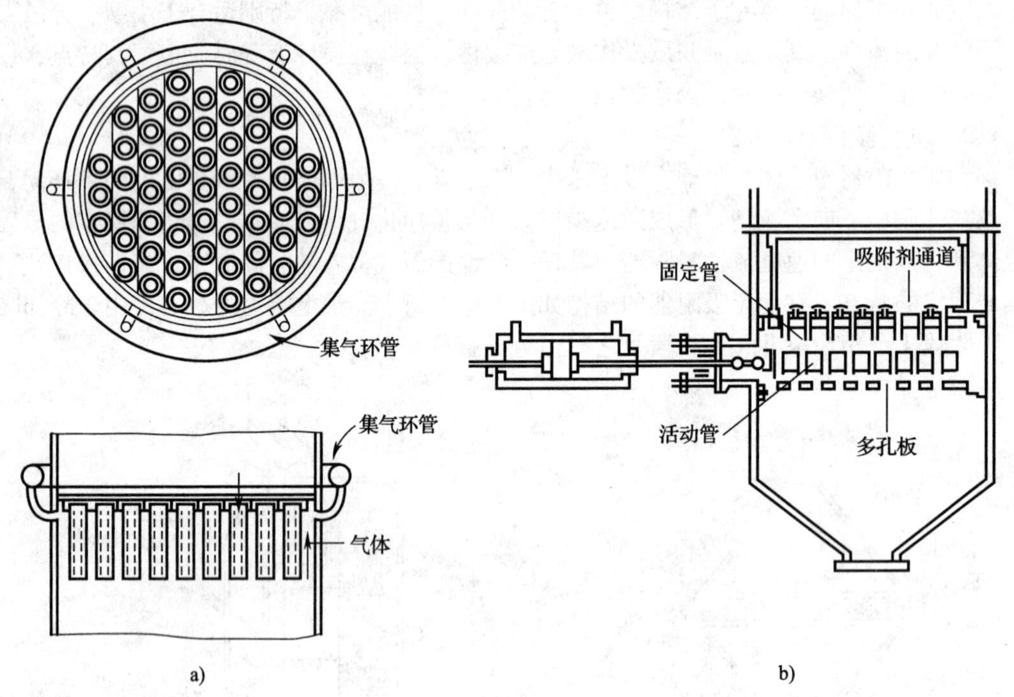

图 5—12　移动床吸附器的吸附剂控制系统

a）移动床吸附器分配板的结构　b）移动床吸附器的吸附剂控制机构

在移动床吸附器中，吸附和脱附过程是连续完成的。由于净化气体中可能含有难脱附的物质，它们在脱附器中不能释出，影响吸附能力，为此必须将部分吸附剂导入高温再生器中进行再生。

一般情形下，对于稳定、连续、量大的气体净化，用移动床比固定床要好。

5. 2. 1. 3　流化床吸附器

流化床吸附器如图 5—13 所示。该吸附器由吸附塔、旋风分离器、吸附剂提升管、通风机、冷凝冷却器、吸附剂储槽等部分组成。吸附塔按各段所起作用的不同分为吸收段、预热段和再生段。

流化床吸附器的工作原理是：需净化的气体从进口管以一定速度进入筒体吸附段，气体通过筛板向上流动，将吸附剂吹起，使吸附剂与气流均匀混合、相互接触以吸附气流中的吸附质，在吸附段完成吸附过程。由于磨损的原因，流化床吸附器的排出气常带有吸附剂粉末，所以其后面还须加除尘设备，可选用旋风分离器。净化后的气体进入旋风分离器，这样收集的吸附剂可以回到床层继续参加吸附过程；而净化后的气体，从出口管排出。吸附剂下降到预热段进行预热，最后进入再生段，由底部上来的脱附气（即易吸附组分）与其接触，并用加热法使被吸附组分脱附出来，吸附剂得到再生。脱附后的吸附剂用气力输送到塔顶，进入下一个循环操作。

这种吸附器的优点是气固逆流操作，处理气量大，吸附剂可循环使用；缺点是动力和热量消耗较大，要求吸附剂强度高。流化床吸附器的特点是气体与固体接触相当充分，气流速度比固定床的气速大三四倍以上，所以该工艺强化了生产能力，非常适合对连续性、大气量的污染源的治理。在实际工程中，为了保证吸附剂与处理的气体或液体充分接触，可使吸附剂呈沸腾状态。如图5—14所示为连续操作的沸腾床吸附器。

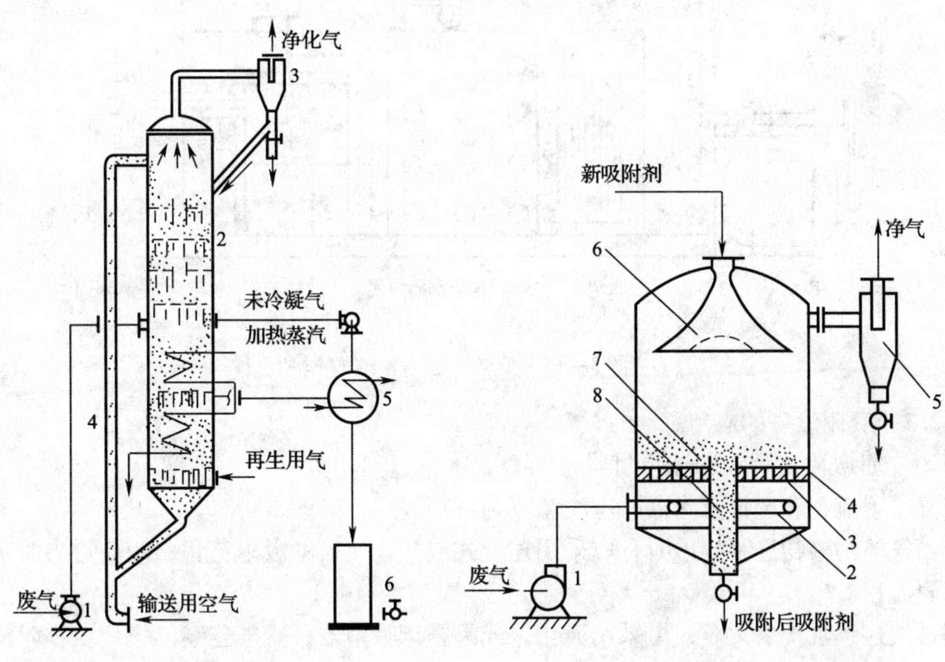

图5—13 流化床吸附器

1—通风机；2—吸附塔；

3—旋风分离器；4—吸附剂提升管；

5—冷凝冷却器；6—吸附质储槽

图5—14 连续操作的沸腾床吸附器

1—通风机；2—气流分布器；3—筛板；

4—沸腾床吸附剂层；5—旋风分离器冷凝冷却器；

6—吸附剂均布器；7—溢流堰；8—溢流管

此外，由于流化床操作过程中，气体与吸附剂混合非常均匀，床层中没有浓度梯度，因此当一个床层的吸附不能达到净化要求时，就要用多层床来实现。在多层床中，层与层之间形成浓度梯度，以达到进一步净化的目的。

5.2.1.4 旋转床吸附器

如图5—15所示，旋转床吸附器由能旋转的吸附转筒、外壳、过滤器、冷却器、分离器、通风机等部分组成，可用来净化含有机溶剂的空气。

这种吸附器的优点是能实现连续操作，处理气量大，易于实现自动控制，且气流压力损失小，设备紧凑；缺点是动力损耗大，并需要一套减速传动机构，转筒与接管的密封也比较复杂。

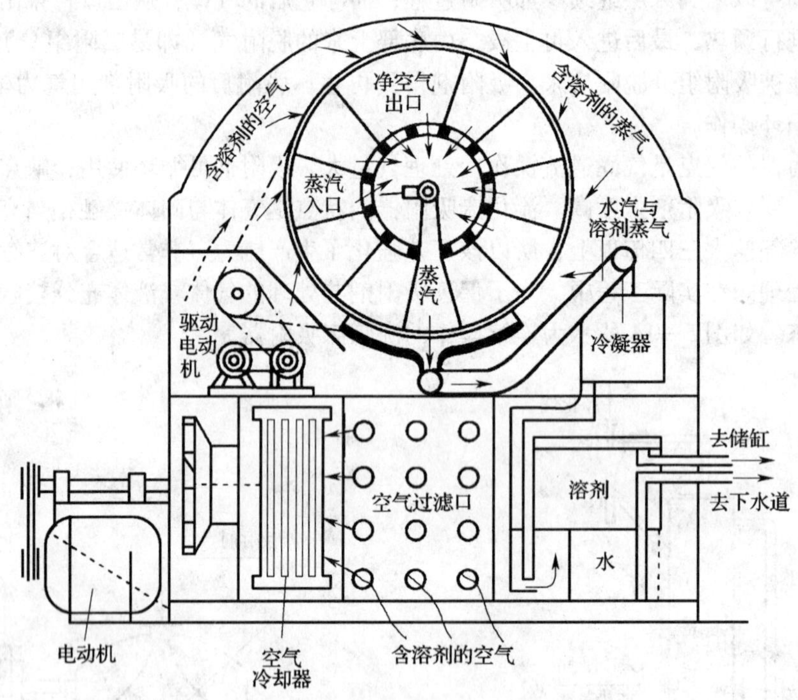

图 5—15　旋转床吸附器结构

5.2.2　吸附设备的应用

（1）布置吸附流程和选择吸附器

布置吸附流程和选择吸附器时应注意下列事项。

①当气体污染物连续排出时，应采用连续式或半连续式的吸附流程；间断排出时采用间歇式吸附流程。

②排气连续且气量大时，可采用流化床或沸腾床吸附器；排气连续但气量较小时，则可考虑使用旋转床吸附器，固定床吸附器可用于各种场合。

③根据流动阻力、吸附剂利用率，酌情选用不同类型的吸附器。

④处理的废气流中含有粉尘时，应先用除尘器除去粉尘。

⑤处理的废气流中含有水滴或水雾时，应先用除雾器除去水滴或水雾；对气体中水蒸气含量的要求随吸附系统的不同而不同，当用活性炭吸附有机物分子时，气体中相对湿度应小于 90%；当用分子筛吸附 NO_2时，气体中水蒸气越少越好。

⑥处理废气中污染物浓度过高时，可先用其他方法脱去一部分。

⑦吸附流程需与脱附方法和脱附流程同时考虑。

（2）常用脱附方法及其选择

吸附剂的脱附方法主要有升温脱附、降压脱附、吹扫脱附和取代脱附等。以下是选择脱附方法的一般原则。

①吸附剂吸附量随温度增加而增大时，可采用升温脱附；相反，则采用低温脱附。

②当吸附系统的变压操作范围处于吸附等温线的陡直部分时，采用降压脱附较合适。

③当吸附质没有回收价值时，可将脱附的吸附质导入燃烧炉焚烧，该情况下可采用吹扫脱附。

④对热敏感性强的吸附质，可采用取代脱附法。

在实际应用中，几种脱附方法经常结合使用。

（3）影响吸附的因素

影响吸附的因素有吸附剂的性质、吸附质的性质及操作条件等。只有了解影响吸附的因素，才能选择合适的吸附剂及适宜的操作条件，从而更好地完成吸附分离的任务。

1）操作条件。通常情况下，低温操作有利于物理吸附，适当升高温度有利于化学吸附。温度对气相吸附的影响比对液相吸附的影响大。对于气体吸附，压力增加有利于吸附，压力降低有利于解吸。

2）吸附剂的性质。吸附剂的性质如孔隙率、孔径、粒度等，影响比表面积，从而影响吸附效果。一般说来，吸附剂粒径越小或微孔越发达，其比表面积越大，吸附容量也越大。但在液相吸附过程中，对相对分子质量大的吸附质，微孔提供的表面积不起很大作用。

3）吸附质的性质与浓度。对于气相吸附，吸附质的当量直径、相对分子质量、沸点、饱和性等都会影响吸附量。若用同种活性炭作吸附剂，对于结构相似的有机物而言，相对分子质量和不饱和性越大，沸点越高，越易被吸附。对于液相吸附而言，吸附质的分子极性、相对分子质量、在溶剂中的溶解度等都会影响吸附量。相对分子质量越大，分子极性越强，溶解度越小，越易被吸附。吸附质浓度越高，吸附量越小。

4）吸附剂的活性。吸附剂的活性是吸附剂吸附能力的标志，常以吸附剂上所吸附的吸附质量与所有吸附剂量之比的百分数来表示。其物理意义是单位吸附剂所能吸附的吸附质量。

5）接触时间。吸附操作时，应保证吸附质与吸附剂有一定的接触时间，使吸附接近平衡，充分利用吸附剂的吸附能力。吸附平衡所需的时间取决于吸附速率，一般要通过经济权衡，确定最佳接触时间。

6）吸附器的性能。吸附器的性能对吸附效果有较显著的影响，应合理设计吸附器的结构、吸附层的铺设等，以保证吸附器发挥优良的吸附性能。

（4）吸附设备应用时的注意事项

1）废气中的粉尘、油烟、雾滴、焦油状物质等会使吸附剂劣化。废气温度太高或湿度太大也会导致吸附量减少甚至不吸附。因此，可根据具体情况选择必要的预处理方法。

2）用吸附法净化气态污染物，一般由吸附及再生两部分组成。合理的再生过程对吸附法的经济性有重要作用。解吸和再生用的水蒸气量和动力消耗，因回收的物质和设备的不同而有差异，一般回收 1 kg 溶剂需水蒸气 3 ~ 5 kg，动力消耗 0.08 ~ 0.18 kw/h，回收率可达 95% 以上。

3）固定床吸附设备采用间歇操作时，包括吸附、解吸、干燥和冷却，一般是由两台或两台以上吸附器轮流进行吸附和解吸、再生。

4）在操作过程中要注意防止吸附层升温过高。

5）当采用高压风机时，应注意减振和消除噪声；用水蒸气或洗涤液再生时，应避免废水污染。

习　　题

1. 什么是吸收设备?
2. 吸收操作通常有几种分类方法?
3. 常用的吸收设备有几种?
4. 填料塔的主要组成部分有哪些?
5. 板式塔和填料塔有哪些相同和不同之处?
6. 什么是吸附设备?
7. 按照吸附剂在吸附器中的工作状态，吸附设备可分为哪几种类型?
8. 影响吸附的因素有哪些?
9. 如何进行吸附设备的选择?
10. 说明常用的脱附方法及其选择。
11. 吸附设备应用时，应注意哪些事项?

第6章　混凝设备与化学反应器

本章学习目标

了解混凝设备、化学反应器设备的类型、结构特点及工作原理；能比较同类反应器的性能差异，以便在实践中应用；

熟悉混凝设备的组成，能正确使用与操作混凝工艺系统设备；掌握其运行管理中的注意事项，能解决设备运行中出现的问题。

6.1　混凝设备

混凝可以用来降低污水的浊度和色度，去除多种高分子有机物、某些重金属和放射性物质。此外，混凝法还能改善污泥的脱水性能。因此，混凝法是污水处理中常采用的方法，它既可作为独立的处理法，也可与其他处理法配合使用。

混凝法的优点是设备简单，处理效果好，维护操作易于掌握，可间歇或连续运行，管理简单。缺点是要不断向污水中投加混凝剂，经常性运行费用较高，沉渣量大，且脱水困难。常用的混凝设备包括混凝剂的配制投加设备、混合设备、反应及沉淀分离设备等。

6.1.1　混凝剂的配制与投加设备

6.1.1.1　混凝剂的配制设备

混凝剂溶液的配制过程包括溶解和调制。溶解一般在溶解池（溶药池）中进行，其作用是将固体药剂溶解成浓溶液。调制则在溶液池中进行，其作用是将浓溶液配制成一定浓度的溶液。

配制混凝剂时需要搅拌，通常采用水力、机械或压缩空气等搅拌方式，视用药量大小和药剂的性质而定。药剂量小时用水力搅拌，如图6—1所示，也可在溶药池内直接进行人工配制；药量大时采用机械搅拌，如图6—2所示；或采用压缩空气搅拌，如图6—3所示。从药剂的溶解性看，对易于溶解药剂可采用水力搅拌和人工直接配制，而机械搅拌和压缩空气搅拌适用于各种药剂的配制，但压缩空气搅拌不宜做长时间的石灰乳液连续搅拌。

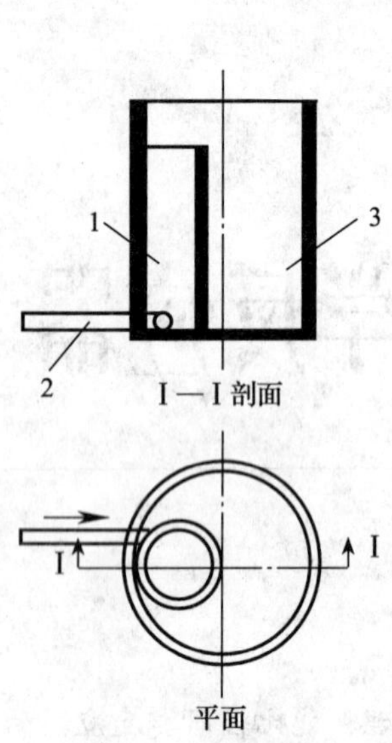

图 6—1　水力搅拌溶药池

1—溶药池；2—压力水管；3—溶液池

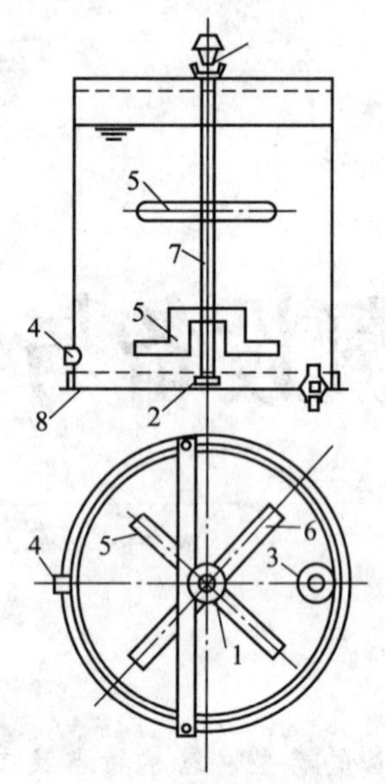

图 6—2　机械搅拌溶药池

1，2—轴承；3—异径管箍；4—出管；5—桨叶；6—锯齿角钢桨叶；7—立轴；8—底板

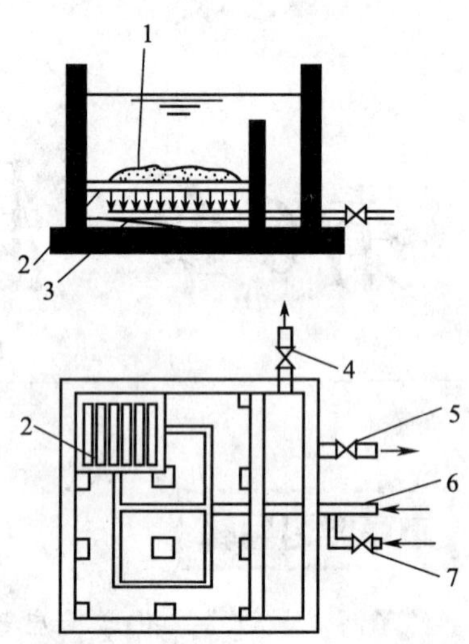

图 6—3　压缩空气搅拌溶药池

1—药剂；2—格栅；3—空气管；4—排渣管；5—出液管；6—进气管；7—进水管

无机盐类混凝剂的溶解池、溶液池、搅拌装置和管配件等都应考虑防腐措施或用防腐材料，尤其在使用 $FeCl_3$ 时必须使用。

溶液池的容积可按下式计算：

$$W = \frac{24 \times 100aQ}{1\,000 \times 1\,000cn} = \frac{aQ}{417cn} \qquad (6\text{—}1)$$

式中　W——溶液池的容积，m^3；

a——混凝剂最大用量，mg/L；

Q——处理水量，m^3/h；

c——溶液浓度，按药剂固体质量分数计算，一般选用 10% ~20%；

n——每昼夜配制溶液的次数，一般为 2 ~6 次。

溶药池的容积 W_1 可按下式计算：

$$W_1 = (0.2 \sim 0.3)W \qquad (6\text{—}2)$$

6.1.1.2　混凝剂的投加设备

混凝剂的投配方法分干投法和湿投法。干投法就是将经过破碎易于溶解的固体混凝剂直接定量地投放到被处理的水中。此法对药剂的粒度要求较严，投配量较难控制，对机械设备的要求高，同时劳动条件也较差，较少使用。湿投法是将混凝剂和助凝剂先溶解配制成一定浓度的溶液，然后按处理水量大小，定量投加到被处理污水中。

混凝剂的投加有两种方式，即重力投加和压力投加。

1）重力投加。采用水泵进行混合时，将药剂加在泵前吸水井或吸水管处，一般采用重力投加，即所谓的泵前投加；为了防止空气进入水泵吸水管内，可设置一个装有浮球阀的水封箱，如图 6—4 所示。当采用混合设备或管道混合时，若允许提高溶液池位置，也可采用重力投加，如图 6—5 所示。

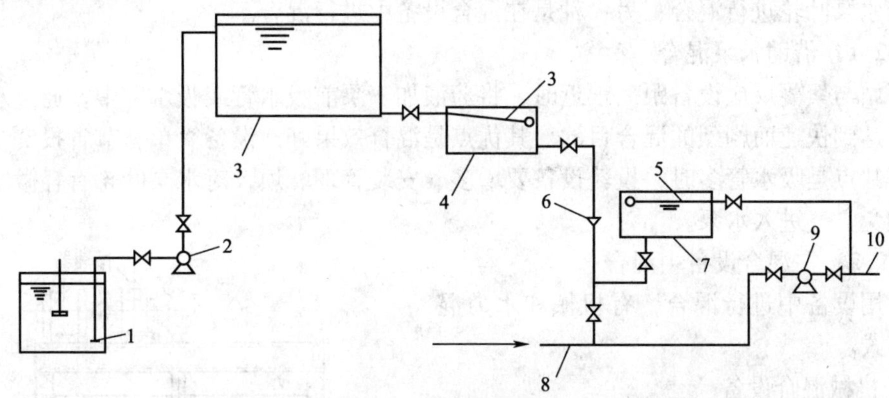

图 6—4　泵前重力投加

1—溶解池；2—提升泵；3—溶液池；4—恒位水箱；5—浮球

2）压力投加。压力投加又分为两种形式：一是水射器投加，水射器利用高压水通过喷嘴和喉管之间的真空抽吸作用将药液吸入，同时随水的余压注入原水管中，如图 6—6 所示；二是泵投加，采用耐腐蚀泵配以转子流量计或电磁流量计计量，或者直接采用计量泵，将药液送到投药点，如图 6—7 所示。

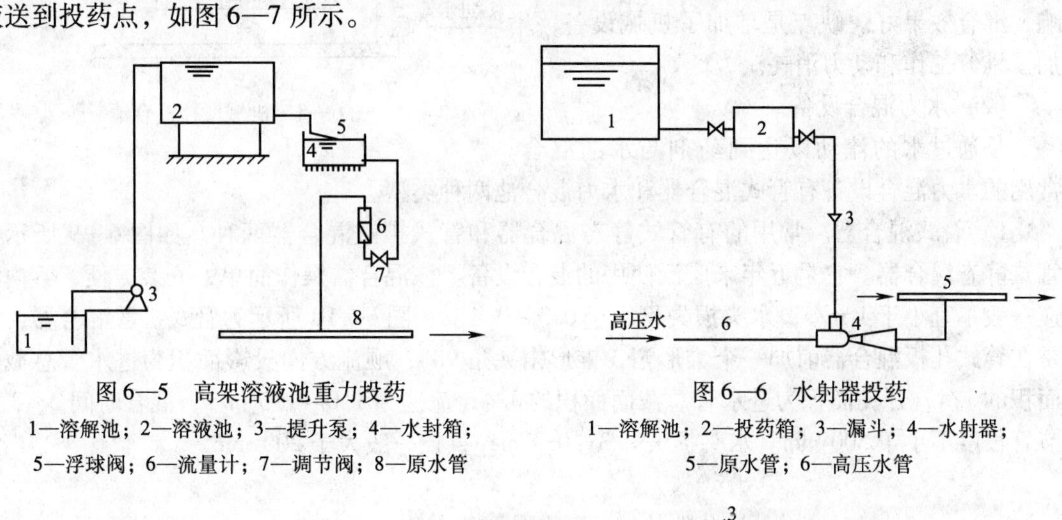

图 6—5　高架溶液池重力投药

1—溶解池；2—溶液池；3—提升泵；4—水封箱；5—浮球阀；6—流量计；7—调节阀；8—原水管

图 6—6　水射器投药

1—溶解池；2—投药箱；3—漏斗；4—水射器；5—原水管；6—高压水管

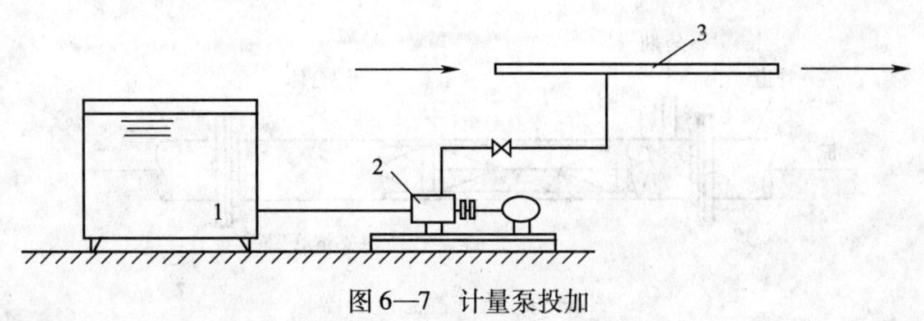

图 6—7　计量泵投加

1—溶液池；2—计量泵；3—原水管

6.1.2 混合设备

混合的作用是将药剂迅速均匀地扩散到污水中，达到充分混合，以确保混凝剂的水解与聚合，使胶体颗粒的脱稳，并互相聚集成细小的絮凝体（俗称矾花）。混合阶段需要剧烈短促的搅拌，时间要短，在 10 ~ 30 s 内完成，一般不应超过 2 min。混合有两种基本形式：一种是借助水泵叶轮进行混合；另一种是在混合设备中进行混合。

6.1.2.1 借助水泵混合

当泵站与絮凝反应设备距离很近时，将药液加于泵前吸水管或吸水井中，通过水泵叶轮高速旋转达到快速而剧烈的混合目的。其优点是混合效果好，设备简单，节省投资，不另消耗动力；缺点是吸水管多时，投药设备要增多、安装管理麻烦，对水泵叶轮有轻微腐蚀，同时也应避免空气进入水泵。

6.1.2.2 在混合设备中混合

在专用设备中进行混合，有机械和水力混合两种方式。

（1）机械混合设备

采用结构简单、加工制造容易的桨板式机械搅拌混合池，如图 6—8 所示。在圆形或方形混合池内安装变速搅拌装置，通过电动机带动桨板或螺旋桨进行强烈搅拌，达到混合的目的。其优点是混合搅拌强度可以调节，不受水质影响，混合效果好。缺点是增加了机械设备，增加了维修工作和动力消耗。

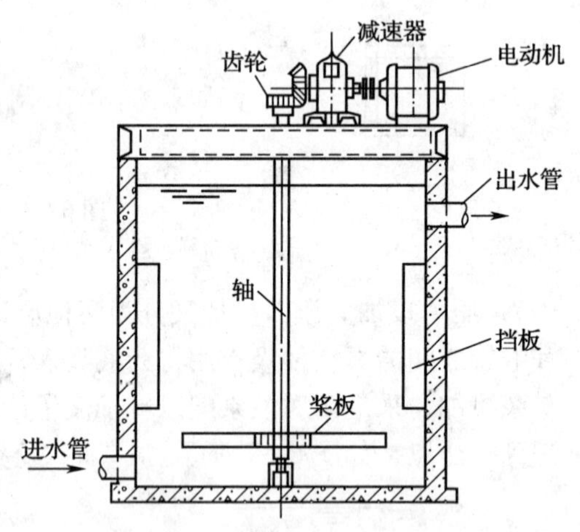

图 6—8 机械搅拌混合池

（2）水力混合设备

是通过水的流动以达到药剂与水的混合。常用的水力混合设备有管式混合器和水力混合池两种类型。

1）管式混合器。常用的有管式静态混合器和管式扩散混合器两种。如图 6—9 所示为管式静态混合器。它是近年来广泛使用的混合设备。该混合器操作简单，安装方便，管内流速一般不宜小于 1 m/s，水头损失不小于 0.3 ~ 0.4 m；图 6—10 所示为管式扩散混合器，它是在管式孔板混合器前加一个锥形帽，锥形帽夹角 90°，顺流方向投影面积为进水管总截面面积的 1/4，开孔面积为进水管总截面面积的 3/4，流速为 1.0 ~ 1.5 m/s，混合时间 2 ~ 3 s，节管长度不小于 500 mm。水头损失 0.3 ~ 0.4 m，直径一般大于 200 mm。

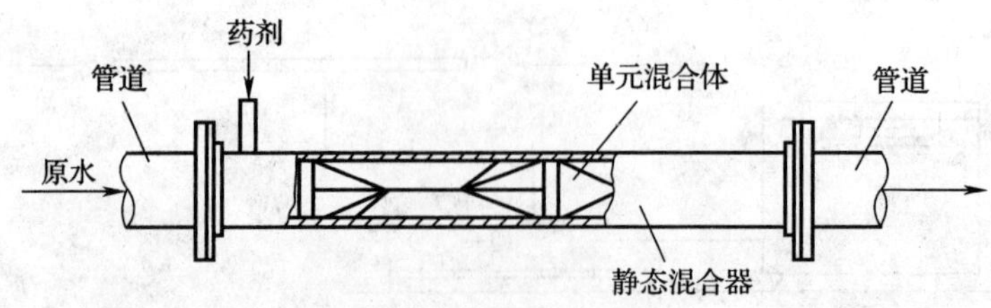

图 6—9 管式静态混合器

2）水力混合池。水力混合池有多种形式，常用的有隔板式混合池、穿孔板式混合池和涡流式混合池等。如图6—11所示为隔板式混合池，由钢筋混凝土或钢板制成，池内设隔板，药剂于隔板前投入，水在隔板通道间的流动过程中与药剂达到充分的混合。混合时间为10～30 s。

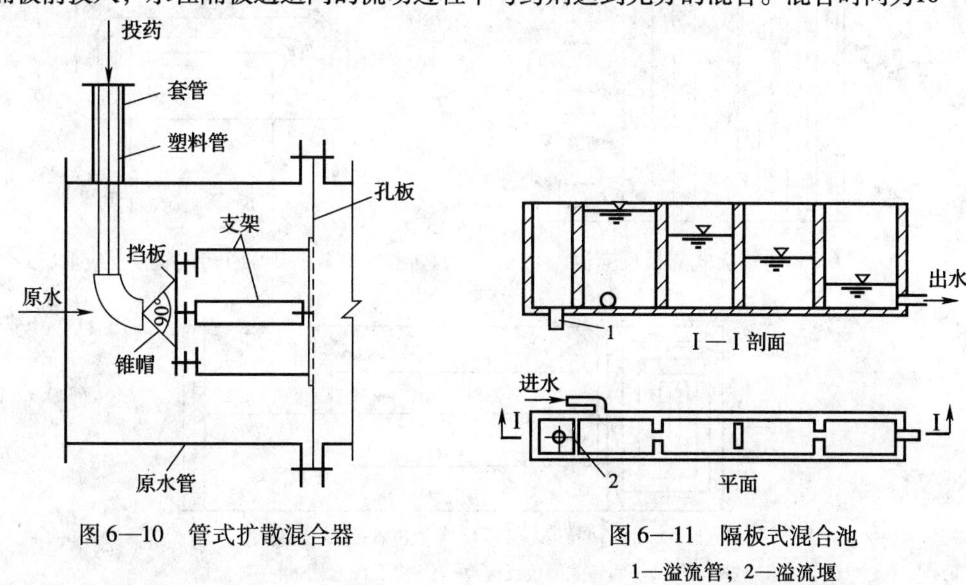

图6—10　管式扩散混合器

图6—11　隔板式混合池
1—溢流管；2—溢流堰

水力混合池主要优点是混合效果好，某些池形能调节水头高低，适应流量变化，操作简单；缺点是占地面积大，水头损失大。

6.1.3　反应设备

水和药剂混合后即进入反应设备进行反应。此时，水中已经产生的细小絮体，还未达到自然沉降的程度。反应设备的作用就是促使混合阶段所形成的细小絮体在一定时间内逐渐絮凝成大的、具有良好沉降性能的絮凝体（可见的矾花），使其在后续的沉淀池内下沉。反应设备应有一定的停留时间和适当的搅拌强度，让形体细小的絮体能相互碰撞，并防止生成大的絮体在反应阶段沉淀。但搅拌强度太大，会使生成的絮凝体破碎，且絮体越大，越易破碎，因此，在反应设备中，沿着水流方向搅拌强度应越来越小。

反应设备的形式也有机械搅拌和水力搅拌两类。水力搅拌反应设备应用广泛，类型也较多，主要有隔板反应池、涡流式反应池等。其中比较常用的是隔板反应池。

6.1.3.1　隔板反应池

隔板反应池主要有平流式和回转式两种。

（1）平流式隔板反应池

多为矩形钢筋混凝土池子，其结构如图6—12所示。池内设木质或水泥隔板，水流沿廊道回转流动，可形成很好的絮凝体。一般进口流速为0.5～0.6 m/s，出口流速为0.15～0.2 m/s，反应时间一般为20～30 min。其优点是反应效果好，构造简单，施工方便，管理维护简单。缺点是池容大，水头损失大。

（2）回转式隔板反应池

它是平流式隔板反应池的一种改进形式，其结构如图6—13所示，常和平流式沉淀池合建，如图6—14所示。其优点是反应效果好，压头损失小。

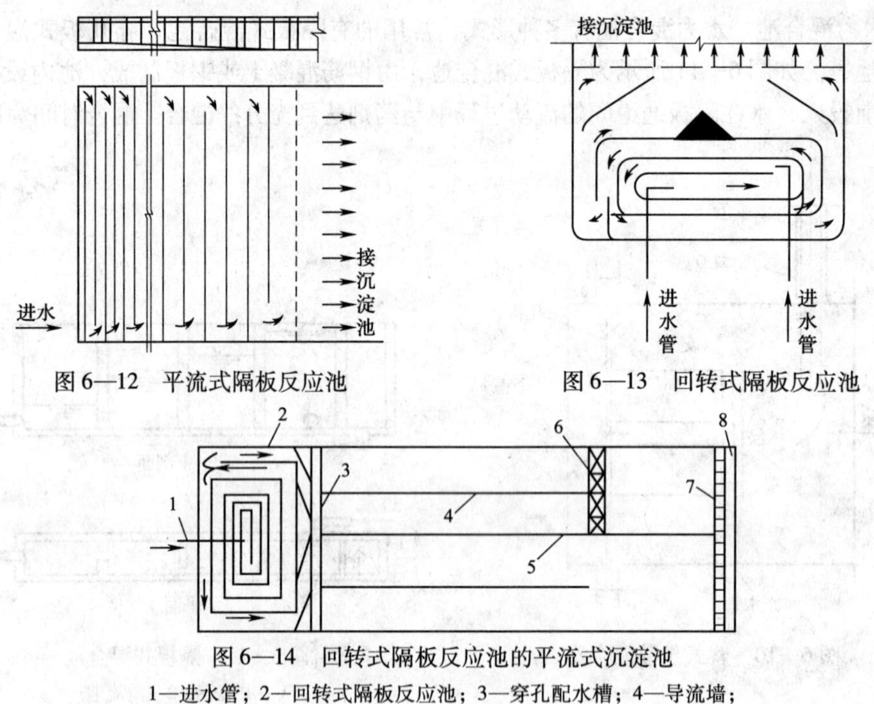

图 6—12　平流式隔板反应池

图 6—13　回转式隔板反应池

图 6—14　回转式隔板反应池的平流式沉淀池

1—进水管；2—回转式隔板反应池；3—穿孔配水槽；4—导流墙；5—隔墙；6—吸泥机桁架；7—上部穿孔出水墙；8—出水井

6.1.3.2　涡流式反应池

如图 6—15 所示。下半部为圆锥形，水从锥底部流入，形成涡流扩散后缓慢上升，随锥体截面积变大，反应液流速也由大变小，流速变化的结果，有利于絮凝体形成。涡流式反应池的优点是反应时间短，容积小，布置容易，造价低。缺点是池子较深，锥底施工困难。

6.1.3.3　穿孔旋流反应池

穿孔旋流反应池由若干方格组成。分格数一般不少于 6 格。流速逐渐减小，速度梯度 G 也相应减小，以适应絮凝体形成。反应池首端孔口流速宜取 0.6～1.0 m/s，末端流速宜取 0.2～0.3 m/s。反应时间 15～25 min。穿孔旋流反应池的平面示意如图 6—16 所示。

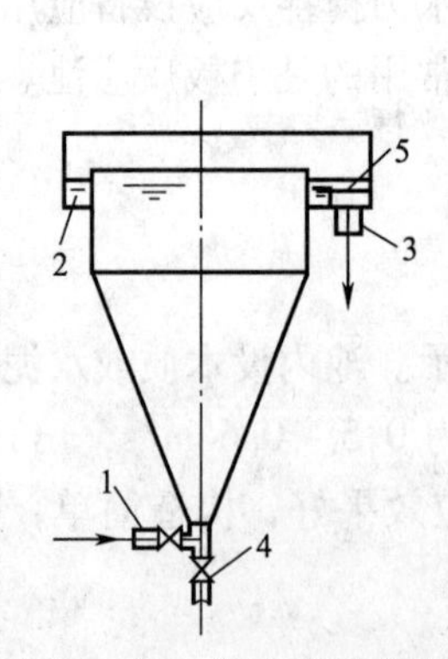

图 6—15　涡流式反应池

1—进水管；2—圆周积水槽；3—出水管；4—放水阀；5—格栅

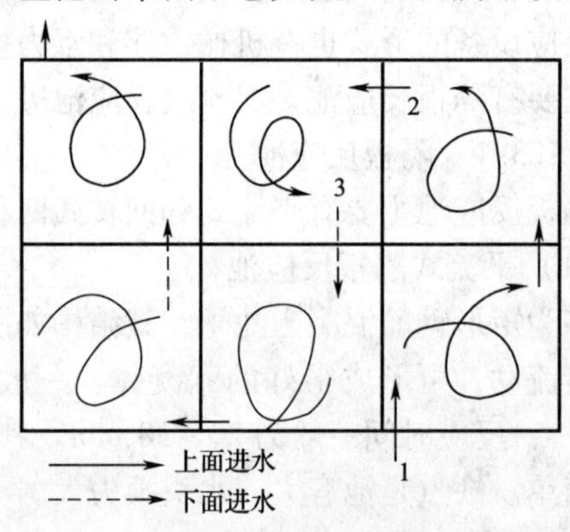

图 6—16　穿孔旋流反应池平面示意

穿孔旋流絮凝池的优点是构造简单，制造及施工方便，造价低。

6.1.3.4　机械搅拌式反应池

机械搅拌式反应池的结构如图 6—17 所示。反应池用隔板分为 2 ~ 4 格，每格安装一搅拌叶轮，叶轮有水平和垂直两种。水力停留时间一般采用 15 ~ 30 min，叶轮半径中点线速度由进水格的 0.5 ~ 0.6 m/s 依次减到出水格的 0.1 ~ 0.2 m/s。

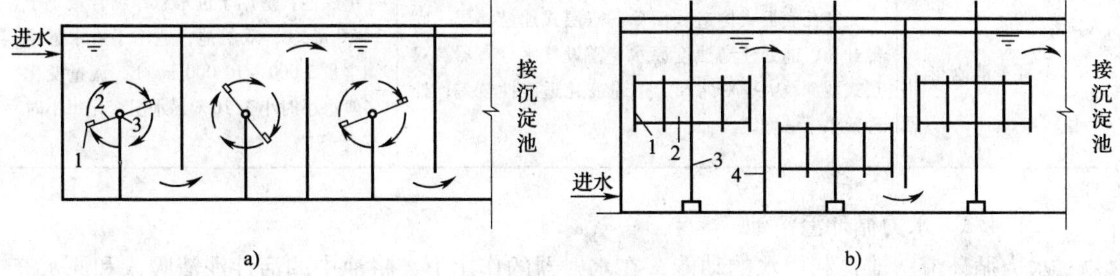

图 6—17　机械搅拌式反应池

a）水平轴式　b）竖直轴式

1—桨板；2—叶轮；3—旋转轴；4—隔板

6.1.4　澄清池

6.1.4.1　澄清池的作用与分类

澄清池是混凝处理的一种设备。在澄清池内，可以同时完成混合、反应、沉淀、分离等过程。澄清池中沉泥被提升起来并处于悬浮状态，在池中形成高浓度的活性泥渣层。该层悬浮物浓度为 3 ~ 10 g/L。原水在澄清池中自下向上流动，当脱稳杂质随水流与泥渣层接触时，利用接触凝聚原理，便被泥渣层阻留下来，使水澄清，清水在澄清池上部被收集。

澄清池具有处理效果好、生产效率高、药剂用量省、占地面积小等优点，且设计已标准化，缺点是对进水水质要求严格，设备结构复杂。

根据泥渣与污水接触方式的不同，澄清池可分为泥渣悬浮型和泥渣循环型两类。前者利用进水的位能连续地或周期性地冲起泥渣，使其悬浮，并截留原水中的小絮体，多余的泥渣经沉淀浓缩后排出，主要形式有悬浮澄清池和脉冲澄清池。后者利用搅拌机或射流器让泥渣在竖直方向上不断循环，在循环过程中捕集水中的微小絮粒，并在分离区加以分离，典型设备有机械搅拌澄清池和水力循环澄清池。几种常用澄清池的特点和适用条件见表 3—1。目前最常用的是机械加速澄清池。

表 3—1　　常用澄清池的特点与适用条件

类型	特　点	适用条件
机械搅拌澄清池	处理效率高，单位面积产水量大；处理效果稳定，适应性较强。需机械搅拌设备；维修较麻烦	进水悬浮物含量小于 5 000 mg/L，短时间内允许在 5 000 ~ 10 000 mg/L，适用于中、大型污水处理厂
水力循环澄清池	无机械搅拌设备；构筑物简单。投药量较大；对水质、水温变化适应性较差；水头损失较大	进水悬浮物含量小于 2 000 mg/L，短时间内允许在 5 000 mg/L，适用于中、小型污水处理厂

续表

类型	特 点	适用条件
脉冲澄清池	混合充分，布水均匀，池深较浅。需要一套抽真空设备，虹吸式水头损失较大，脉冲周期较难控制；对水质、水量变化适应性较差；操作管理要求较高	进水悬浮物含量小于 3 000 mg/L，短时间内允许在 5 000 ~ 10 000 mg/L，适用于各种规模的污水处理厂
悬浮澄清池	无穿孔底板式构造较简单。双层式加悬浮层，底部开孔，能处理高浊度原水，需设气水分离器。双层式池深较大；对水质、水量变化适应性较差；处理效果不够稳定	单层池，适用于进水悬浮物含量小于 3 000 mg/L；双层池，适用于进水悬浮物含量 3 000 ~ 10 000 mg/L，流量变化一般每小时小于 10%，水温变化每小时不大于 1℃

6.1.4.2　水力循环澄清池

水力循环澄清池是利用水的动能，在水射器的作用下，将池中的活性泥渣吸入和原水充分混合，从而加强了水中固体颗粒间的接触和吸附作用，形成良好的絮凝体，加快了沉降速度，使水得到澄清。水力循环澄清池构造如图 6—18 所示。

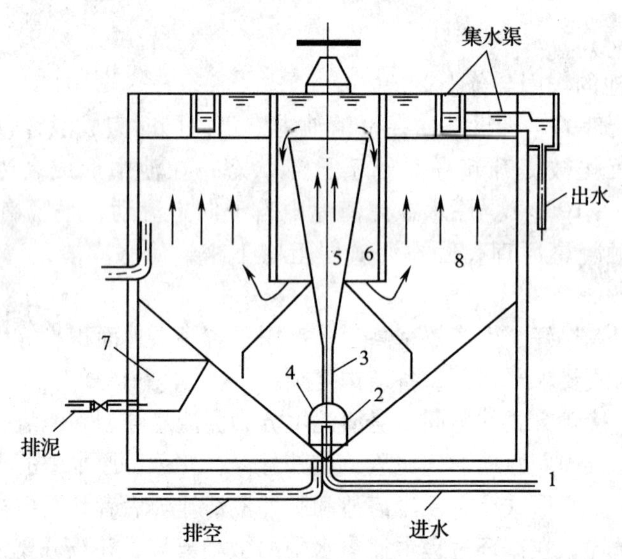

图 6—18　水力循环澄清池

1—进水管；2—喷嘴；3—喉管；4—喇叭口；5—第一絮凝室；6—第二絮凝室；7—泥渣浓缩室；8—分离室

其工作过程为：已投加混凝剂的原水经水泵加压后，由池子底部通过水管进入喷嘴，以高速喷入喉管，在喉管的喇叭口四周形成真空，吸入约 3 倍的泥渣量，泥渣与原水迅速混合，进入渐扩管形的第一反应室以及第二反应室中，进行混凝反应。上下移动喉管，随时调节喷嘴与喉管的间距，使其达到喷嘴直径的 1 ~ 2 倍，并借此控制回流的泥渣量。吸进去的流量称为回流量，一般为污水进口流量的 2 ~ 4 倍。水流从第二反应室进入分离室，由于过水断面的突然扩大，流速降低，泥渣便沉淀下来，其中一部分泥渣进入泥渣浓缩斗定期予以排出，而大部分泥渣被吸入喉管进行回流，清水上升由集水槽流出。

6.1.4.3　机械加速澄清池

机械加速澄清池简称加速澄清池，多为圆形钢筋混凝土结构，小型的池子有时也采用钢板结构。主要构造包括第一反应室、第二反应室、导流室、分离室和泥渣浓缩室，如图 6—19所示。此外还有进水系统、加药系统、排泥系统、机械搅拌提升系统等。

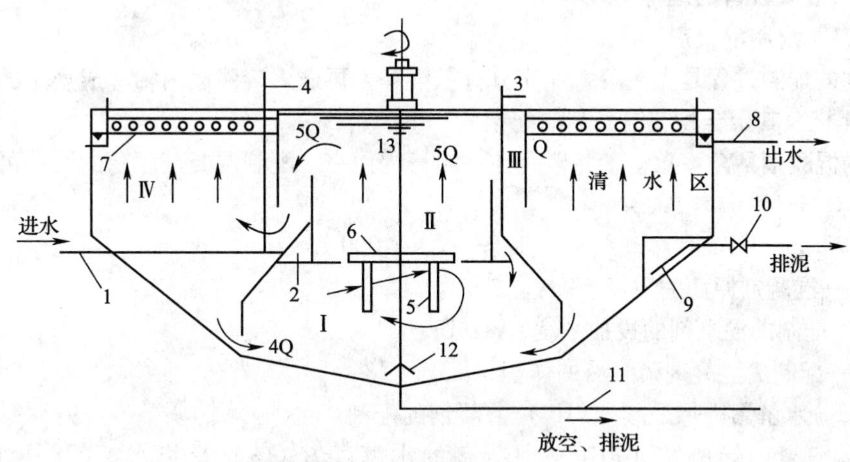

图 6—19　机械搅拌澄清池

1—进水管；2—三角配水槽；3—透气管；4—投药管；5—搅拌浆；6—提升叶轮；7—集水槽；8—出水管；9—泥渣浓缩室；10—排泥阀；11—放空管；12—排泥罩；13—搅拌轴；Ⅰ—第一反应室；Ⅱ—第二反应室；Ⅲ—导流室；Ⅳ—分离室

其工作过程为：污水从进水管通过环形配水三角槽，从底边的调节缝流入第一反应室，混凝剂可以加在配水三角槽中，也可以加到反应室中。第一反应室周围被伞形板包围着，其上部设有提升搅拌设备，叶轮的转动在第一反应室形成涡流，使污水、混凝剂以及回流过来的泥渣充分接触混合，由于叶轮的提升作用，水由第一反应室提升到第二反应室，继续进行混凝反应。第二反应室为圆筒形，水从筒口四周流出到导流室。导流室内有导流板，使污水平稳地流入分离室，分离室的面积较大，使水流速度突然减小，泥渣便靠重力下沉与水分离。分离室上层清水经集水槽从出水管流出池外。下沉的泥渣小部分进入泥渣浓缩室，经浓缩后由排泥管定期排放，大部分泥渣在提升设备作用下通过回流缝又回到第一反应室，再以上述流程进行循环。泥渣浓缩室根据水质和水量可设一个或几个。为改善分离区的泥水分离条件，可在分离区内增设斜板或斜管来提高分离效果。另外，池底还有排泥放空管，供排除池底积聚的泥渣和池子放空时用。

影响澄清池处理效果的因素有以下几点：

①搅拌速度。为使泥渣和水中小絮体充分混合，并防止搅拌不均引起部分泥渣沉积，要求加快搅拌速度，但速度若太快，反而会打碎已形成的絮体，影响澄清效果；搅拌速度取决于污泥浓度，污泥浓度通过沉降比的测定可知，污泥浓度低，搅拌速度小；污泥浓度高，就要增大搅拌速度。

②泥渣回流量及浓度。一般泥渣回流量大反应效果好，但回流量太大，会导致反应区流出的泥水流速过大，从而影响分离区的稳定，一般控制回流量为水量的 3 ~ 5 倍；泥渣浓度

越高越容易接触凝聚污水中悬浮颗粒，但泥渣浓度越高，澄清水分离越困难，以至于会使部分泥渣被带出，影响出水水质。因此，应在不影响分离区工作的前提下，尽量提高泥渣浓度。泥渣浓度可通过排泥来控制。

③选择加药点很重要，最好能使药剂和水在短时间内迅速得到混合。

6.1.5 混凝设备的运行管理

6.1.5.1 配制混凝剂

混凝剂的配制过程是先在溶解池充分分散溶解，再送入溶液池内稀释成规定的浓度。

（1）无机及其聚合物类混凝剂的配制

配制的混凝剂稀溶液数量，一般宜在一个班内用完。配制混凝剂原药的数量可按下式计算：

$$M = cV \times 1\,000 \tag{6—3}$$

式中 M——混凝剂原药的质量，kg；

c——配制的混凝剂的投加浓度，mg/L；

V——配制的混凝剂稀溶液的体积，m^3

（2）部分水解聚丙烯酰胺（PHP）混凝剂的配制

部分水解聚丙烯酰胺（PHP）混凝剂的水解度 β（%）是指水解时，聚丙烯酰胺（PAM）分子中酰胺基转换成羧基的百分比，一般取 β 为 20% ~30%。由于羧基数量测定困难，工程实践中采用水解比 γ 来表征水解度。

$$\gamma = \text{NaOH 质量/PAM 质量} \tag{6—4}$$

生产实践表明，γ 取 20% 为宜。γ 值过大，水解速度过快，NaOH 用量大，费用高；γ 值过小，反应不足，助凝效果差。水解时间取 2 ~ 4 h。配制过程中，PAM 先配制成 0.5%，水解后再稀释成 0.1%。

6.1.5.2 运行管理

混凝沉淀系统的日常维护管理包括以下几个方面。

①每班均应观察并记录矾花生成情况，并将其与历史资料比较。如发现异常应及时分析原因，并采取相应对策。

②沉淀池排泥要及时且准确，排泥间隔太长或一次性排泥量大，都将影响正常运行。

③应定期清洗加药设备，保持清洁卫生；定期清扫池壁，防止藻类滋生。

④定期取样分析水质，并定期核算混合区和絮凝池的搅拌速度梯度 G 值。

⑤定期巡检设备的运行情况，如有故障则及时排除。

⑥当采用氯化铁作絮凝剂时，应注意检查设备的腐蚀情况，及时进行防腐处理。

⑦加药计算设施应定期标定，保证计量准确。

⑧定期进行沉降试验和烧杯搅拌试验，检查是否为最佳投药量。

⑨连续或定期检测水温、pH 值、浊度、SS，COD 等水质指标。

⑩加强对库存药剂的检查，防止药剂变质失效；配药时严格执行卫生安全制度，必须带橡胶手套以及采取保护措施。

6.2　化学反应器

反应器设备指的是在工业生产过程中，为化学反应提供反应空间和反应条件的装置，此设备广泛应用于物料混合、溶解、传热、制备悬浮液、聚合反应和制备催化剂等生产过程。化学反应器是环境工程中的重要设备之一，是对各种污染物进行化学反应、生化反应以消除或减少污染物排放的主要设备。

化学反应的种类很多，操作条件差异很大，物料的聚集状态也各不相同，使用反应器的种类也是多种多样。一般可按用途、操作方式、结构形式等进行分类，最常见的是按结构形式分类，可分为釜式反应器、管式反应器、塔式反应器、固定床反应器、流化床反应器等。

6.2.1　釜式反应器

釜式反应器又称反应釜或搅拌反应器，如图6—20所示。釜内设有搅拌装置及挡板，并根据不同的工艺要求在釜内安装换热器以维持所需的反应温度。为避免搅拌装置与换热器相互碰撞，也可将换热器装在釜外通过流体的强制循环而进行换热，如夹套反应釜。如果反应的热效应不大，可以不装换热器。

釜式反应器是各类反应器中结构较为简单且应用较广的一种。主要应用于液—液均相反应过程，在气—液、液—液非均相反应过程中也有应用。釜式反应器具有适用的温度和压力范围宽、适应性强、操作弹性大、连续操作时温度和浓度容易控制、产品质量均一等特点。在生产中，既适用于间歇操作过程，又可单釜或多釜串联用于连续操作过程，但在间歇生产过程中应用最多。许多酯化反应、硝化反应、磷化反应以及氯化反应等，都可采用釜式反应器。

6.2.2　管式反应器

管式反应器主要用于气相、液相、气—液相连续反应过程，由单根（直管或盘管）连续或多根平行排列的管子组成，一般设有套管或壳管式换热装置。操作时，物料自一端连续加入，在管中连续反应，从另一端连续流出，便达到了要求的转化率。由于管式反应器能承受较高的压力，

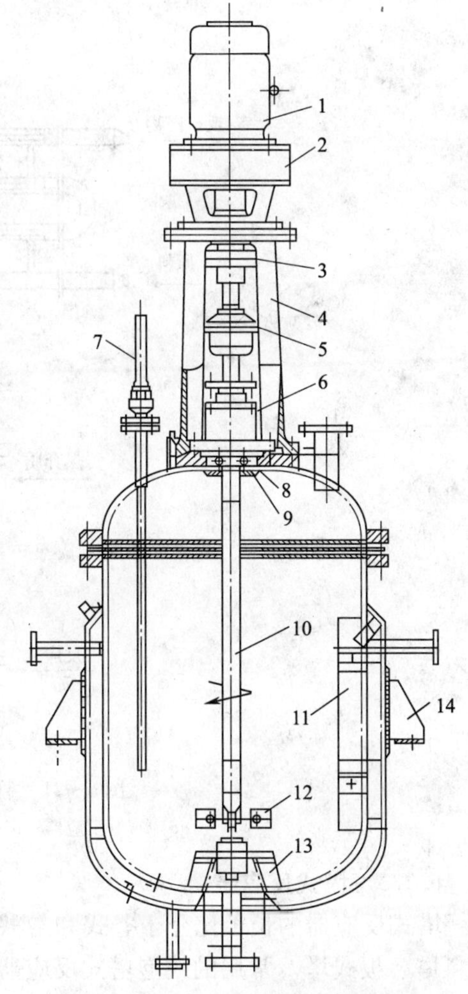

图6—20　釜式反应器结构

1—电动机；2—减速机；3—联轴器；4—机架；5—中间轴承；6—填料箱；7—温度计；8—挡圈；9—搁轴圆板；10—搅拌轴；11—挡板；12—搅拌器；13—底轴承；14—耳架

故用于加压反应尤为合适，如油脂或脂肪酸加氢生产高碳醇、裂解反应用的管式炉便是管式反应器。此种反应器具有容积小、比表面积大、返混少、反应混合物连续性变化、易于控制等优点。但若反应速度较慢时，则有所需管子长、压降较大等不足。

管式反应器的长径比较大，与釜式反应器相比在结构上差异较大。有直管式、盘管式、多管式等，如图 6—21 所示。

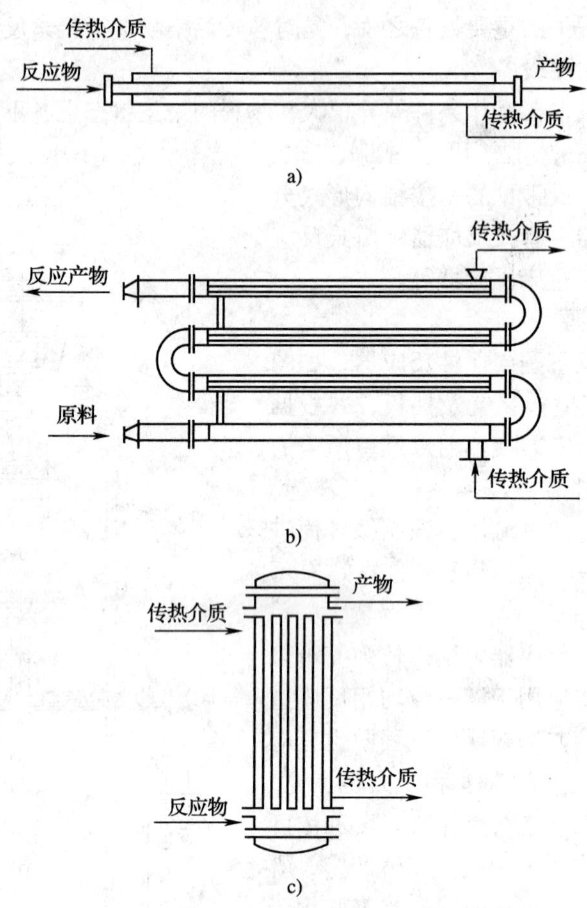

图 6—21　管式反应器结构示意图

a）直管反应器　b）盘管反应器　c）多管反应器

6.2.3　塔式反应器

塔式反应器的长径比介于釜式和管式之间。主要用于气—液反应，常用的有鼓泡塔、填料塔、板式塔。常用的鼓泡塔式反应器，如图 6—22 所示。鼓泡塔内有盛液体的空心圆筒，底部装有气体分布器，壳外装有夹套或其他形式的换热器或设有扩大段、液滴捕集器等。反应气体通过分布器上的小孔以鼓泡形式通过液层进行化学反应，液体间歇或连续加入，连续加入的液体可以和气体并流或逆流，一般采用并流形式较多。气体在塔内为分散相，液体为连续相，液体返混程度较大。为了提高气体分散程度和减少液体轴向循环，可以在塔内安置水平多孔隔板。当吸收或反应过程热效应不明显时，可采用夹套换热装置，热效应较大时，可在塔内增设换热蛇形管或采用塔外换热装置。也可以利用反应液蒸发的方法带走热量。

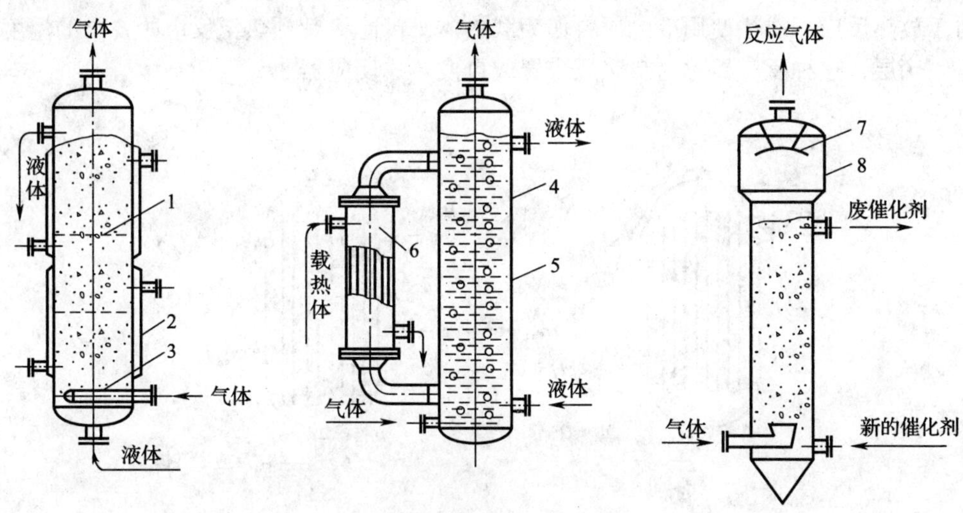

图 6—22 鼓泡塔反应器结构示意

1—分布格板；2—夹套；3—气体分布器；4—塔体；
5—挡板；6—塔外换热器；7—液滴捕集器；8—扩大段

6.2.4 固定床反应器

气体或液体流经固定不动的催化剂床层进行催化反应的装置，称为固定床反应器。固定床反应器的特点是反应器内填充有固定不动的固体颗粒，这些固体颗粒可以是固体催化剂，也可以是固体反应物。它是一种多相催化反应装置，主要用于气固相催化反应，如合成氨、合成甲醇、苯氧化以及邻二甲苯氧化等。常见的形式有方形、圆形，立式、卧式等，如图 6—23 所示。

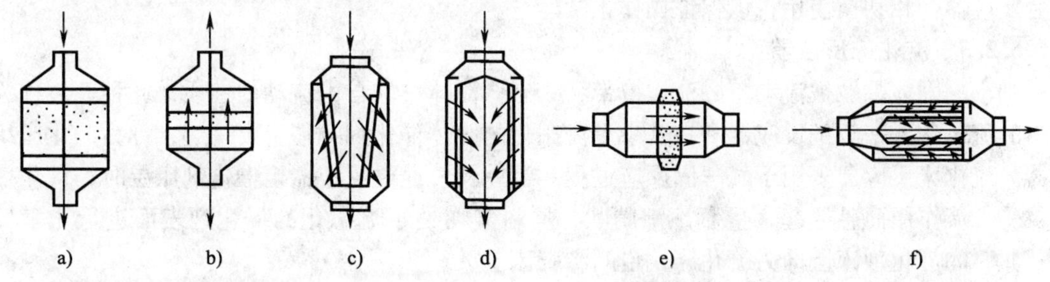

图 6—23 固定床反应器

图 6—23c、图 6—23d 为径向式反应器，其反应气流径向穿过催化剂。它与轴向反应器相比，气流流程短，阻力降小，减少了动力消耗，因而可采用颗粒较细的催化剂，以提高催化剂的有效系数。

管式固定床反应器属于非绝热式反应器，按照催化剂装填的部位不同，管式固定床反应器可分为多管式和列管式。图 6—24 所示为管式固定床反应器，其结构与管式换热器相似。

在多管式反应器中，催化剂装填在管内，载热体或冷却剂在管外流动；列管式反应器催化剂装在管间，载热体或冷却剂由管内通过。管内装催化剂，反应物料自上而下地通过床层；管间则为载热体与管内的反应物料进行换热，以维持所需的温度条件。这种形式称为外换热式。对于放热反应，往往使用冷的原料作为载热体，借此将其预热至反应所要求的温度，然后再进入床层，这种反应器称为自热反应器或自换热式反应器。

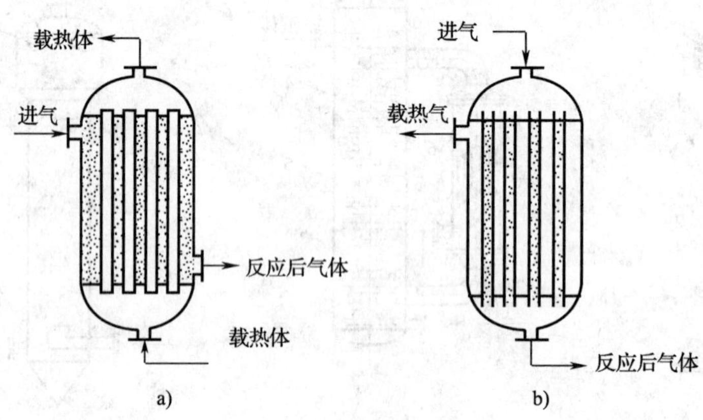

图 6—24　管式固定床反应器

a）列管式　b）多管式

多管式和列管式相比，多管式催化剂装载量大，生产能力大，传热面积大，传热效果好，但催化剂在管间不便装卸。当反应要求换热条件好、使用催化剂的寿命又较长时，可用列管式反应器，便于换装催化剂。除多相催化反应外，固定床反应器还用于气固及液固非催化反应。

固定床反应器具有结构简单、操作稳定、便于控制、制作容易、价格低廉、容易实现大型化和连续化生产等优点，用于小型、分散、间歇性的反应过程特别适合，在连续性的污染源治理中使用也相当普遍。它的缺点是间歇操作。因此，在设计流程时应根据其特点，设计多台反应器互相切换使用，以保证操作正常运行。

6.2.5　流化床反应器

细小的固体颗粒被流动着的流体携带，具有像流体一样自由流动的性质，此种现象称为固体的流态化。一般把反应器和在其中呈流态化的固体催化剂颗粒合在一起，称为流化床反应器。流化床反应器多用于气—固反应过程。当原料气通过反应器至催化剂床层时，催化剂颗粒受气流作用而悬浮起来呈翻滚沸腾状，原料气在处于流态化的催化剂表面进行化学反应，此时的催化剂床层即为流化床，也叫沸腾床。

流化床反应器的形式很多，但一般都有壳体、内部构件、固体颗粒装卸设备及气体分布、传热、气固分离装置等构成。流化床反应器也可根据床层结构分为圆筒式、圆锥式和多管式等类型。

习　题

1. 混凝系统中都包括哪些设备？各有什么作用？
2. 澄清池的基本原理与工作特征是什么？
3. 混凝沉淀系统的日常维护管理包括哪几方面内容？
4. 什么是反应器设备？其特点是什么？
5. 固定床反应器的特点是什么？

第7章 噪声与振动控制设备

7.1 噪声的基本定义

本章学习目标

了解噪声与振动的基础知识及来源；

熟悉降低噪声与振动的措施；

熟悉常用消声设备及隔振元件，并能根据具体情况采取适当措施和选用相关设备及元件防治噪声及振动。

物体振动使周围空气质点交替产生压缩、稀疏状态而形成波动，当频率范围为 20 ~ 20 000 Hz的波动传至人耳被接收时，就成为声音。这个频率范围的声音称可听声，频率低于20 Hz 的声音称为次声，频率高于20 000 Hz 的声音称为超声。次声和超声对于人耳来说都是感觉不到的。

简单地说，噪声就是人们不需要的声音。广义地说，对某项工作来说是不需要或有妨碍的声音称为噪声。噪声是一种声波，具有声波的一切特性。噪声对人体健康有很大的危害，如损害听觉、影响人们正常的生活和工作等。

7.1.1 噪声的基础知识

噪声的发生源很多，主要有空气动力噪声，如压缩机的吸、排气噪声，风机的吸、排气噪声；机械噪声，如压缩机运动部件的运转、气阀阀片的运动、支架的振动等；电磁性噪声，如压缩机风机的驱动电动机所引起的噪声等。

噪声大小用声强与声压、声强级与声压级、声功率与声功率级来度量。

7.1.1.1 声强与声压

描述声音强弱的物理量叫声强。声强是通过一与传播方向垂直的表面的声功率除以该表面的面积，符号为I，单位为W/m^2。

声压为有声波时媒质中的瞬时总压力与静压之差，符号为P，单位为Pa。

7.1.1.2 声强级与声压级

声强级L_i与声压级L_p的单位通常用dB表示。与之相对应的，人耳刚刚能听到的声音与致人耳膜疼痛时的声压级分别定为0 dB与120 dB。

人耳刚刚能听到的1 000 Hz声音的声压为2×10^{-5} Pa，称为基准声压P_0，以此时单位时间内通过单位面积的声能$I_0=10^{-12}$ W/m^2为基准声强。声强I与基准声强I_0之比的对数的10倍称声强级L（dB）。即：

$$L = 10\lg\frac{I}{I_0} \tag{7—1}$$

式中 I_0——基准声强，$I_0=10^{-12}$ W/m^2；

声压P与基准声压P_0之比的对数的20倍，称声压级L_p（dB），即：

$$L_p = 20\lg\frac{P}{P_0} \tag{7—2}$$

式中 P_0——基准声压，在空气中$P_0=20$ μPa，在水中$P_0=1$ μPa。

7.1.1.3 声功率与声功率级

声功率是指声波辐射的、传输的或接收的功率，物理量符号为W（或P），单位符号W。

声功率W与基准声功率W_0之比对数的10倍，称声功率级L_W，即：

$$L_{W_0} = 10\lg\frac{W}{W_0} \tag{7—3}$$

式中 W_0——基准声功率，$W_0=10^{-12}$ W。

7.2 泵与风机的噪声来源及消声途径

7.2.1 泵与风机的噪声来源

7.2.1.1 风机噪声的产生

风机在一定工况下运转时产生的噪声，主要包括空气动力噪声和机械噪声，其中空气动力噪声是风机噪声的主要部分。空气动力噪声主要由两部分组成，即旋转噪声和涡流噪声。如果风机出口直接排入大气，还有排气噪声。旋转噪声是由于工作轮上均匀分布的叶片打击周围的气体介质，引起周围气体压力而产生的噪声。旋转噪声与工作轮圆周速度的10次方成比例。涡流噪声又称旋涡噪声，它主要是由气流流经叶片时产生湍流附层面，旋涡与旋涡脱离，从而引起叶片上压力脉动造成的。涡流噪声与工作轮圆周速度的6次方成比例。因此，风机圆周速度越高，其噪声也就越大。对于同一系列、同一转速但型号不同的风机，其噪声值随着叶轮直径的增加而增大。风机排气器械的声功率级与通风机出口排入大气的速度的8次方成正比。通常，若排气速度很低，排气噪声可以不考虑。此外，由于回转体的不平衡及轴承磨损、破坏等原因所产生的机械振动性噪声；因叶片刚度不足，气流作用使叶片振动产生的噪声；电动机铁心电磁振动产生的噪声等，都可能通过建筑结构传入室内。

风机噪声按其产生部位和声级大小可以分为5种：出口噪声、进口噪声、电动机和机壳噪声及管道辐射噪声。

风机制造厂应该提供其产品的声学特性资料。当缺少这项资料时，在工程设计中最好能对选用风机的声功率级和频带声功率级进行实测。不具备这些条件时，可用简单的方法来估算其声功率级。

$$L_w = 5 + 10\lg Q + 20\lg H \tag{7—4}$$

式中 Q——通风机的风量，m^3/h；

H——通风机的风压（全压），Pa。

如果已知风机功率 P（kW）和风压 H（Pa），则用下式估算：

$$L_w = 67 + 10\lg Q + 100\lg H \tag{7—5}$$

这些风机声功率的计算，都是指风机在额定效率范围内工作时的情况。如果风机在低效率下工作，则产生的噪声远比计算值大。

7.2.1.2　泵噪声的产生

泵是流体动力系统中的主要噪声源之一。它直接辐射出一定量的声能，它所产生的压力波及结构振动能间接使装置发生大量空气噪声。

如果一台泵的吸入口和排出口之间的流体压力变化很大或变化很快，就可能产生压力波。当泵的压力腔中压力低于出口处管道压力时，噪声最大。这时管道内的高压流体呈冲回压力腔的趋势，从而对压力腔内的流体加压，直至压力腔内的压力达到管内的压力为止。返回的液流随之发生迅速的压力变化而产生噪声。在泵的出口处流体受压或减压，就产生一个压力脉动。压力脉动是一个小的振动波，这种波动引起的噪声是不大的。凡是制造质量较高的泵，由于泵本身产生脉动而导致的声功率约在0.7 dB以下。然而这个脉动频率如果与某些机械部件发生共振，则可能引起不小的噪声。

7.2.2　泵与风机的消声途径

7.2.2.1　降低风机噪声的措施

风机的噪声以空气动力噪声为主。叶轮圆周速度越大，空气动力噪声所占的比例也越大。线速度是决定噪声的主要因素，因此选择风机时应特别注意降低空气动力噪声。在不减小风量和风压的前提下，采取下列措施也可以降低风机的噪声。

①风机叶轮、风机轴、带轮及联轴器等旋转零部件须进行严格的静平衡和动平衡校正，合格后才能组装成台，准予出厂。

②合理选择风机类型，并使工作点接近风机最高效率点运行。

③电动机与风机的传动方式最好是直接连接，其次是用联轴器连接。必须间接传动时，采用无缝的V带传动。

④风道内的空气流速不宜过大，以减少因气流波动产生的噪声。一般主风道内空气流速不得超过8 m/s；对消声要求严格的系统，主风道内流速不宜超过5 m/s。

⑤风机的进、出口应避免急转弯，并采用软性接头。通风机、电动机都应安装在隔振基础上。

⑥将声源控制在用隔声材料做成的围护结构中，防止设备运行产生的噪声传出，如设风机小室等。

⑦适当缩短机房与使用房间的距离。选用风机时，压头不要留太多的余量。系统很大时，设置回风机，由回风机分担。

⑧当通风系统一定时，系统阻力常数也一定，若降低风机风量，阻力也降低，从而也降低风机线速度，使噪声随之降低；可采取以下具体措施：把大风量系统分成几个小系统；在计算风量满足房间使用要求的允许范围内，适当增大送风温差；用变速带或变速电动机减低转速等。

⑨系统管路设计尽可能使气流均匀流动，避免急剧转弯产生涡流引起再生噪声，尤其是主管道与进入使用房间的支管连接处。

⑩风道上的调节阀会增加噪声和阻力，宜尽量少设。

7.2.2.2 降低泵噪声的措施

对泵的降噪应根据不同的种类、不同的类型采取相应的措施：主要是从减小流体的流动阻力、流体的压力脉动出发，改善泵的结构，使其更趋合理；其次要采取有效的隔振消声材料。

许多情况下，由于技术上或经济上的原因，直接从声源上治理噪声往往很困难，这就需要采用吸声材料、消声器等噪声控制技术。

7.3 消声器的应用

7.3.1 消声器概述

消声器是一种阻止声音传播而允许气流通过的器件，是降低空气动力性噪声的常用装置。消声器的类型很多，按其消声原理及结构的不同，大体分为5大类：①阻性消声器；②抗性消声器；③微穿孔板消声器；④复合式消声器；⑤喷注耗散型消声器。各类消声器形式如图7—1所示。

7.3.1.1 阻性消声器

阻性消声器是一种吸收型消声器，其工作原理是利用声波在多孔性吸声材料中传播时，因摩擦将声能转化为热能而散发掉，达到消声的目的。一般来说，阻性消声器具有良好的中高频消声性能，对低频消声性能较差。阻性消声器的种类和形式很多，常用的有管式、片式、折板式、蜂窝式、弯头式、室式、声流式等。

7.3.1.2 抗性消声器

抗性消声器是利用声波的反射、干涉及共振等原理，吸收或阻碍声能向外传播。它相当于一个声学滤波器，对声阻的影响可以忽略不计。它适用于消除中低频噪声或窄带噪声。常用的抗性消声器有扩张室式、共振式、干涉式消声器等。

7.3.1.3 微穿孔板消声器

微穿孔板消声器是建立在微穿孔板吸声结构基础上，既有阻又有抗的共振式消声器。它具有压力损失小，再生噪声低，消声频带较宽，可承受较高气流速度的冲击，耐高温，不怕水和潮湿，还能耐一定粉尘。因此，特别适用于医疗、卫生、食品等行业的消声。对于高速、高温排气放空和内燃机排气消声等也较适合。

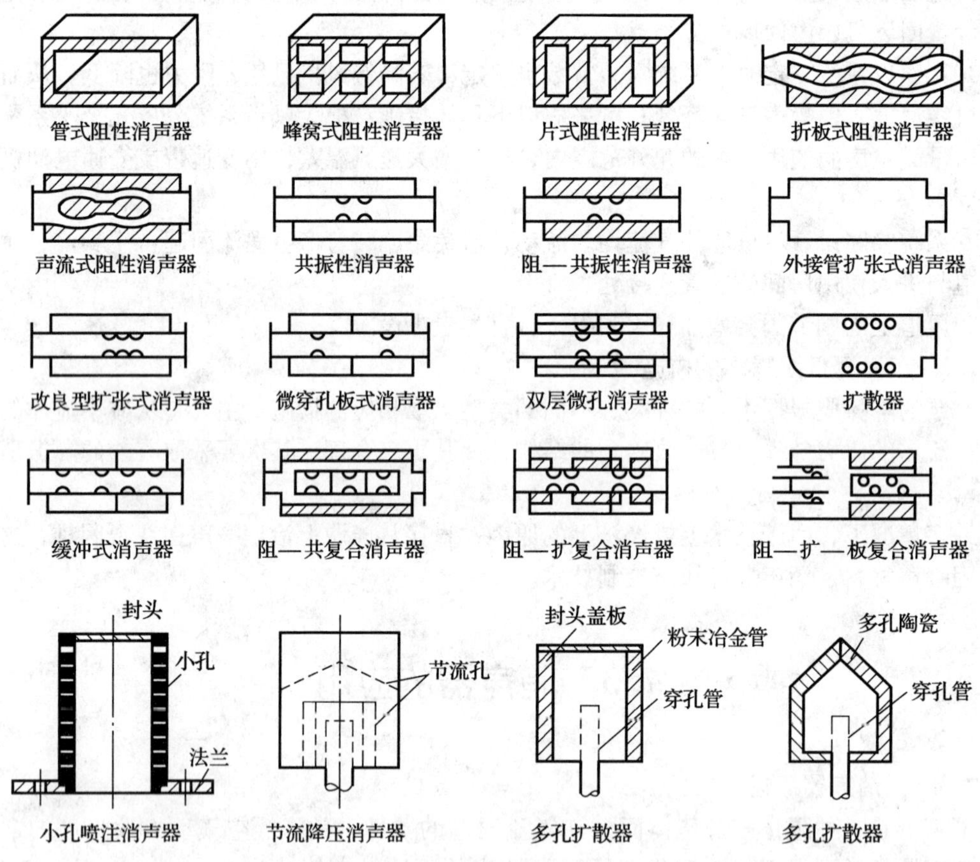

图7—1　各类消声器形式

7.3.1.4　复合式消声器

复合式消声器是为了达到宽频带、高吸收的消声效果，将阻性消声器和抗性消声器组合在一起构成阻抗复合式消声器。阻抗复合式消声器既有阻性吸声材料，又有共振器、扩张室、穿孔屏等声学滤波器件。一般将抗性部分放在气流的入口端，阻性部分放在后面。通过不同方式的组合可以设计出多种阻抗复合式消声器。

7.3.1.5　喷注耗散型消声器

喷注耗散型消声器是为了降低高温、高速、高压排气喷流噪声而设计的，从声源上降低噪声。常用的耗散型消声器有小孔喷注消声器、节流降压消声器和多孔扩散消声器等形式。

1）小孔喷注消声器。小孔喷注消声器就是将一个喷口喷注改用许多足够小的小孔喷注，使噪声能量从低频移向人耳不敏感的高频范围，从而使干扰噪声减少，但排气量仍保持不变。

2）节流降压消声器。节流降压消声器的原理是起到节流降压作用，它一般由多级节流孔板串联而成，其相邻级的孔板间隙为均压的腔室，这样就把原来的高压气体直接喷注排空的一次性大的压力降分散成为多级的小压力降。

3）多孔扩散消声器。多孔扩散消声器是利用烧结的金属或塑料、多孔陶瓷、多层金属丝网等多孔材料来降低空气动力性噪声。

评价消声器的优劣主要从以下四个方面进行。

①在使用现场正常工作的状况下，在较宽的频率范围内具有满足需要的消声量。

②消声器气流阻损和声源设备造成的功率损失在实际允许的范围内。

③结构上能满足工况要求。如耐高温、耐腐蚀、耐湿等要求，外形和体积的总体限制等要求。

④价格适当。

7.3.2　消声器的选用

7.3.2.1　选用消声器应考虑的因素

（1）噪声源特性分析

应按噪声源性质、频谱、使用外环境的不同，选用适宜类型的消声器。如风机类噪声，可选用阻性或阻抗复合型消声器；空压机、柴油机等，可选用抗性或以抗性为主的阻抗复合型消声器；锅炉蒸汽放空，高温、高压、高速排气放空，选用新型节流减压及小孔喷注消声器；对于风量特别大或气流通道面积很大的噪声源，可以设置消声房、消声坑、消声塔或以特制消声元件组成大型消声器。

（2）消声器一定要与噪声源相匹配。

如风机安装消声器后既要保证设计要求的消声量，又能满足风量、流速、压力损失等性能要求。一般来说，消声器的额定风量应等于或稍大于风机的实际风量。若消声器不是直接与风机进风管道相接，而是安装于密闭消声室的进风口，此时消声器的风量必须大于风机的实际风量，以免密闭隔声室内形成负压。消声器的流速应等于或小于设备的设计流速，防止产生过高的再生噪声。消声器的阻力应小于或等于设备的允许阻力。

7.3.2.2　选择消声器的步骤

控制噪声的第一步是摸清控制对象的性质、基本状况。在机械、电磁、空气动力性三类噪声中，消声器适用于控制空气动力性噪声。

空气动力性噪声又可分为以下几类。

①按压力分为低压、中压、高压噪声。

②按流速分为低速、中速、高速噪声。

③按频谱特性分为低频、中频、高频、宽频带噪声。

④按输送对象分为空气、蒸汽、废气（油烟、漆雾）、杂质（木屑、稻壳、粉尘）噪声。

另外还要查明控制对象的声级、频谱特性、需要降低量、安装空间的允许尺寸等。不同性质、不同类型的噪声源应选用不同类型的消声器，以便使选用的消声器与其对应，以求获得最佳效果。

7.3.3　消声器的安装

工程实际中消除空气动力噪声所采取的主要技术措施就是在风机进、排气管道上安装消声器，消声器的安装位置如图 7—2 所示。

消声器的安装一般应注意以下几个问题。

①对通风管道系统，消声器宜紧靠风机进、出口处安装，以减少向外辐射及管壁透声强度。

②消声器两端宜用渐扩或渐缩过渡管，以减少气流压力损失，保证连接处的气密性。

③多段消声器时，宜把消除中低频噪声为主的消声段装在靠近风机部位，而把消除高频噪声为主的消声段装在靠近管道系统进风口或出风口部位；这样，在消声器内产生的气流再生噪声（一般仍以高频为主）可以得到一定的抑制。

7.3.4 几种典型的消声器

7.3.4.1 YJ、YP 型锅炉引风机进、排气消声器

1）消声器的型号。

Y——锅炉引风机

P——排风消声器

J——进风消声器

2YJ——表示配用 2T/H（锅炉蒸发量）锅炉引风机进风消声器

2YP——表示配用 2T/H 锅炉引风机排风消声器

2）用途。用于降低锅炉引风机进、排风处的管道辐射噪声。

3）性能。消声量 15～20 dB（A），阻力损失 <196 Pa。

4）特点。结构简单，体积小，可拆卸，便于维护与检修。

YJ、YP 型消声器外形及安装如图 7—3 和图 7—4 所示。

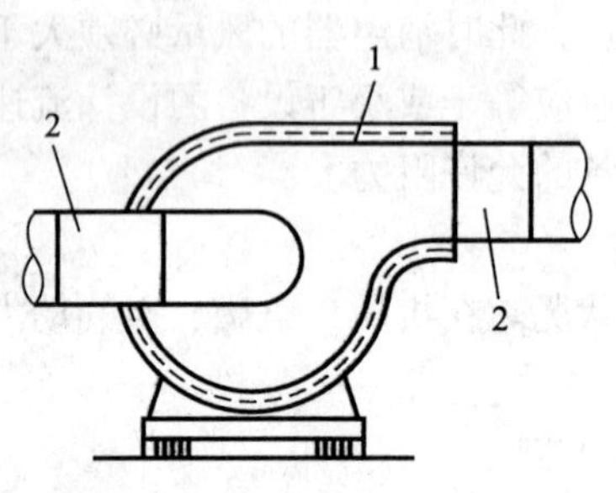

图 7—2 风机消声器安装位置

1—隔声层；2—消声器

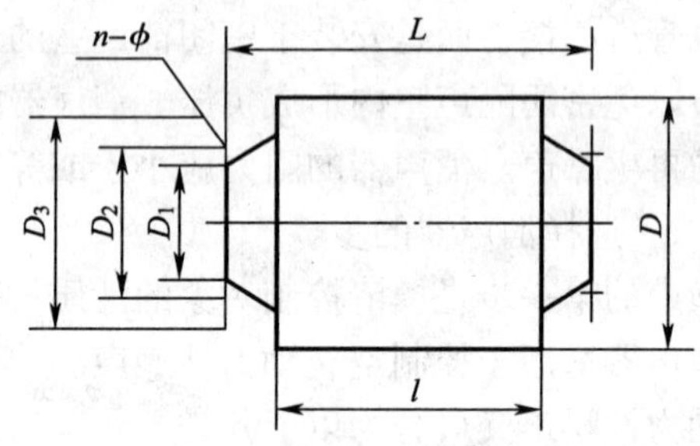

图 7—3 YJ、YP 型消声器外形示意

7.3.4.2 D 型罗茨鼓风机消声器

1）结构。消声器为阻性折板式，采用折线形声通道，吸声材料为超细玻璃棉。外壳圆形，两端均为方圆变径管，外形图如图 7—5 所示。

2）用途。主要用于罗茨鼓风机的进气噪声，必要时也可用于降低排气口噪声以及其他各类风机的消声。

3）性能。消声量≥30 dB（A）。

4）阻力损失。额定风量时，阻力损失≤98 Pa。

D 型消声器的安装示意如图 7—6 所示。

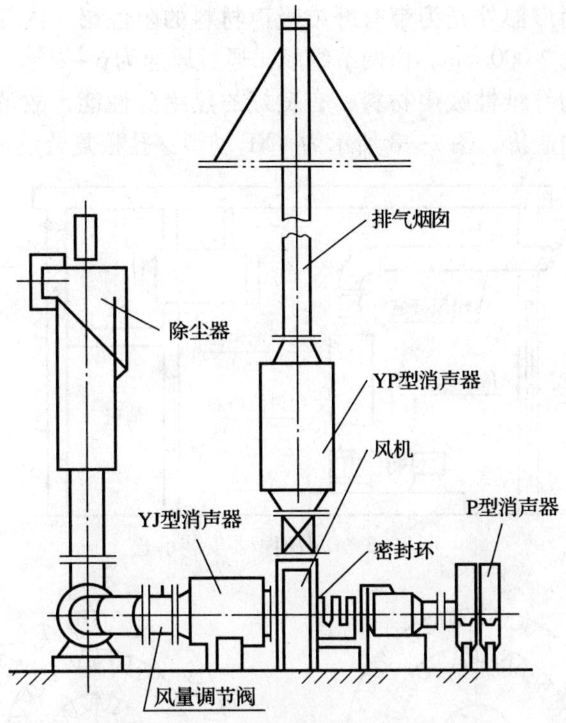

图 7—4 YJ、YP 型消声器安装示意

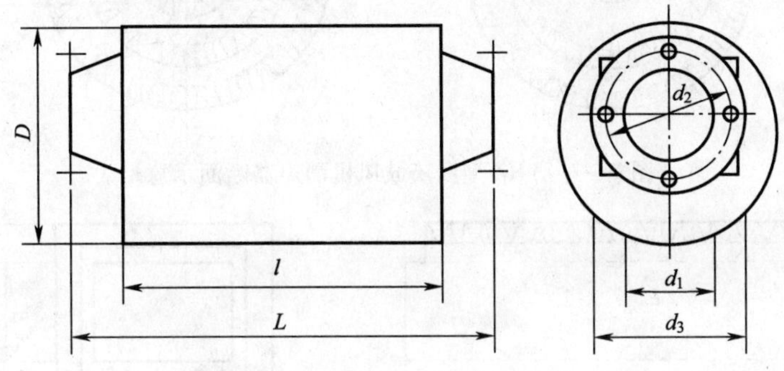

图 7—5 D 型消声器外形示意

7.3.4.3 YHZ 型罗茨鼓风机消声器

YHZ 型罗茨鼓风机消声器是一种阻性圆环式消声器。利用声波通过不同直径的环形吸声层和两种断面的变化来提高消声性能。消声器主体由不同直径的圆环组成，环内填装吸声材料，护面为穿孔钢板，穿孔率40%。图 7—7 所示为 YHZ 型罗茨鼓风机消声器断面示意。该消声器适用流量范围为 5 ~ 250 m^3/min，共 14 种规格。流量在 60 m^3/min 以下的消声器采用同一个断面；流量在 80 ~ 250 m^3/min 的采用两种断面，使气流通道错开，避免高频声速直接通过，故提高了中高频消声效果。消声器消声量大于 35 dB（A）。流量小于 60 m^3/min 时，气流再生噪声 A 声级分贝值小于 55 dB（A）。

7.3.4.4 VXF 型微穿孔板复合消声器

VXF 型微穿孔板复合消声器是将装有纤维吸声材料的阻性消声器和微穿孔板消声器组

合为一体的消声器。消声器外壳为带有纤维吸声材料的阻性层，内侧为微穿孔板阻性吸声层。消声器有效长度为 2 000 mm，由两节组成，通过风速为 6 ~ 8 m/s，最高不超过 12 m/s。由于消声器外壳内侧为纤维性吸声材料，有良好的热绝缘性能，故消声器外表可不做保温层，有利于安装和节约造价。图 7—8 所示为 VXF 型微穿孔板复合消声器结构示意图。

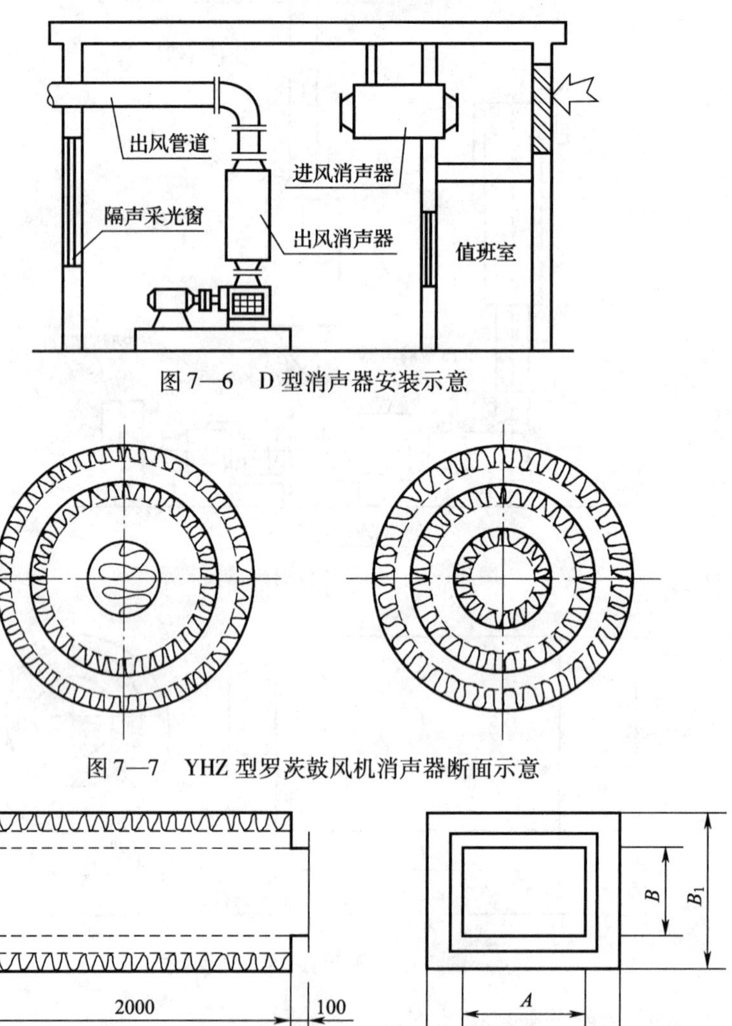

图 7—6　D 型消声器安装示意

图 7—7　YHZ 型罗茨鼓风机消声器断面示意

图 7—8　VXF 型微穿孔板复合消声器结构示意

7.4　振动的基础知识

振动是指物体或物体的一部分沿直线或曲线并经过平衡位置所作的往复的、规则或不规则的运动。一般机械设备产生的振动可分为两种类型：一种是稳态振动，一种是冲击振动。产生稳态振动的机器有风机、水泵、发电机等旋转式机器及柴油机、往复式空气压缩机等往复式机器。产生冲击振动的机器有锻床、冲床、剪板机、折边机、压力机及打桩机等冲击式机器。稳态振动和冲击振动的振动控制及隔离方法都有所不同。

表示振动的主要参数是频率、振幅、振动速度及振动加速度。振动还具有方向性，无特殊说明指铅垂方向振动。振动的频率表示每秒发生振动的次数，用 f 表示，单位是 Hz。振动的强度及幅值可用振幅、振动速度及振动加速度度量，分别用 x、v、a 表示，单位为 mm、m/s 和 m/s^2。振幅、振动速度及振动加速度可以用振动测量仪器进行测量。

振动的强度也可用对数标度，即用振动加速度级表示，用式（7—6）计算，单位是 dB。

$$L = 20\lg\frac{a}{a_0} \qquad (7—6)$$

式中 L——振动加速度级，dB；

a——振动加速度有效值，m/s；

a_0——振动加速度基准值，$a_0 = 10^{-5}$ m/s^2。

振动级（或振级）用来表示各频率范围的加速度级 L_1、L_2……总的度量根据人对各频率范围振动的感受加以修正。振动级是衡量环境振动大小的尺度。

振源强烈的振动会使精密设备加工的产品质量达不到要求，成品率下降或大量报废，使仪表失灵、计量不准、精度和使用寿命降低等。机器设备的振动也常会影响人的舒适感，降低工作效率，有时会影响人的健康和安全。振动会刺激人的中枢神经系统，使人烦躁不安，破坏人视觉和听觉器官的功能，长期的强烈振动作用会损害人的健康甚至使之失去劳动能力。强烈的振动还可能会导致建筑物沉陷、构件开裂或失去稳定性，危及建筑物的安全。因此，国家对各种条件允许的振动都做了相应的规定。

7.4.1 机械设备振动隔离要点

在机器与基础之间安装弹性支撑即隔振器，减少机器振动扰力向基础的传递量，有效隔离机器的振动，这种对机器的安装方式采取隔离的措施称为积极隔振，有时也称为主动隔振。一般情况下，风机、水泵、压缩机及冲床的隔振装置都是积极隔振。

在仪器、设备与基础之间安装弹性支撑即隔振器，以减少基础的振动对仪器、设备的影响程度，使仪器、设备能正常工作或不受损坏，这种对仪器、设备的安装方式采取隔离的措施，称为消极隔振，有时也称为被动隔振。一般情况下，仪器及精密设备的隔振装置都是消极隔振。

物体振动受与势能有关的刚度、与动能有关的质量、与能量消耗有关的阻尼3个参数影响。因此，振动控制中常用的方法是改变刚度和质量以避免共振，采用隔振器以减少振动的传递，采用动力吸振器部分的吸收某一频率的振动能量，但是在无法改变结构和无法采用隔振器、动力吸振器的场合，尤其是薄板结构及宽频带随机激励等场合，则采用增加部件或结构的阻尼来控制振动并减少噪声。

机械设备振动隔离要点如下。

1）扰动力分析。首先要分清是积极隔振还是消极隔振。如果是积极隔振，则要调查或分析机械设备最强烈的扰动力或力矩的方向、频率及幅值；如果是消极隔振，则要调查所在环境的振动优势频率、基础的振幅及方向。

2）隔振系统的固有频率与传递率。隔振系统的固有频率应根据设计要求，由所需的振动传递率或隔振效率来确定。对于消极隔振，可根据设备对振动的承受能力及环境振动的恶劣程度确定消极隔振系数。

3）附加质量块。一般机械的隔振系统设计，往往是将发动机与工作机器共同安装在一个有足够刚度和质量的隔振底座上。隔振底座的质量就称为附加质量块。这个附加质量块的重量一般为机组重量的若干倍。

4）隔振元件的布置。隔振元件受力均匀，静压缩量基本一致；尽可能提高支撑面的位置，以改善机组的稳定性能；同一台机组隔振系统应尽可能采用相同型号的隔振元件；在计算隔振元件分布及受力时，应注意利用机组的对称性。

5）其他部件的柔性连接与固定。在积极隔振中，机器隔振后机组的振幅有所增加，因此机组的所有管道、动力线及仪表导线等在隔振底座上、下的连接应是柔性的，以防止损坏。大多数管道的柔性接管由橡胶或塑料、帆布制成，但在温度较高或有化学腐蚀剂的场合可采用金属波纹管或聚氟乙烯波纹管。电源动力线可采用 U 形或弹簧形的盘绕。凡在隔振底座上的部件应得到很好的固定。柔性接管之外的管道应采用弹性支撑，不要把管道的重量压在柔性接管上。管道过墙或过楼板应加弹性垫，这不仅是隔振的需要，也是隔声的需要。

图 7—9 所示为风机及泵的综合隔振系统的示意图，图 7—10 所示是几种典型的隔振底座类型，图 7—11 所示为管道隔振及弹性支撑。

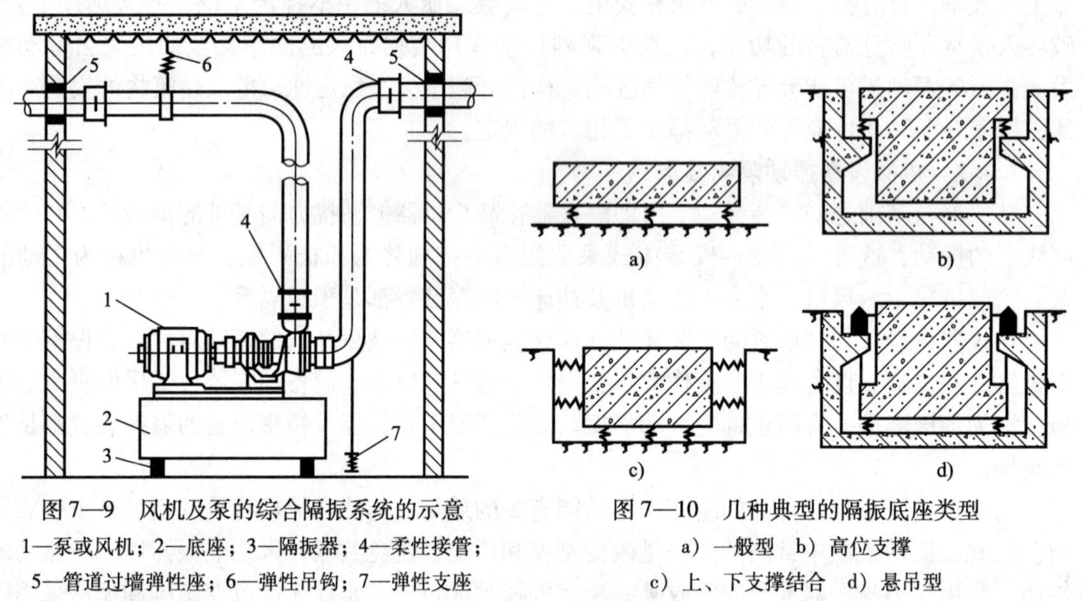

图 7—9　风机及泵的综合隔振系统的示意

1—泵或风机；2—底座；3—隔振器；4—柔性接管；5—管道过墙弹性座；6—弹性吊钩；7—弹性支座

图 7—10　几种典型的隔振底座类型

a）一般型　b）高位支撑　c）上、下支撑结合　d）悬吊型

7.4.2　隔振元件

7.4.2.1　隔振器

隔振器是一种弹性支撑元件，是经专门设计制造的具有单个形状的、使用时可作为机械零件来装配安装的器件。

(1) 金属螺旋弹簧隔振器

金属螺旋弹簧隔振器如图 7—12 所示。它是目前应用较广泛的隔振器之一。适用频率范围为 1.5 ~5 Hz；承载能力高，性能稳定；耐高温，耐油，耐腐蚀；价格较便宜，不用经常更换；可适应各种不同要求的弹性支撑。但金属螺旋弹簧隔振器阻尼性能差，有的型号隔振器的弹簧做了适当的处理，其阻尼性能得到一定的改善；高频振动的隔离效果差，隔声效果也差，但它与橡胶隔振垫串联放置时使用性能有所改善。

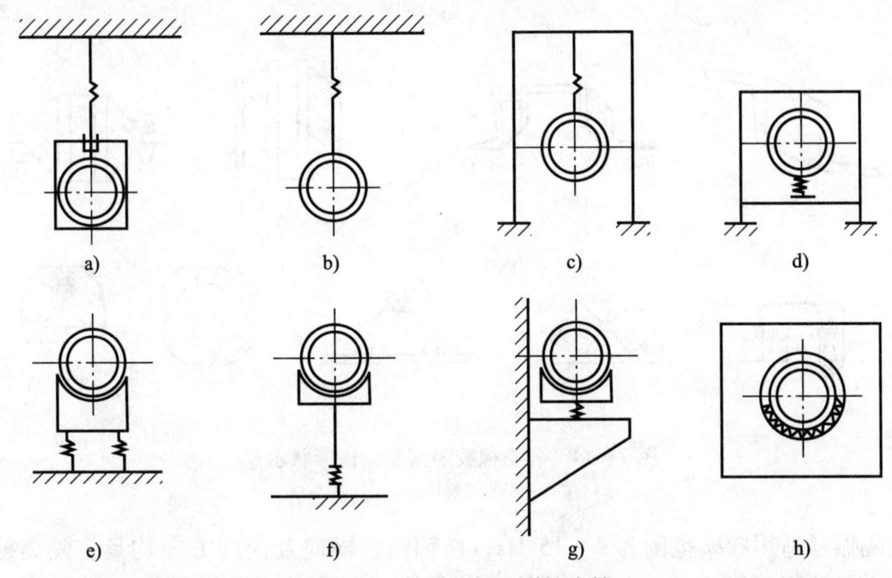

图 7—11　管道隔振及弹性支撑

a）悬吊式（框架）　b）悬吊式（管箍）　c）悬吊式（门架）　d）支撑式（门架）
e）支撑式（双点座）　f）支撑式（单点座）　g）支撑式（墙面单点）　h）过墙弹性座

（2）不锈钢钢丝绳弹簧隔振器

不锈钢钢丝绳弹簧隔振器如图 7—13 所示。它是用不锈钢钢丝绳与金属夹板制成。适用频率范围为 5 ~ 10 Hz；刚度低，呈非线性，三个方向的刚度基本一致，可承受来自三个方向的振动力及载荷，也可在受压或受拉工况下工作；阻尼性能优良，主要是钢丝绳的钢丝之间在运动中产生的摩擦提供了阻尼。但由于不锈钢钢丝绳价格昂贵，制成隔振器的成本较高，因此仅在船舶隔振及一些重要设备的隔振工程中应用。

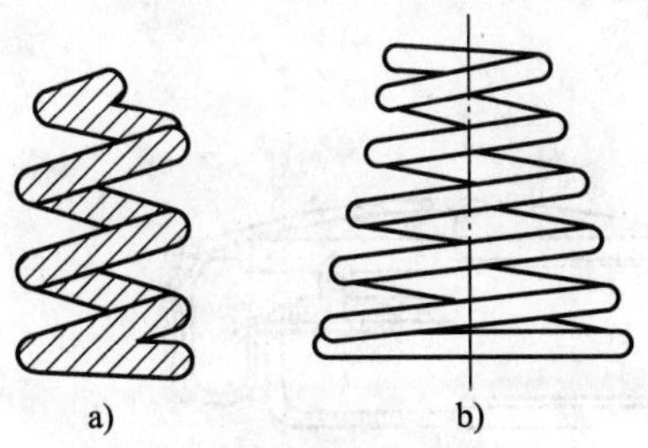

图 7—12　金属螺旋弹簧隔振器

a）钢丝绳螺旋弹簧　b）螺旋弹簧

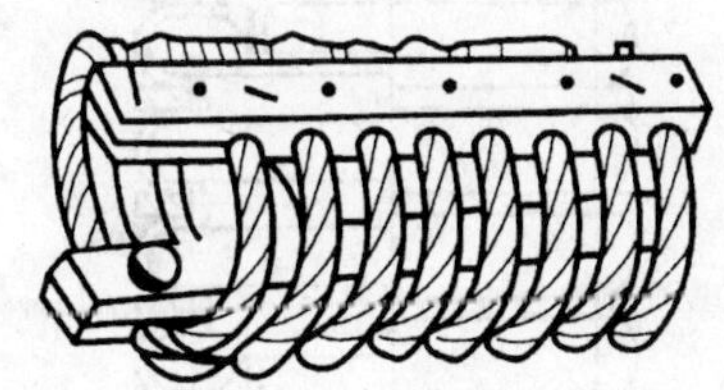

图 7—13　不锈钢钢丝绳弹簧隔振器

（3）橡胶隔振器

从形状及受力变形看，可把橡胶隔振器分成压缩型、剪切型及复合型 3 大类。如图 7—14 所示为各类橡胶隔振器的结构形状示意图。

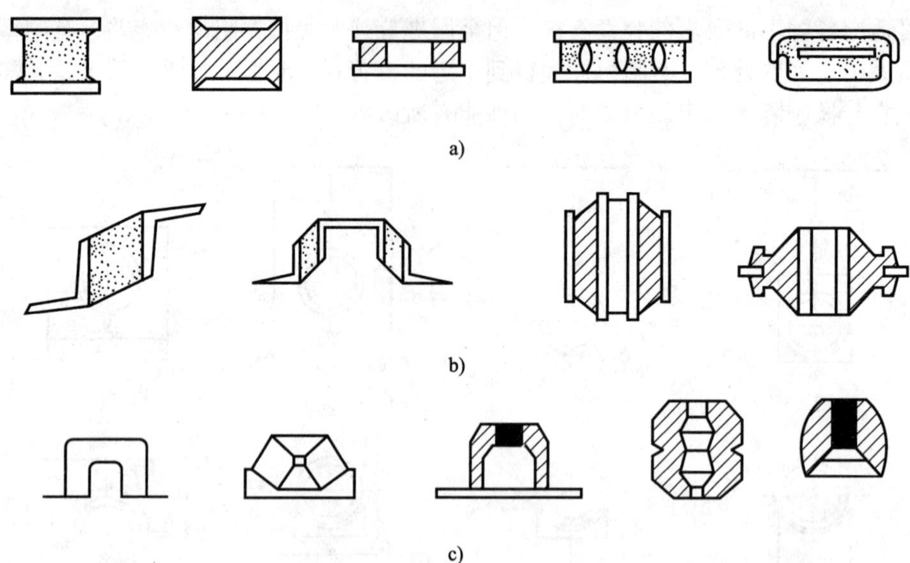

图 7—14　各类橡胶隔振器结构形状示意
a）压缩型　b）剪切型　c）复合型

橡胶隔振器适用频率范围为 4 ~ 15 Hz；在轴向、横向及回转方向均具有隔离振动的性能，同一个橡胶隔振器，在三个直线方向与回转方向上的刚度可有较宽的选择余地；橡胶内部阻尼比金属大，高频振动隔离性能好，隔声效果也很好；由于橡胶成型容易，与金属也可牢固地黏接，因此可以设计制造出各种形状的隔振器，并且质量轻，体积小，价格低，安装方便，更换容易。但橡胶隔振器耐高温与低温性能差，普通橡胶隔振器的适用温度为 0 ~ 70℃；且易老化，不耐油污，承载能力较低。

（4）橡胶空气弹簧隔振器

橡胶空气弹簧隔振器是靠橡胶气囊中的压缩空气的压力变化取得隔振效果。其工作的固有频率低（0.1 ~5 Hz）、共振阻力性能好。可用于精密仪器、精密机械以及冲压设备的隔振。但制作工艺复杂、价格高，承载能力有限。图 7—15 所示是波纹管型和隔膜型橡胶空气弹簧隔振器的结构示意图。

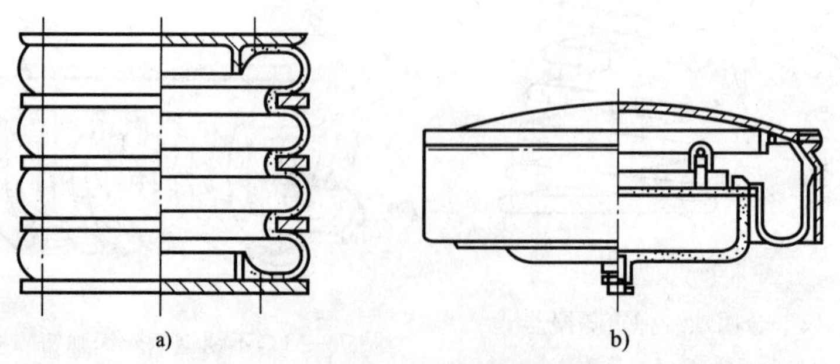

图 7—15　橡胶空气弹簧隔振器结构示意
a）波纹管型　b）隔膜型

7.4.2.2　隔振垫

隔振垫是利用弹性材料本身的自然特性隔振，一般没有确定的形状尺寸，可根据具体需要来拼排或裁切。常见的隔振垫有毛毯、软木、橡胶、海绵、玻璃纤维及泡沫塑料等隔振垫，目前在工业中得到广泛应用的是专用橡胶隔振垫。

（1）橡胶隔振垫

橡胶隔振垫的适用频率范围为 10 ~ 15 Hz。橡胶隔振垫具有持久的高弹性，有良好的隔振、隔冲和隔声性能；造型和压制方便，可自由地选择形状和尺寸，以满足刚度和强度的要求；具有一定的阻尼性能，可以吸收机械能量，对高频振动能量的吸收尤为突出；由于橡胶材料和金属表面间能牢固地黏接，因此易于制造安装，而且还可以利用多层叠加减小刚度，改变其频率范围。但橡胶隔振垫易受温度、油质、臭氧、日光及化学溶剂的影响，造成性能变化及老化，易松弛，因此其使用寿命一般为 5 ~ 8 年，在无以上影响时使用寿命可超过 10 年。

各种橡胶隔振垫的截面形状如图 7—16 所示。其刚度由橡胶的硬度、成分以及形状决定。橡胶隔振垫的性能不但与橡胶垫的形状及配方有关，还与橡胶的硬度有关。硬度高，刚度大，承载大；硬度低，刚度小，承载小。

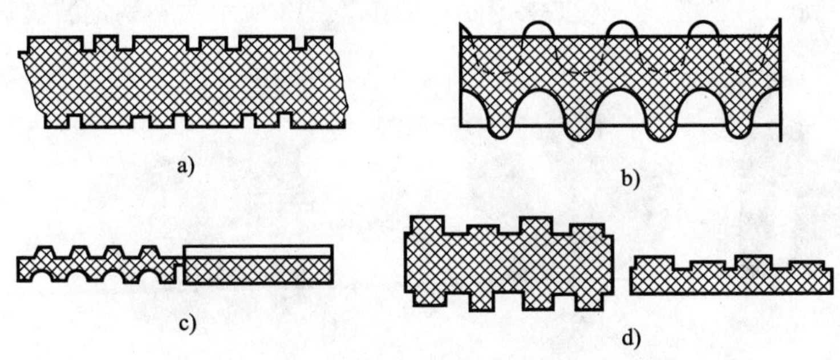

图 7—16 各种橡胶隔振垫的截面形状

a）WJ 型（间隔的小圆台） b）JD 型（间隔的凹凸圆台） c）SD—1 型（圆弧沟） d）STB—1 型（间隔的小圆台）

（2）玻璃纤维及矿棉板

玻璃纤维作为弹性垫层，对于机器或建筑物基础的隔振均能适用。用树脂胶结的玻璃纤维板是新型的良好隔振材料，在载荷为 1 ~ 2 N/cm^2 时，其最佳厚度为 10 ~ 15 cm，固有频率约为 10 Hz。矿棉与玻璃纤维一样，也是一种良好的隔振材料。玻璃纤维与矿棉的优点是能防火，耐腐蚀；在其弹性范围内加以重复载荷，不易变形；在温度变化时，弹性也较稳定。缺点是受潮后隔振效果稍受影响。

（3）海绵橡胶和泡沫塑料

橡胶和塑料本身是不可压缩的，在其变形时体积几乎不变，若在橡胶或塑料内形成空气或气体的微孔，它就有了压缩性。经过发泡处理的橡胶和塑料，称为海绵橡胶和泡沫塑料。由海绵橡胶或泡沫塑料所构成的弹性支撑系统，裁切容易，安装方便；但载荷特性为显著的非线性，产品难以满足品质的均匀性。

7.4.2.3 管道柔性接管

设备的进、出管道上安装柔性接管是防止振动从管道传递出去的必要措施。柔性接管在空压机、风机、水泵及柴油机上都有应用。对于管内压力要求低的管道，如通风机的进、出口柔性接管可以用帆布或人造革按一定的规范制作；对于有较高压力要求的管道的柔性接管，必须采用一定规格和性能的产品。按材料不同可把管道柔性接管分成橡胶柔性接管和不锈钢波纹管两大类。

(1) 橡胶柔性接管

橡胶柔性接管又称避振喉及橡胶接管，一般可用于温度100℃以下、压力2.0 MPa以下的液体或气体的传输管道中，可大幅度降低振动在管道中的传递及有效地隔离和降低管道噪声。水泵的进出管道、罗茨风机的进出管道以及空压机、真空泵的进气管道均可装置橡胶柔性接管。如图7—17所示为双球型和单球型橡胶柔性接管。

(2) 不锈钢波纹管

对于柴油机出口、空压机出口及真空泵出口管道，其工作温度高于100℃，而又有一定的压力要求，则可以安装不锈钢波纹管。不锈钢波纹管是把不锈钢薄板制成波纹形管道，两端焊上不锈钢连接盘而制成的。有的不锈钢波纹管外面会套上保护丝网圈，管内设有导向内管；可以承受-70~300℃的温度；其承受的最大压力由管径决定，一般管径越小，耐压越大；它的允许轴向和横向位移是每波位移之和。不锈钢波纹管的性能稳定，耐腐蚀，使用寿命长，但价格较高，一般需按具体要求定制。如图7—18所示为不锈钢波纹管示意图。

a)　　b)

图7—17　双球型和单球型橡胶柔性接管

a）双球型　b）单球型

图7—18　不锈钢波纹管示意图

7.4.2.4　弹性吊钩——吊式隔振器

弹性吊钩实际上也是一种隔振器，用于悬吊管道，可以防止管道的振动传给建筑结构，也可以防止固体噪声互相传播。目前在高层建筑或声学要求较高的场所应用较多。弹性吊钩一般用金属螺旋弹簧或橡胶块作为弹性元件，前者工作时的固有频率可小于10 Hz，后者工作时的固有频率为200 Hz左右，前者隔离振动效果较好，后者隔离固体器噪声及高频振动效果好，选用时应加以注意。弹性吊钩下端有可悬吊管道的管箍或卡箍，上端有可调节长度的吊钩。如图7—19所示为阻尼弹簧吊架减振器示意。

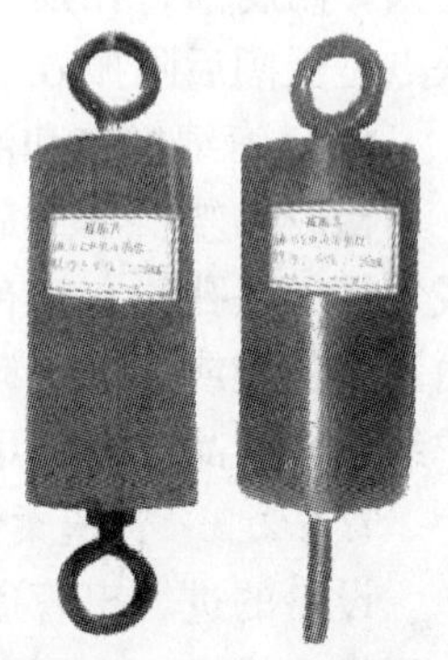

图7—19　阻尼弹簧吊架减振器示意图

7.4.3　隔振元件的选择原则

对于某一具体的隔离对象，特别是那些外形轮廓不规则、重心位置不易计算的机器设备，正确选择弹性支撑系统难度较大，实际工作中常常由于选择或布置不当引起许多麻烦，致使隔振装置达不到预期效果。隔振元件选择的基本原则如下。

(1) 频率范围

为获得良好的隔振效果，隔振系统的固有频率与相应的振动频

率之比应小于 $1/\sqrt{2}$（一般推荐1/2.5～1/4.5）。当固有频率 $f_0 \geqslant 20 \sim 30$ Hz 时，可用毛毡、软木、橡胶隔振垫及一些较硬的橡胶隔振器、金属丝网隔振器；当固有频率 $f_0 = 2 \sim 10$ Hz，可选用金属弹簧隔振器、橡胶隔振器，复合隔振器、海绵橡胶及泡沫塑料等；当固有频率 $f_0 = 0.5 \sim 2$ Hz，可选用金属弹簧隔振器、空气弹簧隔振器。

（2）静载荷与动载荷

隔振元件选择是否恰当，另一个重要因素是每一个隔振器或隔振垫的载荷是否合适，一般应使隔振元件所受到的静载荷为允许载荷的90%左右，动载荷与静载荷之和不超过其元件最大允许载荷，对于隔振垫，允许载荷或推荐载荷是指单位面积的载荷。

另外，还应注意以下几点。

①各隔振器的载荷力求均匀，以便采用相同型号的隔振器。对于隔振垫则要求各个部分的单位面积的载荷基本一致，在任何情况下，实际载荷不能超过最大允许载荷。

②当各支撑点的载荷相差甚大，必须采用不同型号的隔振器时，应力求它们的载荷在各自允许范围之内，而且应力求它们的静变形一致，这不仅关系到机组隔振后振动的状况，并且关系到隔振装置的固有频率及隔振效果。

③在楼层上安装的设备如风机、水泵、冷冻机以及其他振动扰力较大的机器或设备，要想取得良好的隔振效果，尤其是一些高级建筑及对噪声有特殊要求的场合，应选用固有频率低于3 Hz的金属螺旋弹簧隔振器，力求使隔振效率高于95%，使隔振系统的工作频率低于楼板结构的固有频率。

④在同一设备上选用的隔振器型号一般不超过两种。应考虑隔振元件安装场所的温度、湿度、腐蚀等条件，这些直接影响隔振元件的使用寿命。

7.4.4　隔振设计的基本原则

（1）选择振动频率较高的机械设备

详细了解振动的原因和特性，尽可能选择振动频率较高的机械设备。常见机器设备振动频率见表7—1。

表7—1　　常见机器设备振动频率

机器类型	主要驱动频率/Hz
通风机、泵	（1）轴转数；（2）轴转数×叶片数
电动机	（1）轴转数；（2）轴转数×极数
电器压缩机、冷冻机	轴转数及两次以上的振动频率
四冲程柴油机	（1）轴转数；（2）轴转数倍数；（3）轴转数×（气缸数）/2
二冲程柴油机	（1）轴转数；（2）轴转数倍数；（3）轴转数×气缸数
变压器	交流周波数×2
齿轮转动设备	（1）轴转数×齿数；（2）齿的弹性振动（频率极高）
滚动轴承	轴转数×（滚珠数）/2

（2）选择合适的隔振材料和隔振器件

常用隔振材料、隔振器件的基本特性见表7—2。

表 7—2　　常用隔振材料、隔振器件的基本特性

序号	名称	固有频率 f_0/Hz	静态压缩量 x/mm	阻尼比 C/C_0	动态系数 d	最大传振系数 T_{max}	驱动频率适用范围 f/Hz	特点
1	螺旋形钢弹簧隔振器							（1）低频隔振效果良好 （2）阻尼比很小，共振时放大倍数大，容易传递高频振动 （3）不易受环境影响 （4）加工方便，特性稳定
	（1）ZM—129	3～5	10～25	0.05～0.01	～0.1	100	≥6～10	
	（2）TJ	2.2～3.5	20～50				≥5～7	
	（3）ZT	2.5～4	12～50	0.065			≥5～8	
2	橡胶							（1）阻尼较大，可以抑制共振 （2）高频隔振效果良好 （3）可两只串联使用 （4）受温度、光、氧、油类等影响，并会老化
	（1）天然胶			0.025～0.075	1.2～1.6	10		
	（2）丁腈胶			0.075～0.15	1.5～2.5	10		
	（3）丁钠胶			0.075～0.15				
	（4）氯丁胶			0.075～0.15	1.4～2.8	10		
	（5）丁基胶			0.125～0.20		3.5		
	（6）大阻尼橡胶黏弹性材料			0.25～1.00				
	JG 型	5～15	3～25	0.07			≥10～30	
	Z 型	7～12	3～10				≥15～25	
3	钢丝网隔振器			约 0.12		40		
4	空气弹簧隔振器	约 0.7～3.5（由空气容积控制）	>2	0.1～0.2（与流孔、平衡箱有关）		100		（1）刚度可根据需要选用 （2）非线性特性，能适应各种荷载 （3）固有频率低于其他隔振元件，高频隔振良好 （4）使用温度为 -30～60℃
5	橡胶隔振							（1）可多层串联使用，降低固有频率 （2）使用方便，不影响工人操作 （3）形状大小可按需要来设计选用 （4）价格低廉，隔振减噪效果良好
	SD 型肖氏硬度 40 度、60 度、80 度，厚度 20 mm、22 mm，基本块尺寸 85 mm×85 mm	一层 10.5～17	4～15	0.08～0.12	40 度 1.7～1.8 60 度 1.7～1.8 80 度 2.1～2.7 80 度 2.1～2.7	10	≥20～30	
		二层 7.5～13	3～8				≥15～25	
		三层 6～10	4～12				≥12～20	
		四层 5～85	16～55				≥10～17	
		五层 4.5～7.5	7～20				≥10～15	

续表

序号	名称	固有频率 f_0/Hz	静态压缩量 x/mm	阻尼比 C/C_0	动态系数 d	最大传振系数 T_{max}	驱动频率适用范围 f/Hz	特点
	软木							(1) 低频隔振效果较差，适用于高频隔振 (2) 压缩后不致横向膨胀 (3) 可多层串联使用 (4) 使用方便，价格低廉
6	保温软木板（50 mm×305 mm×915 mm）	一层 15~25	1~3	约 0.04~0.06	1.8~2.6	8	≥30~40	
		二层 12~18	2~6		2.2~3.1		≥25~25	
		三层 11.5~16	2.5~7		2.2~3.4		≥20~30	
7	酚醛树脂玻璃纤维板（50 mm×450 mm×600 mm）	一层 7~8.5	12~16	0.04~0.06		8~14	≥15~17	(1) 负载小，需用混凝土机座 (2) 固有频率较低 (3) 不会腐坏和老化，但水易渗入 (4) 价格低廉 (5) 产品特性变化较大，不易控制
		二层 5.5~6	25~40	0.04~0.055		9~12	≥11~12	
		三层 4.5~5	30~40	0.035~0.04		12~14	≥9~10	
8	毛毡	20~40（取决于密度和厚度）	>2	0.05	>2	4~8		通常采用12~25 mm厚

（3）设置合适的隔振机座（惰性块）

隔振机座可以吸收一定的振动能量，所以也可起到一定的隔振作用，隔振量的大小可由下式估算：

$$\Delta L = 20\lg(1 + M_2/M_1) \tag{7—7}$$

式中 M_1——机械设备的质量，kg；

M_2——隔振机座的质量，kg。

（4）选择正确的安装方式

隔振器器件的安装方式主要有支撑式和悬挂式。对于一般机械设备的隔振，支撑式用得最多，如图7—19所示。

（5）建筑设计和平面布置合理

在进行建筑规划、设计和机械设备安置时，应采取尽量减少振动对操作者、其他机械设备和周围环境影响的方案。机械设备的基础应独立，并与其他设备的基础和房屋基础分开或留一定的缝隙。

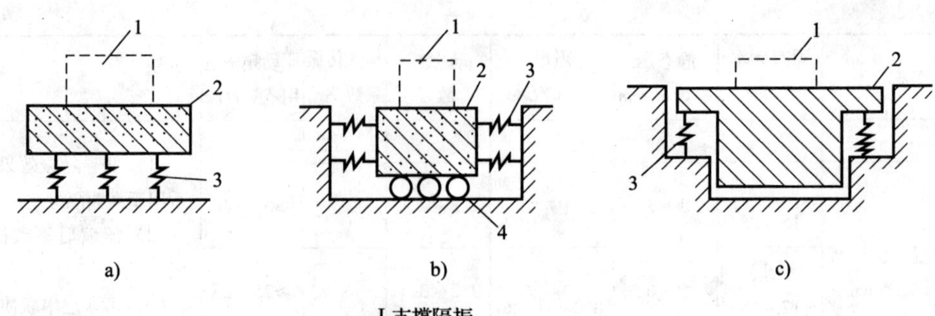

Ⅰ支撑隔振

1—设备；2—基础；3—支撑弹簧；4—钢球

a)一般隔振　b)水平隔振　c)浮撑高位隔振

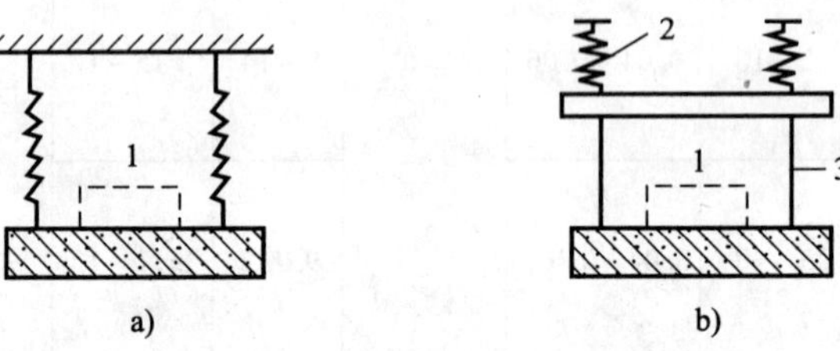

Ⅱ悬挂式隔振

1—设备；2—支撑弹簧；3—摆杆

a)悬挂式隔振　b)摆杆式隔振

图 7—20　隔振器安装方式

习　　题

1．声压、声强、声功率与声压级、声强级、声功率级之间的关系是怎样的？

2．泵和风机的噪声是如何产生的？

3．为了防止泵和通风机的噪声，必须采取哪些必要措施？

4．什么是振动？振动的类型有哪些？表示振动强度的参数有哪些？

5．如何对机械振动进行隔离？

第8章　固体废物处理设备

本章学习目标

了解固体废物处理方法、目的和固体废物的资源化技术；

熟悉常用固体废物处理设备工作原理、结构特点、性能及其应用。

固体废物处理是指通过物理、化学、生物等不同方法，使固体废物转化成适于运输、储存、资源化利用以及最终处置的一种过程。其处理设备分为破碎设备、分选设备、压实设备、焚烧设备、堆肥发酵设备等种类。

8.1　破碎分选设备

8.1.1　破碎设备

利用外力克服固体废物质点间的内聚力而使大块固体废物分裂成小块的过程称为破碎；使小块固体废物分裂成细粉的过程称为粉碎。固体废物破碎与粉碎的目的如下。

①使固体废物的容积减小，便于运输和储存。

②为固体废物的分选提供所要求的入选粒度，以便有效地回收固体废物中的某种资源。

③使固体废物的比表面积增加，提高焚烧、热分解等作业的稳定性和热效率。

④为固体废物的下一步加工做准备。

⑤对破碎后的生活垃圾进行填埋处理时，压实密度高而均匀，可以加快覆土还原。

⑥防止粗大、锐利的固体废物损坏分选、焚烧、热解设备。

破碎固体废物常用的设备有颚式破碎机、锤式破碎机、辊式破碎机和球磨机等。

8.1.1.1　颚式破碎机

颚式破碎机有简单摆动式和复杂摆动式两种类型。

（1）简单摆动颚式破碎机

简单摆动颚式破碎机的结构如图 8—1 所示。它主要由机架、传动机构、工作机构、保险装置等部分组成。带轮带动偏心轴旋转时，偏心顶点牵动连杆上下运动，牵动前后推力板作舒张及收缩运动，从而使动颚时而靠近固定颚，时而离开固定颚。动颚靠近固定颚时即对破碎腔内的物料进行压碎、劈碎及折断。破碎后的物料在动颚后退时靠自重从破碎腔内落下。

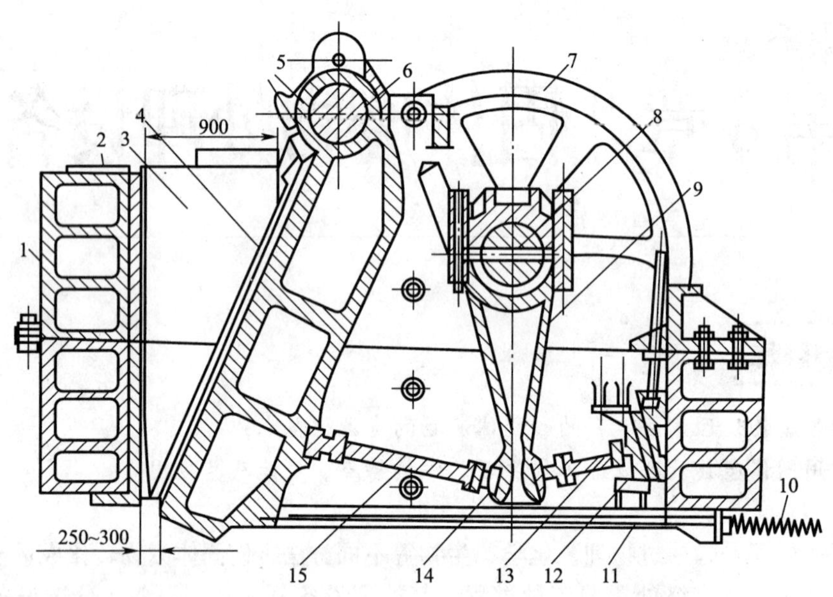

图 8—1　简单摆动颚式破碎机

1—机架；2，4—破碎齿板；3—侧面衬板；5—可动颚板；6—心轴；7—飞轮；8—偏心轴；9—连杆；10—弹簧；11—拉杆；12—楔块；13—后推力板；14—肘板支座；15—前推力板

(2) 复杂摆动颚式破碎机

复杂摆动颚式破碎机如图 8—2 所示。它比简单摆动颚式破碎机从构造上少了一根动颚悬挂的心轴，动颚与连杆合为一个部件，没有垂直连杆，肘板也只有一块。可见，复杂摆动颚式破碎机构造简单，但动颚的运动却比简单摆动颚式破碎机复杂，动颚在水平方向上有摆动，同时在垂直方向也有运动，是一种复杂运动，故称复杂摆动颚式破碎机。

复杂摆动颚式破碎机的优点是破碎产品较细，破碎比大。规格相同时复摆型比简摆型破碎能力高 20%～30%。

颚式破碎机具有结构简单、坚固、维护方便、工作可靠等优点，在固体废物破碎处理中主要用于破碎强度韧性高、腐蚀性强的废物。

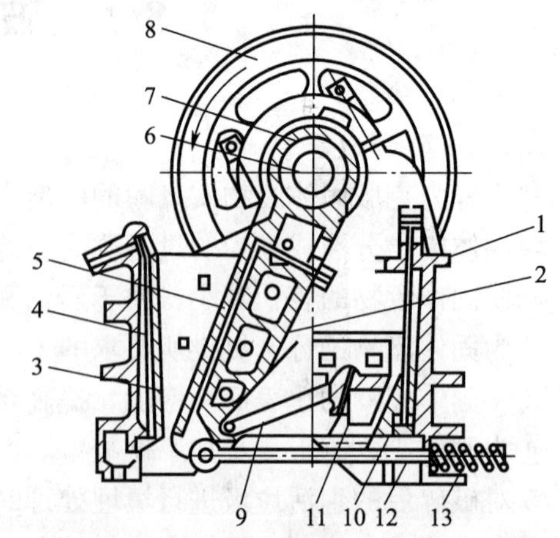

图 8—2　复杂摆动颚式破碎机

1—机架；2—可动颚板；3—固定颚板；4，5—破碎齿板 6—偏心转动轴；7—轴孔；8—飞轮；9—轴板；10—调节楔；11—楔快；12—水平拉托；13—弹簧

8.1.1.2　锤式破碎机

锤式破碎机的结构如图 8—3 所示。它是利用冲击摩擦和剪切作用将固体废物破碎。其主要部件有电动机驱动的大转子、铰接在转子上的重锤及内侧的破碎板。废物一经进入破碎机即受到高速旋转转子的猛烈撞击被第一次破碎，同时从转子上获得能量后飞向坚硬的破碎板进行再次破碎，再加上颗粒间的摩擦作用和锤头引起的剪切作用最后将废物破碎。

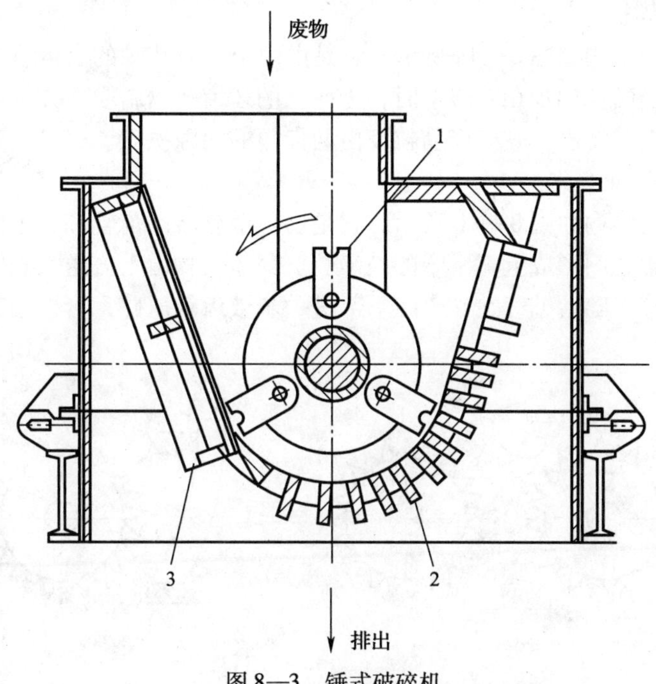

图 8—3　锤式破碎机

1—锤头；2—筛板；3—破碎板

锤式破碎机适用于大体积、硬质废物的破碎，破碎颗粒较均匀，缺点是噪声大，安装需采取防振、隔音措施。目前专用于破碎固体废物的锤式破碎机主要有以下几种类型。

（1）BJD 型普通锤式破碎机

该机主要用于破碎废旧家具、厨房用具、床垫、电视机、冰箱、洗衣机等大型废物，可将废物破碎到 50 mm 左右，不能破碎的废物从旁路排出。

（2）BJD 型破碎金属切屑锤式破碎机

该机的锤子成钩形，对金属切屑施加剪切、拉撕作用进行破碎。金属切屑经该机处理后，体积可减少至原来的 1/3 ~ 1/12，便于运输至冶炼厂冶炼。

（3）Hammer Mills 型锤式破碎机

该机由压缩机和锤碎机两部分组成。转子由大、小两种锤子组成。大锤子磨损后可改用小锤子破碎。锤子铰接悬挂在绕中心旋转的转子上，转子半周下方装有筛板，筛板两端装有起二次破碎和剪切作用的固定反击板。该机主要用于汽车等大型固体废物的破碎。

（4）Novorotor 型双转子锤式破碎机

这种破碎机具有两个旋转方向的转子，在转子下方均有研磨板。物料自右方给料口送入，经右方转子磨碎后排至左方破碎腔，再经左方研磨板运动 3/4 圆周后，借风力排至上部旋转式风力分级机。分级后的细粒产品自上方排出机外，粗粒产品返回破碎机再度破碎。该机破碎比可达30。

锤式破碎机主要用于破碎中等硬度且腐蚀性弱的固体废物，如矿业废物、硬质塑料、干燥木质废物以及废弃的金属家用器物等。

8.1.1.3 辊式破碎机

（1）双齿辊破碎机

双齿辊破碎机的结构如图8—4a所示，它是由两个相对转动的齿辊组成。固体废物由上端这入两齿中间，当两齿同步相对转动时，齿面上的牙齿将物料咬住并加以劈裂，破碎后的产品随齿辊转动从下部排出，破碎产品粒度由两齿辊的间隙决定。

（2）单齿辊破碎机

单齿辊破碎机的结构如图8—4b所示，它是由一个旋转的齿辊和一个固定的弧形破碎板组成。破碎板与齿辊之间形成上宽下窄的破碎腔。固体废物由上方送入破碎腔，大块物料在破碎腔上部被齿劈碎，随后继续在破碎腔下部进一步被齿辊压碎，合格的破碎产品从下部排出。

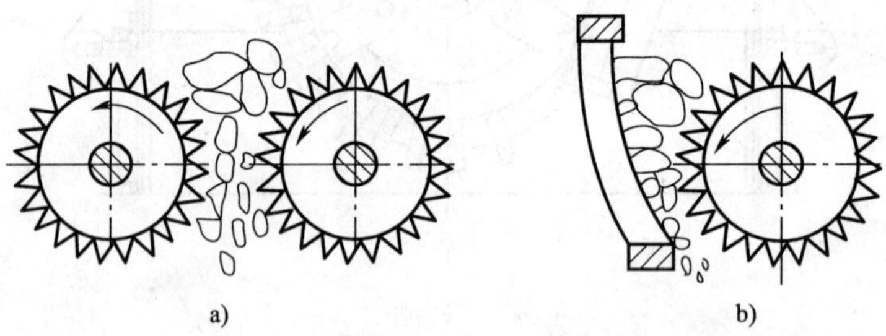

图8—4 辊式破碎机结构及工作原理示意

a）双齿辊破碎机 b）单齿辊破碎机

辊式破碎机的特点是能耗低，产品过渡粉碎程度小，结构简单、工作可靠等。适用于破碎脆性和含泥黏性废物。

8.1.1.4 球磨机

如图8—5所示为球磨机的示意图。该机主要由圆柱筒体、端盖、中空轴颈、轴承和传动大齿圈等部件组成。筒体内装有直径为25～150 mm钢球，其装入量是整个筒体有效容积的25%～50%。筒体内壁设有衬板，除防止筒体磨损外，兼有提升钢球的作用，筒体两端的中空轴颈有两个作用：一是起轴颈的支撑作用，使球磨机全部自重经中空轴颈传给轴承和机座；二是起给料和排料的漏斗作用。电动机通过联轴器和小齿轮带动大齿圈及筒体缓缓转动。当筒体转动时，在摩擦力、离心力和衬板共同作用下，钢球和物料被衬板提升，当提升到一定程度后，在钢球和物料本身重力作用下，产生自由泻落和抛落，从而对筒体内底角区内的物料产生撞击和研磨作用，使物料粉碎。物料达到磨碎细度要求后，由风机抽出。

球磨机在固体废物处理与利用中占有重要地位。例如，用煤矸石生产水泥、砖瓦、矸石棉、化肥和提取化工原料等，用钢渣生产水泥、砖瓦、化肥、溶剂以及对垃圾堆肥深加工等过程都离不开球磨机对固体废物的磨碎。

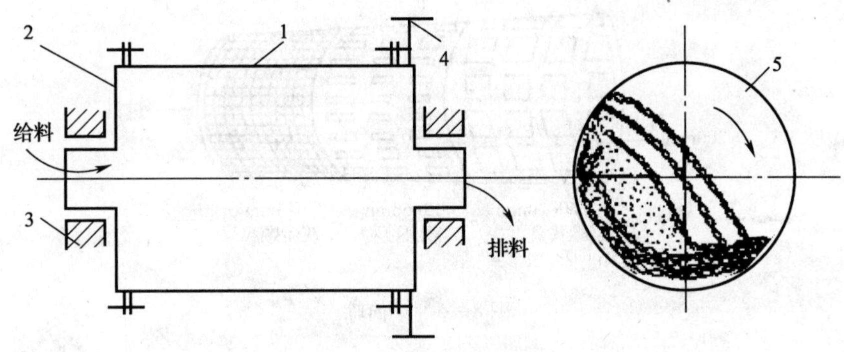

图8—5　球磨机示意图

1—筒体；2—端盖；3—轴承；4—大齿轮；5—传动大齿圈

8.1.2　分选设备

固体废物分选简称废物分选，是废物处理的一种方法（单元操作），目的是将其中可回收利用的或不利于后续处理、处置工艺要求的物料分离出来。

废物分选是根据物质的粒度、密度、磁性、电性、光电性、摩擦性、弹性以及表面湿润性的不同而进行分选的。固体废物分选设备包括筛分设备、重选设备、磁选设备、电选设备和浮选设备等。

8.1.2.1　筛分设备

筛分是利用筛子使物料中小于筛孔的细粒物料透过筛面，而大于筛孔的粗物料留在筛面上，完成粗、细物料的分离。固体废物处理中常用的筛分设备如下。

(1) 固定筛

固定筛的筛面由许多平行排列的筛条组成，可以水平安装和倾斜安装。由于设备构造简单、不耗用动力而被广泛使用。有格筛和棒条筛两种，格筛一般安装在粗碎机之前，以保证入料块度适宜；棒条筛用于粗碎和中碎之前，安装倾角应大于废物对筛面的摩擦角，一般为30°~35°，以保证废物沿筛面下滑。棒条筛孔尺寸为要求筛下粒度的1.1~1.2倍，一般筛孔尺寸不小于50 mm。

固定筛的缺点是容易堵塞，需经常清扫，筛分效率低，仅有60%~70%，多用于粗筛作业。

(2) 滚筒筛

滚筒筛也称转筒筛，如图8—6所示为该筛示意图。圆柱形的筛筒侧面上有许多筛孔，物料从倾斜滚筒的一端送入，借滚筒的转动作用一边向前运动一边翻腾使小于筛孔尺寸的细粒分级透筛，筛上产品移到筛的另一端排出。

(3) 惯性振动筛

惯性振动筛是由不平衡物体的旋转所产生的离心惯性力使筛箱产生振动的一种筛子，如图8—7所示。当电动机带动带轮作高速旋转时，配重轮上的重块受到离心力作用，其垂直分力通过筛箱作用于弹簧，迫使弹簧作拉伸及压缩运动，筛箱的运动轨迹为椭圆。惯性振动筛适用于细粒废物（0.1~0.15 mm）的筛分，也可用于潮湿及黏性废物的筛分。

(4) 共振筛

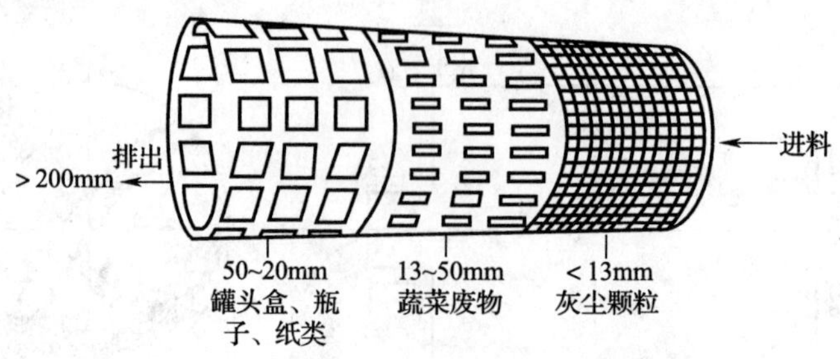

图 8—6 滚筒筛

共振筛是利用连杆上装有弹簧的曲柄连杆机构驱动，使筛子在共振状态下进行筛分。其工作原理如图 8—8 所示。筛箱、弹簧及下机体组成一个弹性系统，弹性系统固有的自振频率与传动装置的强迫振频率接近或相同时，使筛子在共振状态下筛分。

共振筛具有处理能力大、筛分效率高、耗电少及结构紧凑等优点，应用广泛，适于废物中的细粒筛分，还可用于废物分选作业的脱水、脱重介质和脱泥筛分等。

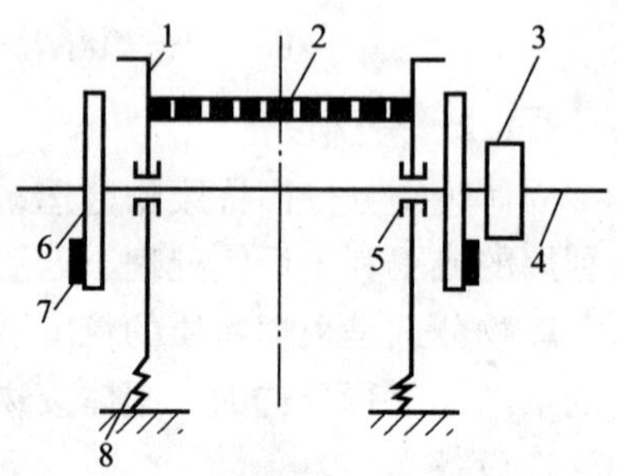

图 8—7 惯性振动筛原理示意图
1—筛箱；2—筛网；3—带轮；4—主轴；5—轴承；6—配重轮；7—重块；8—板簧

8.1.2.2 重选设备

重力分选简称重选，是根据固体废物中不同物质颗粒间的密度差异，使其在运动介质中受到重力、介质动力和机械力的作用，使颗粒群产生松散分层和迁移分离，从而得到不同密度产品的分选过程。固体废物分选设备主要有跳汰机、风力分选机等。

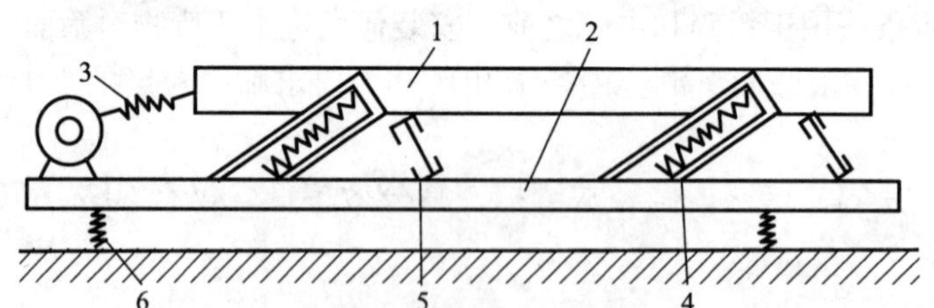

图 8—8 共振筛的原理示意图
1—上筛箱；2—下机体；3—传动装置；4—共振弹簧；5—板簧；6—支撑弹簧

(1) 跳汰分选设备

跳汰分选是在垂直变速度介质作用下，按密度分选固体废物的一种重选方法。在固体废物分选中的跳汰介质为水，如图 8—9 所示为跳汰分选机构造及工作原理示意图。机体的主要部分为固定水箱，它被分隔为两室，左为活塞室，右为跳汰室。活塞室中的活塞由偏心轮带动做上下往复运动，使筛网附近的水产生上下交变水流。物料送到筛网上，在上下交变水流的作用下，按密度分层，粗重物料沉于筛底，由侧口随水流出；轻细颗粒浮于表面，溢流分离；小而重的颗粒透过筛孔由设备的底部排出。

（2）风力分选设备

1）卧式风力分选机。如图8—10所示为其工作原理示意。空气流从侧面进入，当废物从给料口落下后，被水平气流吹散，废物中各组分沿各自的运动轨迹分别落入重质组分、中重质组分和轻质组分收集槽中。

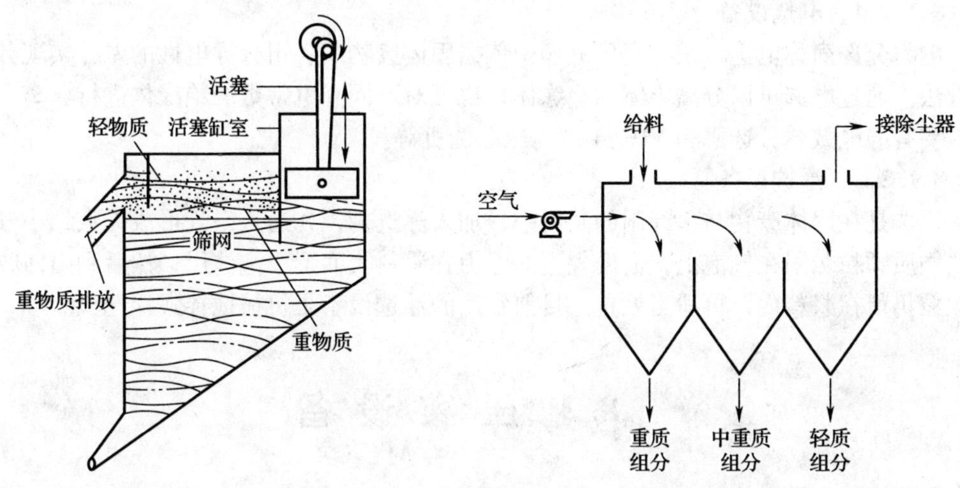

图8—9 跳汰分选机构造与工作原理示意图　　图8—10 卧式风力分选机工作原理示意图

2）立式风力分选机。如图8—11所示为其工作原理示意。如图8—11a所示为从底部通入气流的曲折型风力分选机；如图8—11b所示为从顶部抽吸的曲折型风力分选机。物料从中部送入风力分选机，在上升气流的作用下，按密度大小进行分离，重质组分从底部排出，轻质组分从顶部排出，再经旋风分离器进行气固分离。

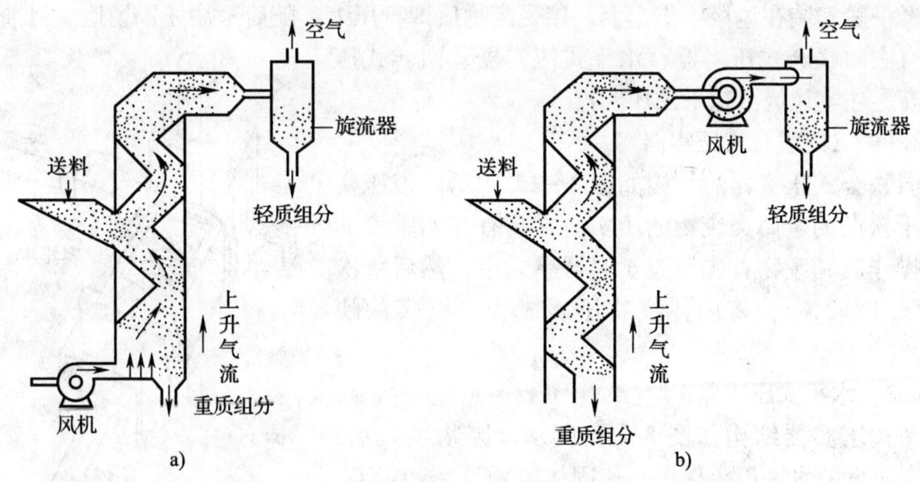

图8—11 立式曲折型风力分选机工作原理示意

a）从底部通入气流的曲折型风力分选机　b）从顶部抽吸的曲折型风力分选机

与卧式风力分选机相比，立式曲折型风力分选机的分选精度较高。已在城市垃圾的粗分离中得到广泛应用。

8.1.2.3　磁选设备

固体废物的磁力分选简称磁选，是基于固体废物各组分的磁性差异，利用磁选设备使其分离的一种方法。用于固体废物分选的磁选设备，按其供料方式分主要有磁鼓式和带式两种。

8.1.2.4　电选设备

电力分选简称电选，是在高压电场中依据固体废物中各组分导电性的差异实现分离的一种方法。通过电选可以分离导体和绝缘体，也可对不同介电常数的绝缘体进行分离。电选设备主要有静电鼓式分选机和 YD—4 型高压电选机等。

8.1.2.5　浮选设备

浮选是在固体废物与水调制的浆料中，加入浮选剂，并通入空气形成无数细小气泡，使欲选物质颗粒黏附在气泡上，借助气泡的浮力在浆料表面形成泡沫层，然后刮出回收；不浮的颗粒仍留在浆料内，再适当处置。目前常用的浮选设备是机械搅拌式浮选机。

8.2　压实设备

压实亦称压缩，是利用机械的方法增加固体废物的聚集程度，增大容量、减小体积，便于运输、装卸储存和填埋。固体废物中适合处理的主要是压缩性能大而复原性能小的物质，如金属丝、金属碎片、冰箱、洗衣机以及纸箱、纸袋、纤维等。有些固体废物如木块、玻璃、金属、塑料块等已经很密实的固体，以及焦油、污泥等液态废物不宜做压缩处理。

固体废物所用的压实设备称为固体废物压实器。压实器分为固定式和移动式两种，前者只能定点使用，一般安装在废物转运站、高层住宅垃圾滑道的底部，以及需要压实废物的场所；后者一般安装在垃圾收集车上，接受废物后即行压缩，随后送往处置场地。目前常用的压实器有三向联合式压实器、水平式压实器、回转式压实器和高层住宅垃圾滑道下的压实器等。

8.2.1　三向联合式压实器

三向联合式压实器的结构如图 8—12 所示。该压实器适用于松散的金属类废物的压实。它具有互相垂直的压头，操作时，废物首先被置于容器单元中，然后依次启动压头 1、2、3，将固体废物压实成为一密实的块体。

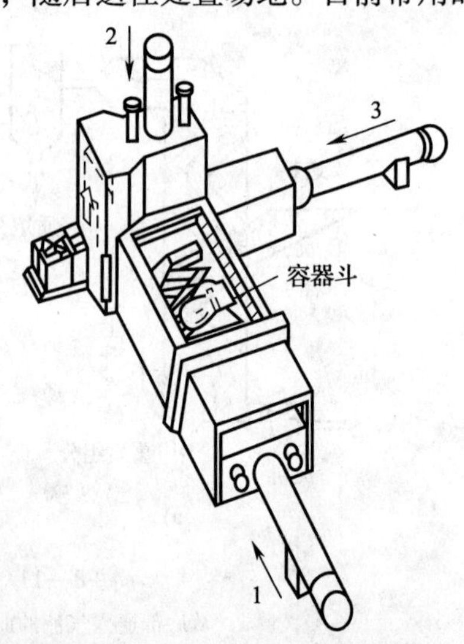

图 8—12　三向联合式压实器

1，2，3—压头

8.2.2　水平式压实器

水平式压实器结构如图 8—13 所示。废物装入后，依靠具有压面的水平压头作用，使固体废物致密和定型，然后将坯块推出。破碎杆的作用是将坯块表面的杂乱废物破碎，以利于坯块的移出。该压实器适用于城市垃圾的处理。

8.2.3　回转式压实器

回转式压实器如图8—14所示。废物装入后先按水平压头1的方向压缩，然后按箭头方向驱动旋转压头2使废物致密化，最后按水平压头3的运动方向将废物压至一定尺寸排出。这种压实器适用于压实体积小、重量轻的废物。

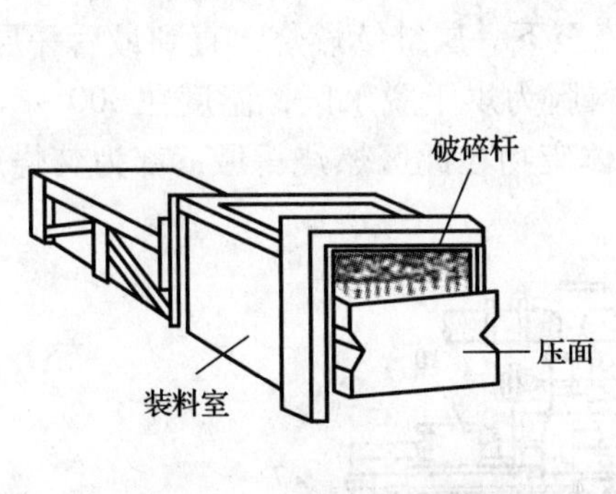

图8—13　水平式压实器

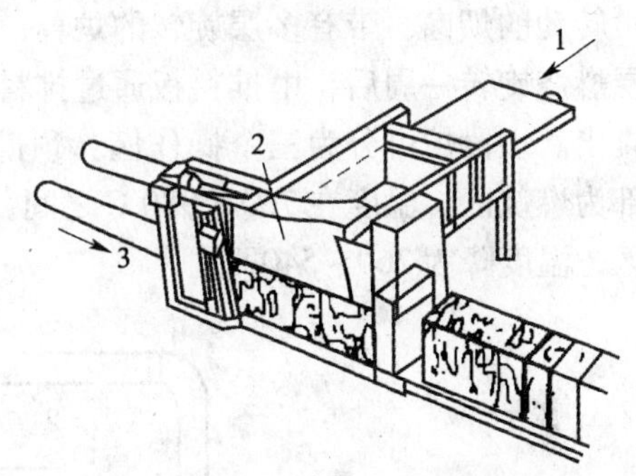

图8—14　回转式压实器

1，3—水平压头；2—旋转式压头

8.2.4　高层住宅垃圾滑道下的压实器

这种压实器的结构如图8—15所示。垃圾经滑道落入料斗，压缩臂全部缩回，垃圾充入压缩室，由压臂压缩至容器中。当垃圾不断充入并在容器中被压实，最后可将垃圾装袋。

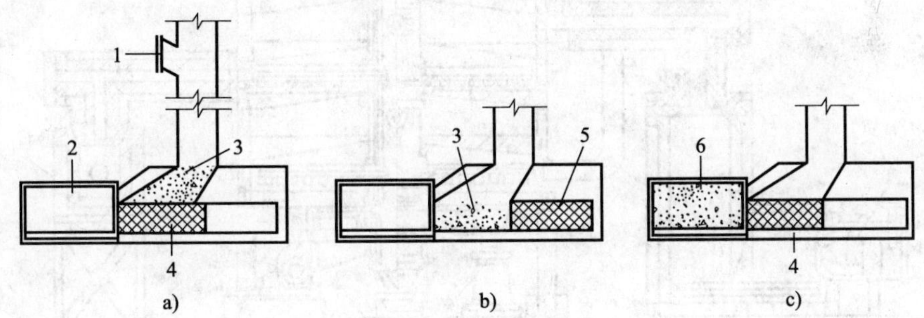

图8—15　高层住宅垃圾滑道下的压实器

1—垃圾投入口；2—容器；3—散落的垃圾；4—压臂；

5—压臂全部缩回；6—已压实的垃圾

8.3　焚烧设备

固体废物焚烧是高温分解和深度氧化的综合过程。固体废物经过焚烧处理，体积一般可减少80%～90%；对于有害固体废物，焚烧可破坏其结构或杀灭病原菌，达到解毒除害的目的。几乎所有的有机废物都可以用焚烧法处理，回收热能用于发电和供热。因此，可燃固体废物的焚烧处理，能同时实现减量化、无害化和资源化，是一条重要的处理与资源化途径。一个焚烧系统一般包括有原料储存设备、加料设备、焚烧设备、烟气净化设备和过程检验与控制设备，其中焚烧设备是整个焚烧系统的关键设备。下面介绍几种典型的焚烧设备。

8.3.1 多段焚烧炉

又称多膛或机械炉，是一种有机械传动装置的多膛焚烧炉，其结构如图8—16所示。炉中心有可转动的烟囱，带有多层旋转的炉箅，每排炉箅占一层炉膛，箅上有螺旋推料板。物料在每层燃烧旋转一周后，由推料板通过排料口流至下一层继续燃烧，直到最后一层燃尽，将灰渣排出。多段炉可分为三个操作区：顶部进料膛为烘干脱水区，温度在300~500℃之间；中部为燃烧区，温度在760~980℃之间，固体废物在此区燃烧；最下部为焚烧后灰渣的冷却区，温度降为260~540℃。

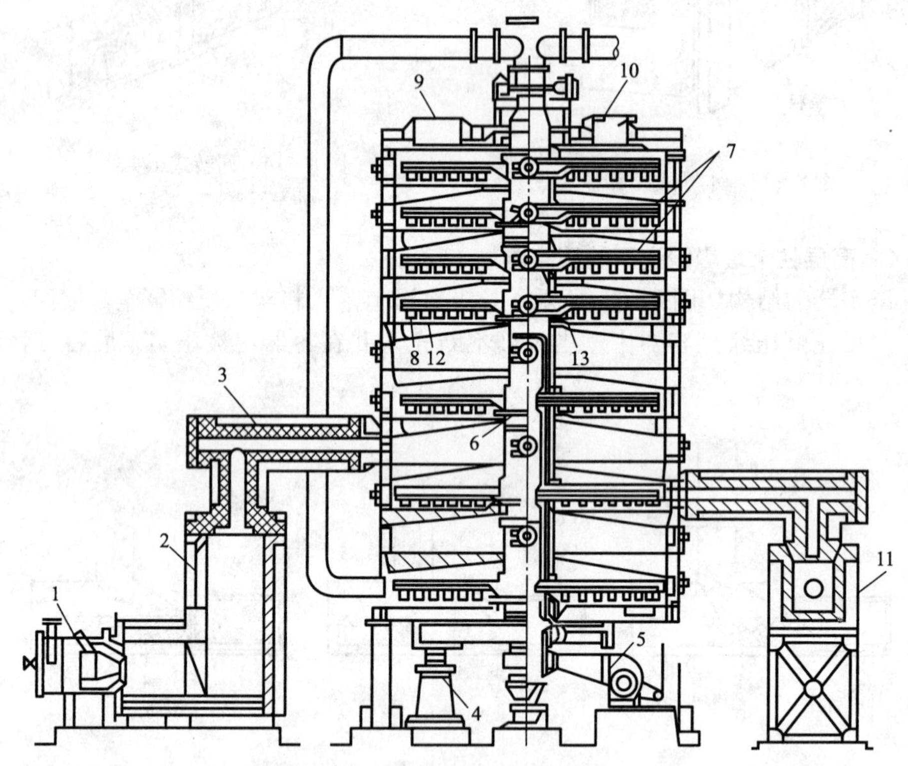

图8—16 多段炉结构示意

1—主燃烧嘴；2—热风发生炉；3—热风管；4—轴驱动电动机；5—轴冷却风机；6—中心轴；7—搅拌臂；8—搅拌齿；9—排风口；10—加料口；11—热风分配室；12—隔板；13—轴盖

这种焚烧炉燃烧效率高，操作弹性大，适应性强，是一种可以长期连续运行、可靠性相当高的焚烧装置，特别适于处理污泥和泥渣。

8.3.2 回转窑焚烧炉

回转窑焚烧炉的结构如图8—17所示，窑身为一卧式可旋转的圆柱体，倾斜度小，转速低。废物由高端进入，随窑的移动向下移，空气与物料的移动方向可以同向（并流），也可以逆向（逆流）。进入窑炉的物料与废气相遇，一边受热干燥（200~300℃），一边受窑炉的回转而使物料破碎，然后在窑炉后段进行分解燃烧（700~900℃），窑内来不及燃烧的可燃性气体，进入二次燃烧室得以充分燃烧，烧结的残渣在高温烧结区（1 100 ~1 300℃）熔融，排出炉外。如果需要辅助燃料可在焚烧炉高端或二次燃烧室加入。

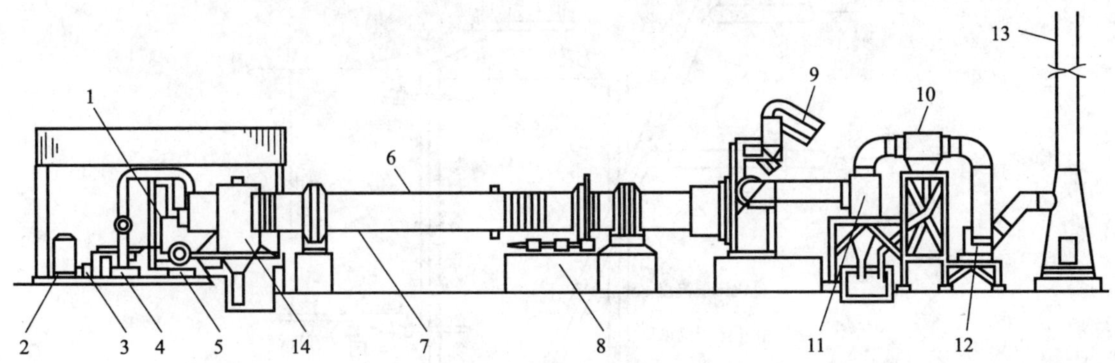

图8—17　回转窑焚烧炉示意

1—燃油喷嘴；2—重油储槽；3—油泵；4—三次空气风机；5—一次及二次空气风机；6—回转窑焚烧炉；7—取样口；8—驱动装置；9—投料传送带；10—除尘器；11—旋风分离器；12—排风机；13—烟囱；14—二次燃烧室

回转窑焚烧炉的优点是操作弹性大，可焚烧多种混合固体废物。另外，由于回转炉机械结构简单很少发生事故，能长期连续运转。其缺点是热效率低，排出的尾气常带有恶臭味。

回转窑焚烧炉适用于处理污泥、废塑料、废树脂、硫酸沥青渣、城市垃圾等多种固体废物。

8.3.3　流化床焚烧炉

流化床焚烧炉的结构如图8—18所示。其主体设备是圆柱形塔体，底部装有多孔板，板上设置载热体砂作为焚烧炉的燃烧床，塔内壁衬有耐火材料。气体从下部通入，并以一定速度通过分配板，使床内载体“沸腾”呈流化状态。废物由塔侧或塔顶加入，在流化床层内与高温热载体及气流交换热量而被干燥、破碎并燃烧。废气从塔顶排出，夹带的载体粒子及灰渣经除尘器捕集后返回流化床内。

流化床焚烧炉的优点是焚烧时固体颗粒激烈运动，颗粒和气体间的传热、传质速度快，处理能力大；流化床结构简单，造价便宜。缺点是废物需破碎后才能进行焚烧。另外因压力损失大存在着动力消耗大的问题。

8.3.4　垃圾焚烧炉

垃圾焚烧炉又称机械炉，其结构如图8—19所示。垃圾由小车送入垃圾坑中，用抓斗放入加料斗进入炉膛，炉膛分为干燥、燃烧和后燃烧三段。炉膛用机械炉栅，炉栅的种类有摆动式、扇形式、往复式、移动式和回转式等。这些炉栅对废物在炉膛内移动通过燃烧带并使废物发生适当的搅动起着重要作用。从加料斗进入炉栅的固体废物首先在干燥段被干燥，随着炉栅的运动，由干燥段移动到燃烧段分解燃烧。未燃尽的废物继续随炉栅移动，至后燃烧段燃尽。由于燃烧时产生热量大，温度高，焚烧炉壁全用水管排在炉内，以降低炉子内壁温度，减少腐蚀，回收热量。

垃圾焚烧炉对较大垃圾团块不用预处理即可焚烧，炉内最低温度750℃，没有恶臭排出，最高温度可达1 050℃，可使灰渣熔融。但垃圾中有塑料时，会发生熔融而透过炉排，在炉排下燃烧，造成炉排损坏。此外，有害气体会腐蚀炉膛。

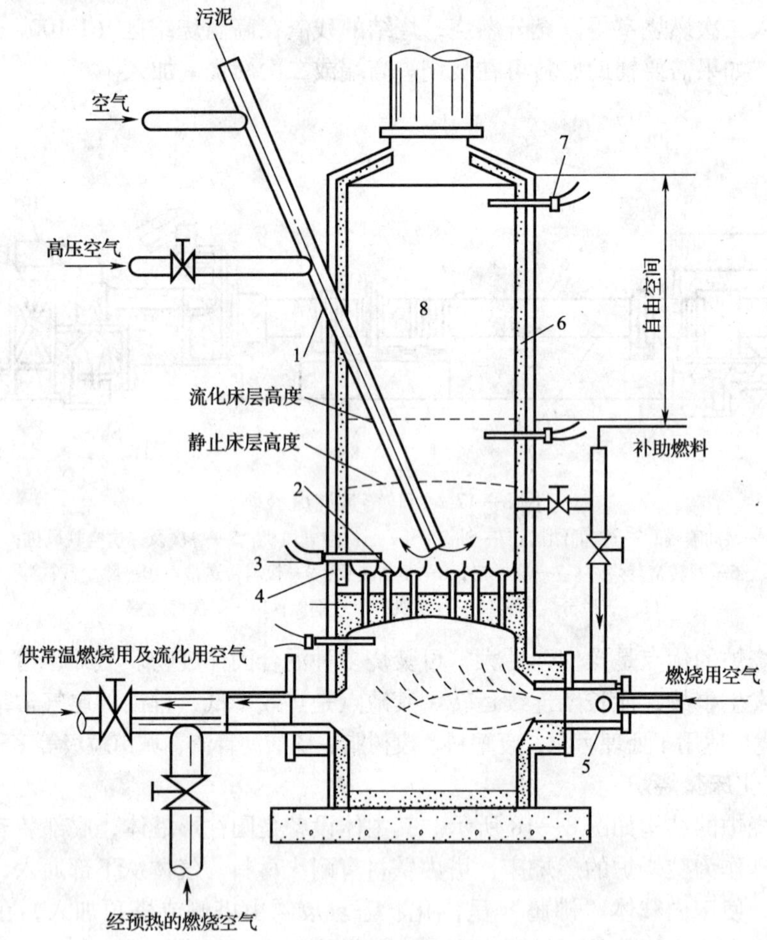

图 8—18　流化床焚烧炉

1—污泥供料管；2—泡罩；3—热电偶；4—分配板；5—补助燃烧喷嘴；6—耐火材料；7—热电偶；8—燃烧室

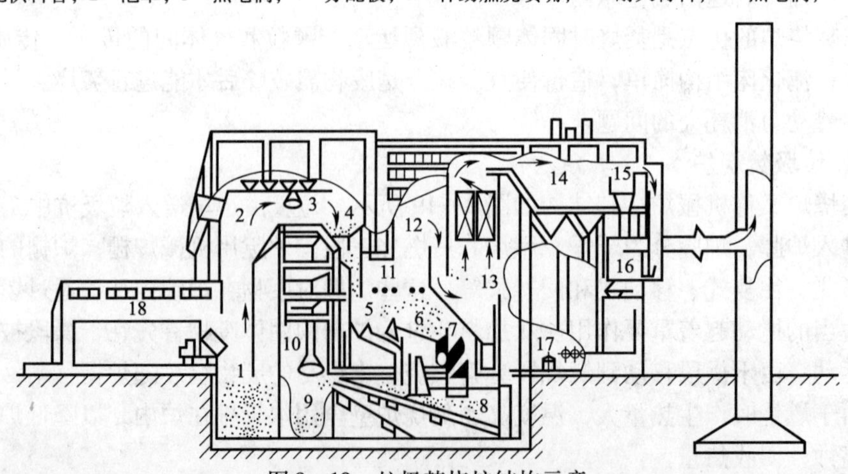

图 8—19　垃圾焚烧炉结构示意

1—垃圾坑；2—起重机运转室；3—抓斗；4—加料斗；5—干燥炉栅；6—燃烧炉栅；7—后燃炉栅；8—残渣冷却水槽；9—残渣坑；10—残渣抓斗；11—二次空气供给喷嘴；12—燃烧室；13—气体冷却锅炉；14—电气除尘器；15—多级旋风分离器；16—排风机；17—中央控制室；18—管理所

8.4　堆肥和发酵设备

8.4.1　堆肥设备

堆肥化是指在一定的控制条件下，通过生物化学作用使来源于生物的有机固体废物分解成比较稳定的腐殖质的过程。废物经过堆制，体积一般只有原来的50% ~70%。堆肥化的产品称为堆肥。堆肥按堆制过程的需氧程度可分为好氧法和厌氧法。现代化堆肥工艺，特别是城市垃圾堆肥工艺，大都是好氧堆肥。堆肥化系统设备主要包括进料和供料设备、预处理设备、发酵设备、后处理设备、脱臭设备、包装和储存设备。其中发酵设备是整个系统的关键设备。

8.4.2　发酵设备

8.4.2.1　游泳池型发酵设备

它是一种两侧围成宽2 ~3 m、长20 m、深2 m细长的游泳池型发酵设备，翻堆机大多数设有从仓底供气的设备，物料在仓内被堆至1 ~2 m高。由于一个仓的容量有限，当处理量大时，可并排设置若干个发酵仓。

游泳池型发酵仓有多种形式，其主要差别在于搅拌发酵物料的翻堆机不同，大多数翻堆机兼有运送物料的作用。其中使用最多是链板运输机，如图8—20所示。链板环状相连组成翻堆机，在各链板上安装附加挡板成刮刀，以此来掏送物料。在仓的两个侧墙上装有带滚子的可移动小车。操作时使运输机倾斜，其低的一头向前，每一次来回翻堆可将物料移动2 m。一般每天来回翻堆一次，根据物料的情况可适当增减翻堆次数，物料经过7 ~10天的时间，完成发酵，基本达到无害化，成为堆肥。

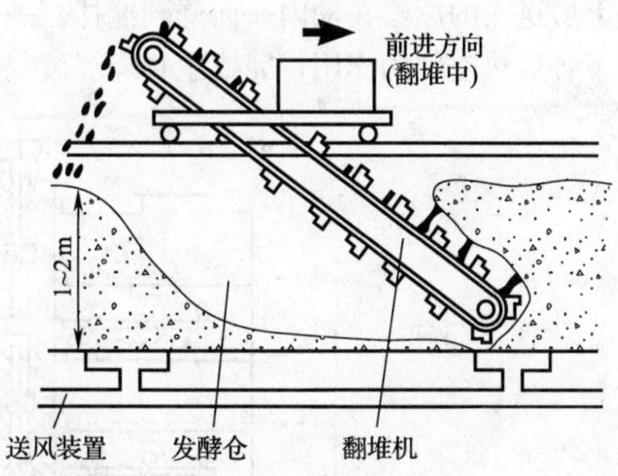

图8—20　移动链板式翻堆机工作示意

8.4.2.2　卧式回转筒式发酵设备

这种设备系回转窑式圆筒形发酵仓，有达诺式、单元式、双层圆筒式等多种形式，其装置如图8—21所示。加料料斗的垃圾经过料斗底部的板式给料机和一号带式输送机送到磁选机除去铁类后，由给料机供给低速旋转的达诺式回转窑发酵仓。垃圾在仓内经通风并补充必要的水分，边混合破碎边发酵，依靠微生物分解放出的热量，使温度保持在60 ~70℃，经过3 ~5天的时间完成一次发酵过程后，成为堆肥排出仓外。随后靠振动筛，筛分为筛上物及筛下物两部分，筛上物通过溜槽排出，通常被焚烧处理或填埋处理。筛下物经玻璃选出机去除玻璃后，即为堆肥产品。各种回转筒式发酵设备均存在动力费用与设备费用较高的问题。

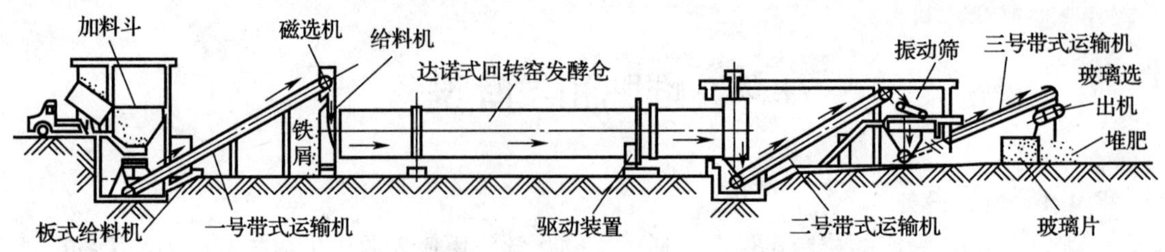

图 8—21　卧式回转筒式发酵设备示意图

8.4.2.3　立式发酵设备

立式发酵设备主要有多阶段立式发酵仓、多层立式发酵仓、多层桨式发酵仓、活动层对阶段发酵仓、直落式发酵仓、窑形发酵仓等几种形式。如图 8—22 所示为多层桨式发酵仓的构造示意图。发酵仓的外形类似多段焚烧炉，外壁由隔热材料制成，是一种保温的具有多阶段发酵仓的圆筒，一般有 5 个发酵槽，分别由混凝土或钢板制成。装置中心有一垂直空心主轴，相对于主轴的每段发酵槽内，按横向位置各装设有一组旋转桨叶，每段发酵槽底各开一个孔口，每个孔口逐次错开一定位向。全部搅拌系统通过设在主轴中心的垂直轴和齿轮组成的传动装置，形成一个以较快速度一起驱动的系统，主轴与桨叶的速度可分别调节，物料经搅拌并发生位移。工作时物料被桨叶搅起并被甩到与主轴旋转方向相反的方位。通过转动，由上层送入的原料在槽内一面受到搅拌，一面通过槽底孔口进入下一段发酵槽，同时受来自以下各层热空气的作用，完成生物降解过程。

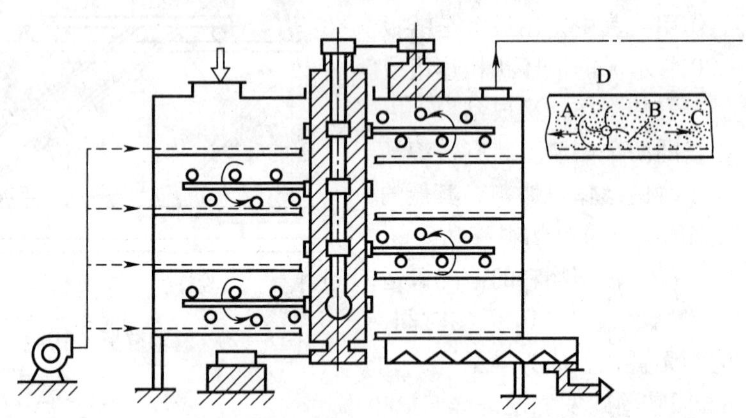

图 8—22　多层桨式发酵仓构造示意图

桨式发酵仓便于选定最适当的运行条件，通风均匀，物料不结块，在槽内停留时间不同的发酵物料不会混杂。易于使发酵过程处于最佳状态。

8.4.2.4　水压式沼气池

沼气发酵池类型较多，其中水压式沼气池是在农村推广的主要池型，其结构如图 8—23 所示。它是一种埋设在地下的立式圆筒发酵池，池盖和池底是具有一定曲率半径的壳体，主要结构包括加料管、发酵间、出料管、水压间、导气管等几个部分。该池的优点是结构简单、建造方便、价格便宜、易管理、使用方便等。

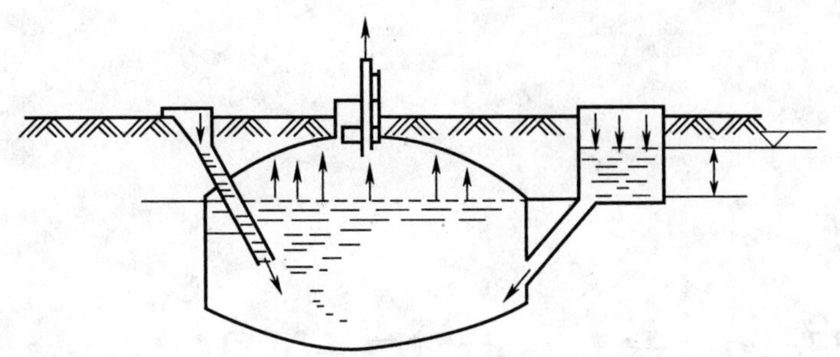

图 8—23　水压式沼气池

习　　题

1. 固体废物处理设备都有哪些种类?
2. 固体废物粉碎的目的是什么？采用什么设备？各有哪些特点?
3. 固体废物分选采用哪些设备？各有什么特点?
4. 固体废物压实的目的是什么？采用哪些设备？各有什么特点?
5. 固体废物焚烧的目的是什么？采用什么设备？各有哪些特点?
6. 固体废物的堆肥发酵设备有哪些？各有什么特点?

第9章　环保输送设备

本章学习目标

了解气体、液体和固体输送设备的基本原理与构造；

熟悉输送设备主要参数，主要机型的性能、特点及应用；

掌握设备安装、调试、正常运行与维护管理的基本方法，能结合具体情况进行输送设备的选购、安装、调试和安全使用，并能进行简单的检修。

环保设备是指用于控制环境污染、改善环境质量而由工业生产部门或建筑安装部门制造和建造出来的机械产品、构筑物及其系统。为保证环保设备的正常运行，必须有一套辅助装置配合。如泵与风机输送工作流体，输送带运输固体物料。此外还需要电动机将电能转换为机械能，提供动力或控制电动阀门的启闭。在各种辅助装置中，泵与风机是最常用、最主要的设备。

泵是将原动机的机械能转变成液体的动能和压力能的机械，是输送液体的机械设备。泵能将液体从低位置压送到高位置，将压力低的容器中的液体，压送到压力高的容器中去。泵的种类很多，有离心泵、轴流泵、往复式的活塞泵、齿轮泵、喷射泵等。工程上应用得最多的是离心泵。

风机是输送气体的机械设备。从能量转换的观点来看，风机是把原动机的机械能变成气体的动能和压力能的一种机械。风机的分类方法也多种多样，如按作用原理一般可分为离心式、轴流式、往复式、回转式等。应用最多的离心风机具有效率高、流量大、输出流量均匀、结构简单、操作方便、噪声小等优点。另外，风机还可以为生物处理设备或构筑物提供微生物氧化分解所必需的氧气。它们广泛应用于国民经济的各个领域，属于通用机械范畴。

固体废物在被破碎、分选或后期的焚烧、热解、堆肥处理前都需要运用输送设备将大块物料运送至设备中，输送设备是固体废物处理处置必不可少的机械动力设备。

9.1　液体输送设备

泵是一种输送流体或使流体增压的机械。它是将原动机的机械能传送给流体，使流体能量增加的机械。泵在污染治理工程中广泛应用于提升污水、污泥到需要的高程，以确保后续处理可以靠重力流动。在对压力有特殊要求的处理构筑物或设备前也需要设泵。

9.1.1　泵的分类

水泵的种类众多，按其作用原理可分为叶片式泵、容积式泵和其他类型泵三大类。叶片式泵由叶轮高速旋转完成压送液体的过程。按水在泵内的运动轨迹，可分为离心泵、轴流泵与混流泵。离心泵的工作范围较宽，轴流泵的特点是低扬程、大流量，混流式泵则介于二者之间。容积式水泵可分为往复式和回转式两种。往复式泵主要有活塞式、柱塞式等类型，主要是通过活塞的移动，使泵缸容积缩小或增大，压力升高或降低，吸水阀打开或关闭，实现水的运输。除了叶片式及容积式泵外，还有喷射泵及真空泵等。具体类型如图9—1所示。

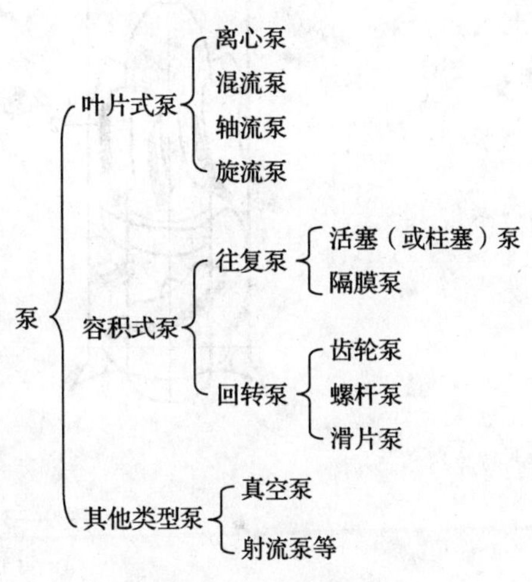

图9—1　水泵的类型

9.1.2　各类水泵的工作原理

9.1.2.1　离心式水泵

离心式泵的工作原理是利用旋转时产生的离心力使流体获得能量，使流体通过叶轮后的压能和动能都得到升高，从而能够将流体输送到高处或远处。离心泵简单的结构如图9—2所示。叶轮装在一个螺旋形的压水室（外壳）内，当叶轮旋转时，流体通过吸入室轴向流入，然后转90°进入叶轮流道并径向流动，至压水室经扩散管排出。由于叶轮连续旋转，在叶轮入口处不断形成真空，将流体连续不断地由叶轮吸入和排出。

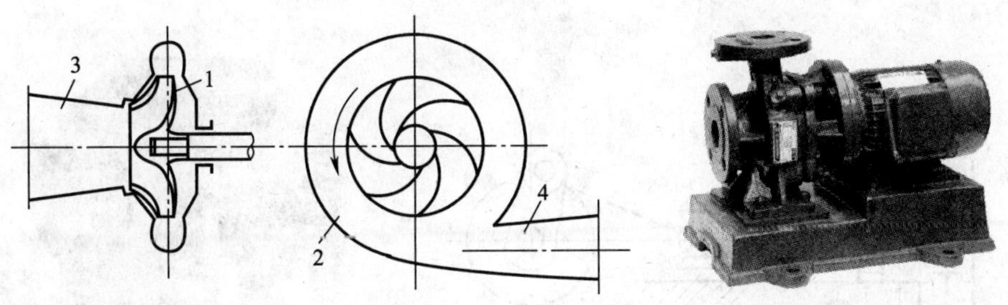

图9—2　离心式水泵示意及外形

1—叶轮；2—压水室；3—吸入室；4—扩散管

9.1.2.2　轴流式泵

轴流式泵的工作原理是利用旋转叶片的挤压推进力使流体获得能量，升高其压能和动能。其结构如图9—3所示。叶轮安装在圆筒形泵壳内，当叶轮旋转时，流体轴向流入，在叶片叶道内获得能量后，再经导流器轴向流出。轴流式泵适用于大流量、低压力，在城市排水管网中的大型泵站和城市污水处理厂均有采用。

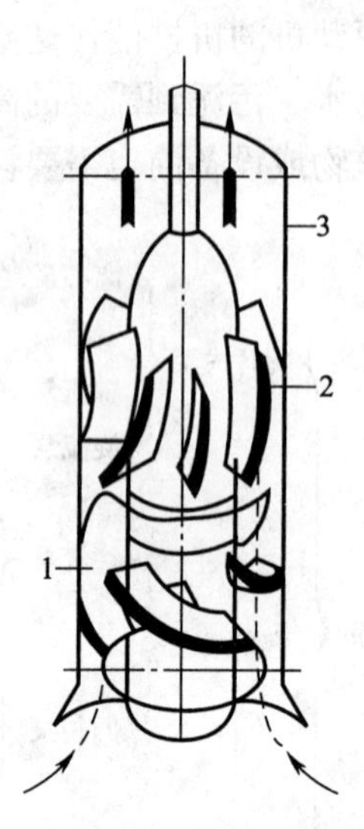

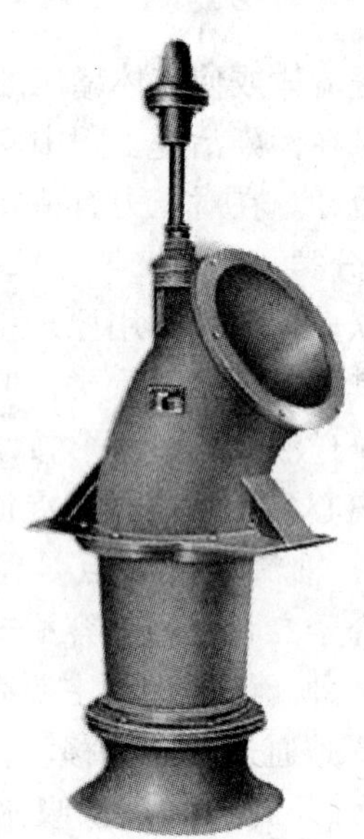

图9—3　轴流式泵示意及外形

1—叶轮；2—导流器；3—泵壳

9.1.2.3　往复式泵

如图9—4所示，往复式活塞泵主要由活塞在泵缸内作往复运动来吸入和排出液体。当活塞开始自极左端位置向右移动时，工作室的容积逐渐扩大，室内压力降低，流体顶开吸水阀，进入活塞所让出的空间，直至活塞移动到极右端为止。此过程为泵的吸液过程。当活塞从右端开始向左移动时，充满泵的流体受挤压，将吸水阀关闭，并打开压水阀而排出。此过程称为泵的压水过程。活塞不断往复运动，泵的吸水与压水过程就连续不断地交替进行。往复式泵适用于小流量、高压力的情况，常用作加药泵。

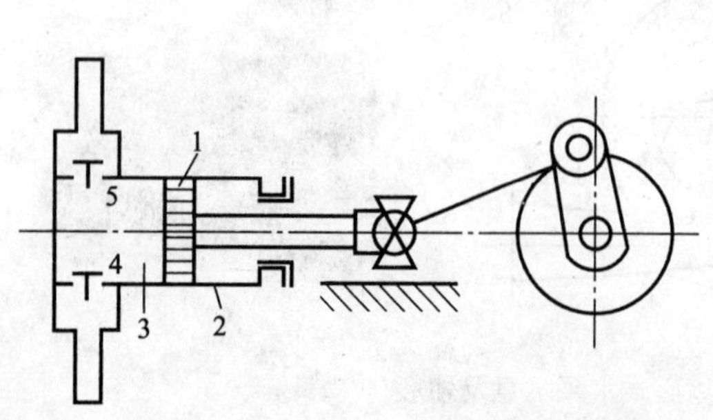

图9—4　往复式泵示意及外形

1—活塞；2—泵缸；3—工作室；4—吸水阀；5—压水阀

9.1.2.4 齿轮式泵

齿轮泵具有一对互相啮合的齿轮，如图9—5所示。图中主动轮固定在主动轴上，轴的一端伸出壳外由原动机驱动；从动轮装在另一个轴上。齿轮旋转时，液体沿吸油管进入到吸入空间，沿上、下壳壁被两个齿轮分别挤压到排出空间汇合（齿与齿啮合前），然后进入压油管排出。齿轮泵适用于输送不含固体颗粒和纤维、无腐蚀性、温度不高于80℃的润滑油或性质类似润滑油的其他液体，并适用于液压传动系统。在输油系统中可用作传输、增压泵。在燃油系统中可用作传输、增压、喷射的燃油泵。在液压传动系统中可用作提供液压动力的液压泵。在一切工业领域中，均可作润滑油泵用。

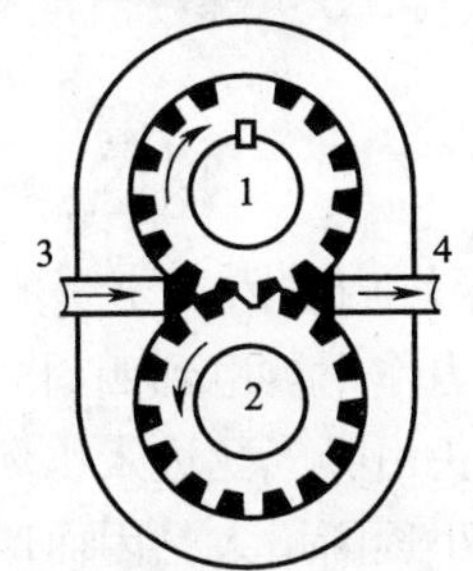

图9—5 齿轮式泵示意及外形

1—主动轮；2—从动轮；3—吸油管；4—压油管

9.1.2.5 螺杆泵

如图9—6所示，螺杆泵是一种利用螺杆互相啮合来吸入和排出液体的回转式泵。螺杆泵的转子由主动螺杆（可以是一根，也可有两根或三根）和从动螺杆组成，主动螺杆与从动螺杆作相反方向的转动，螺纹互相啮合，流体从吸入口进入，被螺旋轴向前推进增压至排出口。螺杆泵适用于高压头、小流量，适合输送温度不高于150℃、不含固体颗粒、无腐蚀性、有润滑性的液体，常用作输送润滑油和调节油的油泵。

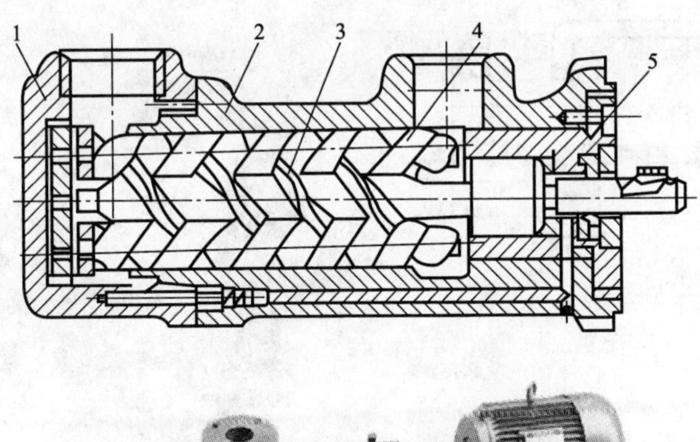

图9—6 螺杆泵示意及外形

1—后盖；2—泵体；3—主动螺杆；4—从动螺杆；5—前盖

9.1.2.6 喷射泵

如图9—7所示，其工作时将高压的工作流体，由压力管送入工作喷嘴，经喷嘴后压能变成高速动能，将喷嘴外围的液体（或气体）带走。此时因喷嘴出口形成高速工作流体，使后部吸入室造成真空，从而不断抽吸流体与工作流体混合，然后通过扩散室将压力升高输送出去。由于工作流体连续喷射，吸入室继续保持真空，于是得以不断地抽吸和排出流体。喷射泵的工作流体可以是高压蒸汽，也可以是高压水，特点是压力高、扬程高。

图9—7 喷射泵外形

9.1.2.7 水环式真空泵

水环式真空泵的装置结构如图9—8所示。圆柱形泵缸内注入一定量的水，星形叶轮装在泵缸内，并装成偏心形式。当叶轮旋转时，水受离心力作用被甩到四周而形成一个相对于叶轮为偏心的封闭水环。被抽吸的气体沿吸气管及接水头由吸气孔进入水环与叶轮之间的空间。右边月牙形部分，由于叶轮的旋转，此空间容积由小逐渐增大，因而产生真空。随着叶轮的旋转，气体进入左边月牙形部分，此空间逐渐缩小，气体逐渐受到压缩，然后由排气孔经接头沿排气管进入水箱，再由放气管放出。废弃的水和空气一起被排到水箱里。当真空泵工作时，泵中必须有水不断流过，以带走热量（真空泵的发热不应超过50℃），并使水保持一定体积，故用管由水箱把水送入吸气管。水环式真空泵的优点是构造简单，没有阀及其他配气机构，不怕堵塞，转速较高，可以直接由电动机带动。总效率为20%～40%，高者可达50%。排气量为0.25～465 m^3/min。这种真空泵被广泛用作叶片泵、往复泵的抽气引水设备，而且能吸排气体和液体的混合介质。

图9—8 水环式真空泵示意及外形

1—叶轮；2—泵缸；3—吸气孔；4—排气孔；5—接水头；6—接头；
7—吸气管；8—排气管；9—水箱；10—溢流管接头；11—管；12—放气管

9.1.3 离心泵的性能参数

离心泵的基本性能通常用流量、扬程、功率、效率、转速、允许吸上真空高度和汽蚀余量等参数来表示。

(1) 流量

离心泵的流量是指单位时间内由泵所输送的流体体积，即指的是体积流量，以符号 Q 表示，单位为 L/s、m^3/s 或 m^3/h。

(2) 扬程

又称水头，指的是单位质量的流体通过泵之后所获得的有效能量，也就是泵所输送的单位质量流体从泵进口到出口的能量增值。泵的扬程用符号 H 表示，单位为 mH_2O 柱（1 mH_2O 柱 = 9 806.65 Pa）。

根据能量守恒定律，水泵的扬程等于流出水泵时所具有的比能，即单位质量的水所具有的能量减去水流进水泵时所具有的比能。做近似忽略后，一般水泵运行时，只要把正在运行中的水泵装置的真空表和压力表读数（按 mH_2O 柱计）相加，就可得出该水泵的工作扬程。另外，水泵总扬程也可以用管道中水头损失及扬升液体高度来计算。忽略速度头项和位置头项后，总扬程等于水泵静扬程与管路中总水头损失之和，见式（9—1）。

$$H = H_{st} + \sum h \qquad (9—1)$$

式中 H_{st}——为水泵的静扬程，即水泵吸水池的设计水面与水塔（或密闭水箱）最高水位之间的测管高差，m；

$\sum h$——水泵装置管路中水头损失总和，mH_2O。

(3) 功率

功率指的是单位时间内泵所做的功，单位为 kW。泵的功率通常指的是输入功率，它是由原动机（如电动机等）传到泵轴上的功率，也称为轴功率，用符号 P 表示。

泵的输出功率又称为有效功率，表示单位时间内从泵中输送出去的液体在泵中获得的有效能量。有效功率用 P_e 表示。

$$P_e = \frac{\gamma Q H}{1\,000} \qquad (9—2)$$

式中 γ——被输送流体的容重，N/m^3，常温下 $\gamma = 9\,800\ N/m^3$；

Q——水泵流量，m^3/s；

H——水泵扬程，m；

P_e——有效功率，kW。

(4) 效率

泵的效率用来表示输入的轴功率 P 被流体利用的程度，为泵的有效功率与轴功率之比，用符号 η 表示。

$$\eta = \frac{P_e}{P} \times 100\% \qquad (9—3)$$

η 是评价泵的性能好坏的一项重要指标。η 越大，说明泵的能量利用率越高，效率越高。

(5) 转速

转速是指泵的叶轮每分钟的转数，用符号 n 表示，常用的单位是 r/min。水泵铭牌上所标明的转速是水泵设计工况的转速，称额定转速，若转速改变，水泵工作性能也随着改变。

(6) 允许吸上真空高度 H_s 及汽蚀余量 H_{sv}

允许吸上真空高度 H_s 是指水泵在标准状况下（水温为20℃，表面压力为1.013 25 × 105 Pa）运转时，水泵所允许的最大的吸上真空高度，即水泵吸入口的最大真空度，单位为 mH_2O 柱。汽蚀余量 H_{sv} 是指水泵进口处，单位重量液体所具有的超过饱和蒸汽压力的富余能量，单位为 mH_2O 柱。H_s 和 H_{sv} 一般常用来反映水泵的吸水性能。

9.1.4 离心泵的分类与基本构造

9.1.4.1 离心泵的分类

按照构造上的特点，离心泵通常分为单级单吸式、单级双吸式和多级式三种，每种又各有立式与卧式之分，以卧式应用最广泛。

（1）单级单吸式离心泵

单级单吸式离心泵仅装有一个叶轮，液体从叶轮的一侧进入，水泵的进水口与出水口呈90°夹角。泵轴的一端装有叶轮，另一端用轴承支撑，受力如同是悬臂梁，故又称悬臂式离心泵，是高扬程小流量泵。

目前我国生产的单级单吸泵种类较多，供输送清水或物理化学性质类似于清水，介质温度不高于80℃的液体。适用于工业和城镇给水及农业排灌等。性能较好的有IS型、IB型系列等，如IS65—50—160型，型号中各符号代表的意义如下：

IS——国际标准离心泵；

65——水泵进口直径，mm；

50——水泵出口直径，mm；

160——叶轮名义直径，mm。

（2）单级双吸式离心泵

单级双吸式离心泵同单级单吸式一样，装有一个叶轮，但其叶轮相当于由两个共用后轮盘的单吸叶轮组成，液体由叶轮的两侧进入（即有两个进水口），然后汇合流入一个泵壳中，水泵的进水口和出水口在同一直线的两侧，叶轮装在泵轴上由两端的轴承支撑，在同样叶轮外径的情况下，可比单吸泵流量大一倍，所以大中型离心泵多采用这种结构形式。

目前我国生产的单级双吸离心泵种类也较多，供输送温度不高于80℃的清水或物理、化学性质类似于水的其他液体。适用于工厂、矿山、城镇、电站给水和农田水利排灌等。常用的有Sh型、SA型系列，Sh型的改进型有S型系列，如150S78型，其型号意义如下：

150——水泵进口直径，mm；

S——单级双吸卧式离心泵；

78——水泵扬程，mm。

（3）多级式离心泵

多级式离心泵是在一根轴上串装若干个单吸叶轮，水流从前一级叶轮中流出经前后导叶流至后一级叶轮的进水侧，水的能量也逐级增加，泵的扬程也是随叶轮的级数而增减。一般用于高扬程或高压泵站中，特别适用于城镇高层建筑及高级宾馆给水。

多级泵叶轮都是单向进水，串联在泵轴上的叶轮有对称与非对称布置，若采用非对称布置，由于作用在前后轮盘上的水压差，形成了较大的轴向推力 ΔP（级数越多推力越大），因此，在末级叶轮安装平衡盘，平衡盘固定在泵轴上，靠作用在盘上的水压力，平衡轴向推力。

常用的多级离心泵有D型、MS型等，如100D-16×5型，其型号意义如下：

100——水泵进口直径，mm；

D——单吸多级分段式离心泵；

16——设计点单级扬程，m；

5——级数，即叶轮数。

9.1.4.2 离心泵的基本构造

离心泵主要包括泵体（蜗壳、叶轮等）、吸水管路、压水管路及其附件等。使用时，泵的吸水口与吸水管相连接，出水口与压水管相连接，共同组成吸水—增压—排水通道。如图9—9所示为常用的单级单吸卧式离心泵结构示意图。

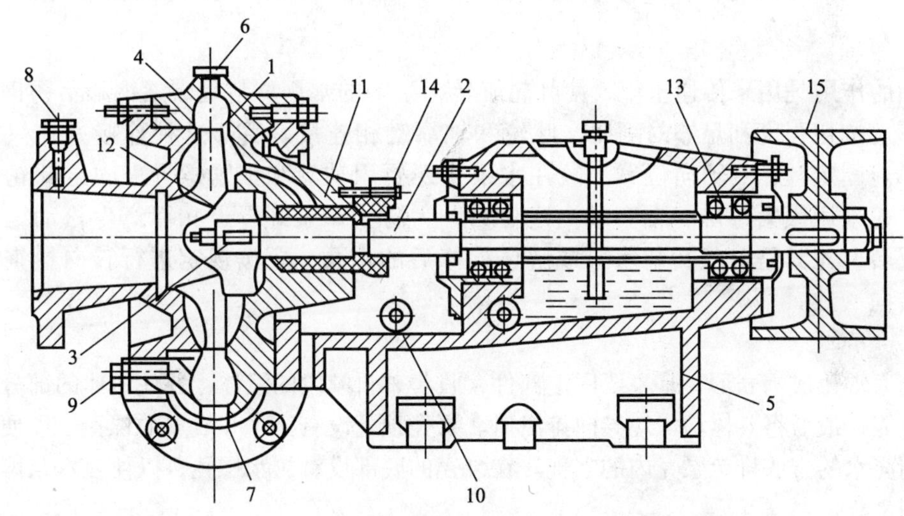

图9—9 单级单吸卧式离心泵结构示意

1—叶轮；2—泵轴；3—键；4—灌水孔；5—泵座；6—压力表接孔；7—泵壳；8—真空表接孔；9—放水孔；10—泄水孔；11—填料盒；12—减漏环；13—轴承座；14—填料压盖调节螺栓；15—传动轮

（1）叶轮

叶轮是离心泵的主要零部件，是对液体做功的主要元件。叶轮的形状和尺寸是通过水力计算来确定的。它一般由两个圆形盖板以及盖板之间若干片弯曲的叶片和轮毂所组成。叶片固定在轮毂上，轮毂中间有穿轴孔与泵轴相连接。叶轮按吸入口数量可分为单吸式与双吸式两种。单吸式叶轮如图9—10所示，只能单边吸水，叶轮的前、后盖板呈不对称状；双吸式叶轮如图9—11所示，有两个吸水口（从两边吸水），前、后盖板呈对称状。一般大流量离心泵多采用双吸式叶轮。叶轮按其盖板情况又可分为开式、半开式和闭式叶轮三种形式。开式叶轮没有前、后盖板；半开式叶轮只有后盖板而没有前盖板；闭式叶轮既有前盖板，又有后盖板。一般闭式叶轮多用于离心式清水泵中，而用于抽升含有悬浮物污水的泵则采用开式或半开式叶轮，以免污物堵塞流道。

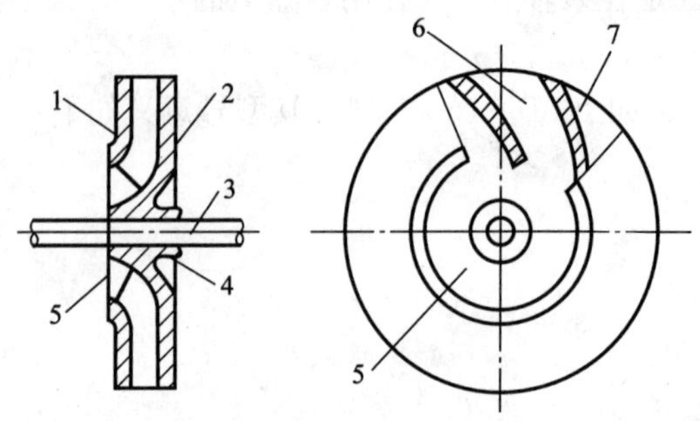

图 9—10 单吸式叶轮示意

1—前盖板；2—后盖板；3—泵轴；4—轮毂；5—吸水口；6—液槽；7—叶片

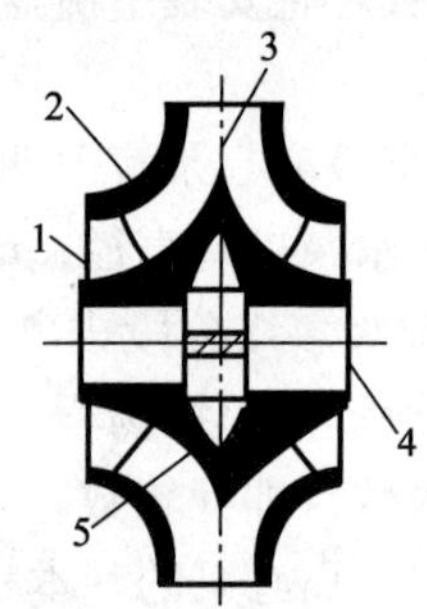

图 9—11 双吸式叶轮示意

1—吸入口；2—轮盖；3—叶片；4—轴孔；5—轮毂

（2）泵轴

泵轴的作用是用来传递扭矩，使叶轮旋转。泵轴的常用材料是碳素钢和不锈钢。泵轴应有足够的抗扭强度和足够的刚度。叶轮和轴靠键相连接。由于这种连接方式只能传递扭矩而不能固定叶轮的轴向位置，故在水泵中还要用轴套和锁紧螺母来固定叶轮的轴向位置。叶轮采用锁紧螺母与轴套轴向定位后，为防止锁紧螺母退扣而产生松动，还要防止水泵反转，尤其是对于初装水泵或解体检修后的水泵，要按规定进行转向检查，确保与规定转向一致。

（3）泵壳

泵壳通常铸成蜗壳形，是主要固定部件，收集来自叶轮的液体，并使液体的部分动能转化为压力能，最后将液体均匀地导向排出口。泵壳顶上设有充水和放气的螺孔，以便在水泵启动前用充水的方法排走泵壳内的空气。在泵壳的底部设有放水螺孔，以便在水泵停车检修时放空积水。

（4）泵座

泵座的作用是固定水泵。泵座上有与底板或基础固定用的螺栓孔。在泵座的横向槽底开有泄水螺孔，以随时排走由填料盒内流出的渗漏水。泵壳和泵座上的螺孔，如果在水泵运行中暂时无用，可以用带螺纹的丝堵堵住。

（5）填料盒

泵轴穿出泵壳时，在轴与壳之间存在着间隙。在单吸式离心泵中，该部位如不用轴封装置，泵壳内高压水就会向外大量泄漏。填料盒就是常用的一种轴封装置。如图 9—12 所示是较常见的压盖填料盒，是由轴封套、填料、水封管、水封环和填料压盖 5 个部件组成。

填料又称盘根，在轴封装置中起阻水隔气的密封作用。常用的填料是浸过油、石墨的石棉绳填料。近年来又出现了各种耐高温、耐磨损以及耐腐蚀的填料。为了提高密封效果，填料绳一般做成矩形断面。填料压盖的作用是用来压紧填料，它对填料的压紧程度可通过拧松或拧紧压盖上的螺栓来进行调节。使用时，压盖的松紧要适宜，压得太松，则达不到密封效果；压得太紧，则泵轴与填料的机械磨损大，消耗功率大，如果压得过紧，则有可能造成抱轴现象，产生严重的发热和磨损。一般而言，压盖的松紧以水能通过填料缝隙呈滴状渗出为宜（约泄漏不超过60滴/min）。水封管与水封环的作用是将泵内的压力水引入填料与泵轴间的缝隙，起到引水冷却与润滑的作用。

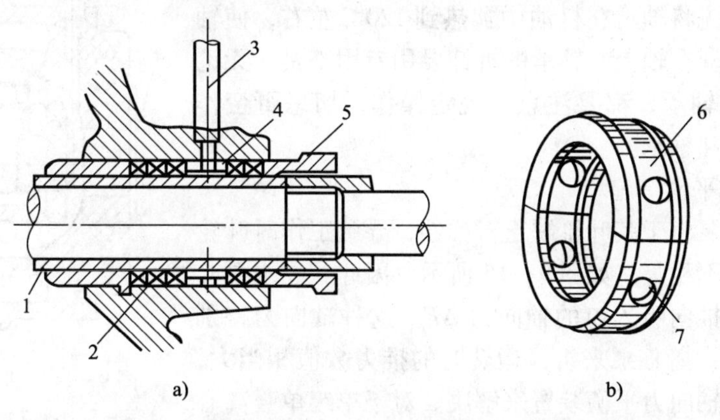

图9—12　离心泵

a）填料盒　b）水封环

1—填料；2—轴封套；3—水封管；4—水封环；5—压盖；6—环圈；7—水孔

（6）减漏环

叶轮吸入口的外圆与泵壳内壁的接缝处存在一个转动接缝，它是高低压交界面，且具有相对运动的部位，很容易发生泄漏。为了减少泵壳内高压水向吸水口的回流量，一般在水泵的构造上采用两种减漏方式：①减小接缝间隙，要求接缝间隙不超过0.1～0.5 mm。②增加泄漏通道中的阻力。

实际应用中，该接缝间隙处很容易发生叶轮与泵壳间的磨损现象，影响叶轮和泵壳的使用寿命。为此，要在泵壳上镶嵌一个金属环，该环的接缝面可做成多齿形，以增加水流回转时的阻力，提高减漏效果。这种金属环就称为减漏环。图9—13所示为三种不同形式的减漏环。其中，图9—13c为双环迷宫形的减漏环，其水流回转时的阻力很大，减漏效果好，但构造复杂。减漏环的另一作用是承磨，因为在实际的运行中，该部位的摩擦是难免的，水泵中有了减漏环，当摩擦使间隙变大后，只需更换减漏环，从而避免使叶轮和泵壳报废。因此，减漏环又称承磨环，是一个易损件。

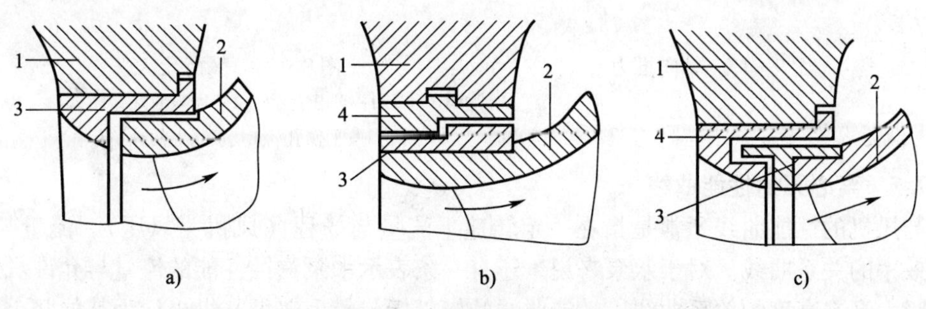

图9—13　减漏环形状示意

a）单环形　b）双环形　c）双环迷宫形

1—泵壳；2—叶轮；3—镶在泵壳上的减漏环；4—镶在叶轮上的减漏环

（7）轴承座

轴承座是用来支撑轴的，轴承装于轴承座内作为转动体的支持部分。轴承座的构造如图9—14所示。轴承与轴是紧配合，装配前应先将轴承在机油中加热到120℃左右，使轴承受热膨胀后再套在轴上。轴承的拆卸要用专用工具。无论是安装还是拆卸轴承，都要注意按规定操作，切忌野蛮作业，以防损坏轴和轴承。

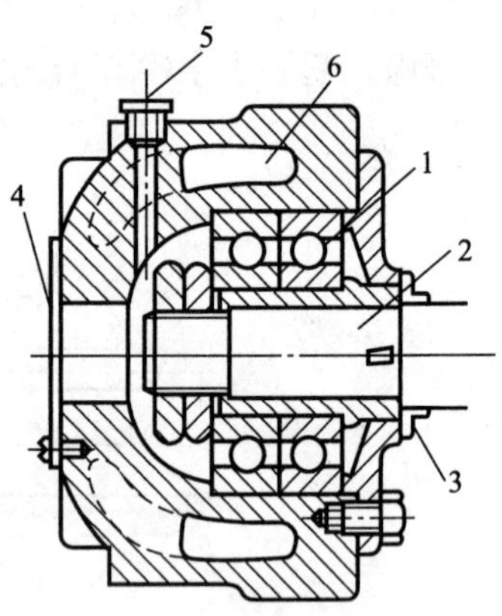

图9—14　轴承座构造示意

1—双列滚珠轴承；2—泵轴；3—阻漏油橡胶圈；4—封板；5—油杯孔；6—冷却水套

（8）轴向力平衡措施

单吸式离心泵由于其叶轮缺乏对称性，导致工作时叶轮两侧的作用压力不相等，如图9—15所示。因此，在水泵叶轮上作用有一个推向吸入口的轴向力 ΔF。这种轴向力特别是对于多级单吸式离心泵来讲，运转时的推力数值相当大，必须采用专门的轴向力平衡装置来解决。对于单级单吸离心泵而言，一般采取在叶轮的后盖板上钻平衡孔，并在后盖板上加装减漏环的方式，如图9—16所示。此环的直径可与前盖板上的减漏环的直径相等。压力水经此减漏环时压力下降，并经平衡孔流回叶轮中去，使叶轮后盖板上的压力与前盖板相接近，因而就消除了轴向推力。此方法的优点是结构简单，容易实行。缺点是叶轮流道中的水流受到平衡孔回流水的外击，使水力条件变差，从而使水泵的效率有所降低。

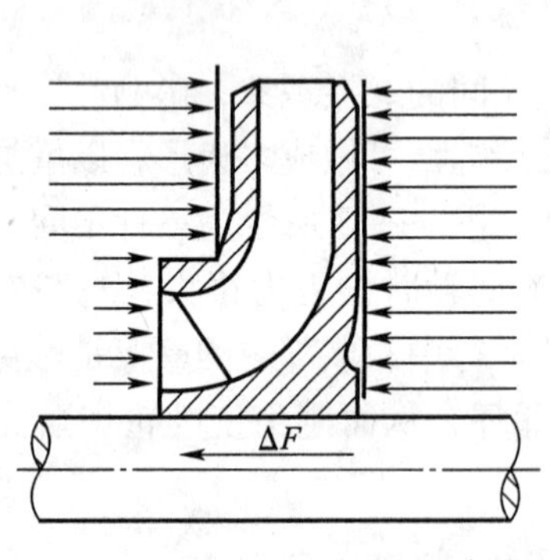

图9—15　轴向推力

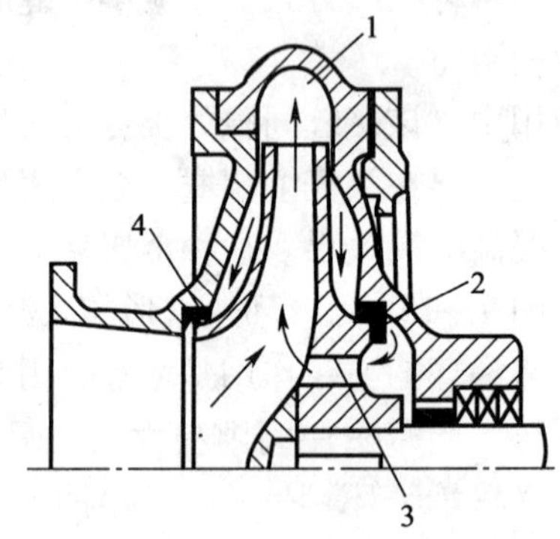

图9—16　平衡孔示意

1—排出压力；2—加装的减漏环；3—平衡孔；4—泵壳上的减漏环

9.1.5　离心泵的性能曲线

泵与风机的性能曲线通常是指在一定转速下流量与扬程（风机为风压）、流量与功率、流量与效率的关系曲线。对于水泵来说，还有一条表示水泵汽蚀性能的流量与允许汽蚀余量或允许吸上真空高度的关系曲线。性能曲线的横坐标一般为流量，纵坐标为其他几个参数。

泵与风机是按照需要的一组参数设计的，由这一组参数所组成的工况称为设计工况。从理论上讲设计工况应具有最高的效率，实际上由于泵与风机内的流动轨迹比较复杂，设计工况往往并不是最佳工况，最佳工况是由试验确定的。具体性能曲线可查阅相关资料。

9.1.6 离心泵运行工况与调节

离心泵的工况点即其运行时所处的状态点，该状态点由离心泵在管路系统中所具有的一些特性参数（如转速、流量、扬程等）共同确定。当离心泵的转速保持不变时，所对应的工况称为离心泵的定速运行工况。泵的 $Q-H$ 曲线与管道损失特性曲线的交点称为该水泵装置的平衡工况点，也称工作点。只要外界条件不发生变化，水泵将稳定地在这点工作。此点即为该离心泵的定速工况点。

由于离心泵工况点建立在水泵和管道系统能量供求关系平衡的基础上，只要两者之一发生改变，工况点就会发生转移，这种暂时的平衡点就会被另一新的平衡点所代替。但要注意的是，当管网中压力变化幅度太大时，水泵的工况点将会移出其高效段以外，而在低效率区工作。在水泵的运行管理中，常需要人为地对水泵装置的工况点进行必要的调节。最常见的调节是用闸阀来节流，也就是改变水泵出水闸阀的开启度。消耗水泵的多余能量，以使水泵工作在高效区。此外，还有变频调速调节，即在管网用水量逐时变动的情况下，通过改变转速来改变水泵工作的工况点，形成 $Q-H$ 曲线的高效工作区。

9.1.7 泵内汽蚀与汽蚀余量

泵在运转时，从水池里吸水，水沿着吸水管进入吸入室，然后流入叶轮。水流在流动过程中，由于速度的增加、势能的提高及克服流动阻力，水流的压力越来越低。当水流流到某一位置时，水流的压力已经下降至水的饱和压力，则水流出现汽化。同时，原来溶解于水中的气体亦同时逸出，形成蒸汽、气体泡。这些充满着蒸汽和气体的空泡很快胀大，并随着水流向前运动。水流到达压力较高的地方时，充满着蒸汽和气体的空泡迅速凝缩、溃灭。空泡溃灭时，水以高速填补空泡的位置，水流彼此发生了撞击，形成了局部水击，瞬时压力可达数千万帕。空泡胀得越大，它凝缩、破灭时引起的局部水击压力亦越高。空泡从生长至完全破灭，整个过程历时 0.003 ~0.005 s，所以局部水击压力升高的作用频率亦很高。这种现象如发生在过流部件的固体壁上，过流部件会受到腐蚀、磨损，这就是汽蚀。

（1）汽蚀的结果

1）材料破坏。汽蚀发生时，由于机械剥蚀与化学腐蚀的共同作用，使材料受到破坏。

2）性能下降。发生汽蚀的同时，泵内液体连续性遭到破坏，从而使泵的性能下降。

3）噪声和振动。汽蚀是一种反复冲击、凝结的过程，同时产生激烈的振动和噪声。当某一个振动频率与机组自然频率相一致时，机组就会产生强烈的振动，直接影响泵的正常运转。

（2）汽蚀余量

有关汽蚀余量的计算，分为有效和必需汽蚀余量，具体计算公式可参考有关资料。有效汽蚀余量由泵吸入侧管路系统决定，与泵本身无关；必需汽蚀余量由泵入口各因素决定。欲使泵不产生气泡，就要使有效汽蚀余量大于必需汽蚀余量。

9.1.8 常用离心泵的选择

（1）选型条件

主要有介质的物理化学性能、工艺参数和现场条件等。

1）输送介质的物理化学性能。输送介质的物理化学性能直接影响泵的性能、材料和结构等，选型时要重点加以考虑。介质的物理化学性能主要包括介质的特性（如腐蚀性、磨蚀性和毒性等）、固体颗粒含量和颗粒大小、密度、黏度等，可以根据介质的不同特性选择适宜的离心泵。

2）工艺参数。工艺参数是水泵选型的最重要的依据，应根据工艺流程和操作范围慎重确定。工艺参数包括以下内容。

①流量 Q。流量是指工艺装置生产中，要求泵所输送的介质量。工艺人员一般应给出正常、最小和最大流量。

泵的数据表上往往只给出正常和额定流量 Q_0，选泵时，要求额定流量不小于计算所得的装置的最大流量 Q_{max} 或取该最大流量的 1.1～1.15 倍，即取 $Q_0=(1.1\sim1.15)Q_{max}$。

②扬程 H。指工艺装置所需的扬程值，也称计算扬程，一般要求泵的额定扬程 H_0 为计算所得的装置的最大扬程 H_{max} 的 1.1～1.15 倍，即 $Q_0=(1.1\sim1.15)H_{max}$。

③进口压力 P_s 和出口压力 P_d。进、出压力指泵进、出管接法兰盘处的压力，进、出口压力的大小影响到壳体的耐压和轴封的要求，选泵时要考虑到其承压能力。

④温度 T。指泵进口介质的温度，一般应给出工艺过程中进口介质的正常、最低和最高温度；如果工作时介质的温度不符合泵性能数据表中的温度条件，则不能直接用性能表来选泵，而应先进行修正，之后方能按表中参数进行选泵工作。

⑤装置的有效汽蚀余量。

⑥操作状态。分连续操作和间歇操作两种。

3）现场条件。现场条件包括泵的安装位置，如室内或室外，环境温度、湿度，大气压力，大气腐蚀状况及危险区域的划分等级等条件。

（2）注意的事项

选用离心泵的过程中，应注意以下事项。

①在满足最大工况要求的条件下，应尽量减少能量的浪费。

②应合理利用水泵的高效率段。在选用设备时，应使其工作点处于其 $Q-H$ 曲线的高效区域，以保证工作点的稳定和高效运行。

③考虑必要的备用机组。

④需要多台设备并联运行时，应尽可能选用同型号、同性能的设备，互为备用。

⑤尽量选用大泵，一般大泵效率高。当系统损失变化较大时，要考虑大小兼顾，以便灵活调配。

⑥泵样本上所提供的参数，是在某特定标准状态下实测而得到的。当实际条件与标准状态不符时，应根据有关公式进行换算，将使用工况状态下的流量、扬程换算为标准状态下的流量、扬程，再根据换算后的参数进行设备选用工作。

⑦选择水泵时，应查明设备的允许吸上真空高度或允许汽蚀余量，以确定水泵的安装高度。在选用允许吸上真空高度时，应考虑使用介质温度及当地大气压强值进行修正。

⑧当涉及水泵的变频调速时，应先根据最大需水量、最大水压来选泵，然后根据实际情况确定所选水泵的配备与运行方案，如定速泵与变频调速泵的台数匹配、运行匹配等。

9.1.9 离心泵的运行管理

（1）离心泵启动前的准备工作

1）泵启动前应注意做好全面检查工作，包括以下内容：

①轴承中润滑油是否足够，润滑油规格是否符合设备技术文件的规定。

②出水闸阀及压力表阀、真空表阀等是否处于关闭状态。

③装置各处连接螺栓有无松动现象。

④配电设备是否完好、正常，各指示仪表、安全保护装置及电控装置均应灵敏、准确、可靠。

⑤盘车。就是用手转动联轴器，目的是为了检查泵及电动机内有无异常声音，如零件松脱、杂物堵塞、泵内冻结、轴承缺油、主轴变形等。

⑥灌泵。就是启动前向泵及吸水管中充水，以便启动后在泵的入口处造成抽吸液体必要的真空值。如设置为自灌式，可不用灌泵。

⑦对于首次启动的水泵，还应进行转向检查，检查其转向是否与泵厂规定的转向一致。

2）准备工作就绪之后，即可启动水泵。离心泵启动时应符合下列要求：

①启动时应打开吸入管路阀门，关闭排出管路阀门。

②吸入管路应充满输送液体并排尽空气，不得在无液体的情况下启动。

③转速正常后应打开出口管路的阀门，出口管路阀门的开启不宜超过3 min。

待水泵转速稳定后，应打开真空表阀与压力表阀，压力表读数升至水泵在零流量时的空转扬程时，可逐渐打开压水管上的闸阀，此时真空表读数逐渐增加，压力表读数逐渐下降，配电屏上的电流表读数逐渐增大。待电流值达到规定值时，保持闸阀在此开度，启动工作结束。

（2）离心泵的试运转

离心泵的试运转应符合下列要求：

①各固定连接部位不应有松动。

②转子及各运动部件运转应正常，不得有异常声响和摩擦现象。

③管道连接应牢固无渗漏，附属系统运转应正常。

④润滑部位不得有渗漏和雾状喷油现象。

⑤泵的安全保护和电控装置及各部分仪表均应灵敏、正确、可靠。

⑥机械密封的泄漏量不应大于5 mL/h，填料密封的泄漏量不应大于表9—1的规定，且温升应正常。

⑦泵在额定工况点连续试运转时间不应小于2 h。

表9—1　填料密封的泄漏量

设计流量/（m^3/h）	≤50	50～100	100～300	300～1 000	>1 000
泄漏量/（mL/nim）	15	20	30	40	60

（3）离心泵运行中应注意的问题

1）要随时注意检查各个仪表工作是否正常、稳定。电流表上的读数应不超过电动机的额定电流，电流过大或过小都应及时停车检查；引起电流过大，一般是由于叶轮中有杂物卡住、轴承损坏、密封环相互摩擦、轴向力平衡装置失效、电网中电压降太大、管路阀门开度过大等；引起电流过小的原因有吸水底阀或出水闸阀打不开或开量不足、水泵汽蚀等。

2）定期记录泵的流量、扬程、电流、电压、功率等有关技术参数；严格执行岗位责任制和安全技术操作规程。

3）检查轴封填料盒处是否发热，滴水是否正常，滴水应呈滴状连续渗出，运行中可通过调节压盖螺栓来控制滴水量。

4）检查泵与电动机的轴承和机壳温度。轴承温度一般不得超过周围环境温度35℃，轴承的最高温度不得超过75℃，否则应立即停车检查；在无温度计时，也可用手摸，凭经验判断，如感到很烫手时，应停车检查。

5）检查流量计指示数是否正常。无流量计时可根据出水管水流情况来估计流量。

6）随时倾听机组声响是否正常。

9.1.10 离心泵的检修

9.1.10.1 拆卸

水泵结构类型不同，其拆卸方法也有所不同。但各类泵的联轴器的拆卸方法大体是相同的。先拧下轴上的螺母（有的不带有螺母），用小锤沿联轴器的四周轻敲击即可取下。用此法拆不下来时，可用工具拆卸。

（1）单吸单级离心泵的拆卸

单吸单级离心泵的结构如图9—17所示。拆卸顺序如下。

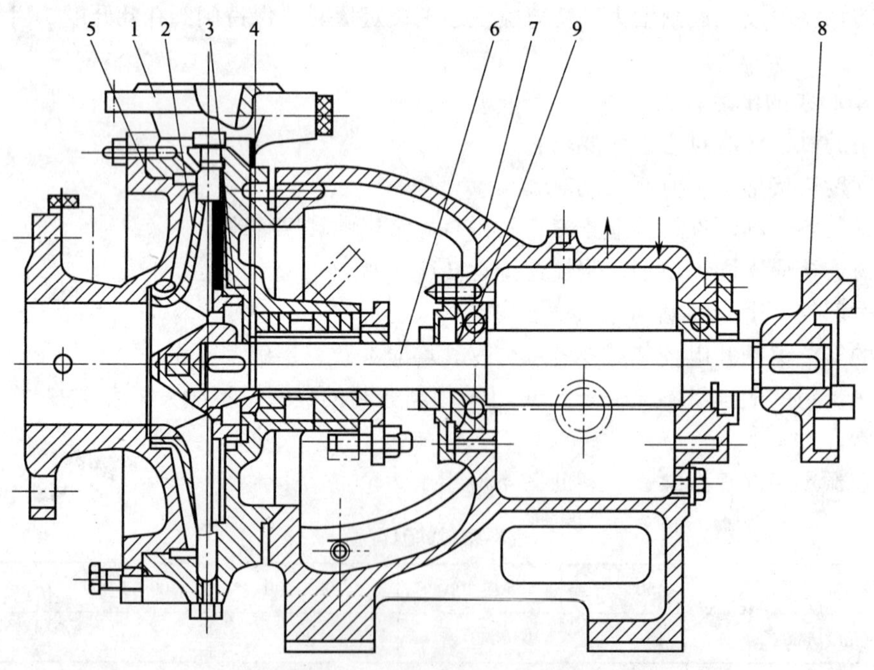

图9—17 单吸单级离心泵的结构

1—泵体；2—叶轮；3—密封环；4—轴套；5—泵盖；6—泵轴；7—托架；8—联轴器；9—轴承

1）泵盖的拆卸。先卸下泵盖与泵体间的连接螺母，然后用锤子敲击（最好是木锤或铜锤，用铁锤时应在敲击处垫以方木）即可拆下。带有顶丝者可用顶丝顶下。

2）叶轮的拆卸。拧下叶轮螺母，用木锤或铜锤沿叶轮四周轻轻敲击即可拆下。若叶轮锈蚀在轴上，可先用煤油浸润后再拆。

3）泵体的拆卸。先卸下泵体与托架间的连接螺母，取下泵体；再卸下填料压盖，取出填料函体内的填料。

4）泵轴的拆卸。先卸下托架轴承体上的前、后轴承压盖，再用方木由轴的前方向后（即向联轴器方向）敲打，最好采用专用工具，如俗称的“扒轴器”，即可把轴取下。

在拆卸过程中，应注意不使轴损坏。拆出的零件，特别是小零件，最好编号存放，以免弄错。

（2）双吸单级离心泵的拆卸

双吸单级离心泵的结构如图 9—18 所示。拆卸按以下顺序进行。

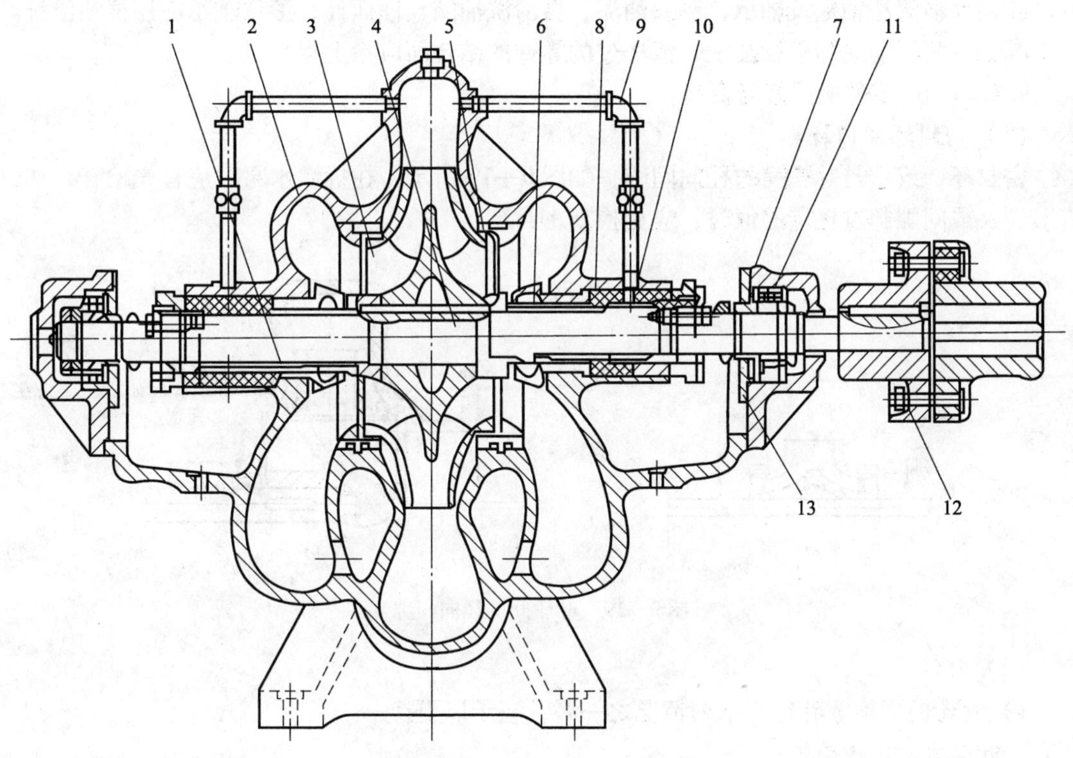

图 9—18　双吸单级离心泵的结构

1—泵体；2—泵盖；3—叶轮；4—泵轴；5—密封口环；6—轴套；7—轴承体；8—填料；9—水封管；10—水封环；11—单列向心球轴承；12—联轴器部件；13—轴承端盖

1）泵盖的拆卸。拧下泵两侧的填料压盖与泵盖之间的连接螺母，将填料压盖向两侧拉开，拆下涡形体与泵盖之间的连接螺母与定位销钉，即可取下泵盖。

2）转子部分的拆卸

①卸下泵两侧轴承体，然后把转子部分取出来放到木板上或橡胶垫上，不得碰伤叶轮和轴颈等。

②卸下轴承。

③取下填料压盖、填料环及填料套。

④取出叶轮两侧的双吸口环。

⑤拧下轴套两端备母，拆下轴套。

⑥用压力机把叶轮由轴上压出。

如果转子部分不是每个零件都要检修，就不必分别进行拆卸。

9.1.10.2　零件的清洗

①刮去叶轮内、外表面及口环和轴承等处所积存的水垢、铁锈等物，再用水或压缩空气清洗掉。

②清洗壳体各接合表面上积存的油垢和铁锈。

③清洗水封管并检查管内是否畅通。

④用煤油清洗轴瓦及轴承，刮去油垢，再清洗油圈及油面计；滚珠轴承应用汽油清洗。

⑤如果泵不能立即进行装配，清洗过的零件的结合面应涂上保护油。

9.1.10.3　零件的检查与修理

（1）密封环（口环）

密封环，或它与叶轮间的径向间隙，如图 9—19 所示，在拆卸水泵时应首先检查，如已有破裂，或间隙超过规定的值时，应更换新密封环。

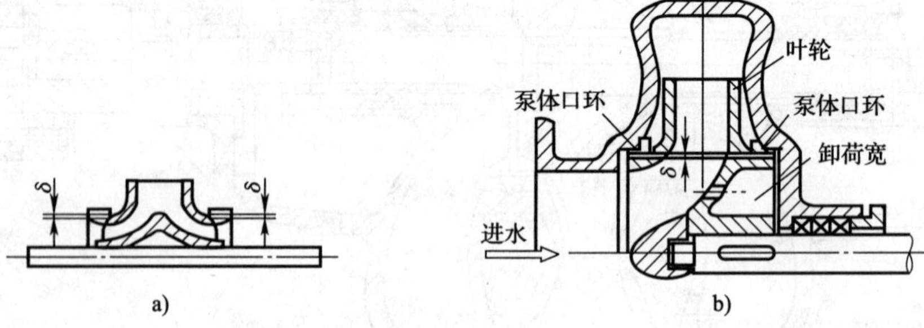

图 9—19　叶轮间的径向间隙

（2）叶轮

1）叶轮的更换。叶轮有下列情况之一者，应予以更换。

①叶轮表面出现裂纹；

②叶轮表面因腐蚀、浸蚀或汽蚀而形成较多的孔眼；

③因冲刷而造成叶轮盖板及叶片等变形，影响了机械强度；

④叶轮口环处发生较严重的偏磨现象，已无修理价值。

2）叶轮的修理。

①叶轮腐蚀如不严重或孔眼不多时，可以用补焊的方法修复。

②如叶轮入口处磨损沟痕或偏磨现象不严重时，可用砂布打磨，在厚度允许的情况下亦可在车床上抛光。

③新叶轮或修复的叶轮应进行叶轮的静平衡试验。

（3）轴封装置

旋转的泵轴与静止的泵体之间的密封装置称为轴封。它的作用是为了防止高压液体从泵内漏出。轴封效果的好坏取决于填料压盖的松紧。

1）离心水泵常用的软填料。

①输送常温清水的低压离心式水泵一般用石墨或黄油浸透的棉织物填料。

②在中等温度和压力下工作的泵一般用石墨浸透的石棉填料。

2）轴封的修理。

①检修水泵时，一定要更换新的填料，轴封装置的其他零件也要拆除检查。

②填料装置的轴套（无轴套则为轴）磨损较大或出现沟痕时，应更换新件；若是轴磨损严重，可用给轴加工镶套等方法修复。

③填料压盖、填料挡套及填料环磨损过大时，应更换新件。

（4）泵轴

1）轴的更换。泵轴遇有下列情况之一者，应换新轴。

①轴已产生裂纹。

②表面有较严重的磨损，或因高压水冲刷而出现较大的沟痕。

③轴弯曲严重无法矫直。

2）轴的修理。轴被拆下来以后，经擦洗检查没有上述缺陷后，应放到车床上，用千分表检查其弯曲量，并记下弯曲部位。轴的弯曲量不能超过0.06 mm，若大于此值时，则应进行校直。

3）滑动轴承轴颈的修理。由于润滑油的不清洁而使轴颈磨损，遇有此情况可用磨床加工或用砂布打磨。

9.1.11　其他泵

9.1.11.1　轴流泵及其应用

轴流泵是大流量、低扬程泵，由传动装置传动，适用于输送清水或物理、化学性质类似于水的其他液体，广泛用于农田排灌、热电站输入循环水、城市提升给水及其他水利工程等。

（1）轴流泵及主要部件

轴流泵的外形像一根水管，泵壳直径与吸水口直径差不多，既可垂直安装，也可水平或倾斜安装。根据安装方式的不同，轴流泵通常分为立式、卧式和斜式三种。立式轴流泵主要由吸入管、叶轮、导叶、轴和轴承、机壳、出水弯管及密封装置等部件组成，如图9—20所示。

（2）轴流泵的特性

轴流泵的特性曲线如图9—21所示，与离心泵相比，具有以下明显特点。

①$Q—H$ 曲线为陡降型，并存在拐点。一般而言，轴流泵的空转扬程，即流量 $Q=0$ 时的扬程为设计扬程的1.5～2.0倍。在小流量范围内轴功率较大是因为：一方面叶轮进出口之间产生回流，回流内水力损失要消耗能量；另一方面叶片进出口产生回流旋涡，使主流从轴向流动变为斜流形式，这也要损失能量。

②$Q—\eta$ 曲线为单驼峰形，高效区很窄。一旦运行工况偏离设计工况时，效率下降快，因此，不宜采用节流调节。

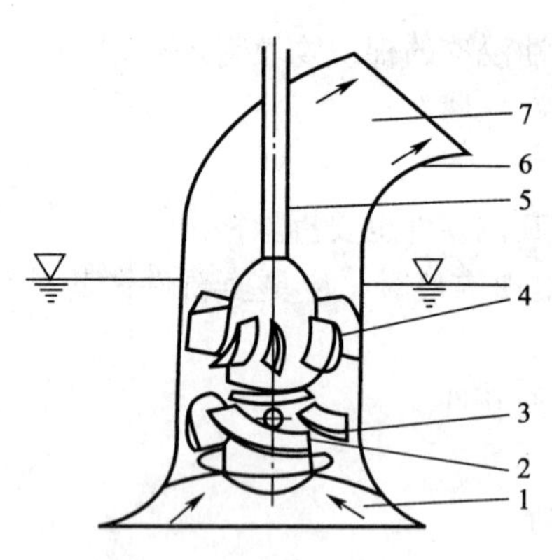

图 9—20　轴流泵工作示意

1—吸入管；2—叶片；3—叶轮；4—导叶；5—轴；6—机壳；7—出水弯管

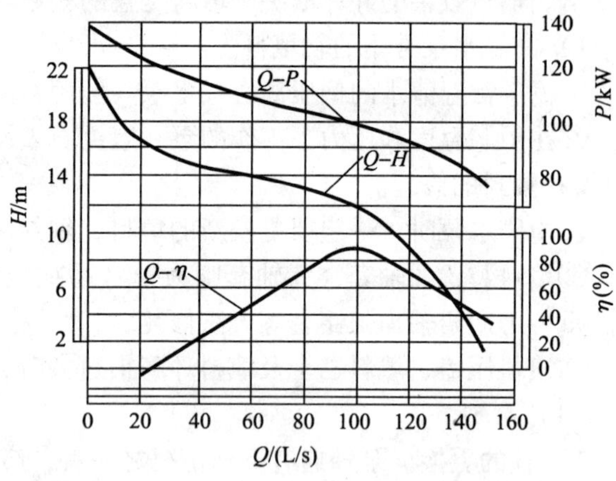

图 9—21　轴流泵的特性曲线

9.1.11.2　螺杆泵

螺杆泵是利用螺杆的回转来吸排液体的。分为单螺杆泵、双螺杆泵、三螺杆泵 3 种类型。

(1) 螺杆泵结构工作原理

如图 9—22 所示为单螺杆泵。它是一种内啮合式的密闭式螺杆泵，主要工作部件由具有双头螺旋空腔的衬套（定子）和在定子腔内与其啮合的单头螺旋螺杆（转子）组成。由于螺杆与衬筒内壁的紧密配合，在泵的吸入口和排出口之间，分隔出一个或多个月牙形密封空间。随着螺杆的转动和啮合，这些密封空间在泵的吸入端不断形成，将吸入室中的液体封入其中，并自吸入室沿螺杆轴向连续地推移至排出端，将封闭在各空间中的液体不断排出，犹如一螺母在螺纹回转时被不断向前推进的情形，这就是螺杆泵的基本工作原理。

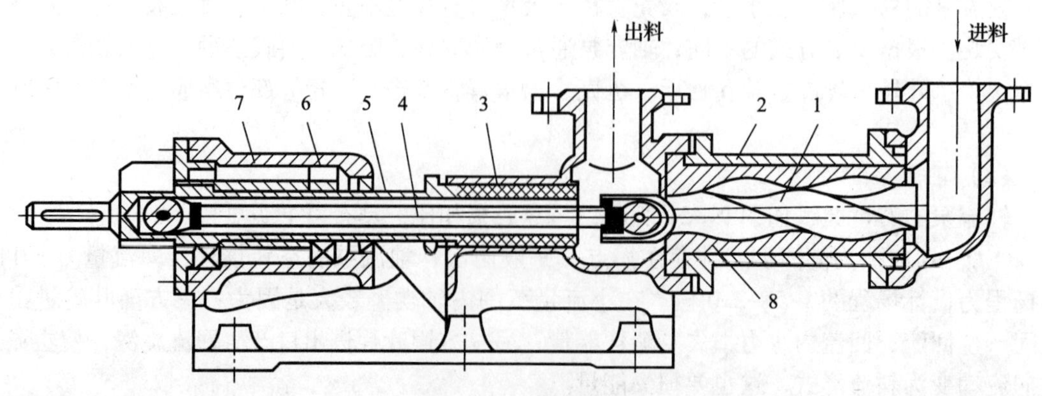

图 9—22　螺杆泵

1—螺杆；2—螺腔；3—填料函；4—平行销连杆；5—轴套；6—轴承；7—机座；8—衬套（定子）

（2）螺杆泵的特点及使用范围

螺杆泵由于结构和工作特性，与离心泵相比具有下列优点。

1）能输送高固体含量的介质。

2）流量均匀，压力稳定，低转速时更为明显。

3）流量与泵的转速成正比，因而具有良好的变量调节性。

4）一泵多用，可以输送不同黏度的介质。

5）泵的安装位置可以任意倾斜。

6）适合输送敏感性物品和易受离心力等破坏的物品。

7）体积小，重量轻，噪声低，结构简单，维修方便。

螺杆泵可以广泛用于工业部门，输送各种介质。如化学工业中输送酸、碱、盐液，各种黏滞糊状、乳状化学浆液；勘探采矿业中输送各种钻探泥浆、采矿用水、浮浆状物和浮液；造船工业中输送船底污水、污油、各种燃油、淡水；污水处理中输送污水、淤泥等。

（3）螺杆泵的运行管理

1）启动。螺杆泵应在吸排停止阀全开的情况下启动，以防过载或吸空。螺杆泵虽然具有干吸能力，但是必须防止干转，以免擦伤工作表面。

如果泵需要在油温很低或黏度很高的情况下启动，应在吸排阀和旁通阀全开的情况下启动，让泵启动时的负荷处在最低状态，直到原动机达到额定转速时，再将旁通阀逐渐关闭。

当旁通阀开启时，液体是在有节流的情况下在泵中不断循环流动的，而循环的油量越多，循环的时间越长，液体的发热也就越严重，甚至使泵因高温变形而损坏，必须引起注意。

2）运转。螺杆泵必须按既定的方向运转，以产生一定的吸力。泵工作时，应注意检查压力、温度和机械轴封的工作。对轴封应该允许有微量的泄漏，如泄漏量不超过20～30 s/滴，则认为正常。如果泵在工作时产生噪声，往往是由油温太低、油液黏度太高、油液中进入空气、联轴器失衡或泵过度磨损等原因引起。

3）停车。泵停机时，应先关闭排出停止阀，待泵完全停转后关闭吸入停止阀。

4）其他注意事项。螺杆泵因工作螺杆长度较大、刚性较差，容易引起弯曲，造成工作失常。对轴系的连接必须很好对中。对中工作最好是在安装定位后进行，以免管路牵连造成变形。连接管路时应独立固定，尽可能减少对泵的牵连。此外，备用螺杆在保存时最好采用悬吊固定的方法，避免因放置不平而造成弯曲变形。

9.1.11.3　排污泵

如图9—23所示为WL型立式排污泵。其主要部件由蜗壳、叶轮、泵座体、支撑管、轴、电动机座等组成。叶轮有两种规格，一种是三叶片叶轮，另一种是单叶片叶轮。叶轮在蜗壳和泵座体组成的工作室中工作，将介质由工作室经出口弯头排出。泵的轴向密封由一套机械密封和两个骨架油封组成，防止介质沿轴向冲向轴承，以确保轴承的使用寿命。支撑管由冷拉钢管制成，用来连接电动机座与泵座体。泵的传动方式是通过联轴器与电动机连接。WL型立式排污泵的泵体和进水管上都设有手孔，以供排出杂物。液体沿轴向吸入，水平方向排出。电动机与泵的连接方式有两种，一是电动机联轴器装在与泵体连为一体的支架上；二是电动机单独设基础，通过带万向节的传动轴与泵轴连接。

这种泵高效节能，功率曲线平滑，可以在全性能范围内运行而无过载之忧；无堵塞，防缠性能良好，采用单叶片、大流道叶轮，能顺利地输送含有大固体颗粒、食品塑料袋等长纤维或其他悬浮物的液体，能抽送直径为100～250 mm、纤维长度为300～1 500 mm的大颗粒固体块状物。适用于输送城市生活污水、工矿企业污水、泥浆、粪便、灰渣及纸浆等浆料，还可用作循环泵、给排水用泵及其他用途。

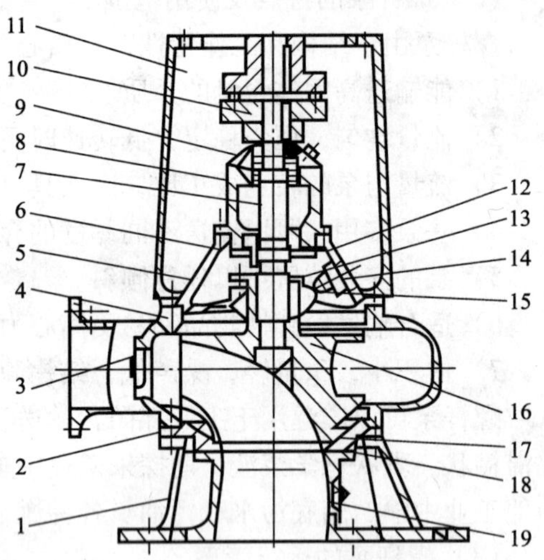

图9—23　WL型立式排污泵的结构图

1—底座；2—前泵盖；3，19—手孔；4—泵体；5—后泵盖；6—下轴承盖；7—轴；8—轴承架；9—上轴承盖；10—弹性联轴器；11—电动机支架；12—挡水圈；13—填料压盖；14—汽油环；15—填料；16—叶轮；17—密封环；18—进口锥管

9.1.11.4　管道泵

如图9—24所示为GD型管道泵结构示意图。它是立式单吸单级离心泵。泵的出、入口在同一水平方向上，并互成180°。泵主要由泵体、泵盖、叶轮、轴、机械密封等零件组成。口径ϕ100 mm及以下的泵与电动机共轴，叶轮直接装在电动机上，轴向力由电动机轴承承受。泵有无支撑角与有支撑角两种支撑方式。口径ϕ125 mm及以上的泵，泵轴与电动机分开，泵轴由中间轴承体轴承支撑，电动机轴套入泵轴内。整机有底座支撑，轴封采用机械密封。

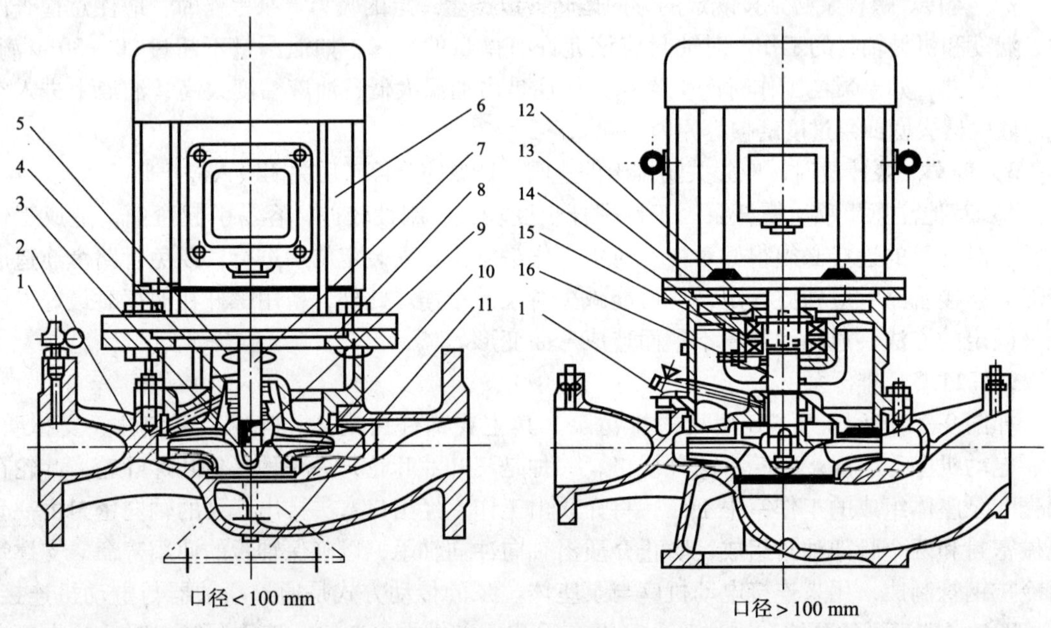

图9—24　GD型管道泵结构示意图

1—放气阀；2—泵体；3—叶轮螺母；4—机械密封；5—挡水圈；6—电动机；7—电动机轴；8—盖架；9—叶轮；10—密封环；11—支撑角；12—轴承盖；13—轴承；14—轴承垫圈；15—弹性挡圈；16—连接轴

这种泵一般供输送温度低于80℃的无腐蚀性的清水或物理、化学性质类似清水的液体。可以直接安装在水平管道中，小型泵还可以安装在竖直管道中运行，也可多台串联或并联运行。适合工业系统中途加压、空调循环水输送及城市高层建筑给水使用。

(1) 管道泵的安装

管道泵的安装应符合以下要求。

1) 设有安装基础时，泵的安装基础应平坦，以便法兰盘平面与地面垂直。

2) 安装管路时，进、出水管应有自己的支撑架，不得以泵作为管路的支撑，以免大的压力使法兰盘断裂。

3) 泵的出口应安装压力表和闸阀，进口应视使用情况而定。

4) 泵的安装高度，管路的长度、直径、流速应符合计算要求。长距离输送应取较大的管径，以补偿途中的损失。

5) 使用时，如泵的进口有较大的压头，应考虑泵体的承压能力，必要时可选用承压能力较大的材料制造的泵。

(2) 管道泵的启动

管道泵的启动可按以下步骤进行。

1) 灌泵，同时旋开放气阀，把泵内尤其是机械密封腔内的空气排除掉，以免因机械密封失水而烧毁。

2) 关闭排出管路上的闸阀。

3) 点动电动机，以检查旋转方向是否正确、泵的转动是否灵活。

4) 接通电源，启动电动机，当泵达到正常转速后，逐渐打开排出管路上的闸阀并调节到所需要的工况；要注意的是，在排出管上闸阀关闭的情况下，泵的连续运转不宜超过3 min，以免水温升高导致泵的零部件损坏。

(3) 运转

管道在运转时应注意如下问题。

1) 泵长期运转时，应尽量在接近铭牌规定的流量和扬程的情况下工作，使泵在高效率区运行，以获得最大的节能效果。

2) 口径大于ϕ0.1 m的泵在运行时，轴承温度不得超过周围环境温度35℃，极限温度不得大于80℃，并应定期向轴承腔内注入黄油。

3) 在运转中发现有异常的噪声时，应立即停机检查。

4) 热水型泵运转时应保持有充足的冷却水，用以冷却泵轴与盖架。

(4) 停泵

管道泵停止运转时，应先关闭出口闸阀，再切断电源使电动机停止运转，最后关闭压力表阀。在寒冷季节短时期停泵时，应拧开泵体下部的丝堵，放净泵内存水。泵长期运转后，若流量和扬程有明显的下降，应拆开更换已磨损的零件。长期停止用泵时，应将泵解体并擦干水分，除去锈垢，涂上防锈脂，重新组装好并妥善保存。

9.1.11.5 计量泵

(1) 工作原理及分类

计量泵主要由动力驱动、流体输送和调节控制三部分组成。动力驱动装置经由机械连杆系统带动流体输送隔膜实现往复运动；隔膜（活塞）于冲程的前半周将被输送流体吸入并于后半周将流体排出泵头；所以，改变冲程的往复运动频率或每一次往复运动的冲程长度即可达至调节流体输送量的目的。精密的加工精度保证了每次泵出量，进而实现对被输送介质的精密计量。

因其动力驱动和流体输送方式的不同，计量泵可以大致划分成柱塞式和隔膜式两大种类。

（2）柱塞式计量泵结构特点

柱塞式计量泵的结构示意如图 9—25 所示。其结构说明见表 9—2。

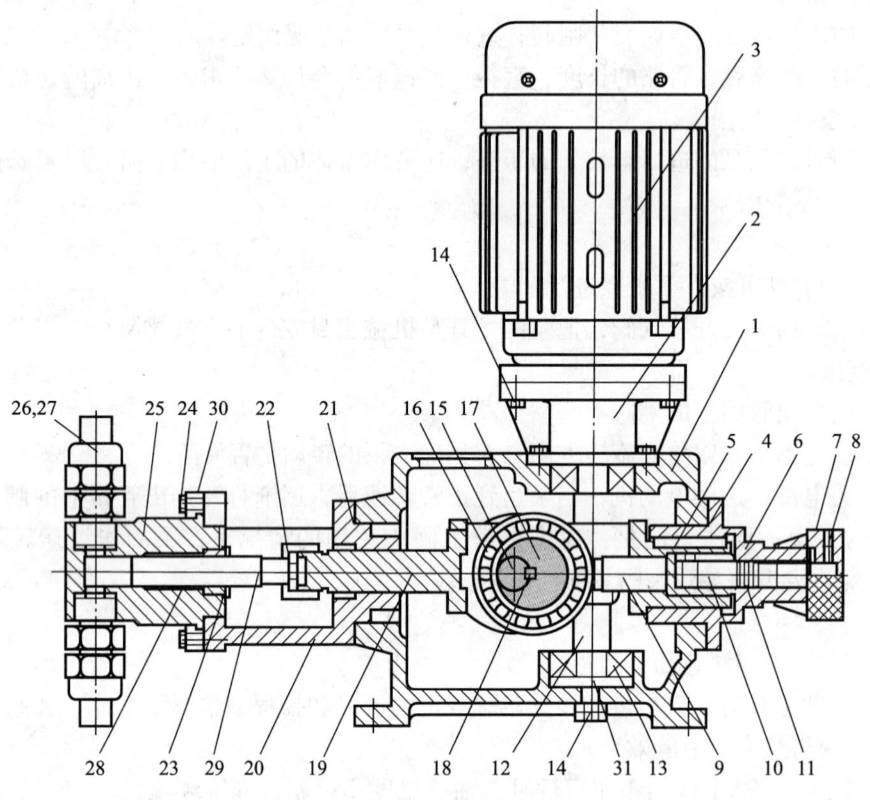

图 9—25 柱塞式计量泵的结构示意图

表 9—2 **柱塞式计量泵的结构说明**

序号	零件名称	序号	零件名称	序号	零件名称	序号	零件名称
1	泵体	9	调节顶杆	17	偏心轮	25	泵头
2	电动机连接头	10	调节杆	18	键	26	单向阀
3	电动机	11	密封件	19	顶杆	27	接管阀
4	密封件	12	蜗杆	20	泵头连接头	28	填料
5	键	13	轴承	21	密封件	29	柱塞
6	调节器	14	调节螺钉	22	柱塞压紧帽	30	泵头压板
7	手轮	15	主轴	23	填料压紧帽	31	轴承垫板
8	紧定螺丝钉	16	滚轮	24	螺钉		

柱塞式计量泵主要有：普通有阀泵和无阀泵两种。因其结构简单和耐高温高压等优点而被广泛应用于石油化工领域。但因被计量介质和泵内润滑剂之间无法实现完全隔离这一结构性缺点，柱塞式计量泵在高防污染要求流体计量应用中受到诸多限制。

（3）隔膜式计量泵结构特点

隔膜式计量泵结构示意如图9—26所示。其结构说明见表9—3。

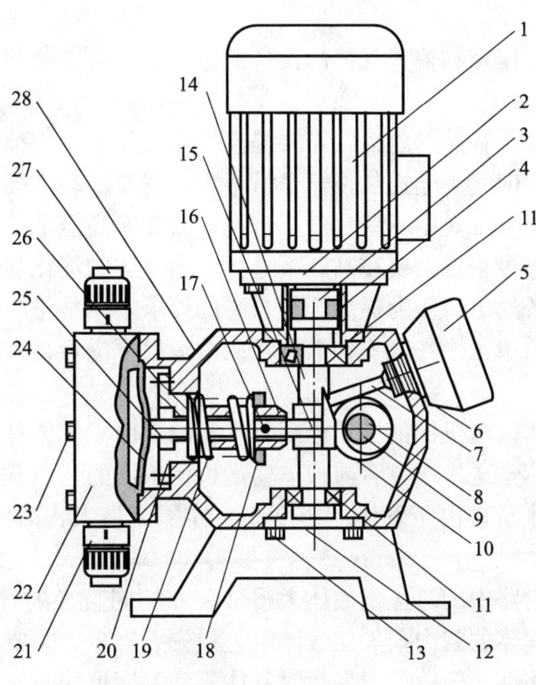

图9—26　隔膜式计量泵结构示意图

表9—3　　隔膜式计量泵结构说明

序号	零件名称	序号	零件名称	序号	零件名称	序号	零件名称
1	电机	8	偏心轮轴承	15	顶杆	22	泵头
2	电动机座	9	主轴	16	导向轴套	23	螺栓
3	电动机联轴节	10	蜗轮	17	键	24	膜片
4	橡胶缓冲块	11	轴承	18	弹簧座	25	油封
5	调节手轮	12	轴承盖	19	弹簧	26	油封座
6	密封圈	13	螺钉	20	密封圈	27	出水阀总成
7	调节顶杆	14	蜗杆	21	进水阀总成	28	泵体

隔膜式计量泵利用特殊设计加工的柔性隔膜取代活塞，在驱动机构作用下实现往复运动，完成吸入—排出过程。由于隔膜的隔离作用，在结构上真正实现了被计量流体与驱动润滑机构之间的隔离。新型材料的选用提高了隔膜的使用寿命，加上复合材料优异的耐腐蚀特性，目前已经使隔膜式计量泵成为流体计量应用中的主力泵型。

作为化学品精密投加的理想设备——计量泵，如今已被广泛地应用于石化、化工、油气田、电力、造纸、制药、环保、水处理等行业。

9.2 气体输送设备

气体输送设备是用于压缩和输送气体的设备的总称。在各工业部门应用极为广泛。主要用于以下 3 个方面。

①气体输送。为了克服管路的阻力，需要提高气体的压力，纯粹为了输送目的而对气体加压，压力一般都不高。但气体输送往往输送量很大，需要的动力往往也相当大。

②产生高压气体。化学工业中一些化学反应过程需要在高压下进行，如合成氨反应，乙烯的本体聚合；一些分离过程也需要在高压下进行，如气体的液化与分离；这些高压进行的过程对相关气体输送设备的出口压力提出了相当高的要求。

③生产真空。很多的单元操作需要在低于常压的情况下进行，这时就需要真空泵从设备中抽出气体以产生真空。

气体输送机械与液体输送机械的工作原理基本相同。由于气体具有可压缩性，气体的密度比液体小得多，使气体输送机械具有与液体输送机械不同的特点。

①对于一定的质量流量，由于气体的密度小、体积流量大，因此气体输送机械的体积大。

②由于流量大，其管路中的流速比液体大得多，在相同直径的管道内经过同样的管长，输送同样的质量流量，气体的阻力损失比液体阻力损失大得多，需要提高的压头也大。

③由于气体的可压缩性，气体压力变化时其体积和温度也同时发生变化，这对气体输送机械的结构形状有很大影响。

9.2.1 风机的分类及用途

(1) 风机的分类

风机是对气体压缩机械和气体输送机械的习惯简称。通常所说的风机包括通风机、鼓风机、压缩机以及罗茨鼓风机，但是不包括活塞压缩机等容积式鼓风机和压缩机。

按工作原理可分为叶片式和容积式两大类：

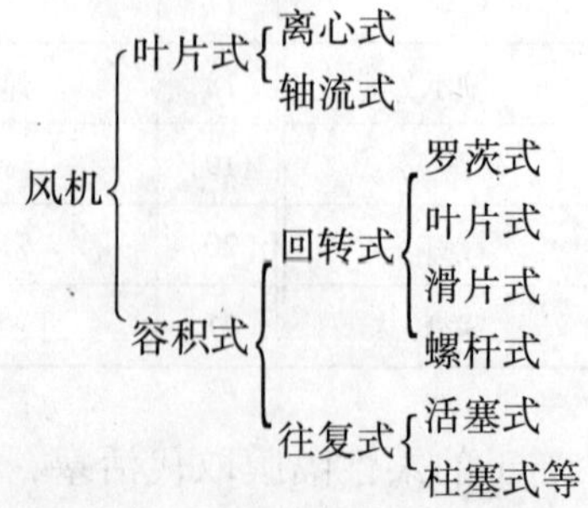

按气体出口压力可分为以下几种。

1）通风机。在大气压为 0.101 MPa、气温为 20℃时，出口全压值低于 0.015 MPa。

2）鼓风机。出口压力为 0.015 ~ 0.35 MPa。

3）压缩机。出口压力大于0.35 MPa。

（2）风机的一般特点及用途

按照不同的用途和所输送气体的种类，风机的风量、压力各不相同，特点也各异。其一般特点如下。

1）动力消耗大：对一定的质量流量而言，由于气体的密度小，其体积流量很大，因此气体输送管中的流速比液体要大得多，前者的经济流速（15～25 m/s）约为后者的（1～3 m/s）的10倍；这样，以各自的经济流速输送同样的质量流量，经相同的管长后气体的阻力损失约为液体的10倍，因而气体输送设备的动力消耗往往很大。

2）气体输送设备体积一般都很庞大，对出口压力高的机械更是如此。

3）由于气体的可压缩性，故在输送机械内部气体压力变化的同时，体积和温度也将随之发生变化；这些变化对气体输送设备的结构、形状有很大影响；因此，气体输送设备需要根据出口压力来加以分类。

风机一般用于工厂、矿井、隧道、冷却塔、车辆、船舶和建筑物的通风、排尘和冷却，锅炉和工业炉窑的通风和引风等；输送介质以清洁空气、清洁煤气、化工气体，也可按需生产输送其他易燃、易爆、易蚀、有毒及特殊气体，因而也广泛应用于冶金、化工、化肥、石化、食品、建材、石油、煤气站、气力输送、污水处理的鼓风曝气等多个行业和领域。

9.2.2　鼓风机

9.2.2.1　离心鼓风机的工作原理、主要构造和型号

离心鼓风机的结构与离心泵相似，都是依靠叶轮带动气体做旋转运动，借助离心力的作用使气体压强提高。但鼓风机的外壳直径和宽度都比较大，叶轮叶片数目较多，转速较高。由于鼓风机不能产生较高的风压（一般不超过30 kPa），所以风压较高的离心鼓风机是多级的。如图9—27所示为五级离心鼓风机的示意图。

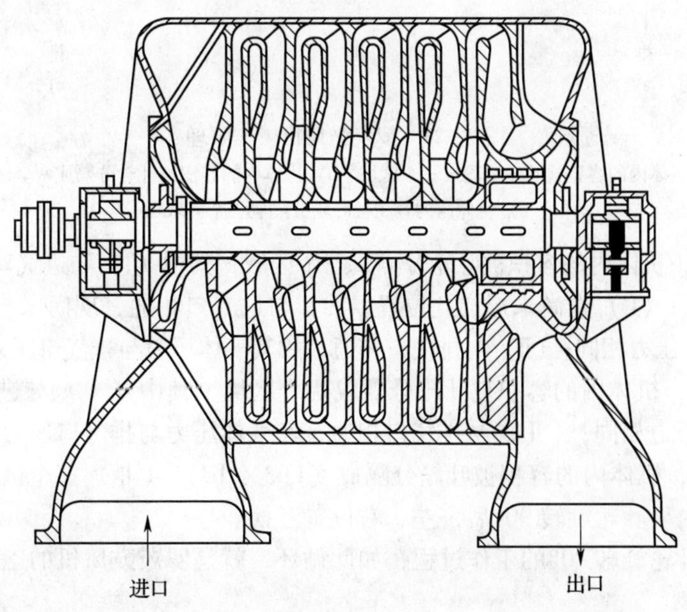

图9—27　五级离心鼓风机示意图

离心鼓风机的压缩比不高，压缩过程中气体获得的能量不多，所以温度升高也不显著，一般没有冷却装置，各级叶轮大小相等。

我国生产的离心鼓风机的型号代号，大多数是以拼音字母和数字组成，字母为结构代号，数字表示生产能力和设计的次数。如 D80—82 空气鼓风机，D 表示单吸式，流量为 80 m^3/min，共有 8 个叶轮，第 2 次设计的产品；s1 000—13 煤气鼓风机，s 表示双吸式，流量为 1 000 m^3/min，1 个叶轮，第 3 次设计的产品。

9.2.2.2　罗茨鼓风机

罗茨鼓风机是容积回转式鼓风机，其最大特点是：当压力在允许范围内加以调节时，流量变化甚微；压力的选择范围也很宽，具有强制输气的特征，输送介质不含油；结构简单，维修方便，使用寿命长，整机振动小。

（1）工作原理

如图 9—28 所示，在鼓风机机体内通过同步齿轮的作用，使两转子相对地呈反方向旋转，由于叶轮相互之间和叶轮与机体之间皆具有适当的工作间隙，所以构成进气腔与排气腔相互隔绝，借助于叶轮旋转，无内压缩地将机体内的气体由进气腔推送至排气腔后排出机体．达到鼓风的作用。

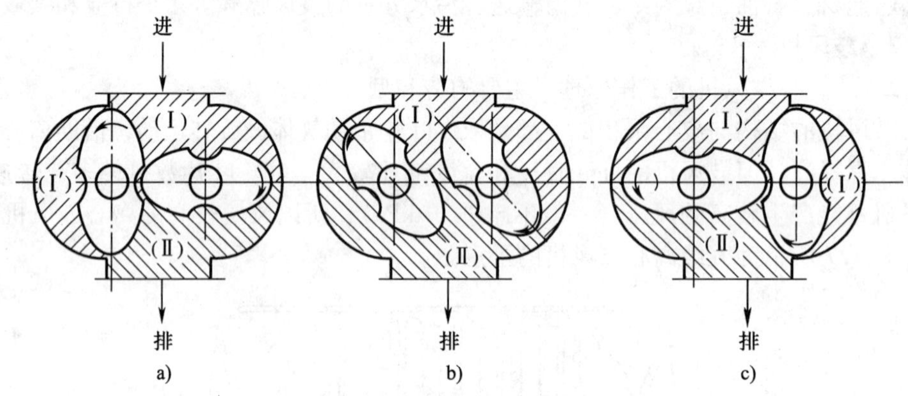

图 9—28　罗茨鼓风机工作原理

a）机体内的容积被叶轮分隔成三个区域　b）机体内的容积被叶轮分隔成两个区域
c）机体内的容积被叶轮分隔成三个区域

图 9—28a 中，机体内的容积被叶轮分隔成三个区域，其中（Ⅰ）与进气口相通，其气体压力与进口压力相同；（Ⅰ′）在尚未形成此位置以前，与进气口相通，现尚未与排气口相通，故其气体压力与进口压力相同；（Ⅱ）与排气口相通，故其气体压力与排气口压力相同。

图 9—28b 中，机体内的容积被叶轮分隔成两个区域，其中（Ⅰ）与进气口相通，其气体压力与进气口压力相同；（Ⅱ）与排气口相通，其气体压力与排气口压力相同。

图 9—28c 中，机体内的容积被叶轮分隔成（Ⅰ）、（Ⅰ′）、（Ⅱ）三个区域，与图 9—28a 情况相同，仅是由于叶轮旋转 90°后，左、右位置互换。

上述情况是叶轮旋转 90°的工作过程，如此循环，就是罗茨鼓风机的工作过程。

（2）常用类型

L 型罗茨鼓风机的产品零部件通用性强，标准化程度高，结构合理，效率高，使用稳妥可靠。用户选型、安装维修、配件更换都非常方便，在国民经济各行业中应用十分广泛。我国生产的L型罗茨鼓风机，机型有Ll～L10等各机号，流量为0.6～80 m^3/min，升压9.8～98 kPa。罗茨鼓风机与离心鼓风机相比，具有强制送风的特点，离心鼓风机在压力变化时流量变化很大，而罗茨鼓风机在压力变化时流量变化甚微。罗茨鼓风机与压缩机相比，有经济耐用的特点，且风量较大。

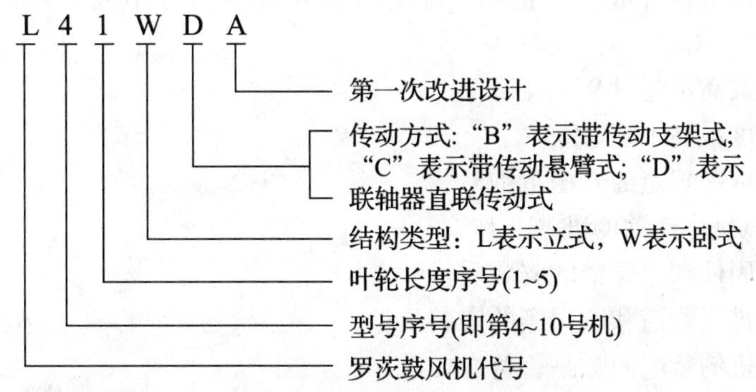

L型罗茨鼓风机的型号如上所示。

L型罗茨鼓风机输送介质为清洁空气、清洁煤气、二氧化碳及其他惰性气体。罗茨鼓风机选型由被输送介质的性质、工艺流程所需的流量和压力来确定，订货时必须说明输送介质、流量、压力三个参数，在确定压力和流量时还要考虑到管网阻力造成的压力损失和系统泄漏造成的流量损失，可通过理论计算得到，也可从同类装置类比推算求出。罗茨鼓风机可用于污水处理厂为生化反应充氧。在选用风机时，风压取决于水深、管道阻力和水的黏度，风量取决于水的体积。对于小型污水处理设备，罗茨鼓风机的升压一般为34.3～39.2 kPa，流量为10 m^3/min以下。但现在也有较大的风机用于污水处理，流量达到60 m^3/min，相当于L6号机。常用的110 m^3/min以下风机型号为L1、L2、L3。

R系列标准型罗茨鼓风机用于输送洁净空气。其进口流量为0.45～458.9 m^3/min，出口升压为9.8～98 kPa。其结构采用摆线叶型和最新气动设计理论，高效节能；转子平衡精度高、振动小，齿轮精度高、噪声低、使用寿命长，输送的气体不受油污染。传动方式分直联和带联两种。带联传动选用强力窄V形带，传动平稳，单根传动功率大，所需根数少，传递空间小。

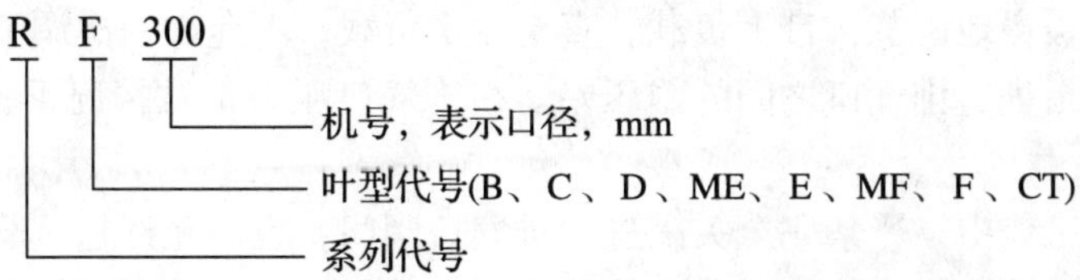

R系列标准型罗茨鼓风机型号如上所示。

SSR型罗茨鼓风机主要用于水处理、气力输送、水产养殖、真空包装等部门，用于输送洁净不含油的空气。其进口流量为1.18～26.5 m^3/min，出口升压为9.8～58.8 kPa。其结构采用三叶直线的新线型，使总绝热率和容积效率进一步提高。机壳内部不需油类润滑，输送的空气清洁，不含油质灰尘。该机的最大特点是体积小，重量轻，流量大，噪声低，运行平稳，风量和压力特性优良。

9.2.2.3 罗茨鼓风机的使用

（1）罗茨鼓风机的使用要求

1）进口气体温度不大于40℃。

2）气体中固体微粒含量不大于100 mg/m^3，微粒最大尺寸不大于装配间隙表中所规定的最小工作间隙的1/2。

3）轴承温度最高不超过95℃。

4）润滑油温度最高不超过65℃。

5）不得超过标牌规定的升压范围。

（2）罗茨鼓风机启动前的准备工作

1）检查各紧固件和定位销的安装质量。

2）检查进、排气管道和阀门等的安装质量。

3）检查鼓风机的装配间隙是否符合要求。

4）检查鼓风机与电动机的找中、找正质量。

5）检查机组的底座四周是否全部垫实，地脚螺栓是否紧固。

6）向油箱注入规定牌号的全损耗系统用油至两条油位线的中间或根据工作环境温度的变化而定。

7）全部打开鼓风机进、排气口阀门、盘动转子，注意倾听各部分有无不正常的杂声。

8）检查电动机转向是否符合指向要求，把负载控制器调整到允许额定值。

（3）罗茨鼓风机空负载试运转

1）新安装或大修后的风机部分经过空负载试运转。

2）罗茨鼓风机空负载运转的概念是在进排气口阀门全开的情况下投入运转。

3）试运转时应观察润滑油的飞溅情况是否正常，过多或过少都应调整油量。

4）没有不正常的气味或冒烟现象及碰撞或摩擦声，轴承部位的径向振动速度不大于6.3 mm/s。

5）空负载运行30 min左右，如情况正常，即可投入带负载运转；如发现运行不正常，进行检查排除后仍需作空负载试运转。

（4）罗茨鼓风机正常带负载持续运转

1）要求逐步缓慢地调节，带上负载，直至额定负载，不允许一次调节至额定负载。

2）额定负载指进、排气口之间的静压差。在排气口压力正常情况下，须注意进气口压力变化，以免超负载。

3）风机正常工作中，严禁完全关闭进、排气口阀门，也不允许超负载运行。

4）由于罗茨鼓风机的特性，不允许使排气口气体长时间地直接回流入鼓风机的进气口（改变了进气口温度），否则必将影响机器的安全；如需采取回流调节，则必须采用冷却措施。

5）鼓风机在额定工况下运行时，各滚动轴承的表面温度一般不超过95℃，油箱内润滑油温度不超过65℃，轴承部位的振动速度不大于6.3 mm/s。

6）要经常注意润滑油的飞溅情况及油量位置。

7）鼓风机不应在满负载情况下突然停车，必须逐步卸负载后再停车，以免损坏机器。

9.2.2.4 罗茨鼓风机的维护与检修

除应正确而经常地维护和保养机器外，还需着重注意以下各要点。

1）检查各部位的紧固情况及定位销是否有松动现象。

2）鼓风机机体内部不应有漏水、漏油现象。

3）鼓风机机体内部不能有结垢、生锈和剥落现象存在。

4）注意润滑和冷却情况是否正常，注意润滑油的质量，注意机组是否在不符合规定的情况下运行，经常倾听鼓风机运行有无杂音。

5）鼓风机的过载，有时不是立即显示出来的，所以要注意根据进、排气压力，轴承温度和电动机电流的增加趋势来判断机器是否运行正常。

6）拆卸机器前，应对机器各配合尺寸进行测量，做好记录，并在零部件上做好标记，以保证装配后维持原来配合要求。

7）新机器或大修后的鼓风机的油箱应加以清洗，并按使用步骤投入运行，建议运行8 h后更换全部润滑油。

8）维护抢修应按具体使用情况拟订合理的维修制度，按期进行，并做好记录。建议每年大修一次，并更换轴承和有关易损件。

9.2.2.5 压缩机

（1）离心式压缩机

离心式压缩机的结构、工作原理与离心鼓风机相似，只是叶轮的级数更多，通常为10级以上，叶轮转速高，一般在5 000 r/min以上，因此，可以产生很高的出口压强。由于气体的体积变化较大，温度升高也较显著，故离心式压缩机常分成几段，每段包括若干级，叶轮直径逐段缩小，叶轮宽度也逐级有所缩小。段与段间设有中间冷却器将气体冷却，避免气体终温过高。

离心式压缩机的主要优点：体积小，重量轻，运转平稳，排气量大而均匀，占地面积小，操作可靠，调节性能好，备件需要量少，维修方便，压缩绝对无油，非常适宜于处理那些不易与油接触的气体。主要缺点：当实际流量偏离设计点时效率下降；制造精度要求高，不易加工。

国产离心式压缩机的型号代号的编制方法有许多种。有一种与离心鼓风机型号的编制方法相似。如DA35—61型离心式压缩机为单吸入，流量为350 m^3/min，有6级叶轮，第1次设计的产品。另一种型号代号编制法以所压缩的气体的名称的头一个拼音字母来命名。如LTl85—13—1，为石油裂解气离心式压缩机，流量为185 m^3/min，有13级叶轮，第1次设计的产品。离心式压缩机作为冷冻机使用时，型号代号表示其冷冻能力。还有其他的型号代号编制法，可参看其使用说明书。

（2）往复式压缩机

1）往复式压缩机的主要构造和工作原理。往复式压缩机的主要构造与往复泵类似，其主要工作部件为气缸、活塞、吸入阀和排出阀，如图9—29所示。吸入阀和排出阀均为单向阀，低压气体经吸入阀进入气缸，高压气体经排出阀离开气缸。依靠传动机构带动，活塞在气缸中做往复运动，使气缸的工作容积增大或减小，进行吸气或排气。气缸工作容积增大时，气缸中压强降低，低压气体从缸外经吸入阀进入气缸；气缸工作容积减小时，气缸中压强逐渐升高，气缸内的气体变为高压气体从排出阀排到缸外。活塞不断地做往复运动，气缸交替地吸进低压气体和排出高压气体。

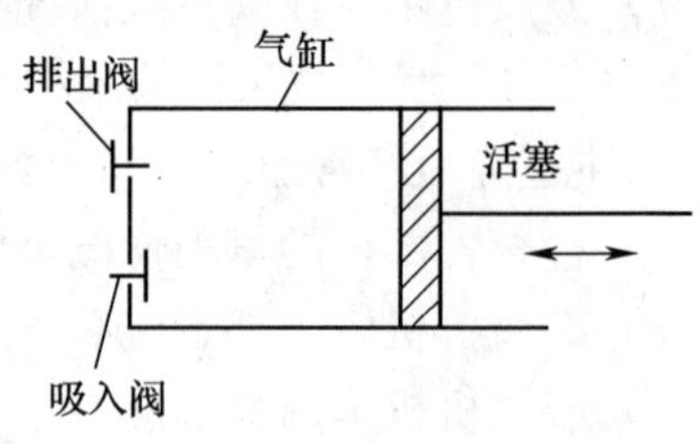

图 9—29 单级往复式压缩机工作原理示意

2）往复式压缩机的特点

①由于气体具有可压缩性，且气体受压缩后温度升高，往复式压缩机必须有冷却装置，以降低气体的温度；一般在气缸外壁装有冷却水套或散热翅片，甚至排出的气体还要经过换热器冷却。

②往复式压缩机的余隙容积必须严格控制，当活塞在排气过程中到达端点时，活塞与气缸端盖和阀门之前的容积称为余隙容积；在气缸吸气前余隙中残留的高压气体会膨胀而占去部分工作容积，使吸气量减少，甚至不能吸气；因此，在能防止活塞与气缸端盖碰撞的前提下，要尽可能减小往复式压缩机的余隙容积。

③往复式压缩机的气缸必须有润滑装置。

④往复式压缩机对排出阀和吸入阀的要求比往复泵更高。

9.2.3 离心式通风机

9.2.3.1 通风机的类型

工业用的通风机主要有离心式和轴流式两类。轴流式通风机的压强不大而风量大，主要用于车间、空冷器和凉水塔等的通风，而不用于输送气体。以下仅讨论离心式通风机。

离心式通风机按所产生风压的不同可分为如下几种。

1）低压离心通风机。出口风压（表压）不大于 1 kPa。

2）中压离心通风机。出口风压（表压）为 1 ~ 3 kPa。

3）高压离心通风机。出口风压（表压）为 3 ~ 15 kPa。

中、低压离心式通风机主要作为车间通风换气用，高压离心式通风机主要用于气体输送。

9.2.3.2 离心式通风机的基本构造与工作原理

（1）离心式通风机的基本构造

离心式通风机的主要部件与离心泵类似，主要有叶轮、机壳、机轴和轴承、集流器（吸入口）等，如图 9—30 所示。

1）叶轮。叶轮是离心式通风机传递能量的主要部件，它由前盘、后盘、叶片及轮毂组成。如图 9—31 所示。

叶轮叶片形状有机翼型、直板型和弯板型三种。机翼型叶片强度高，可以在比较高的转速下运转，并且风机的效率较高；缺点是制造难度大，若输送的气体中含有固体颗粒，则易造成空心的机翼型叶片被磨穿，导致在叶片内积灰或积颗粒，引起风机的振动而无法工作。直板型叶片制造方便，但效率低。如对弯板型叶片进行空气动力性能优化设计，其效率接近机翼型叶片。一般前向叶轮用弯板型叶片，后向叶轮用机翼型和直板型叶片。

2）集流器。集流器又称吸入口。它安装在叶轮前，作用是使气流能均匀地充满叶轮的入口截面，并使气流通过它时的阻力损失达到最小。

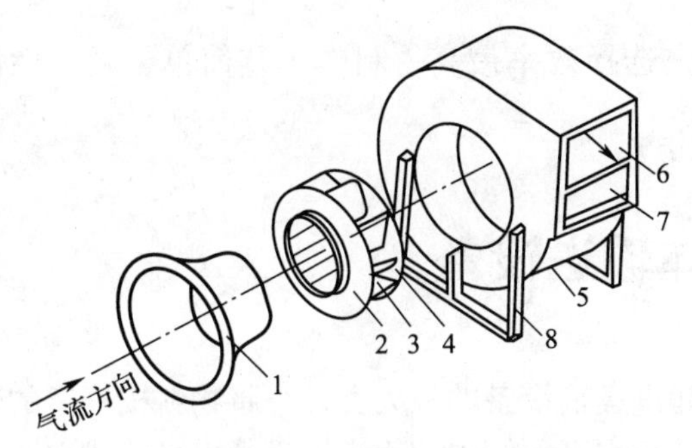

图9—30 离心式通风机结构

1—吸入口；2—叶轮前盘；3—叶片；4—后盘；5—机壳
6—出口；7—截留板（风舌或蜗舌）；8—支架

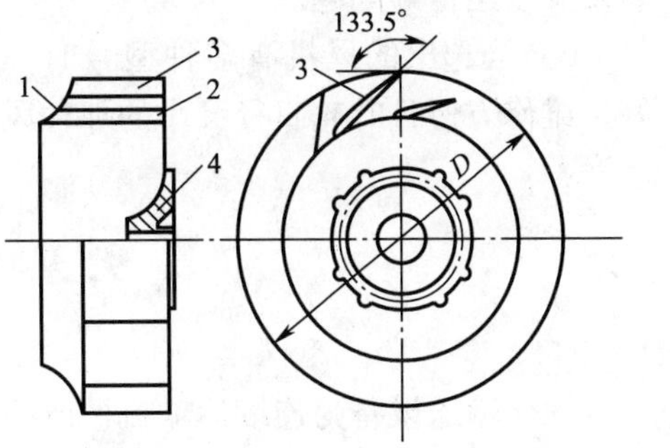

图9—31 离心式通风机叶轮

1—前盘；2—后盘；3—叶片；4—轮毂

3）机壳。机壳形状为螺旋线形（即蜗形），有时称为蜗壳。其作用是汇集叶轮中甩出的气流，并将气流的部分动压转换为静压，最后将气体导向出口。

为防止气体在机壳内循环流动，离心式通风机蜗壳出口附近有舌状结构，被称作蜗舌。一般有蜗舌风机的效率、压力均高于无蜗舌的离心式通风机。此外，有的离心式通风机还在吸入口中或吸入口前装有进气导流叶片（简称导叶），以便调节气流的方向和进气流量。

（2）离心式通风机的工作原理

离心式通风机的工作原理与离心水泵的工作原理相同，只是所输送的介质不同。风机机壳内的叶轮，安装在由电动机或其他转动装置带动的传动轴上。叶轮内有弯曲的叶片，叶片间形成气体通道，进风口安装在靠近机壳中心处，出风口同机壳的周边相切。当电动机等原动机带动叶轮转动对，迫使叶轮中叶片之间的气体跟着旋转，因而产生离心力。处在叶片间通道内的气体在离心力的作用下，从叶轮的外沿甩出，以较高的速度离开叶轮，进入机壳沿机壳运动，并汇集于叶轮周围的流道中，然后沿流道流出风口，向外排出。当叶轮中的气体甩离叶轮时，在进风门处产生一定程度的真空，促使气体吸入叶轮中，由于叶轮不停地旋转，气体便不断地排出和补入，从而达到了连续输送气体的目的。

（3）离心式通风机选型时的注意事项

离心式风机选型时，应注意以下几点。

1）选用风机时，应尽量避免采用串联或并联的工作方式，当不可避免地需要采用串联时，第一级风机到第二级风机间应有一定的管长。

2）应使风机的工作点处于 $Q—P$ 曲线最高效率点或稍偏右的下降段的高效区域，也就是最高效率点的 ±10% 区间内，以保证工作点的稳定和高效运转。

3）风机样本的参数是在特定标准状态下实测得到的，当实际条件与标准状态不相符时，要将使用工况状态下的流量、压头换算为标准状态下的流量和压头，再根据换算后的参数查样本或手册选用设备。

4）选用风机时，应根据管路布置及连接要求确定风机叶轮的旋转方向及出风口位置。对有噪声要求的系统，应选用高效低噪声风机，并根据需要采用相应的消声和减振措施。

5）进行工程改造选用风机时，新选的风机应考虑充分利用原有设备、适合现场制作安装及安全运行等问题。

6）当选出的风机有多种型号时，可优先选择效率最高、制作工艺简单、调节性能较好、维修方便且叶轮直径又小的那种风机。

9.3　固体输送设备

固体输送设备为连续运输机械产品，是起重运输设备的一大类，可将物料按一定的输送线路以恒定或变化的速度连续进行输送，可进行水平、倾斜和垂直输送，也可组成空间输送线路。输送线路一般是固定的，形成恒定的或脉动性的物流，还可在输送过程中同时完成若干工艺操作。连续运输机械产品有带式输送机、螺旋输送机、斗式提升机等。

9.3.1　带式输送机

带式输送机俗称皮带机，是以胶带、钢带、钢纤维带、塑料带和化纤带作为传送物料和牵引工件的输送机械，是连续式输送机械中应用最广泛的一种。带式输送机是一种结构简单、搬运物料范围广（干的、湿的、粉状的、粒度较小的物料）、输送能力大（200～400 t/h）、功耗省、输送距离长、使用安全可靠的通用的连续运输机械，在运输过程中能完成物料的称重、分选、混合、冷却、干燥等作业，因此在城市垃圾处理，特别是垃圾分选和堆肥系统中应用十分广泛。

带式输送机的主要部件为带、托架、鼓轮、传动装置、张紧装置、加料装置和卸料装置等。

1）输送带。输送带有橡胶带、钢带、网状钢丝带以及塑料带等多种，以适应不同场合的需要，其中以橡胶带应用范围最广，历史最久。橡胶带由若干层帆布组成，各层帆布之间用橡胶黏合，带的上下及两侧覆有橡胶保护层。帆布层是承受拉力的主要部分，带越宽，帆布层越多，承受拉力也愈大。

2）托辊。由于带式输送机很长，所以必须在胶带下面安装托辊以限制胶带下垂。托辊分上托辊和下托辊两种。上托辊有直形和槽形两种，而下托辊仅有直形一种。

3）鼓轮。带式输送机两端的轮称为鼓轮。卸料端的鼓轮通常为主动轮，该轮旋转时带动胶带运动；另一端为从动轮，其作用是拉紧胶带和转向胶带。鼓轮通常为生铁铸造或钢板焊接成的空心轮。为增加鼓轮和带之间的摩擦力，可在轮表面包上橡胶、皮革和木条。

4）传动装置。传动装置主要包括电动机和减速器，有两种结构方式：一种是闭式，电动机和减速器都装在主动轮内；另一种是开式，电动机经敞开的齿轮或链轮减速后传动到主动轮。闭式结构紧凑，易于安装布置，应用较广。

5）张紧装置。张紧装置的作用是给胶带一定的张力，防止胶带在鼓轮上打滑。常用的张紧装置有重锤式和螺旋式两种，重锤式是在自由悬垂的重锤作用下，产生张紧作用力。其优点是能自动保持张紧力不变，缺点是外形尺寸较大，多用于大型机。螺旋式是利用手动螺旋来调节从动轮的前后位置，使胶带具有一定的张紧力。这种装置结构简便，但要靠人工定期检查调节，适用于小型机。

6）加料装置。为确保物料均匀地落在输送带上，常用落斗式加料器和螺旋式加料器。

7）卸料装置。物料通常从输送带的末端卸出，此时不需要卸料装置。中端卸料可用挡板，挡板与输送带纵向中心线的倾斜角通常取 30°～45°。角度太大，侧向推移力小，物料不易卸出；角度太小，会增加挡板所占位置。

（1）几种带式输送机

在实际工作中，应根据运输物料的性质、数量、运输距离和高度、运输要求、工作环境条件等情况选择不同的带式输送机。需要经常移动的临时性运输，如临时装卸垃圾或垃圾堆肥，最好选择移动式或节段式输送机，运输距离较远时，还可选用多台进行接力；对于垃圾分选场等场合的长期固定运输，可采用固定式或节段式输送机。如图 9—32 所示为 DT75 型通用固定式胶带输送机外形。

图 9—32　DT75 型通用固定式胶带式输送机外形

链式输送机的输送带为胶带与钢板焊接形式，承载能力强。传动形式为链传动，驱动能力强，能适应各种不同类型的垃圾举升传送，并具有很强的输送能力。传动部分采用变频无级调速，由于输送带采用特殊的结构设计，所以可采用较大的安装角度输送物料。

图 9—33 所示为链式输送机。它利用物料的内摩擦和侧压力的特征，在机槽内受到输送链在其运动方向上的拉力，使其内部压力增加，颗粒间内摩擦力增大，保证了料层的稳定。适用于各种粉状、小颗粒状物料的水平或倾斜输送。其输送能耗低，与螺旋输送机相比可节电 40%～60%；输送链正常使用寿命大于 5 年，滚子使用寿命 2～3 年。

图 9—33　链式输送机

如图9—34所示为波状挡边带式输送机，该输送机是近年来发展的一种新型散状物料连续输送设备，具有通用带式输送机的优点，特别适合于提升高度大的场合，其主要特点是加大了输送倾角，从而减少了占地面积。输送过程中不易撒落物料，大大提高了输送效率。其结构是在平形橡胶带两侧增加不同高度的可弯曲、可伸缩的橡胶波形立式“裙边”，带体中间固定具有一定强度和弹性的“T”形或“C”形橡胶横隔板，将橡胶带分隔成一个个匣形小区，使其既具有橡胶输送带输送过程中变向容易的特点，又具有刮板输送机和斗式提升机不易撒料、能在较大倾斜角度范围内输送物料的特点，从而使大倾角挡边输送机的输送角最大可达90°。

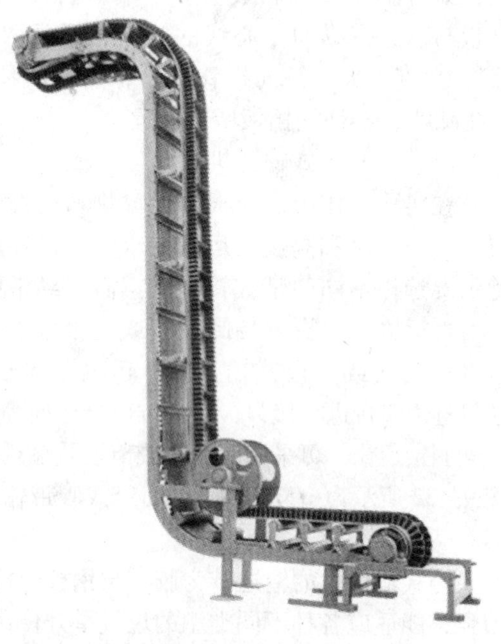

图9—34　波状挡边带式输送机

（2）带式输送机安装要求及注意事项

1）机头、机房、驱动装置等重要部位的垫铁组的位置和规格应符合设备通用安装技术要求。

2）紧固件、基础螺栓及基础二次灌浆等应符合设备通用安装技术要求。

3）联轴器、减速器以及轴承的装配应符合设备通用安装技术要求。

4）电气接地装置的安装和测试应符合电气设备通用技术要求。

5）带式输送机两侧应设人行道，经常有人通过的一侧的人行道宽度不小于1.0 m，另一侧不小于0.6 m。人行道的坡度大于7°时，应设踏步器。固定式带式输送机中间架安装时应按出厂顺序号排列，不得错位。

6）传动滚筒、导向滚筒、卸载滚筒安装后应转动灵活。

7）托辊安装后应转动灵活，并必须符合下列要求。

①上、下托辊的水平度不应超过2/1 000。

②托辊横向中心线对输送机纵向中心线重合度允许偏差3 mm。

③托辊辊子上表面应位于同一平面上（水平面或倾斜面）或者在一个公共半径的弧面上，其相邻三组托辊辊子上表面的高低差不得超过2 mm。

8）输送带接头时，应将张紧滚筒放在最前方位置，并尽量拉紧输送带。

9）普通胶带跑偏允许偏差为5/1 000 *B*（*B*为带宽）。

10）弹簧清扫器与机架焊接时，要保证压簧的工作行程有20 mm以上，并使清扫下来的物料能落入漏斗，各种物料的易清扫性能不同，应视具体情况调整压簧的松紧来改变刮板对输送带的压力，达到既能清扫黏着物又不致引起阻力过大的程度，刮板的清扫面与胶带接触，长度不应小于85%。

11）回转式清扫刷子的轴线应与滚筒平行，刷子应与胶带接触，其接触长度不应小于90%。

12）保护装置和制动装置必须现场模拟测试，保证灵敏、准确、可靠。

13）输送机安装完毕后，机架中心直线度应符合表9—4规定，并应保证在任意25 m长度的直线度为5 mm。

表9—4　　带式输送机安装直线度要求

输送机长度/m	≤100	100～300	300～500	500～1 000	1 000～2 000	>2 000
直线度 /m	10	30	50	80	150	200

14）导料槽与输送带间的压力应适当。

15）可伸缩带式输送机拉紧装置应工作可靠；试运转后调整行程不小于全行程的1/2；拉紧小车车轮应转动灵活，无卡阻现象；轨道安装时，轨距偏差不大于3 mm。

16）输送机的各个转动和活动部分，必须用安全罩加以防护。

（3）带式输送机的日常维护

按规定时间更换润滑剂，定期清洗润滑系统，特别要经常清洗滤油器，注意各部件密封的工作情况，发现漏油及时处理，经常保持润滑部件周围的清洁。检查清扫器上的胶带与带式输送机同空带的接合情况，其接合面的长度不得低于带式输送机带宽的85%。托辊与带式输送机的胶带必须紧密贴合，托辊必须转动灵活、自如，否则必须更换。轴向窜动量大于2 mm的托辊，在经过检查后才能继续使用。托辊被异物卡住，必须及时排除。托辊面上的渣块要及时除掉，处理时必须停车，并切断电源。观察胶带的运行情况，发现胶带在某一段跑偏，则调整托辊使胶带复位，在滚筒处跑偏用扳手调整滚筒和轴承处的调节螺栓，使胶带中心线与滚筒轴线垂直。胶带卡磨时其横向裂口不得超过带宽的5%，保护层脱皮不超过0.3 m^2,中间纤维层破损面宽度不超过5%，发现问题及时停车，割除破损胶带，重新做接头，并检查胶带张力。

9.3.2　螺旋输送机

螺旋输送机是一种应用广泛的输送机械，可用于加料、混料等操作。

（1）螺旋输送机的结构及工作原理

螺旋输送机由螺旋、轴、机槽和轴承等组成，传动装置则在轴的一边，如图9—35所示。

1）螺旋。螺旋是由转轴和装在转轴上的叶片构成，螺旋叶片大多用薄钢板冲压而成，然后焊接到轴上。螺旋与机槽有一定的间隙，一般为5～15 mm，间隙太大输送效率将降低。

2）轴。螺旋输送机的轴可以是空心轴，也可以是实心轴。通常用钢管制成空心轴，因为空心轴重量轻，焊接不易变形，又方便互相连接。

3）轴承。在轴的两端装有止推轴承，以承受螺旋推送物料时所产生的轴向力。由于轴很长，所以在中间应装有吊装的轴承，以加强对轴的支撑作用。

4）机槽。机槽多用钢板制成，槽底为半圆形，槽顶为平盖。机槽两端的槽端板，可用铸铁制成，同时也是轴承的支座。

螺旋输送机的工作原理是利用旋转的螺旋，推动散状的物料沿金属槽向前运动。物料由于重力和与槽壁的摩擦力作用，在运动中不随螺旋一起旋转，而是以滑动的方式沿物料槽移

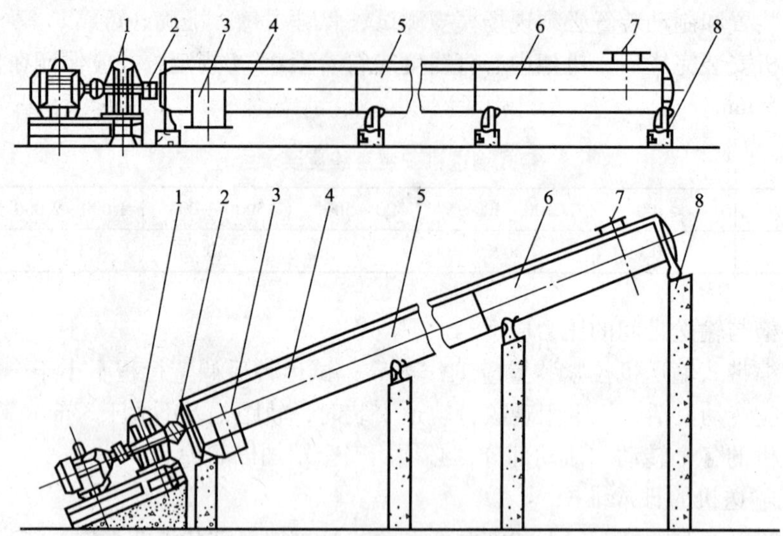

图 9—35　螺旋输送机结构

1—驱动装置；2—动联轴器；3—出料装置；4—头节；
5—中间节；6—尾节；7—进料装置；8—基础

动。螺旋输送机主要用于水平方向运送物料，也可用于倾斜输送，但倾斜角度一般小于 20°。当然有时也有利用螺旋输送机做垂直输送的情况。输送物料时，螺旋输送机由于物料与机壳和螺旋间都存在摩擦力，因此单位动力消耗较大；物料易受损伤，螺旋叶片及料槽也易受磨损；输送距离不宜太长，一般在 30 m 以内。

（2）螺旋输送设备的维护

螺旋输送设备必须规定由专人操作和维护，设备维护分日常维护和定期维护两种。

日常维护应保持螺旋输送设备工作环境的清洁，定时擦拭设备，每班须对各润滑点加油，螺旋管输送机滚轮与托轮间应加油以保证良好的润滑状况。经常检查各连接部件有无松动，有不正常的响声和振动需及时停机处理，保持电路及电气设备工作可靠。定期维护的责任是，在螺旋输送设备每连续运行 3 个月后，由操作及维修人员进行一次较全面的检查、维护。应检查轴承的轴瓦、连接轴磨损情况，若轴瓦磨损量超过 2 mm，连接轴磨损量超过 1 mm,应予以更换；所有滚动轴承内润滑油如有不足，应予补充，若工作失效，则应予更换；更换减速器内润滑油；滚动轴承处橡胶密封磨损漏油时，应予调节或更换；采用三角带传动时，若三角带有损伤或磨损过度应全部更换；全面检查易损零部件及电器，若有损坏或工作失效，需予以更换或修复；紧固各部位零件。

9.3.3　斗式输送机

斗式输送机又称斗式提升机，是一种垂直向上连续输送粉粒状物料的运输机械。适用于破碎筛分后的粉粒状垃圾的输送。由于它结构简单，占地面积小，输送路程最短，提升高度大，密封性能好，可避免对环境的污染，在废弃物的处理中得到广泛应用。但是，斗式输送机只能输送呈粉粒状的物料，对超负荷适应性差，料斗有时倒不干净，易造成堵塞，输送效率也不高，并且料斗和牵引机构也容易损坏。

如图 9—36 所示为斗式提升机外形图。它通过紧固在牵引构件（胶带、链条）上的许多料斗，环绕在提升机上部头轮和下部尾轮之间，构成闭合轮廓。驱动装置与头轮轴相连，是斗式提升机的动力部分，可以使头轮轴转动；张紧装置一般和下部尾轮相连，使牵引构件获得必要的初张力，以维持牵引构件正常运转。物料从斗式提升机下部机壳的进料口进入，通过流入式或掏取式将原料装入料斗后，提升到头部，在头部沿出料口卸出，实现垂直方向输送物料的目的。斗式提升机的料斗、牵引构件及头轮和尾轮等安装在全封闭的机壳之内。

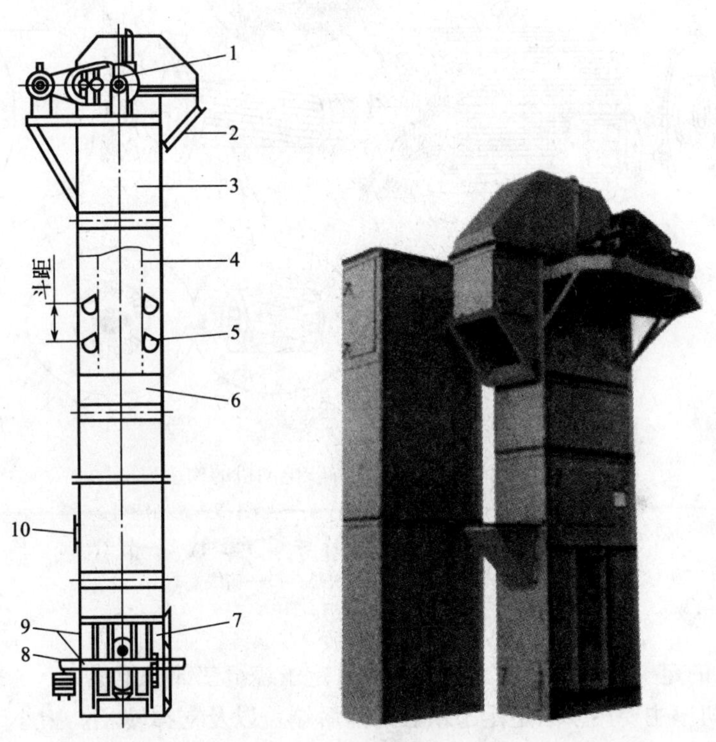

图9—36　斗式提升机构造及外形

1—驱动装置；2—出料口；3—上部区段；4—牵引件；5—料斗；
6—中部机壳；7—下部区段；8—张紧装置；9—进料口；10—检视镜

9.4　通用电动机设备

电动机也称电机，是依据电磁感应原理将电能转换为机械能的旋转动力装置。它作为用电器或各种机械的动力源，是环保设备和工艺运行中必不可少的动力设备。

根据工作电源的不同，电动机可分为直流电动机和交流电动机。其中交流电动机又分为异步电动机和同步电动机，而异步电动机又可分为单相异步电动机和三相异步电动机。由于三相异步电动机具有结构简单，制造、使用、维护方便，运行可靠等优点，被广泛用于驱动机床、水泵、鼓风机、压缩机、起重卷扬设备、矿山机械、轻工机械、农用机械及环保机械等。以下仅对产量最大，使用范围最广的通用三相异步电动机进行讨论。

9.4.1 三相异步电动机的结构

三相异步电动机的结构主要由定子和转子两大部分组成。转子装在定子腔内，定子、转子之间有气隙。如图9—37所示为笼型异步电动机的结构图。

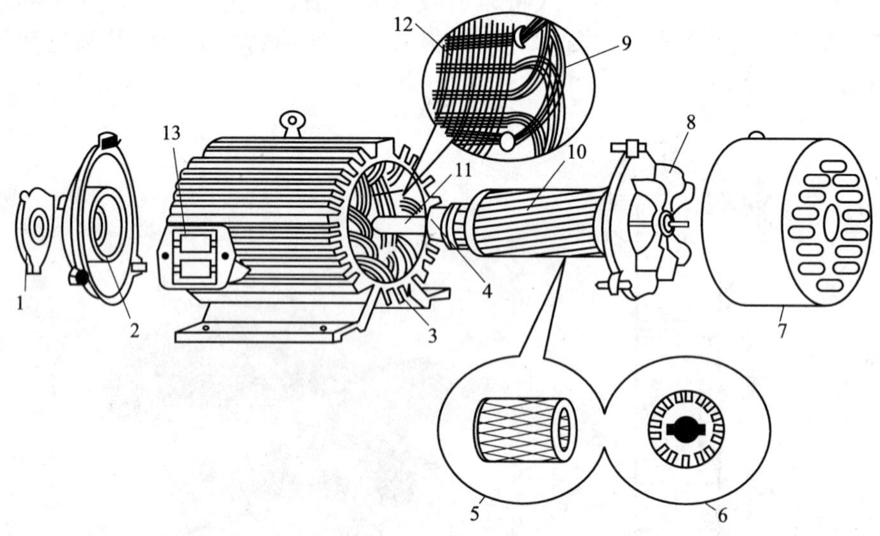

图9—37 三相笼型异步电动机的构造

1—轴承盖；2—端盖；3—机座；4—轴承；5—笼型绕组；6—转子铁心；7—罩壳；8—风扇；9—定子绕组；10—转子；11—转轴；12—定子铁心；13—接线盒

(1) 定子

异步电动机的定子主要由机座、定子铁心、定子绕组三部分组成。

1) 机座。机座主要用来固定定子铁心与前后端盖以及支撑转子。中小型异步电动机一般都采用铸铁机座，大型异步电动机一般采用钢板焊接机座，小型及微型电动机采用铸铝机座。为了加强散热，小型封闭式电动机的机座外表面铸有许多均匀分布的散热筋条，以增大散热面积。

2) 定子铁心。定子铁心是电动机磁路的一部分，通常用0.5 mm厚的硅钢片冲叠而成，固定在机座内。硅钢片浸有绝缘漆，用来降低旋转磁场在铁心中引起的涡流和磁滞损耗。硅钢片沿定子铁心内圆均匀地冲有许多形状相同的槽，用以嵌放定子绕组。中小型电动机的定子铁心和转子铁心常采用整圆冲片，大中型电动机常采用扇形冲片拼成一个圆。为了冷却铁心，在大容量电动机中，定子铁心分成很多段，每两段之间留有径向通风格，作为冷却空气的通道。

3) 定子绕组。定子绕组是电动机的电路部分，它嵌放在定子铁心的内圆槽内。定子绕组分单层和双层两种。一般小型异步电动机采用单层绕组，大中型异步电动机采用双层绕组。

(2) 转子

转子主要由转子铁心、转子绕组和转轴三部分组成。整个转子靠端盖和轴承支撑。

1）转子铁心。转子铁心是电动机磁路的一部分，一般也用0.5 mm厚的硅钢片叠成，转子铁心叠片冲有嵌放绕组的槽，如图9—38所示。转子铁心固定在转轴或转子支架上。

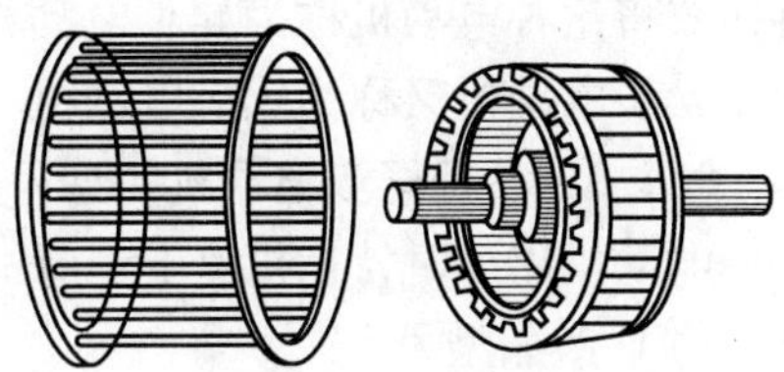
图9—38 笼型转子

2）转子绕组。根据转子绕组的结构形式不同可分为笼型转子和绕线式转子两种。

①笼型转子。在转子铁心的每一个槽中，插入一根裸导条，在铁心两端分别用两个短路环把导条连接成一个整体，形成一个自身闭合的短路绕组。如去掉转子铁心，整个绕组就像一个鼠笼，故称为笼型转子。中小型电动机的笼型转子一般都采用铸铝导条，大型电动机则采用铜导条，如图9—38所示。

②绕线型转子。绕线型转子绕组与定子绕组相似，它是在绕线型转子铁心的槽内嵌有绝缘导线组成的三相绕组，一般作星形联结，三个端头分别接在与转轴绝缘的三个集电滑环上，再经一套电刷引出来与外电路相连。一般绕线转子电动机在转子回路中串电阻，若仅用于启动，则为减少电刷的摩擦损耗，还装有提刷装置。转轴用强度和刚度较高的低碳钢制成。

虽然绕线型异步电动机与笼型异步电动机的结构不同，但它们的工作原理是相同的。

③气隙。异步电动机的气隙是均匀的。气隙大小对异步电动机的运行性能和参数影响较大。由于励磁电流由电网供给，气隙越大，励磁电流也就越大，而励磁电流又属无功性质，它要影响电网的功率因数，因此异步电动机的气隙大小往往为机械条件所能允许达到的最小数值。中、小型电动机的气隙一般为0.1～1 mm。

9.4.2 三相异步电动机的工作原理

三相异步电动机通入三相交流电流之后，在定子绕组中将产生旋转磁场，此旋转磁场将在闭合的转子绕组中感应出电流，从而使转子转动起来。如图9—39所示为三相异步电动机工作原理示意图。为简单起见，图中用一对磁极来进行分析。

三相定子绕组中通入交流电后，便在空间产生旋转磁场，在旋转磁场的作用下，转子将作切割磁力线的运动，而在其两端产生感应电动势，感应电动势的方向可根据右手螺旋法则来判断。由于转子本身为一闭合电路，所以在转子绕组中将产生感应电流，称为转子电流，电流方向与电动势的方向一致，即上面流出，下面流进。

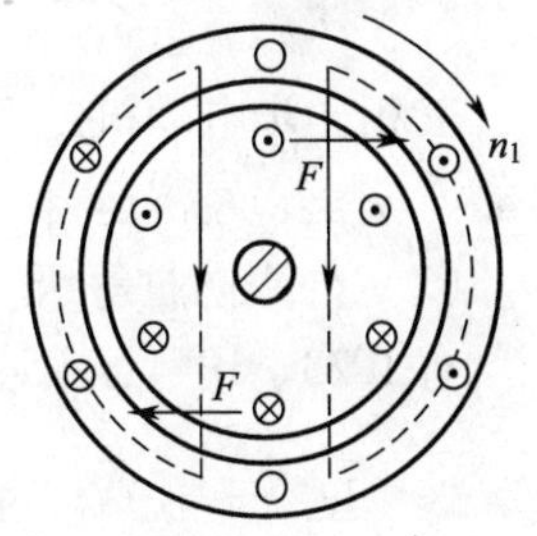

图9—39 三相异步电动机工作原理示意

转子电流在旋转磁场中受到电磁力的作用，其方向可由左手定则来判断，上面的转子导条受到向右的力的作用，下面的转子导条受到向左的力的作用。电磁力对转子的作用称为电磁转矩。在电磁转矩的作用下，转子就沿着顺时针方向转动起来，显然转子的转动方向与旋转磁场的转动方向一致。

虽然转子的转动方向与旋转磁场的转动方向一致，但转子的转速 n 永远达不到旋转磁场的转速 n_1，即 $n < n_1$。这是因为，若转子的转速等于旋转磁场的转速的话，则转子与磁场间不存在相对运动，即转子绕组不切割磁力线，转子电流、电磁转矩都将为零，转子根本转动不起来，因此转子的转速总是低于同步转速。正是由于转子转速与同步转速间存在一定的差

值，故将这种电动机称为异步电动机。又因为异步电动机是以电磁感应原理为工作基础的，所以异步电动机又称为感应电动机。

9.4.3 三相异步电动机的型号及铭牌

电动机出厂时，在机座上都有一块铭牌，上面标着该电动机的型号、规格和有关数据。

（1）产品型号

产品型号的编制方法是根据国家标准规定，型号由汉语拼音字母、国际通用符号和阿拉伯数字组成。一般由四部分组成，分别为产品代号、规格代号、特殊环境代号、补充代号。

主要产品型号举例：

1）小型异步电动机。

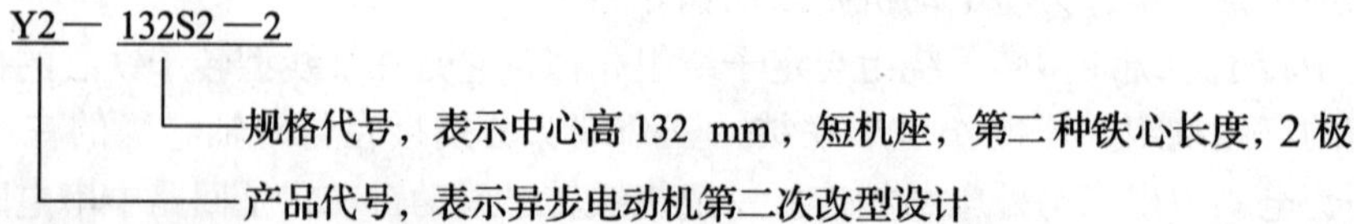

2）户外化工防腐用异步电动机。

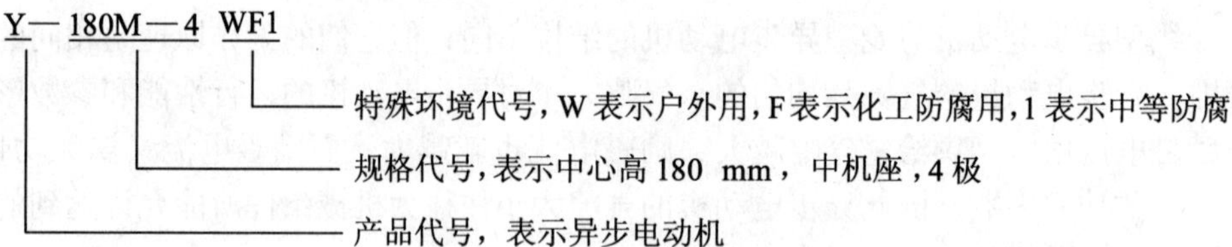

3）隔防型防爆电动机。

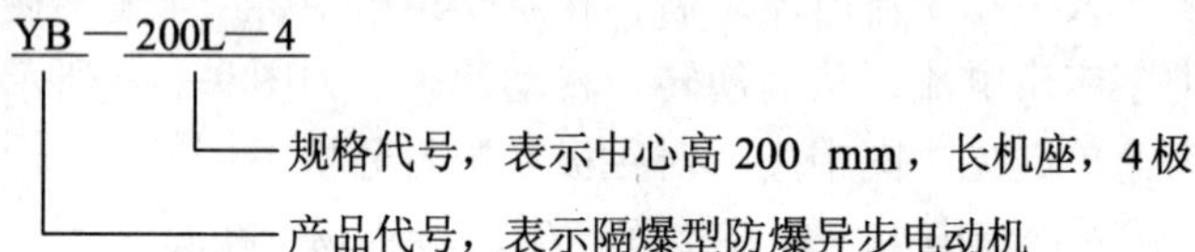

三相异步电动机的型号很多，可根据不同用途的需要进行选型，只有选型合适才能保证可靠、安全、经济运行。

（2）外壳防护等级

有 IP23、IP44、IP54 等。

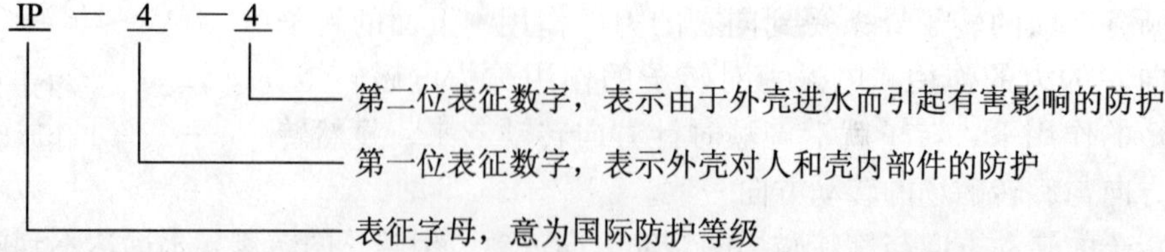

第一位数字分 0 ~5 共 6 个等级，字数越大要求越严格，最高为 6 级防尘电动机，能保证进尘量不足以影响电动机的正常运行。

第二位数字分 0 ~8 共 9 个等级，4 为防溅水电机，5 为防喷水电动机，8 为潜水电动机。

（3）技术参数

1）额定功率。电动机的额定功率也称额定容量，表示电动机在额定工作状态下运行时，轴上能输出的机械功率，单位为 W 或 kW。

2）额定电压。是指电动机额定运行时，外加于定子绕组上的线电压，单位为 V 或 kV。

3）额定电流。是指电动机在额定电压和额定输出功率时，定子绕组的线电流，单位为 A。

4）额定频率。额定频率是指电动机在额定运行时电源的频率，单位为 Hz。

5）额定转速。额定转速是指电动机在额定运行时的转速，单位为 r/min。

6）接线方法。表示电动机在额定电压下运行时，三相定子绕组的接线方式。目前电动机铭牌上给出的接法有两种，一种是额定电压为 380 V/220 V，接法为 Y/△；另一种是额定电压为 380 V，接法为△。

7）绝缘等级。电动机的绝缘等级，是指绕组所采用的绝缘材料的耐热等级，它表明电动机所允许的最高工作温度，见表 9—5。

表 9—5　　绝缘等级及允许最高工作温度

绝缘等级	Y	A	E	B	F	H	C
最高工作温度/℃	90	105	120	130	155	180	>180

8）噪声限值。近年来对电动机噪声的要求越来越严格，Y 系列考核空载噪声，而 Y2 系列要考核负载噪声。噪声过大超过限值为不合格品。

9.4.4　电动机的安装

电动机的正确安装是保证电动机正常运行的重要环节。对于特殊用途及重要的电动机产品，还应按电机制造厂提供的电动机安装、使用、维护说明书的规定和要求进行安装。

（1）电动机安装前的验收与保管

电动机在运达安装场地后，应进行初步验收，仔细检查电动机有无零部件不完整或损坏的情况，备件是否齐全，随机文件有无遗漏，并根据检查的具体情况采取相应措施。

验收后电动机若不立即安装，则应将电动机保存在室温不低于 5℃ 和不高于 40℃、相对湿度不大于 75%、无腐蚀性气体的干燥而清洁的室内或仓库内。保存期间应定期检查电动机绕组、轴承、换向器或集电环，及其他主要零部件和备件等有无受潮、损坏或锈蚀的情况。

（2）电动机安装的基础

电动机的安装场所，有地面、支柱、墙壁、负载机械等。对于安装位置固定的电动机，如果不是与其他负载机械配套安装在一起，均应采用质量可靠的混凝土做基础，以免因基础过弱而使电动机在运行时引起振动和噪声。若为经常移动使用的电动机，可因地制宜采用合适的安装结构。但必须注意的是，不论在什么情况下，其基础或安装结构都必须保证有足够的强度和刚度，以避免电动机运行时产生不正常的振动、噪声及造成人身伤害、设备事故等。

（3）电动机的校正

电动机安装时的校正分为水平校正和传动校正。

1）水平校正。电动机在基础上安装好之后，首先应检查其水平情况。可采用水平仪校正电动机的纵向和横向水平。如校正电动机不平，可用0.5～5 mm厚的钢片垫在机座下进行找平。但切记不能用木片或竹片垫在机座下，以免在拧紧地脚螺母的过程中或以后在电动机的运行中，木片或竹片变形或碎裂。待电动机进行水平校正后，再接着校正与之相连接的传动装置。

2）带传动的校正。当使用带传动时，电动机带轮轴线与拖动机械带轮的轴线必须保持平行，同时还要将两带轮宽度的中心线调整到垂直于轴线的同一平面上。

3）联轴器传动的校正。一般均以传动装置为准来调整两联轴器，使两联轴器能够处在同一轴线上。其方法是找正两联轴器的端面使之互相平行，用两联轴器的平面间隙是否均匀来进行校核。假如联轴器端面间的间隙不均匀，当上面间隙大时，则可减少传动端左右底脚下的垫片，使两联轴器的轴线重合；若下面间隙大时，则可减少非传动端左右底脚下的垫片，或增加传动端左右底脚下的垫片。对于弹性联轴器的径向偏差，其轴径在ϕ200 mm以下时为0.05 mm。两联轴器端面间的间隙容许值见表9—6。

表9—6　两联轴器端面间隙容许值　mm

联轴器直径	间隙容许值
90～140	2.5
140～260	2.5～4
200～500	4～6

9.4.5　电动机的试运转

新安装的电动机或经修理后的电动机在开始运转时，必须要在启动前慎重地检查电动机、控制器及供电电源线等情况后才可以启动。由于负载机械、电动机及控制器等的故障易在试运转时发生，所以应按以下程序进行电动机的试运行。

1）首先应检查电源及操作电路的配线，若难以确定则应使用电路检测器。

2）未通电前试操作刀开关、接线用断路器、电磁开关、漏电断路器等的开关动作是否可靠。此外，确定该设备中所安装的熔断器容量、过电流继电器的动作设定值和漏电断路器的动作设定值等数值是否合适。

3）仔细检查电动机、负载机械设备的所有螺栓、螺母类零件是否完全紧固，有无残次品。

4）绕线转子异步电动机应检查集电环和电刷是否接触良好；直流电动机应检查换向器与电刷是否接触良好；带离心开关的单相异步电动机则应检查离心开关的触点状态是否正常，由于离心开关通常安装在端盖内而不易检查，因此可在电动机启动后，要根据其触点开断的声音进行检查。

5）检查电动机绕组的绝缘电阻值是否合格。通常电动机的绝缘电阻应大于1 MΩ。

6）电动机若未经试运转就进行负载运行是非常危险的。因此，对小型负载机械可先试着用手进行转动检查；若电动机是采用带传动或联轴器传动方式时，则应先拆除电动机与负载之间的机械连接，然后再进行空载试验运行；当不能拆除负载机械时，则应尽可能先进行轻载试运行。

7）应确认电源电压是否与电动机的额定电压相符，电压变化率是否保持在±10%的范围内。

8）要仔细检查直接启动器、Y—△启动器、电抗启动器、绕线转子电动机的启动变阻器、直流电动机的启动器等的手柄是否在分断位置。

9）接通电源并接入启动器，此时若电动机开始启动，应迅速检查有无异常响声及振动，并且同时检查电动机的旋转方向及电流大小和三相是否平衡等。

10）电动机在试运转时，哪怕发生微小故障的现象，也应迅速切断电源并在查明和修复后才能继续进行试运转。只有在电动机试运转一切正常和合格后，方可进入连续运行。

9.4.6　电动机的运行与维护

（1）电动机启动前检查

1）电动机上和附近有无杂物和人员。

2）电动机所拖动的机械设备是否完好。

3）大型电动机轴承和启动装置中油位是否正常。

4）绕线型电动机的电刷与滑环接触是否紧密。

5）转动电动机转子或其所拖动的机械设备，检查电动机和拖动的设备转动是否正常。

（2）电动机运行中的监视与维护

1）电动机的温升及发热情况。

2）电源电压的变化。

3）电动机的运行负荷电流值。

4）三相电压和三相电流的不平衡度。

5）电动机的振动情况。

6）电动机运行的声音和气味。

7）电动机的周围环境及适用条件。

8）电刷是否冒火或其他异常现象。

习　　题

1. 水泵是如何分类的？
2. 简述各类泵的工作原理及工作过程。
3. 简述离心泵的基本结构。
4. 离心泵设压盖填料盒的目的是什么？其主要组成部分有哪些？分别有什么作用？
5. 离心泵中设减漏环的目的是什么？在什么样的泵中应设减漏环？
6. 水泵的基本性能参数有哪些？分别是如何定义和表示的？
7. 离心泵的性能曲线有哪些？
8. 水泵工况调节的措施有哪些？

9. 什么是离心泵的汽蚀?
10. 简述离心泵内汽蚀的发生过程。
11. 水泵在运行中应注意哪些问题?
12. 离心泵常见的故障有哪些?如何排除?
13. 选泵的一般步骤有哪些?
14. 轴流泵有哪些组成部件?各部件有什么作用?
15. 轴流泵的性能曲线有何特点?
16. 轴流泵的基本构造有哪些?比较其与离心泵构造的异同。
17. 螺杆泵的特点是什么?有哪些应用?
18. 管道泵有什么特点?如何选用?安装时有哪些要求?
19. 简述离心泵的检修步骤。
20. 什么是风机?风机主要类型有哪些?泵与风机有何相同之处?有何不同之处?
21. 简述风机选型的原则、方法和步骤。
22. 简述罗茨鼓风机的工作原理和特点。

第10章 管道及管配件

本章学习目标

了解常用管材的性能、应用场合及管道的分类、基本构成和布置与安装方法；
了解常用管件与阀门的分类，熟悉常用阀门的原理、结构及用途；
掌握常用管件与阀门的选用与维护方法，并能进行相关运行操作。

10.1 管道

管道是用管子、管子连接件和阀门等连接成的用于输送气体、液体或带固体颗粒的流体的装置，是化工、石油、环保等许多行业生产中所涉及的各种管道形式的总称。通常，流体经鼓风机、压缩机、泵和锅炉等增压后，从管道的高压处流向低压处，也可利用流体自身的压力或重力输送。管道的用途很广泛，主要用在给水、排水、供热、供燃气、长距离输送石油和天然气、农业灌溉、水利工程和各种工业装置中。

10.1.1 管道的分类

工程上使用的管道，可以按是否分出支管来分类。凡无分支的管路称为简单管道，有分支的管道称为复杂管道。复杂管道实际上是由若干简单管道按一定方式连接而成的，根据其连接方式不同，又可分为树状网和环状网两种。

10.1.2 管道的基本构成

管道是由管子、管件和阀门等按一定的排列方式构成，也包括一些附属于管道的管架、管卡、管撑等附件。由于生产中输送的流体是各种各样的，输送条件与输送量也各不相同，因此管道必然也是各不相同的。工程上，为了避免混乱、方便制造与使用，实现了管道的标准化。

10.1.2.1 管子

管子是管道的主体，根据输送物料的性质，如温度、压力、腐蚀性等的不同，采用了许多不同的材质，在工业生产中经常使用的主要有黑色金属管、有色金属管和非金属管材等。

（1）黑色金属管

钢管，其优点是耐高压，韧性好，管段长而接口少；缺点是价格高，易腐蚀，因而使用寿命短。钢管分为无缝钢管和有缝钢管。

1）无缝钢管。有普通无缝钢管和不锈钢无缝钢管之分。普通无缝钢管是用普通碳素钢、优质碳素钢、低合金钢或合金结构钢轧制而成，品种规格多，强度高，广泛用于压力较高的管道。如热力管道、制冷管道、压缩空气管道、氧气管道、乙炔管道，以及腐蚀性介质以外的各种工程管道。无缝钢管用外径乘壁厚表示。如 D108 ×4，表示无缝钢管外径为 108 mm,壁厚 4 mm。

不锈钢无缝钢管价格昂贵，主要用于有特殊要求的化工管道。有热轧和冷轧（冷拔）管两种。按添加的金属元素的不同，分为铬不锈钢、铬镍不锈钢和铬锰氮系不锈钢；按耐腐蚀性能，分为耐大气腐蚀、耐酸碱腐蚀和耐高温等不锈钢；按不锈钢的金属成分，分为马氏体、铁素体、奥氏体和铁素体等。

2）有缝钢管。又称焊接钢管，分为低压流体输送钢管与卷焊接钢管。低压流体输送钢管分为不镀锌钢管（黑铁管）和镀锌钢管（白铁管），应用于小直径的低压管道上，如给水管道、燃气管道、热水管道、蒸汽管道、碱液及废气管道、压缩空气管道。卷焊接钢管由钢板卷制，采用直缝或螺旋缝焊制而成，主要用于大直径低压管道，一般用于热力管网或煤气管网。有缝钢管用公称直径表示。如 DN80，表示有缝钢管内径为 ϕ80 mm。

（2）有色金属管

1）铝及铝合金管材的性能及应用。铝及铝合金管材一般用拉制和挤压方法生产。铝管多用 L2、L3、L4、L5 牌号的工业铝制造；铝合金管根据不同的需要可以用 LF2、LF3、LF5、LF6、LF21、LY11 及 LY12 等牌号铝合金制造。

在工程中常用铝及铝合金管来输送腐蚀性介质（如浓硝酸、尿素、磷酸等）和不允许有铁离子污染的介质。由于铝及铝合金管不易污染产品，所以在食品工业中得到广泛应用。铝及铝合金管有良好的导热性，常用来制造换热设备；也可用来输送易挥发的介质。

2）铜及铜合金管材的性能及应用。铜管分紫铜管和黄铜管。紫铜管和黄铜管按制造方法分为拉制管、轧制管和挤制管。一般中、低压管道采用拉制管。紫铜管的常用材料牌号为 T2、T3、T4、TUP，其材料状态分软、硬两种；黄铜管常用材料牌号为 H68、H62、HPb59，其材料状态有硬、半硬、软 3 种。

铜具有良好的导电性、导热性、低温力学性能，但铜的线膨胀系数较大，可焊性较差。氧化性酸，如硝酸和铬酸，对铜有强烈腐蚀作用，不能用于输送氧化性酸。苛性碱、盐类的中性溶液对铜无腐蚀作用，只有在溶液中溶解有氧或其他氧化剂时，铜才会被强烈腐蚀。在潮湿环境中，酸性气体对铜有腐蚀作用。

紫铜管和黄铜管常用来制造热交换设备，也常用于仪表测压管线和液压传输管线。铜和锌的合金叫黄铜，添加锡、锰、铅等合金，可改善黄铜的氧化性能、力学性能、加工性能和防腐性能。

3）铅及铅合金管。常用的铅管分软铅管和硬铅管两种。铅管在 10% 以下的盐酸、亚硫酸、砷酸、磷酸、氢氟酸、铬酸以及海水中都是稳定的。铅管在常温的干燥氟、氯、溴等气体中会有轻微的腐蚀。铅管主要在化工中用来输送150℃、浓度70%~80%的硫酸以及浓度10%以下的盐酸等腐蚀介质。

由于铅管的强度和熔点较低，因此铅管的使用温度一般不能超过140℃。又因为铅管硬度较低、不耐磨，因此铅管不宜输送有固体颗粒悬浮的介质。由于铅有毒，因此铅管不能输送食品和生活用水。

4）钛的性能及其应用。钛是一种轻金属，也是难熔金属。钛的耐腐蚀性能很高，因为其表面会生成一层致密的氧化膜，钛在海水及大气中具有良好的耐腐蚀性。

5）铸铁管。按制造材质不同，分为铸铁浇铸的铸铁管和球墨铸铁管；按制造方法，又可分为沙型离心铸铁直管和连续铸铁直管。由于出厂时管壁内、外均涂有沥青，因此铸铁管比钢管耐腐蚀，故常用于埋地的给水和煤气等压力流体的输送管道。

（3）非金属管材

1）塑料管。塑料管具有重量轻、耐腐蚀性能好的特点。广泛应用于给排水、化工、电线保护管等。工程上常用硬聚氯乙烯管道（UPVC）、聚丙烯（PP）、聚乙烯（PE）、丙烯腈—丁二烯—苯乙烯共聚物工程塑料管（ABS）等类型的管道。

塑料管道均由合成树脂并附加一些辅助性、稳定性原料，经过一定的工艺过程，如注塑、挤压、焊接等制造，因而具有一般塑料的共同特性。塑料管道密度较小，在1.0~1.6 g/cm^3之间，比金属管材轻得多，安装方便。具有一定的机械强度，能承受一定的拉力和压力，但耐热性差，随着温度升高易软化，机械强度也随之下降。塑料管道是电的不良导体，具有绝缘性，常用作电线、电缆保护套管。由于塑料具有热塑性，可多次反复加热仍具有可塑性，因而特别适用于焊接，其熔点低，焊接手段简单。塑料管道具有较大的线膨胀性。在管道工程中，需要对直线管道的热膨胀进行补偿。塑料管道耐腐蚀性能良好，不易被氧化，常温下很稳定。除某些强氧化剂如硝酸等外，几乎不与任何酸、碱、盐溶液发生反应，对大多数有机溶剂也不溶解。

2）硬聚氯乙烯（UPVC）管。硬聚氯乙烯管化学稳定性高，重量轻，耐腐蚀，安全方便；但强度低，线膨胀系数大，耐久性差，当温度高于80~85℃时开始软化，130℃时呈柔软状态，到180℃后开始呈现流动状态。另外此种管材的稳定剂中含有氧化铅，不宜作为输送生活饮用水的管道。

目前硬聚氯乙烯管在化工、石油、制药、冶金等工业行业管道中得到广泛应用，以此代替不锈钢、铅、铜、铝、橡胶等重要工业管材。硬聚氯乙烯管的化学稳定性很好，除100%的丙酮、苯、溴水、氟化氢，96%以上的硫酸等不适用外，其余输送介质在一定温度下均可使用。一般用于输送0.6~1.0 MPa和-15~60℃的酸、碱等介质，民用建筑排水、煤气和非饮用的工业用水及锅炉水处理管也大量采用。

3）聚丙烯（PP）管。聚丙烯管分为多种，分别有PP-B（嵌段共聚聚丙烯）管、PP-C（改性共聚聚丙烯）管和PP-R（无规共聚聚丙烯）管等。聚丙烯管性能优越，它的熔点为170~176℃，软化温度由其熔点决定。在没有外力作用下，PP管在150℃左右仍能保持形状不变，因此可输送低负荷、温度达110~120℃的介质。聚丙烯的低温性能较差，0℃以下时呈现低温脆性，抗冲击性能也显著降低。PP管的耐腐蚀性能强于PVC管。

聚丙烯管长度为6 m，也有4 m的。按聚丙烯管标准规定：常温下标准管材使用压力不超过0.6 MPa，重型管材使用压力不超过1.0 MPa；规格为轻型管材，公称直径为15～200 mm,重型管材公称直径为8～65 m。主要用于输送化工腐蚀介质、农用灌溉等，其规格外径为ϕ16～200 mm。

此外，聚丙烯管也可用聚酯玻璃钢作为外增强层制造复合管，这种管材使用温度范围较普通聚丙烯管材使用温度范围大，无负荷时为－20～140℃，强度和刚度也都有所增加。

4）PP－PE复合管。由聚丙烯和聚乙烯树脂粒料混合挤压成型的PP－PE复合管，其规格为DN15～DN50，主要用于输送化学介质、建筑给排水管道和农田喷水管等。

5）ABS工程塑料管。ABS工程塑料管是由丙烯腈—丁二烯—苯乙烯组成的三元共聚物，因而具有三种特性，即耐化学腐蚀性，良好的机械强度，较高的耐冲击韧度。它的密度为1.03～1.07 g/m^3，抗拉强度为40～50 MPa，冲击强度高达3 900 N·cm/cm^2。

ABS工程塑料能耐弱酸、弱碱和中等浓度的强酸、强碱的腐蚀，在酮、醛、脂类以及氯化烃中会溶解或形成乳浊液，而不溶于大部分醇类和烃类溶剂，但与烃类长期接触后，会软化和溶胀，不耐硫酸、氢氟酸、冰醋酸的腐蚀。

ABS工程塑料管除了用于化工、制革、医药等行业输送腐蚀介质外，还用来输送摩擦性大的黏稠性液体，在食品工业中用于输送各种饮料。

6）玻璃钢管。环氧玻璃钢管耐压1.5 MPa，使用温度不超过110℃，适用于腐蚀性废水输送管、深井水管、锅炉输水管等强度高的管道系统。除环氧聚酯玻璃钢管外还有酚醛玻璃钢管、呋喃玻璃钢管等。

7）玻璃钢—塑料复合管。玻璃钢—塑料耐腐蚀复合管材系以环氧玻璃钢为外套、聚氯乙烯为内衬制成。它既具有硬聚氯乙烯管的耐腐蚀、阻力小、重量轻等优点，又具有玻璃钢管的耐老化、耐高压、耐热、耐冲击性能好等优点，可以部分代替不锈钢。

10.1.2.2　常用管件

管件是用来连接管子、改变管路方向或接出支路和封闭管道附件的总称。一种管件可以起到一个或多个作用。如弯头既是连接管路的管件，又是改变管道方向的管件。普通铸铁管件主要有弯头、三通、四通和异径管等。使用时主要采用承插式连接、法兰连接和混合连接等。工业生产中的管件类型很多，还有塑料管件、耐酸陶瓷管件和电焊钢管管件等，已经标准化生产，可以从有关手册中查取。

10.1.3　管道的布置与安装

在管道布置和安装时，主要考虑安装、检修、操作的方便和安全，同时必须尽可能减少基建费和安装费，并根据生产的特点、设备布置、物料特性及建筑结构等方面进行综合考虑。管道布置和安装的一般原则如下。

1）布置管道时，应对车间所有管道，如生产系统管路，辅助系统管道，电缆、照明、仪表管路等的路线，要全面掌握了解，才能做到全面规划，各就其位。

2）为了节约基建费用，便于安装和检修，并考虑操作上的安全，管路应尽可能采用明线铺设（除上、下水和煤气总管外）。

3）各种管线应呈平行铺设，以便于共用管架；要尽量走直线，少拐弯，少交叉，以节约管材，减少阻力，同时力求整齐美观。

4）为了便于操作、安装和检修，并列管道上的管件和阀件位置应错开安装。

5）在车间内，管道应尽可能沿厂房墙壁安装，管架可以固定在墙上，或沿天花板及平台安装。在露天的生产装置，管路可沿柱架或吊架安装。管与管、管与墙壁之间的距离，以能容纳活接管或法兰以及方便检修为宜；具体尺寸见表10—1。

表10—1　　管与墙间的安装距离　　mm

管径	25	37.5	50	75	100	125	150	200
管中心离墙距离	120	150	150	170	190	210	230	270

6）为了防止滴漏，对于不需要拆修的管道连接，通常都采用焊接；在需要拆修的管道中，适当配置一些法兰和活接管。

7）管道应集中铺设。当穿过墙壁时，墙壁上应开预留孔，过墙时，管外应加套管，套管与管子间的环隙应充满填料；管路穿过楼板时也应这样操作。

8）管道离地的高度，以便于检修为准。但通过人行通道时，最低离地点不得小于2 m；通过公路时，不得小于4.5 m；与铁路面净距离不得小于6 m；通过工厂主要交通干线，一般高度为5 m。

9）长管道要有支撑，以免弯曲存液及振动，距离应按设计规范或设计决定，室外长管道要预留出热胀冷缩的伸缩部分管长；管道的倾斜度，对于气体和易流动的液体为3/1 000～5/1 000，对含固体结晶或颗粒较大的物料为1%或大于1%。

10）一般上下水管及污水管适宜埋地铺设，在冬季结冰地区，埋地管道应安装在冰冻线以下。

11）输送腐蚀性流体管道的法兰，不得位于通道的上空，以免滴漏时发生危险。

12）输送易燃、易爆物料（如醇类、乙醚类、液态烃类）时，为了防止静电积聚，必须有管路可靠接地装置。

13）蒸汽管道上，每隔一定距离，应装置冷凝水排出装置。

14）平行管道的排列应考虑管路互相影响。垂直排列时，热介质管道在上，冷介质管道在下，以减少热管对冷管的影响；高压管道在上，低压管道在下；无腐蚀流体在上，有腐蚀流体在下，以免腐蚀性介质滴漏时影响其他管路；水平排列时，低压管道在外，高压管道靠近墙柱；频繁检查的管道在外，不常检修的靠墙柱；重量大的要靠近管架支柱或墙。

15）管道安装完毕后，应按规定进行强度和严密度试验，未经检验合格，焊缝及连接处不能涂漆及保温。管道在开工前须用压缩空气或惰性气体置换。

16）对于各种非金属管道及特殊介质的管道的布置和安装，还应考虑一些特殊问题，如聚氯乙烯管应避开热的管道，氧气管道在安装前应脱油等。

10.2　阀　门

阀门是流体输送系统中的控制部件，具有截断、调节、导流、防止逆流、稳压、分流或溢流泄压等功能。阀门的用途极为广泛，环保行业的设备及工艺流程需要大量的、各种类型的阀门。在使用阀门时，首先要了解其结构、原理与材质；同时要熟悉工作介质，正确选择阀门；还要妥善安装、操作与运行维护。

10.2.1 阀门的分类

阀门是管道系统中的重要部件，它用于接通或截断管路中的流通介质，或者用于控制介质的流量和压力，或用于保证设备以及管路的安全。阀门可以从不同角度进行分类。

（1）按动力分类

1）自动阀门。依靠介质自身的力量进行动作的阀门。如止回阀、减压阀、疏水阀、安全阀等。

2）驱动阀门。依靠人力、电力、液力、气力等外力进行操纵的阀门。如截止阀、节流阀、闸阀、蝶阀、球阀、旋塞阀等。

（2）按结构特性分类

1）截门型。关闭件沿着阀座中心线移动。如图 10—1 所示。

2）闸门型。关闭件沿着垂直于阀座的中心线移动。如图 10—2 所示。

3）旋塞型。关闭件是柱塞或球，围绕本身的中心线旋转。如图 10—3 所示。

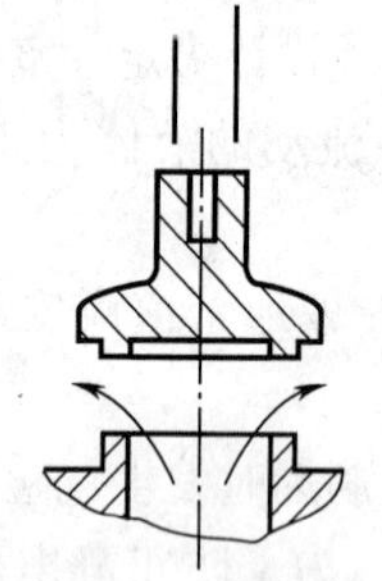

图 10—1 截门型结构

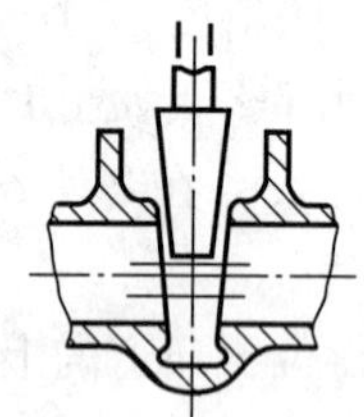

图 10—2 闸门型结构

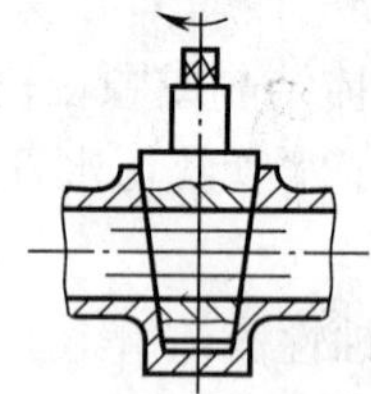

图 10—3 旋塞型结构

4）旋启型。关闭件围绕阀座外的一个轴旋转。如图 10—4 所示。

5）蝶型。关闭件是圆盘，围绕阀座内的轴旋转。如图 10—5 所示。

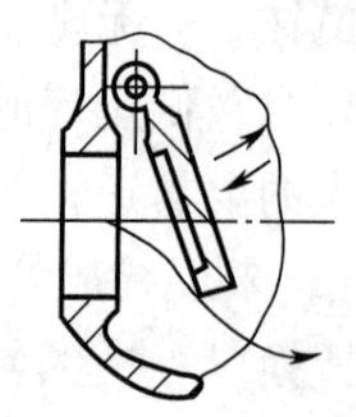

图 10—4 旋启型结构

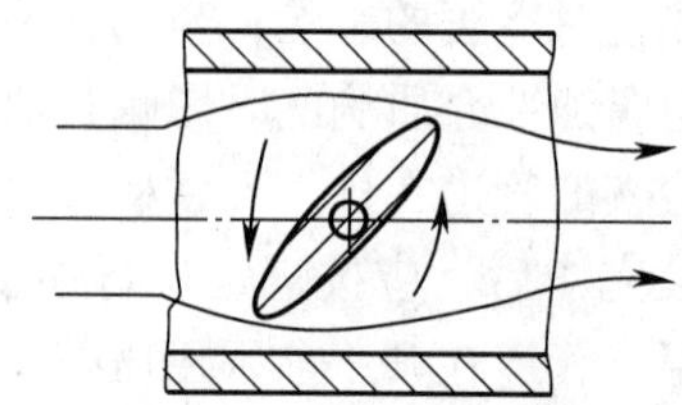

图 10—5 蝶形结构

（3）按用途分类

1）开断用。用来切断或接通管路介质。如截止阀、闸阀、球阀、旋塞阀等。

2）调节用。用来调节介质的压力或流量。如减压阀、调节阀。

3）分配用。用来改变介质的流向，起分配作用。如三通旋塞、三通截止阀等。

4）止回用。用来防止介质倒流。如止回阀。

5）安全用。在介质压力超过规定数值时，排放多余介质，以保证设备安全。如安全阀、事故阀。

6）阻气排水用。留存气体，排除凝结水。如疏水阀。

（4）按操纵方法分类

1）手动阀门。借助手轮、手柄、杠杆、链轮、齿轮、蜗轮等，由人力来操纵的阀门。

2）电动阀门。借助电力来操纵的阀门。

3）气动阀门。借助压缩空气来操纵的阀门。

4）液动阀门。借助水、油等液体传递外力来操纵的阀门。

（5）按压力分类

1）真空阀。绝对压力小于 1 MPa 的阀门。

2）低压阀。公称压力小于 16 MPa 的阀门。

3）中压阀。公称压力为 25 ~ 64 MPa 的阀门。

4）高压阀。公称压力为 100 ~ 800 MPa 的阀门。

（6）按介质温度分类

1）普通阀门。适用于介质工作温度为 -40 ~ 450℃的阀门。

2）高温阀门。适用于介质工作温度为 450 ~ 600℃的阀门。

3）耐热阀门。适用于介质工作温度为 600℃以上的阀门。

4）低温阀门。适用于介质工作温度为 -70 ~ -40℃的阀门。

（7）按公称通径分类

1）小口径阀门。公称通径小于 ϕ40 mm 的阀门。

2）中口径阀门。公称通径 ϕ50 ~ 300 mm 的阀门。

3）大口径阀门。公称通径 ϕ350 ~ 1 200 mm 的阀门。

4）特大口径阀门。公称通径大于 ϕ1 400 mm 的阀门。

10.2.2　阀门参数的意义

（1）阀门的公称通径

阀门进、出口通道的名义直径叫做阀门的公称通径，用 DN 表示，单位为 mm。在通常情况下，阀门的公称通径与实际通径是一致的，但在高压化工、石油上用的锻造阀门存在着公称通径与实际通径不太一致的现象。

（2）阀门的公称压力

阀门的名义压力叫做阀门的公称压力，单位为 kgf/cm^2。阀门上如标注 P_g16 表示此阀门公称压力为 16 kgf/cm^2（1 kgf/cm^2 = 98.066 5 kPa，下同）。

阀门的实际耐压能力，往往比阀门公称压力大得多，这是设计时考虑了安全系数的缘故。在阀门的强度耐压试验时，按规定允许超过公称压力。但在阀门的工作状态下，是严禁超压工作的。

（3）阀门适用介质

阀门的适用介质是阀门设计和选用时应考虑的因素。

10.2.3　常用阀门的原理、结构及用途

10.2.3.1　闸阀

闸阀，也叫闸板阀、闸门阀，是广泛使用的一种阀门。它的闭合原理是：闸板密封面与

阀座密封面高度光洁、平整与一致，相互贴合，可阻止介质流过，并依靠顶楔、弹簧或闸板的楔形来增强密封效果。它在管路中主要起切断作用，动作特点是关闭件（闸板）沿阀座中心线的垂直方向移动。

闸阀的优点：流体阻力小，启闭较省力，可以在介质双向流动的情况下使用，没有方向性，全开时密封面不易冲蚀，结构长度短，不仅适合做小阀门，而且适合做大阀门。

闸阀可按阀杆上螺纹位置分为两类。

1）明杆式。阀杆螺纹露在上部，与之配合的阀杆螺母装在手轮中心，旋转手轮就是旋转螺母，从而使阀杆升降。结构如图 10—6 所示。

这种阀门，启闭程度可从螺纹中看出，便于操作；对阀杆螺纹的润滑和检查很方便；特别是螺纹与介质不接触，可避免腐蚀性介质的腐蚀，所以石油化工管道中采用较多。但这种阀门螺纹外露，容易粘上空气中的尘埃，加速磨损，故应尽量安装于室内。

2）暗杆式。阀杆螺纹在下部，与闸板中心螺母配合，升降闸板依靠旋转阀杆来实现，而阀杆本身看不出移动。结构如图 10—7 所示。

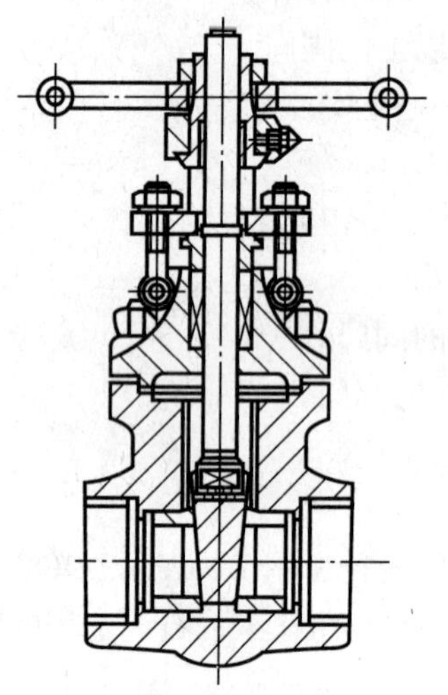

图 10—6　明杆式闸阀

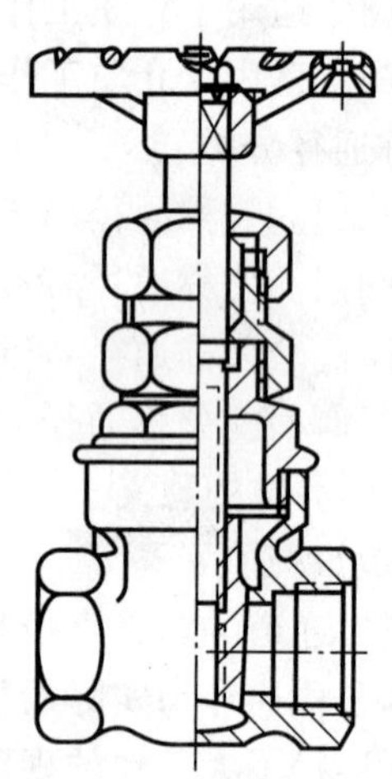

图 10—7　暗杆式

这种阀门的优点是开启时阀杆不升高，适合于安装在操作位置受到限制的地方。它的缺点是启闭程度难以掌握，阀杆螺纹与介质接触，容易腐蚀损坏。

从闸板构造来分，也有两类。

1）平行式。密封面与垂直中心线平行，一般做成双闸板，撑开两个闸板，使其与阀座密封面可靠密合，一般用顶楔来实现。除上顶式（见图 10—8）之外，还有下顶式（见图 10—9）。

2）楔式。密封面与垂直中心线成一角度，即两个密封面成楔形。楔形倾角的大小要看介质的温度。一般来说，温度越高，倾角越大，以防温度变化时卡住。

楔式闸阀有双闸板（见图 10—10）和单闸板两种。

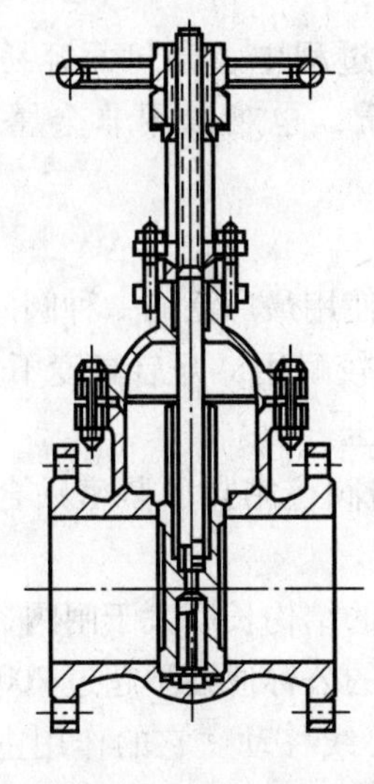
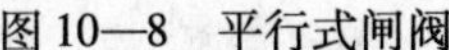
图10—8 平行式闸阀

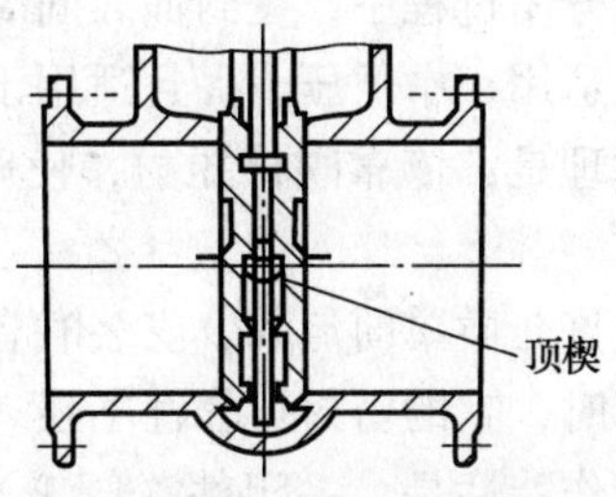

图10—9 下顶式闸阀

单闸楔式阀门中，有一种弹性闸阀能依靠闸板的弹性变形来弥补制造中密封面的微量制造误差，如图10—11所示。闸板的周围留有孔缝，因此允许产生一定变形。

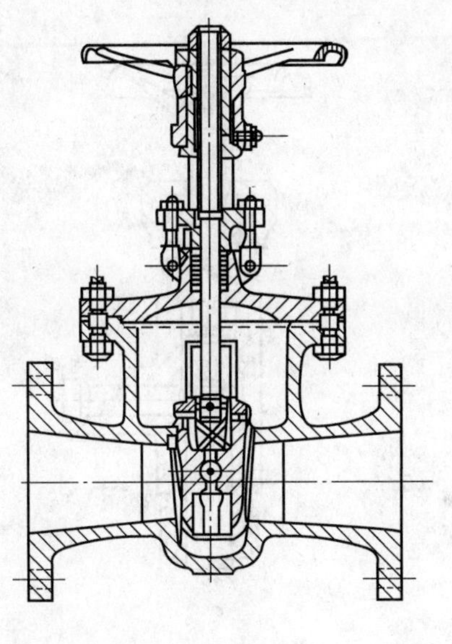
图10—10 双闸楔式阀门

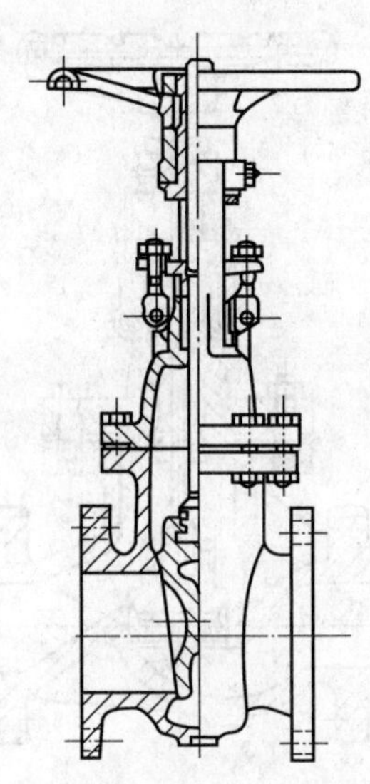
图10—11 单闸楔式阀门

闸阀可以做得很大，如2 m口径。但大口径闸阀，往往需要外力来开闭。

在楔式闸阀中，双闸板式比较容易制作，对温度的敏感性不突出，所以在常用于蒸汽和水中。平行式双闸板也有类似优点，制造修理更简便，但对温度的适应性稍差。各种双闸板，都不适应于腐蚀性介质和黏性介质，所以在石油、化工管路中经常使用楔式单闸板阀门。楔式单闸板阀门，结构简单，使用牢靠，但制造和维修比较困难，主要是密封面的加工研磨很不容易达到要求。

闸阀的共同缺点是高度大，启闭时间长，在启闭过程中，密封面容易被冲蚀，维修比截止阀困难，不适用于含悬浮物和析出结晶的介质，也难以用非金属耐腐蚀材料来制造。

10.2.3.2　截止阀

截止阀，也叫截门、球心阀、停止阀、切断阀，是使用最广泛的一种阀门。它广受欢迎的原因，是由于开闭过程中，密封面之间摩擦力小，比较耐用，开启高度不大，制造容易，维修方便；不仅适用于中低压，而且适用于高压、超高压。

它的闭合原理是：依靠阀杆压力，使阀瓣密封面与阀座密封面紧密贴合，阻止介质流通。

截止阀只允许介质单向流动，安装时有方向性。它的结构长度大于闸阀，同时流体阻力较大，长期运行时，它的密封可靠性不强。一般截止阀的公称通径不超过 200 mm。

截止阀的动作特性是，关闭件（阀瓣）沿阀座中心线移动。它的作用主要是切断，也可粗略调节流量，但不能当节流阀使用。

截止阀按通道方向可分为 3 类。

1）直通式。进、出口通道成一直线，但经过阀座时要拐 90°的弯。如图 10—12 所示。

2）直角式。进、出口通道成一直角。如图 10—13 所示。

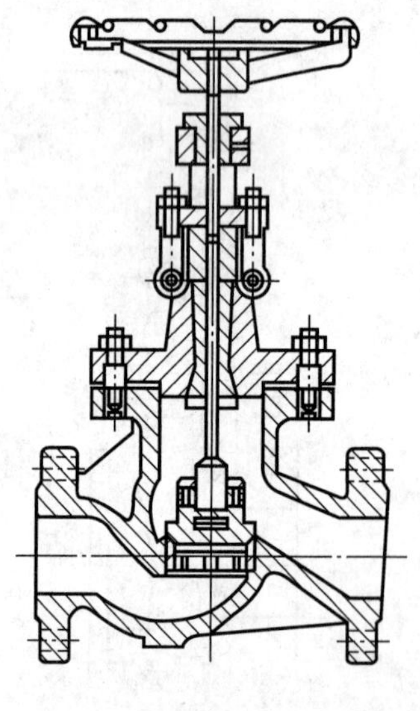

图 10—12　直通式截止阀

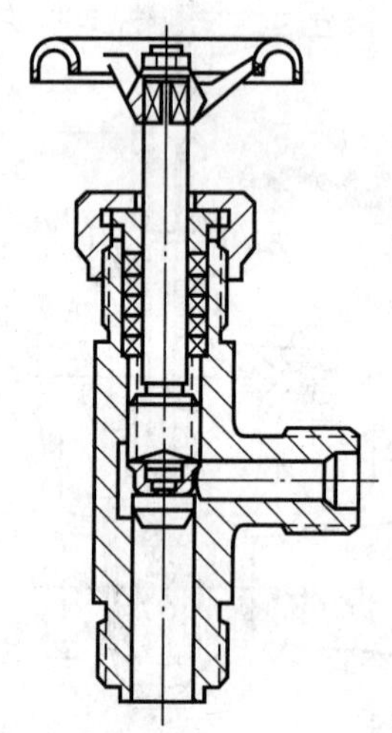

图 10—13　直角式截止阀

3）直流式。进、出口通道成一直线与阀座中心线相交。这种截止阀，阀杆是倾斜的。如图 10—14 所示。

直通式截止阀安装于直线管路，由于操作方便，用得最多。但它的流体阻力大，对于阻力损失要求严的管路，使用直流式为好。但直流式阀杆倾斜，开启高度大，操作不便。

直角式截止阀安装于垂直相交的管路，常用于高压。

从阀杆螺纹的位置来看，截止阀又可分为外露螺纹式和不露螺纹式。外露螺纹式，是将螺纹做在阀杆的上部，如图 10—12、图 10—14 所示；不露螺纹式，是将螺纹做在阀杆的下部，如图 10—13 所示。外露螺纹式便于操作人员从螺纹的牙数来掌握开启高度，同时螺纹不受介质腐蚀，不会被悬浮颗粒堵塞，不因介质温度变化而变形，便于润滑和检查，所以使用较广；但露出外部的螺纹，在介质温度低于零度时，其上容易结冰（周围空气中的水分受冷所致）。所以，某些低温阀门如空分阀、氨用阀，采用不露螺纹式结构。有的小口径阀门、直角阀门也做成不露螺纹式，以使结构更加紧凑。

截止阀也可以根据需要做成保温夹套式。如图 10—14 所示。

有的截止阀为了在正常运行的情况下更换填料，将阀盖下部和阀瓣上部做成相互配合的锥形。需要换填料时，将阀杆旋升到顶点，使阀盖与阀瓣的锥形严密配合，由于制造精度高，能使阀内介质基本不漏。如图 10—15 所示。

平衡式截止阀是一种新颖的阀门，适合于高压、大口径。高压、大口径阀门，其阀瓣要承受很大的介质压力，关闭很费劲，阀杆容易损坏。如将介质压力引导到阀瓣上部，使上下力量平衡，就可以大大减小关闭力。但阀瓣上部必须加以密闭，不致产生内漏最重要。如图 10—16 所示是平衡式截止阀的一种形式。

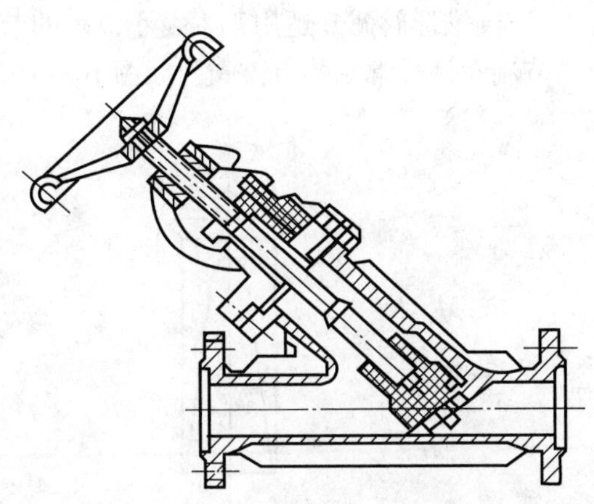

图 10—14　直流式截止阀

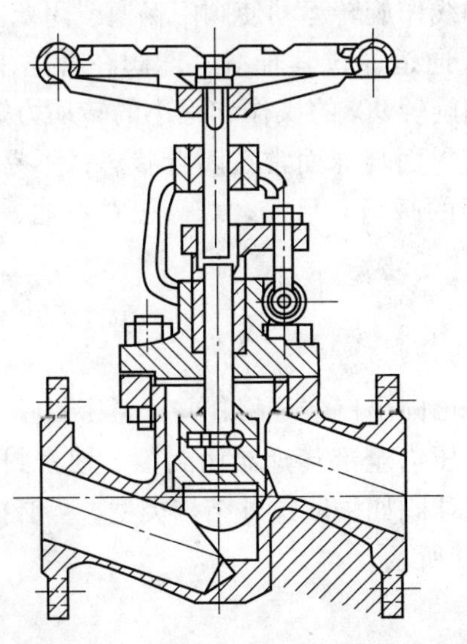

图 10—15　阀盖、阀瓣具有配合锥面的截止阀

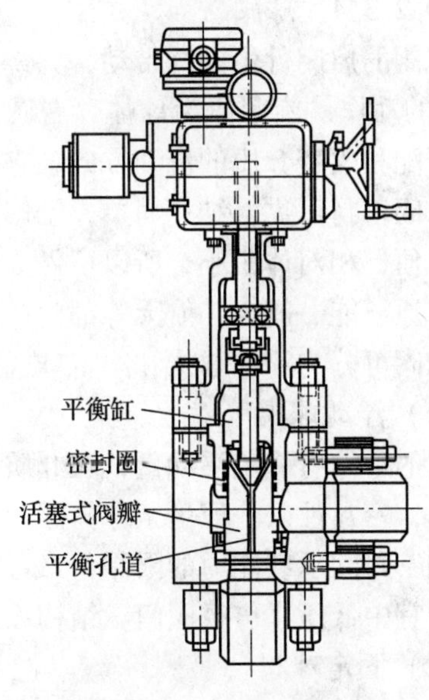

图 10—16　平衡式截止阀

10.2.3.3　节流阀

节流阀，也叫针形阀，外形与截止阀并无区别，但阀瓣形状不同，用途也不同。它以改变通道面积的形式来调节流量和压力。有直角式和直通式两种，均为手动。节流阀通常用于压力下降较大的场合。但它的密封性能不好，不适宜作为截止阀。同样，截止阀虽能短时粗略调节流量，但也不适宜作为节流阀，当形成狭缝时，高速流体会加速密封面冲蚀磨损，失去效用。

常见的节流阀阀瓣有 3 种。

1）沟形阀瓣。常用作制冷装置中的膨胀阀。如图 10—17 所示。

2）窗形阀瓣。适用于口径较大的节流阀。如图 10—18 所示。

3）圆锥形阀瓣。适用于中、小口径的节流阀，是最为常见的一种形状。用这种阀瓣做成的节流阀是最常见的节流阀。如图 10—19 所示。

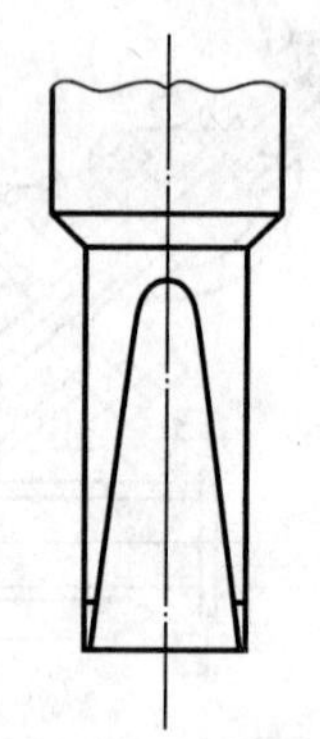

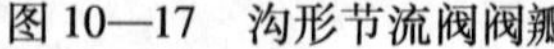

图 10—17　沟形节流阀阀瓣

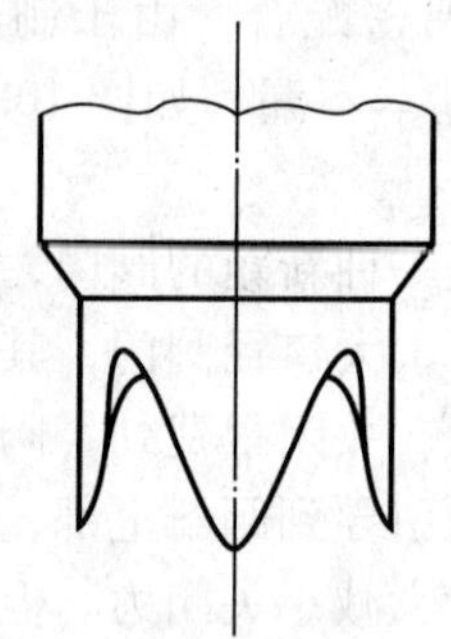

图 10—18　窗形节流阀阀瓣

10.2.3.4　球阀

球阀的启闭件由阀杆带动，并绕阀杆的轴线作旋转运动使阀门畅通或闭塞。球阀具有旋转 90°的动作，旋塞体为球体，有圆形通孔或通道通过其轴线。球阀在管路中主要用于切断、分配和改变介质的流动方向，它只需要用旋转 90°的操作和很小的转动力矩就能关闭严密。球阀密封可靠，结构简单，维修方便，密封面与球面常在闭合状态，不易被介质冲蚀，开关轻便，相对体积小，所以可做成很大通径的阀门。目前，球阀已在石油、化工、发电、食品、原子能、航空、航天等部门广泛使用。

球阀可分为浮动球式和固定球式两类。

（1）浮动球阀

它的球体有一定浮动量，在介质压力下，可向出口端位移，并压紧密封圈。这种球阀结构简单，密封性好。但由于球体浮动，将介质压力全部传递给密封圈，使密封圈负担很重。考虑到密封圈承载能力的限制，又考虑到大型球阀如采取这种结构类型，势必操作费力，所以只适宜中低压小口径阀门。结构如图 10—20 所示。

（2）固定球阀

它的球体是固定的，不能移动。通常上、下支撑处装有滚动轴承或滑动轴承，开闭较轻便。这种结构适合于制作高压大口径阀门。如图 10—21 所示。

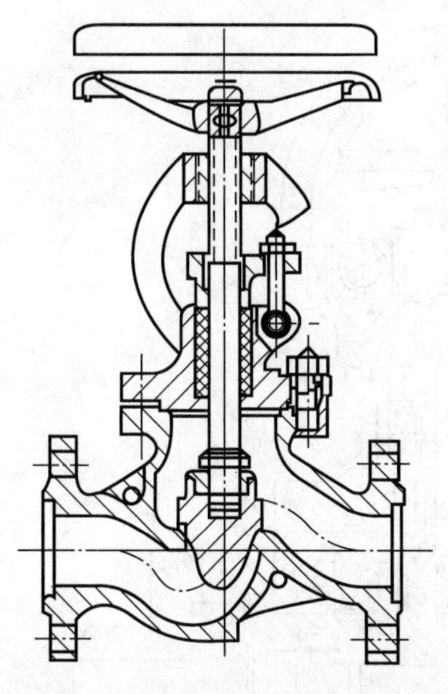

图 10—19　使用圆锥形阀瓣的节流阀

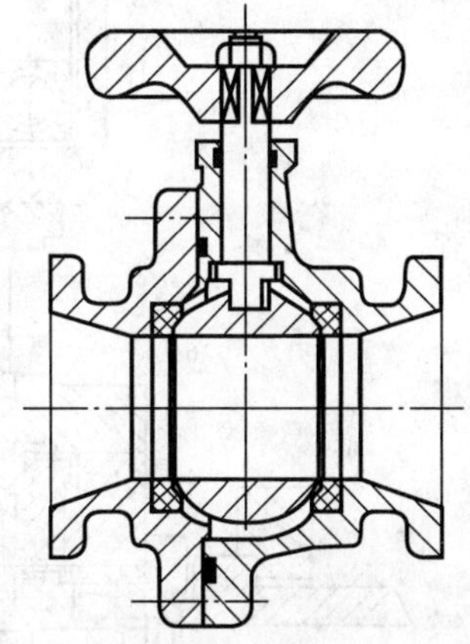

图 10—20　浮动球阀

阀座密封圈，常用聚四氟乙烯做成，因为聚四氟乙烯摩擦系数小，耐腐蚀性能优异，耐温范围宽阔（-180～200℃）；有时也用聚三氟氯乙烯制作，聚三氟氯乙烯比前者耐腐蚀性能稍差，但机械强度高。其橡胶密封性能很好，但耐压、耐温性能较差，只用于温度不高的低压管路。此外，尼龙等也可在一定条件下使用。

大型球阀，可做成由机械传动，还可由电力、液力、气力来操作。此外球阀还可以做成直角、三通、四通等形式。

10.2.3.5　蝶阀

蝶阀，也叫蝴蝶阀。它的启闭件是一个圆盘形的蝶板，如图 10—22 所示。实际上，它的阀瓣是圆盘，围绕阀座内的一个轴旋转。旋角的大小，便是阀门的开闭度。这种阀门具有轻巧的特点，比其他阀门要节省许多材料，结构简单；开闭迅速（只需旋转 90°）；切断和节流都能做到；流体阻力小，操作省力，在工业生产中得到广泛的使用。但它用料单薄，经不起高压、高温，通常只用于风路、水路和某些气路。

蝶阀可以做成很大口径。大口径蝶阀，往往用蜗轮蜗杆或电力、液压来传动。

能够使用蝶阀的地方，最好不要使用闸阀，因为蝶阀比闸阀更经济，而且调节流量的性能也要好。

10.2.3.6　旋塞阀

旋塞阀用带通孔的塞体作为启闭件，塞体围绕阀体中心线旋转，以实现启闭动作。其作用是切断、分配和改变介质流向。旋塞阀是使用最早的一种阀门，结构简单，外形尺寸小，操作

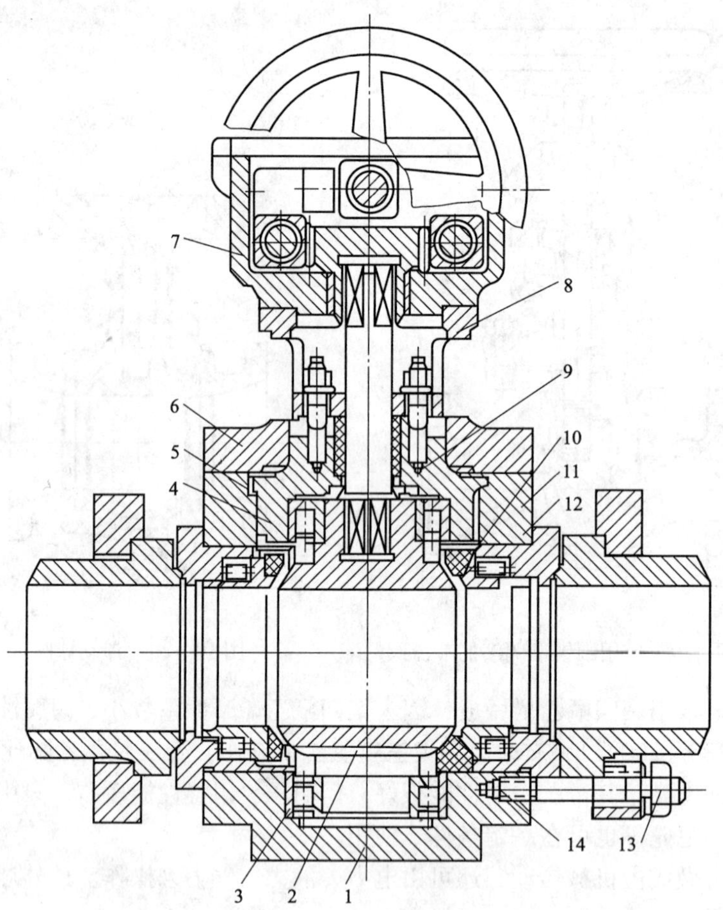

图 10—21　固定球阀

1—阀体；2—球体；3—滚动轴承；4—阀盖；5—密封圈；
6—支架；7—变速箱；8—阀杆；9—阀片；10—弹性密封套筒；
11—过渡套筒；12—弹簧；13—螺栓；14—阀座密封圈

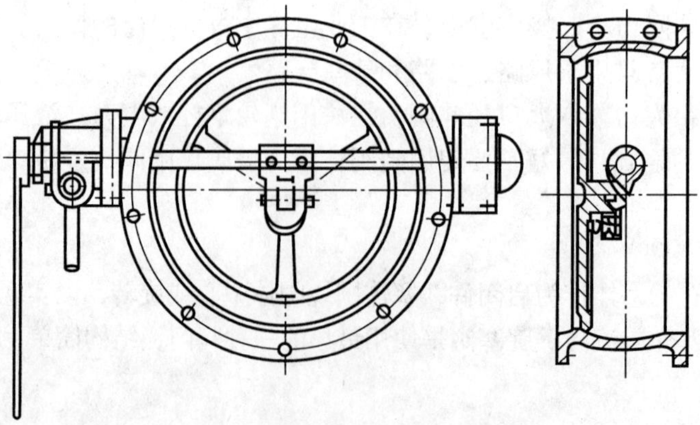

图 10—22　蝶阀

时只需旋转90°，流体阻力不大。它的应用比较广泛，特别是低压、小口径和介质温度不高的场合。它的缺点是开关费力，密封面容易磨损，高温、高压时容易卡住。不适宜于调节流量。

旋塞阀也叫旋塞、转心门，小型无填料的又称为“考克”。它的种类很多，按通道分，有直通式（见图10—23）、三通式（见图10—24）和四通式。前一种作切断用，后两种用于介质分配和改变流向。

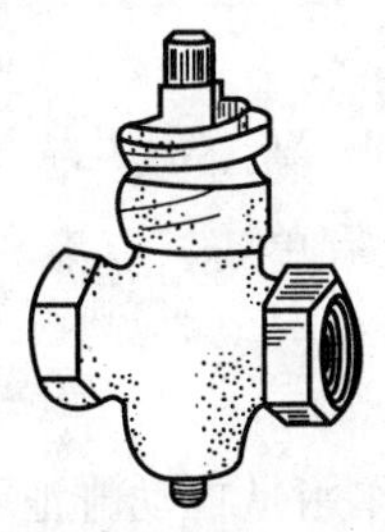

图10—23 直通式旋塞阀

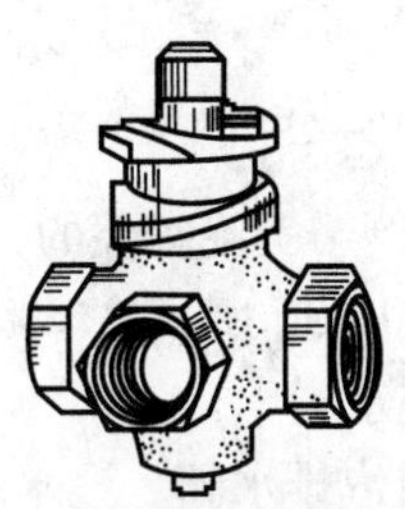

图10—24 三通式旋塞阀

旋塞阀按密合形式分为3种。

1）紧定式（见图10—25）。依靠拧紧旋塞体下面的螺母，来实现旋塞体与阀体的密合。

2）填料式（见图10—26）。通过压紧填料，迫使旋塞体与阀体密合。

3）自封式（见图10—27）。旋塞体与阀体的密合，依靠介质自身的力量。介质在进口处进入倒置的旋塞体上的小孔，又转而进入旋塞体大头下方，将其向上推紧。下面的弹簧起预紧作用。这种结构一般用于空气介质。

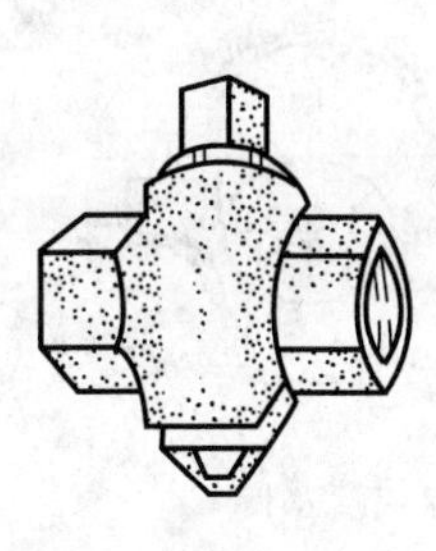

图10—25 紧定式旋塞阀

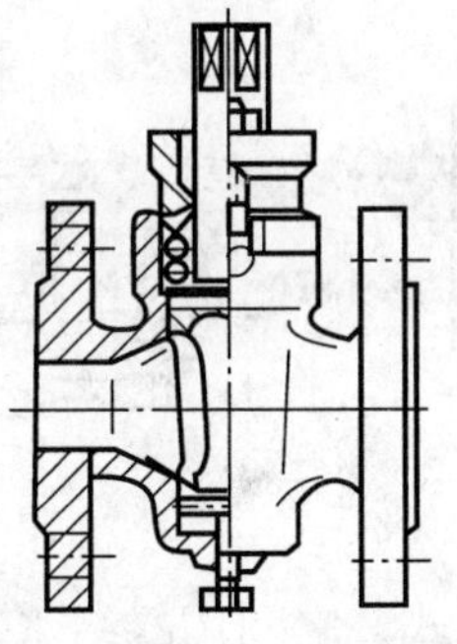

图10—26 填料式旋塞阀

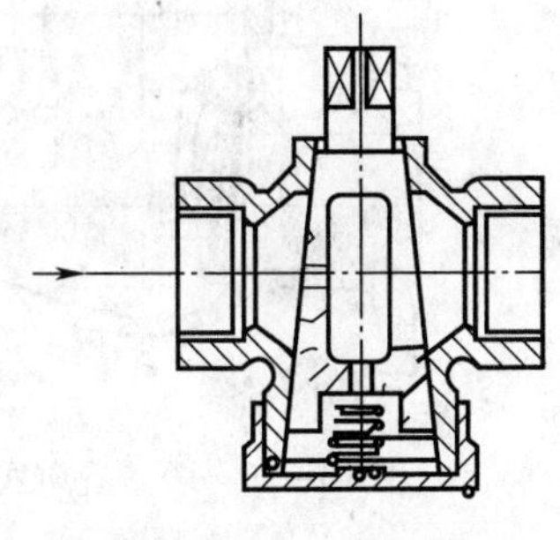

图10—27 自封式旋塞阀

10.2.3.7 止回阀

止回阀是依靠流体本身的力量自动启闭的阀门。它的作用是阻止介质倒流。它的名称很多，如逆止阀、单向阀、单流门等。按结构可分为两类。

1）升降式。阀瓣沿着阀体垂直中心线移动。这类止回阀又有两种：一种是卧式，用于装水平管道，阀体外形与截止阀相同，如图10—28所示；另一种是立式，用于装垂直管道，如图10—29所示。夹式止回阀而言只是立式止回阀的一种。

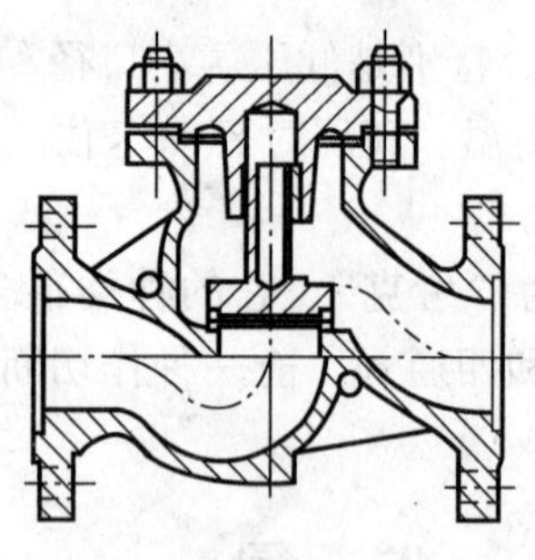

图 10—28　卧式升降止回阀

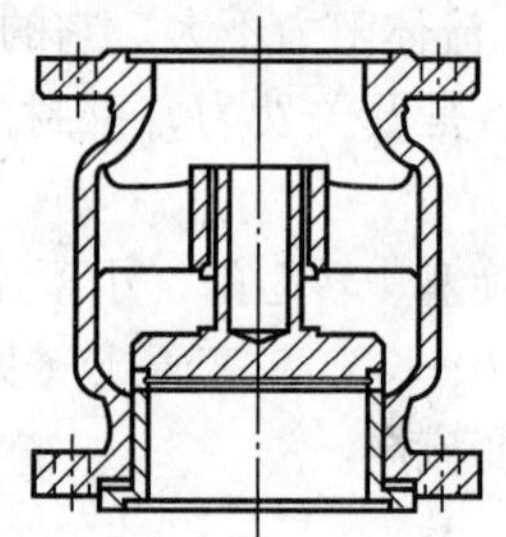

图 10—29　立式升降止回阀

2）旋启式。阀瓣围绕座外的销轴旋转。这类阀门又有单瓣、双瓣和多瓣之分，但原理是一样的。如图 10—30 所示是单瓣旋启式止回阀。

10. 2. 3. 8　疏水阀

疏水阀也叫阻汽排水阀、汽水阀、回水门等。它的作用是自动排泄不断产生的凝结水，而又不让蒸汽出来。

疏水阀种类很多，较有代表性的是浮球式、钟形浮子式、脉冲式、热动力式、热膨胀式、浮桶式。

浮球式疏水阀依靠浮球随凝结水液面升降的动作来阻汽排水。从图 10—31 可以看出，当凝结水液面到一定高度时，浮球上升，通过杠杆的作用将出口阀打开；液面下降时，浮球跟着落下，在浮球的重力和杠杆的作用下将出口阀关死。这种疏水阀，结构简单。但长期运行时，浮球和杠杆易坏；出口很小，容易被铁锈和脏物堵塞。

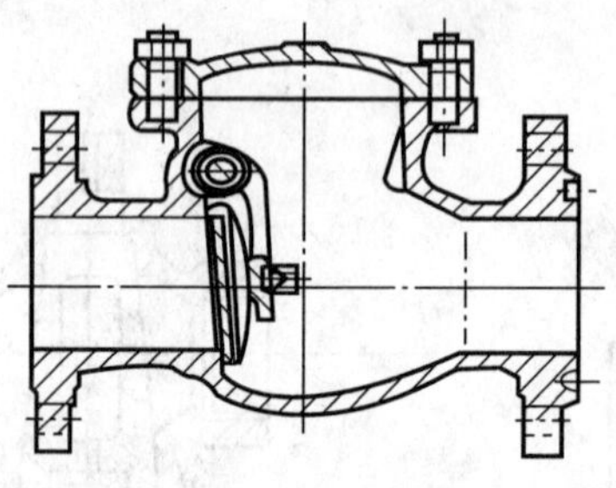

图 10—30　单瓣旋启式止回阀

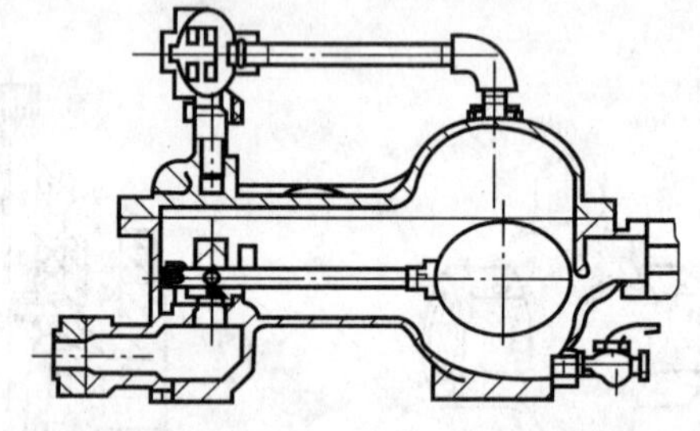

图 10—31　浮球式疏水阀

目前使用最广的疏水阀是热动力式，它利用凝结水和蒸汽动压、静压的变化，来进行阻汽排水。如图 10—32 所示，当凝结水进入阀片底下时，靠压力将阀片顶开，经环形孔流向出口。

由于水的重度大、黏滞系数大、流速较低，加之结构上的考虑，应使阀片保持微开。一旦蒸汽进入，因其重度小、黏滞系数小、流速快，便在闸片与阀座间造成运动负压；又因其占据阀片上部空间，使阀片上、下静压平衡，于是阀片迅速落下，关闭通路，阻止蒸汽外漏。由于向外

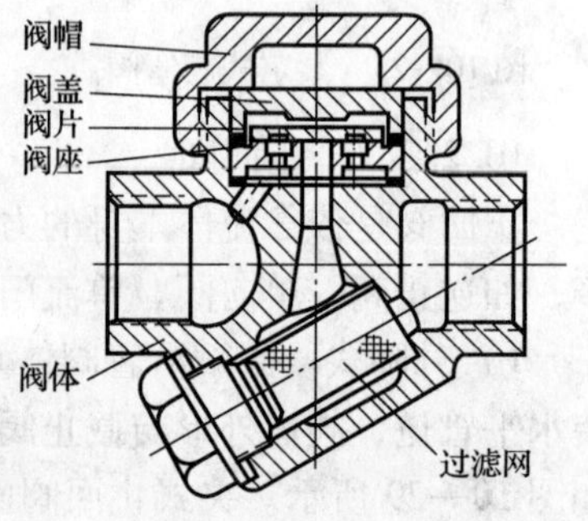

图 10—32　热动力式疏水阀

散热，阀片上部蒸汽变冷凝结，压力下降，阀片下部凝结水便再次顶开阀片流出。这种疏水阀，结构简单，体积较小，维修方便，但它不适用于压力低于0.5 kgf/cm^2（1 kgf/cm^2 = 98.066 5 kPa）的蒸汽管路。

10.2.4 阀门的选用

选用阀门首先要掌握介质的性能、流量特性，以及温度、压力、流速等性能，然后，结合工艺、操作、安全诸因素，选用相应类型、结构形式、型号规格的阀门。

10.2.4.1 根据流量特性选用阀门

阀门启闭件及阀门流道的形状，使阀门具备一定的流量特性。在选择阀门时，必须考虑到这一点。

（1）截断和接通介质用阀门

通常选择流阻较小、流道为直通式的阀门。这类阀门有闸阀、截止阀等。

（2）控制流量用的阀门

通常选择易于调节流量的阀门。如节流阀等，因为它的阀座尺寸与启闭件的行程之间成正比例关系。旋转式阀门，如旋塞阀、球阀、蝶阀等，也可用于节流控制，但通常仅在有限的阀门口径范围内适用。

（3）换向分流用阀门

根据换向分流需要，这种阀门可有三个或者更多的通道，适宜于选用旋塞阀和球阀。大部分换向分流用的阀门都选用这类阀门。在某些情况下，其他类型的阀门，用两只或更多只适当地相互连接起来，也可用作介质的换向分流。

（4）带有悬浮颗粒的介质用阀门

如果介质带有悬浮颗粒，最适于采用启闭件沿密封面且滑动带有擦拭作用的阀门。如平板闸阀。

10.2.4.2 根据连接形式选用阀门

阀门与管路的连接形式有多种，其中最主要的有螺纹、连接盘及焊接方法连接。

（1）螺纹连接

这种连接通常是将阀门进出口端部加工成锥管或直管螺纹，使之旋入锥管的螺纹接头或管道。由于这种连接可能出现较大的泄漏沟道，故可用密封胶带或填料来堵塞这些沟道。为了便于安装和拆卸螺纹连接的阀门，在管路系统的适当位置可用管接头和活接头。

（2）连接盘连接

连接盘连接的阀门，其安装和拆卸都比较方便，但是比螺纹连接笨重，相应价格也高。故可适用于各种通径和压力的管道连接。但是，当温度超过350℃时，由于螺栓、垫片和连接盘蠕变松弛，会明显地降低螺栓的负荷，对受力很大的连接盘连接就可能产生泄漏。

（3）焊接连接

这种连接适用于各种压力和温度，在较苛刻的条件下使用时，比连接盘连接更为可靠。但是焊接连接的阀门拆卸和重新安装都很困难，所以它的使用通常限于能长期可靠地运行，或使用条件苛刻、温度较高的场合。

10.2.4.3 根据介质性能选用阀门

许多介质都有一定的腐蚀性，同一种介质，随着温度、压力和浓度的变化，其腐蚀性也不同。因此，应根据材料耐腐蚀性能，选择适宜于该介质的阀门。

1）碳素钢阀门。适用于淡水、蒸汽、石油、氨、中性有机介质和腐蚀性较低的场合。某些能使其表面产生钝化膜的强酸，如浓硫酸等，也可使用。

2）铸铁阀门。一般灰铸铁阀门耐蚀性能与碳素钢相仿。硅铸铁阀门有很好的耐酸性能。镍铸铁阀门能用于稀盐酸、稀硫酸和苛性碱。

3）不锈钢阀门。能耐较高浓度、较大温度范围的硝酸、有机酸、碱类等。但不耐不干燥的氯化氢、溴化氢、氧化性的氯化物。因其不耐醋酸、草酸、乳酸等有机酸类，在海水中不能长期使用。

4）铜阀门。铜阀门对水、海水、多种盐溶液、有机物有良好的耐蚀性能。对不含有氧或氧化剂的硫酸、磷酸、醋酸、稀盐酸等有较好的耐蚀性，同时对碱有很好的抵抗力。但不耐硝酸、浓硫酸等氧化性酸的腐蚀，也不耐硫和硫化物的腐蚀。切忌与氟接触，氟能使铜及其合金产生应力腐蚀破裂。选用时应注意到铜合金的牌号不同，其耐腐蚀性也有一定的差异。

5）铅阀门。适用于硫酸、海水、一定条件的磷酸、铬酸等。但不耐盐酸、碱类的腐蚀。

6）钛阀门。耐海水、硝酸、氧化性盐、次氯酸盐、一般有机物等。但不耐氟化氢的水溶液以及草酸、醋酸、热的浓碱等的腐蚀。

7）陶瓷阀门。除氢氟酸、氟硅酸和强碱外，能耐各种浓度的无机酸、有机酸和有机溶剂等的腐蚀。

8）玻璃钢阀门。玻璃钢有多种，耐腐蚀性能视组分而定。如环氧玻璃钢，不耐硝酸、浓硫酸的腐蚀，但可在盐酸、磷酸、稀硫酸和某些有机酸中使用。

10.2.4.4　根据温度和压力选用阀门

选用阀门除考虑介质腐蚀性能外，介质的温度和压力也是重要参数。

（1）阀门使用的温度

阀门使用的温度，是以制作阀门的材质来确定的：

灰铸铁阀门最高使用温度为200℃；

球墨铸铁阀门最高使用温度是350℃；

碳素钢阀门最高使用温度为450℃；

铜合金阀门最高使用温度为550℃；

钛阀门最高使用温度为300℃。

（2）阀门使用的压力

阀门使用的压力，是以制作阀门的材质来确定的：

灰铸铁阀门最大公称压力为16 kgf/cm^2（1 kgf/cm^2 = 98.066 5 kPa，下同）；

可锻铸铁阀门最大公称压力为25 kgf/cm^2；

球墨铸铁阀门最大公称压力为40 kgf/cm^2；

高硅铸铁阀门最大公称压力为2.5 kgf/cm^2；

钢合金阀门最大公称压力为40 kgf/cm^2；

铝合金阀门最大公称压力为10 kgf/cm^2；

钛合金阀门最大公称压力为25 kgf/cm^2；

碳素钢阀门最大公称压力为330 kgf/cm^2。

（3）阀门温度与压力的关系

阀门使用温度和压力与介质腐蚀和工艺要求有着一定的内在联系，又相互影响。其中温度是影响的主导因素。一定压力的阀门只适应一定的温度范围，阀门使用温度的变化会影响阀门使用压力。

如一只碳素钢阀门的公称压力为100 kgf/cm^2。当介质工作温度为200℃时，其最大工作压力为100 kgf/cm^2；当介质工作温度为400℃时，其最大工作压力为54 kgf/cm^2；当介质工作温度达到450℃时，其最大工作压力只有45 kgf/cm^2。

10.2.4.5　根据流量、流速确定阀门的通径

流速和流量是决定流通截面的不可分割的两个因素。流速大些，一定流量的流通截面便可小些；流速小些，流通截面就大些。同样的流速，流量大小与流通截面大小呈直线关系。

通常流量是已知的，流速需要根据具体情况选定。流速大，阀门可以小些，但阻力损失就大，阀门损坏就快；有的介质还容易产生静电，造成危险；流速太小，便不经济。各种介质的流速，由实践经验确定或参阅有关资料。有了流速和流量，阀门的公称通径便可通过计算而得到。

10.2.4.6　根据工况条件和工艺操作综合确定阀门的结构形式

阀门结构类型的选择首先要适应介质的各种要求，达到使用可靠；其次要经济合理，力求节省；还要考虑购买难易、维修是否方便等。

一般水、气介质，无特殊要求，可以用铸铁、铸钢截止阀。一般重质石油，本身无特殊要求，但暂停输送时，要用蒸汽吹扫管路，以防凝滞，蒸汽的流向往往与石油流向相反。所以应选用能双向流通的闸阀。

凡是需要双向流通的管路，都不宜使用截止阀，因为截止阀是有方向性的，反向使用会影响效能和使用寿命。大流量、低压力的水和空气等介质，使用蝶阀比较方便和经济。蝶阀不仅可以作为闭路阀门，而且可以调节流量。精确地调节小流量，必须采用节流阀（即针形阀）。

用于腐蚀介质环境的阀门，虽然主要是材质选择问题，但结构选择也不能忽视。如闸阀中，暗杆双闸板式就不利于防腐蚀，明杆单闸板式则利于防腐蚀。阀门处于高空、远距离、高温、危险或其他不适合亲手操作的部位，应采用电动或电磁驱动。对易燃易爆部位，为防止出现火花，则应采用液动或气动。手动难以启闭或需要快速开闭的阀门，也应采用电动、气动或液动。

10.2.5　阀门的安装

阀门安装质量的好坏，直接影响阀门以后的使用，因此，阀门安装是需要认真对待的重要环节。

10.2.5.1　阀门安装要求

阀门安装一般要求应有利于阀门的稳妥、安全，有利于操作、维修和拆装。阀门的安装，首先要求维修工和管工会识读管线安装图，会按图施工，能自行处理一般阀门安装位置和走向的改进与调整。

阀门安装时，阀门的操作机构离地面距离最宜为 1 ~ 2 m，与胸口平齐。当阀门的中心和手轮离操作距地面超过 1.8 m 时，应对操作较多的阀门和安全阀设置操作平台。对超过 1.8 m并且不经常操作的单个阀门，可采用链轮、延伸杆、活动平台以及活动梯等设施。当阀门安装在操作面以下时，应设置伸长杆。地阀应设置地井。为安全起见，地井应加盖。

水平管道上阀门的阀杆，最好垂直向上。并排管线上的阀门，应有操作、维修、拆装的空位，其手轮间净距不小于 100 mm。如管距较窄，应将多个阀门错开摆列。

对开启力大、强度较低、脆性大和重量较大的阀门，安装要设置阀架，以支撑阀门，减少启动应力。

10.2.5.2　阀门安装作业

阀门的安装作业，应按照阀门使用说明书和有关规定执行。施工中应认真检查，精心作业。

安装前，应对试压过的阀门进行认真查对，检查阀门的规格型号是否相符，规格型号核实后，做好阀门内、外的清洁，检查阀门各个部件。没有装填料的，应按介质的操作条件选好填料并且装好。开启阀门，检查阀门传动是否灵活，密封面有无碰伤。各项确认无误后，可着手安装。

安装阀门的管道和设备，应进行吹扫和冲洗，清除管道和设备内的油污、焊渣和其他杂物，以防擦伤阀门密封面及堵塞阀门。

安装时，公称通径超过 ϕ100 mm 以上的阀门，应有起吊工具和设备，起吊的绳索应系在阀门的连接盘处或支架上，轻吊轻放。不允许把绳索系在阀杆和手轮上，以免损坏阀件。

安装连接盘阀门时，阀门连接盘与管道连接盘应平行，连接盘间隙应适当，不应出现错口、翻口和张口等缺陷。连接盘间的垫片应放置正中，不能偏斜。螺栓应对称匀紧，不可过紧或过松。螺栓拧好后，用塞尺检查连接盘间各方位的预留间隙是否合适、一致。

安装螺纹阀门时，最好在阀门两端设置活接头。螺纹密封材料，视情况用铅油麻纤维、聚四氟乙烯生胶带或密封胶。对铸铁和非金属阀门的螺纹不要拧得过紧，以免胀裂阀门。

安装焊接阀门时，应事先对准，先点焊，然后全开关闭件，按焊接规范施焊，整体应焊牢，不能有气孔、夹渣、咬肉、裂纹等缺陷。焊接完毕后，应对焊缝进行检查，管道和阀门应进行吹扫、冲洗。

10.2.6　阀门的操作

阀门安装好后，操作人员应熟悉和掌握阀门传动装置的结构和性能，能正确识别阀门方向、开度标志、指示信号。还能熟练地、准确地调节和操作阀门，及时、果断地处理各种应急故障。阀门操作正确与否，直接影响使用寿命。

①高温阀门，当温度升高到 200 ℃以上时，螺栓受热伸长，容易使阀门密封不严，这时需要对螺栓进行热紧，热紧不宜在阀门全关位置上进行，以免阀杆顶死，以致开启困难。

②气温在 0℃以下的季节，对停气和停水的阀门，要注意打开阀底丝堵，排除凝结水和积水，以免冻裂阀门。对不能排除积水的阀门和间断工作的阀门应注意保温。

③填料压盖不宜压得过紧，应以阀杆操作灵活为准。认为压盖压得越紧越好是错误的，

过紧会加快阀杆的磨损，增加操作扭力。在没有保护措施的条件下，不要随便带压更换或添加盘根。

④在操作中通过听、闻、看、摸所发现的异常现象，操作人员要认真分析原因，自己能解决的，应及时排除；需要修理工解决的，应尽快与其联系，以免延误修理时机。

⑤操作人员应有专门日志或记录本，记载各类阀门运行情况，特别是一些重要的阀门、高温高压阀门和特殊阀门，包括传动装置，记录产生的故障、处理方法、更换的零件等。这些资料对操作人员、修理人员以及制造厂来说，都是很重要的。

10.2.7　阀门的运转维护

运转维护的目的，是使阀门处于常年整洁、润滑良好、阀件齐全、正常运转的状态。

（1）阀门的清扫

阀门的表面、阀杆和阀杆螺母上的梯形螺纹、阀杆螺母与支架滑动部位，以及齿轮、蜗轮蜗杆等部件，容易沾积灰尘、油污以及介质残渍等脏物，使阀门产生磨损和腐蚀。因此，要经常保持阀门外部和活动部位的清洁，保护阀门油漆的完整。阀门上一般灰尘适宜用毛刷拂扫和压缩空气吹扫；梯形螺纹和齿间的脏物适于抹布擦拭；阀门上的油污和介质残渍适于蒸汽吹扫，甚至用铜丝刷刷洗，直至加工面、配合面显出金属光泽，油漆面显出油漆本色为止；疏水阀应有专人负责，每班至少检查一次，定期打开冲洗阀和疏水阀底丝堵冲洗，或定期拆卸下来冲洗，以免脏物堵塞阀门。

（2）阀门的润滑

阀门的梯形螺纹、阀杆螺母与支架滑动部位、轴承位、齿轮和蜗轮蜗杆的啮合部位，以及其他配合活动部位，都需要良好的润滑条件，以减少相互间的摩擦，避免相互磨损。有的部位专门设有油杯或油嘴，在运行中容易损坏或丢失，应修复配齐。油路要疏通。

润滑部位按具体情况定期加油。经常开启的、温度高的阀门适宜间隔一周至一个月加油一次；不经常开启、温度不高的阀门加油周期可长一些。润滑剂有机油、黄油、二硫化钼和石墨等。机油和黄油不适宜高温阀门，它们会因高温熔化而流失。高温阀门适宜注入二硫化钼和抹擦石墨粉剂。露在外面的润滑部位，如梯形螺纹、齿间等部位，采用黄油等油脂，容易沾染灰尘；而采用二硫化钼和石墨粉润滑，则不容易沾染灰尘，润滑效果比黄油好。石墨粉不容易直接涂上，可用少许机油或水调和成膏状使用。

（3）阀门的维护

阀件应齐全、完好。连接盘和支架的螺栓应齐全、满扣，不允许有松动现象。手轮上的紧固螺母松动，应及时拧紧，以免磨损连接处或丢失手轮。手轮丢失后，不允许用活扳手代替手轮，应及时配齐。填料压盖不允许歪斜或无预紧间隙。容易受到雨雪、灰尘等污物沾染的环境，阀杆要安装保护罩。阀门上的标尺应保持完整、准确。阀门的铅封、盖帽、气动附件等应齐全完好。保温夹套应无凹陷、裂纹。不允许敲打阀门，阀门上不允许支撑重物或站人，以免弄脏和损坏阀门，特别是非金属阀门和铸铁阀门，更要严禁以上行为。

（4）电动装置的维护

电动装置的日常维护工作，一般情况下每月不少于一次。维护内容包括：外表清洁、无粉尘，装置不受汽、水、油的沾染；电动装置密封良好，各密封面、点完整、牢固、严密，无泄漏现象；电动装置应润滑良好，按时按规定加油，阀杆螺母应加润滑脂；电气部分应完好，无缺相故障，自动开关和热继电器不应脱扣，指示灯显示正确；电动装置的工作状态正常准确。

习　题

1. 简述管道的基本构成。
2. 在生产中经常使用的管子有哪些？各有什么优缺点？
3. 阀门有几大类？各有哪些优缺点？
4. 简述闸阀的原理和优缺点。
5. 简述截止阀的闭合原理和分类。
6. 简述蝶阀的原理和优缺点。
7. 如何选用阀门？
8. 怎样才能做好阀门的维护？

第11章 环保土建构筑物

本章学习目标

了解防水工程处理对象、防水材料种类、性质及渗漏水产生的部位、检查方法；
了解金属和非金属的腐蚀机理及防腐材料的性质、特点和应用；
熟悉几种常用环保土建构筑物堵漏剂的性能和使用方法；
掌握常用堵漏技术和常见防腐工程的实施方法。

11.1 环保土建构筑物的基本要求及运行方式

11.1.1 环保土建构筑物的基本要求

（1）构筑物设计原则

构筑物的结构设计应遵循以下原则。

1）结构为工艺需要服务，要进行必要的试验研究，提供相应试验数据，并能保证稳定运行，符合水力运行规律。

2）构筑物上安装的装置要便于人员操作、检修；巡检要有安全通道及防护措施。

3）与构筑物相连接的管线设施要有比较容易清通的可能。

（2）构筑物的结构要求

根据工艺原理设计构筑物时，要特别注意以下三个方面的要求，以保证构筑物功能的良好发挥。

1）进水。构筑物进水位置一般处于构筑物中心或进水侧高程中部，进水要尽可能地采取缓冲手段，防止进水速度过大，而因惯性直线前进，影响构筑物正常功能的发挥。一般采用放大口径进水和多孔进水以降低水流速度。同时，中心管进水还要外套稳流筒，起到缓冲作用。传统进水方式采用指缝墙的较多，但有时受进水杂质影响，要争取在进入构筑物前将漂浮杂质彻底去除，否则运行中的清理非常困难。

2）出水。出水有两种类型。一种是澄清型出水，另一种是非澄清型出水。

澄清型出水是指沉淀池、浓缩池等构筑物，需要控制出水含带悬浮物等杂质的出水方式，主要有集水孔出水和锯齿堰出水等方式。由于集水、出水小孔易堵，通常应用锯齿堰较多，但要有较好的施工质量和密封手段，以保证锯齿堰处出水均匀流出。但堰口承受负荷较低，尤其活性污泥法的二次沉淀中，污泥密度低，持水性强，沉淀效果不好，单层堰口出水局部上升，流速相对偏大。现在，人们采用增加集水槽及集水槽双侧集水的方式来降低堰口负荷，已取得较好的效果。一般大型初沉池采用双侧集水，二沉池采用两道集水槽集水，沉淀效果比较理想。

非澄清型出水有水平堰口出水和直接管式出水等方式。由于出水不需要控制其含带杂质量，对堰口要求比较低，但如果是需要充分利用构筑物容积、保证一定运行液位的构筑物，一般应采用水平出水堰口流出后经出水管出水。直接连通出水管易造成液位波动，浪费池容。

3）放空。污水处理构筑物必须设有放空的结构部分，并能保证在需要时可将构筑物内的污水或污泥全部排放干净，以便进行设备检修和构筑物自身的清理。一般放空管应设在构筑物最低位置并低于构筑物内最低处底面。同时，构筑物连通的公用工程排水管线运行液位应低于放空管，这样才能保证不致造成污水回灌，否则达不到构筑物的放空效果。而且，放空管线在构筑物外，要在尽可能短的距离内设检查井，以便于随时对放空管线进行清通和检查。

11.1.2 构筑物的运行方式

构筑物的运行方式主要有连续和间歇两种。一般小规模污水处理可采用间歇运行，但间歇运行存在操作麻烦、不易管理等缺点。因此，构筑物最好选用连续运行方式，采取较稳定的控制手段。运行中注意以下两个问题。

1）澄清型构筑物。要保证稳定运行。需要稳定的运行环境才能达到预期的工艺效果，减少出水含带杂质量。因此，要防止负荷的大幅度波动，并保证相应设备的稳定运行，如刮泥机等，使悬浮物的沉降尽可能与静止沉淀环境接近，并能将沉淀物及时排出，达到最大的去除效果。

2）非澄清型构筑物。要有防沉手段，对于调节池、均和池、曝气池、吸水池等非澄清型构筑物，不允许有杂质沉积，必须采取相应的防沉手段，可采取通风曝气、机械搅拌等形式，保证构筑物功能的正常发挥。

11.2 防渗漏构筑物的维修与防护

11.2.1 防水工程概述

防水技术是确保设备工程结构不受水侵蚀的一项专门技术，在环境工程施工中占有重要地位。防水工程质量的好坏，直接影响着工程结构的安全、建筑物和构筑物的寿命，影响到人民生产生活能否正常进行。所以，防水工程的施工必须严格遵守有关规程，切实保证工程质量。

防水工程在设计施工方面应遵循“堵排结合，因地制宜，刚柔相济，综合治理”的原则，这对提高防水工程的质量有重要作用。根据现场实际情况，分别采用“堵、排、涂、抹”的施工方法，可以达到防治渗漏与防水的目的。

11.2.1.1　防水工程处理对象

地下水池属地下防水工程，常年受到承压水、地下水、潜水、上层滞水、腐蚀性水、毛细管水等各种水的作用，因此防水技术难度更大。

地下工程的防水方案，应根据使用要求，全面考虑地形、地貌、水文地质、工程地质、地震烈度、冻结深度、环境条件、结构形式、施工工艺及材料来源等因素合理确定。

对于没有自流排水条件而处于饱和土层或岩层中的工程，可采用防水混凝土自防水结构，并设置附加防水层设施；对有自流排水条件的工程，可采用防水混凝土结构、普通混凝土结构、砌体结构，并设置附加防水层措施；对处于侵蚀性介质中的工程，应采用耐侵蚀性的防水砂浆、混凝土、卷材或涂料等防水方案。具有自流排水条件的工程，应设置自流排水系统，如盲沟排水、渗排水等。

11.2.1.2　渗漏水产生的部位及检查方法

渗漏水通常产生在施工缝、裂缝、蜂窝、麻面及变形缝、穿墙管孔、预埋件等部位。

防水工程渗漏水情况归纳起来有孔洞漏水和裂缝漏水两种。从渗水现象来分，一般可分为慢渗、快渗、急渗和高压急渗4种。

出现渗漏后，影响正常的使用和建筑物的寿命，应找出主要原因，关键是找出渗水点的准确位置，分析渗水根源后再确定方案，及时有效地进行修补。

除较严重的漏水部位可直接查出外，一般慢渗漏水部位的检查方法如下。

在基层表面均匀撒上干水泥粉，若发现湿点或湿线，即为漏水孔、缝；如果出现湿一片现象，用上法不易发现漏水的位置时，可用水泥浆在基层表面均匀涂一薄层，再撒干水泥粉一层，干水泥粉的湿点或湿线处即为漏水孔、缝。

确定其位置，弄清水压大小，根据不同情况采取不同措施。堵漏的原则是先把大漏变小漏、缝漏变点漏、片漏变孔漏，然后堵住漏水。堵漏的方法和材料较多，如水泥胶浆、环氧树脂丙凝、甲凝、氰凝等。

11.2.2　常用堵漏方法

11.2.2.1　孔洞漏水

（1）直接堵塞法

一般在水压不大、孔洞较小的情况下，根据渗水量大小，以渗漏点为圆心凿洞（直径×深度为1 cm×2 cm）。孔洞壁尽量与基层垂直，并用清水将凿洞冲洗干净。

用配合比为1∶0.6的水泥胶浆捻成与孔洞形状相接近的圆锥体，待胶浆开始凝固时，迅速将胶浆用力堵塞于洞内，并向孔洞壁四周挤压严实，使胶浆立即与洞壁紧密结合，堵塞持续半分钟即可，随即按漏水检查方法进行检查，确认无渗漏后，再在胶浆表面抹素灰和水泥浆一层，最后进行防水层施工。

（2）下管堵漏法

适用于孔洞水压较大、漏水孔洞也较大的渗漏水处理，可按下管堵漏法处理。

如图 11—1 所示，先清除漏水处空鼓的层面及黏结不实的石子，然后将漏水处剔成孔洞，深度视漏水情况而定。在孔洞底部铺碎石，碎石上面盖一层与孔洞面积大小相同的油毡（或铁片），并在其上开一小口，用一橡胶管穿透油毡到碎石中。若是地面孔洞漏水，则在漏水处四周砌筑挡水墙，用橡胶管将水引出墙外。然后用促凝剂水泥胶浆把胶管四周孔洞一次灌满。待胶浆开始凝固时，用力把孔洞四周堵漏胶泥挤压密实，使胶浆表面低于地面约 10 mm。表面撒干水泥粉检查无漏水时，拔出胶管，再用直接堵塞法将管孔堵塞。最后用抗压密封剂分层抹压至表面齐平、表面刷洗干净，再按防水要求进行防水层施工。

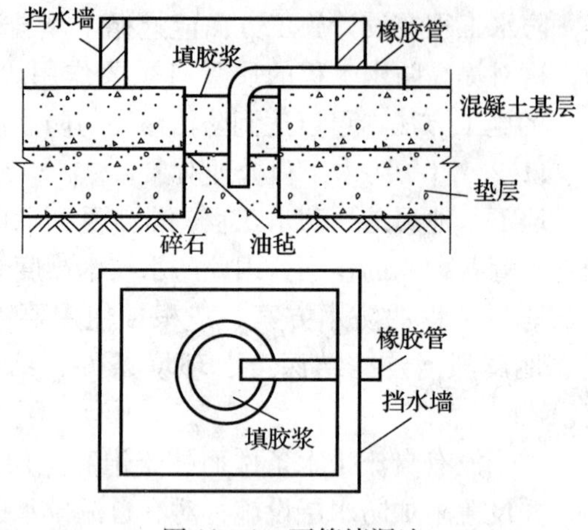

图 11—1　下管堵漏法

（3）预制套盒堵漏法

在水压较大、漏水严重、孔洞较大时，可采用预制套盒堵漏法处理。将漏水处剔成圆形孔洞，在孔洞四周筑挡水墙。根据孔洞大小制作混凝土套盒，套盒外半径比孔洞半径小 30 mm，套盒壁上留有数个进水孔及出水孔。套盒外壁做好防水层，表面做成麻面。在孔洞底部铺碎石及芦席，浆套盒反扣在孔洞内。在套盒与孔壁的空隙中填入碎石及胶浆，并用胶浆橡胶管插稳于套盒的出水孔上，将水引到挡水墙外。在套盒顶面抹好素灰、砂浆层，并将砂浆表面扫成毛纹。待砂浆凝固后拔出橡胶管，按直接堵塞法的要求将孔洞堵塞，最后随同其他部位按要求做防水层，如图 11—2 所示。

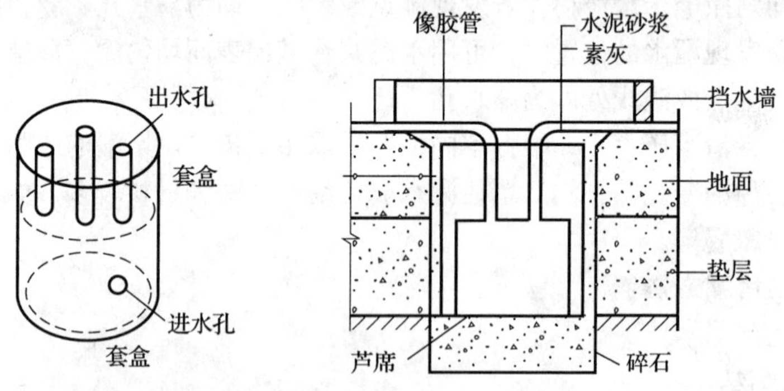

图 11—2　预制套盒堵漏法

11.2.2.2　裂缝渗漏水的处理

收缩裂缝渗漏水和结构变形造成的裂缝渗漏水，均属于裂缝漏水范围。裂缝漏水的修堵，也应根据水压大小采取不同的处理方法。

（1）直接堵漏法

水压力较小的裂缝慢渗、快渗或急流漏水可采用直接堵塞法处理，如图 11—3 所示。先以裂缝为中心，沿缝方向剔成八字形边坡沟槽，并清洗干净，把拌和好的水泥胶浆捻成条形，待胶浆快要凝固时，迅速填入沟槽中，向槽内或槽两侧用力挤压密实，使胶浆与槽壁紧密结合。若裂缝过长，可分段进行堵塞。堵塞完毕经检查无渗水现象，用素灰和水泥砂浆把沟槽抹平并扫成毛面，凝固后（约24 h）随其他部位一起做好防水层。

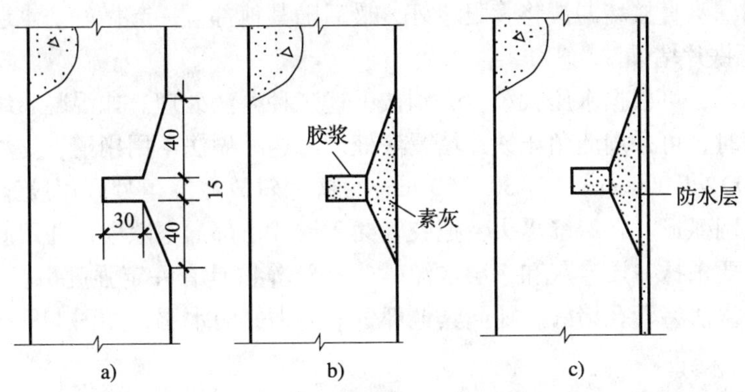

图11—3　裂缝漏水直接堵漏法

a）剔槽　b）封槽　c）抹防水层

（2）下线堵漏法

适用于水压较大的慢渗或快渗的裂缝漏水处理，如图11—4所示。先按裂缝漏水直接堵塞法剔好沟槽，在沟槽底部沿裂缝放置一根小绳（直径视漏水量确定），长度为200～300 mm，将胶浆和绳子填塞于沟槽中，并迅速向两侧压密实。填塞后，立即把小绳抽出，使水顺绳孔流出。裂缝较长时可分段逐次堵塞，每段间留20 mm的空隙。根据漏水量大小，在空隙处采用下钉法或下管法以缩小空洞。下钉法是把胶浆包在钉杆上，插于空隙中，迅速把胶浆往空隙四周压实，同时转动钉杆立即拔出，使水顺钉孔流出。漏水处缩小成绳孔或钉孔后，经检查除钉眼处其他无渗水现象时，沿沟槽抹素灰、水泥砂浆各一层，待凝固后，再按孔洞漏水直接堵塞法将钉眼堵塞。随后可进行防水层施工。

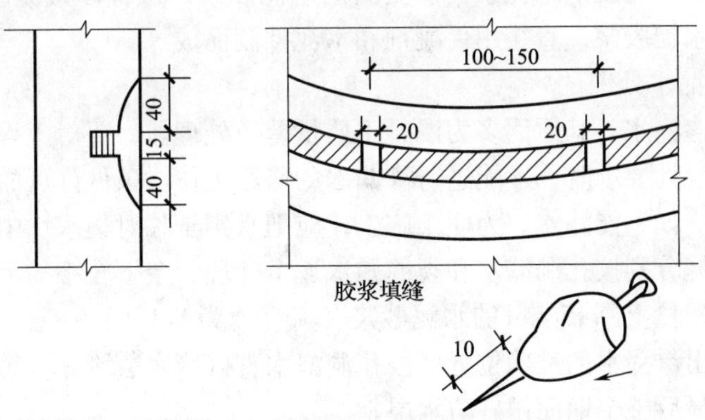

图11—4　下线堵漏法与下钉法

（3）下半圆铁片堵漏法

水压较大的急流漏水缝隙，可采用下半圆铁片堵漏法处理，如图11—5所示。处理前，把漏水处剔成八字形边坡沟槽，尺寸视漏水量大小而定。将100～150 mm长的铁皮沿宽度方向弯成半圆形，弯曲后宽度与沟槽宽相等，有的铁片上要开圆孔。将半圆铁片连续排放于槽内，使其正好卡于槽底，每隔500～1 000 mm放一个带半圆孔的铁片。然后用胶浆分段堵塞，仅在圆孔处留一空隙。把胶管插入铁片中，并用胶浆把管稳固住，让水顺胶管流出。经检查无漏水现象时，再沿槽的胶浆上抹素灰和水泥砂浆各一层加以保护。待砂浆凝固后，拔出胶管，按孔洞漏水直接堵漏法将管眼堵好，最后随其他部位一起做好防水层。

(4) 墙角压铁片堵漏法

墙根阴角漏水，可根据水压大小，分别按上述三种办法处理。如混凝土结构较薄或工作面小，无法剔槽时，可采用墙角压铁片堵漏法处理。这种做法不用剔槽，先将墙角漏水处清刷干净，把长 300 ~ 1 000 mm、宽 30 ~ 50 mm 的铁片斜放在墙角处，用胶浆逐段将铁片稳牢，胶浆表面呈圆弧形。在裂缝尽头，把胶管插入铁片下部的空隙中，并用胶浆稳牢。胶浆上按抹面防水层要求抹一层素灰和一层水泥砂浆，经养护具有一定强度后，再把胶管拔出，按孔洞水直接堵塞法将管孔堵好，随同其他部位一起做好防水层，如图 11—6 所示。

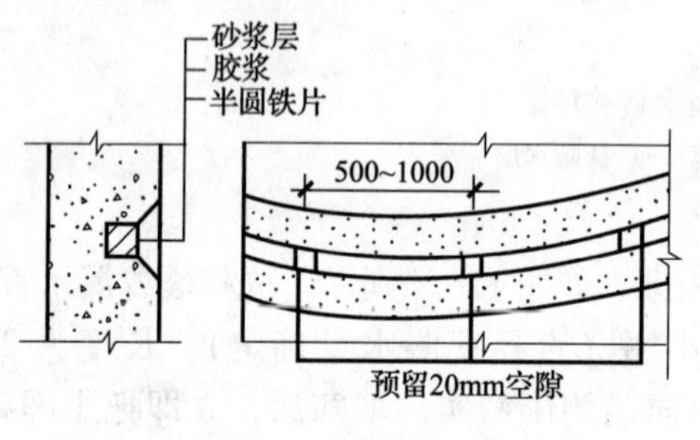

图 11—5　下半圆铁片堵漏法

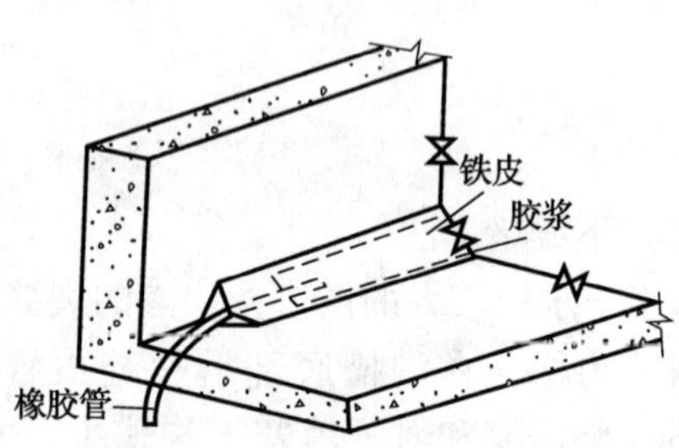

图 11—6　墙角压铁片堵漏法

11. 2. 2. 3　其他泥砂的处理

(1) 抹面防水工程修堵渗漏水

常用以水玻璃为主要材料的促凝剂渗入水泥中，加速水泥硬化，把渗漏水处堵住。

常见的灰浆有：①促凝剂水泥浆；②促凝剂水泥砂浆，这种砂浆凝固快，应随拌随用，以免硬化失效；③水泥胶浆，直接用促凝剂和水泥拌制而成。

(2) 地面普遍漏水处理

地面出现普通渗漏水，其原因多为混凝土质量差。处理前，要对工程结构进行鉴定，在混凝土强度仍满足设计要求时，才能进行渗漏水的修堵工作。条件许可的，应尽量将水位降至建筑物地面以下。如不能降水，为便于施工，应把水集于临时集水坑中排出，把地面上漏水明显的孔眼、裂缝分别按孔洞漏水和裂缝漏水逐个处理，余下较小的毛细孔渗水，可将混凝土表面清洗干净，抹上厚 15 mm 的水泥砂浆（灰砂比为 1∶1. 5）一层。待凝固后，依照检查渗漏水的方法找出渗漏水的准确位置，按孔洞漏水直接堵塞法堵好。集水坑可以按预制套盒堵漏法处理好，最后整个地面做好防水层。

(3) 蜂窝麻面漏水处理

这种漏水的原因主要是混凝土施工不良而产生的局部蜂窝麻面的漏水。处理时，先将漏水处理干净，在混凝土表面均匀涂抹厚 2 mm 左右的胶浆一层（水泥∶促凝剂 = 1∶1），随即在胶浆上撒上一层干薄水泥粉，干水泥上出现的湿点即为漏水点，应立即用拇指压住漏水点直至胶浆凝固，漏水点即被堵住。按此法堵完各漏水点，随即抹上素灰、水泥砂浆各一层，并将砂浆表面扫成毛纹。待砂浆凝固后，再按要求做好防水层。此法适用于漏水量较小且水压不大的部位。

（4）砖墙割缝堵漏法

砖墙因密集的小孔洞漏水，在水压较小时可采用割缝堵漏法处理，如图11—7所示。这种漏水部位一般在砖体灰缝处。堵漏前，先将不漏水部位抹上一层水泥砂浆，间隔一天，然后再堵漏水处。堵漏时，先用钢丝刷刷墙面，把灰缝清理干净，检查出漏水点部位，将漏水处抹上促凝剂水泥砂浆一层，抹后迅速在漏水点用铁抹子割开一道缝隙，使水顺缝流出。待砂浆凝固后，将缝隙用胶浆堵塞。最后，再按要求全部抹好防水层。

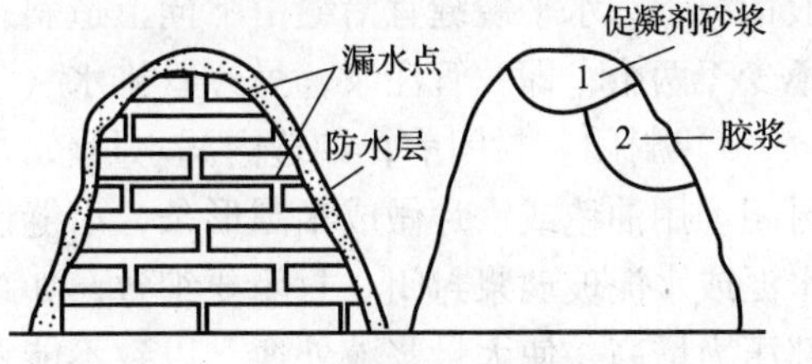

图11—7　砖墙割缝堵漏法

11.2.3　灌浆堵漏法

11.2.3.1　氰凝堵漏技术

（1）氰凝灌浆材料

氰凝是以聚氨酯为基础的化学灌浆材料，即由多异氰酸酯和聚醚树脂制成的主剂（预聚体），与一些添加剂组成的化学灌浆剂。

（2）氰凝浆液堵漏工艺

根据混凝土裂缝状况和位置的不同，需要采取不同的灌浆工艺。除了漏水量较大的深层混凝土裂缝采用钻孔灌浆工艺外，一般可采用凿缝灌浆系统，其示意如图11—8所示。

1）混凝土裂缝表面处理。将混凝土裂缝处用压缩空气或钢丝刷处理干净，表面油污用丙酮或有机溶剂擦去，并沿裂缝凿成V形边坡沟槽，用水冲洗干净；亦可用电锤打孔，孔直径为10～14 mm，用水将孔壁表面的混凝土屑洗掉，打孔深度不得大于壁厚的一半。

2）埋注浆管。注浆管由短管、阀门和鱼尾嘴组成。短管一般选用直径为6.35～12.7 mm、长度为10～15 cm的钢管。其一端插入薄铁皮内，另一端与阀门、鱼尾嘴连接，对裂缝做封闭处理，如图11—9所示。

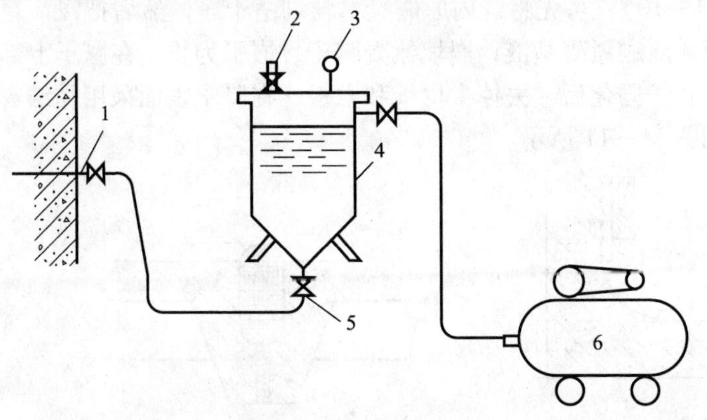

图11—8　灌浆系统示意

1—注浆嘴；2—加料口；3—压力表；4—风压罐；5—阀门（出浆口）；6—空气压缩机

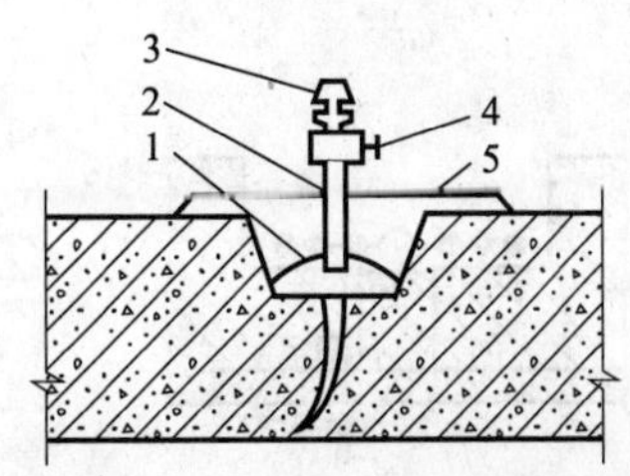

图11—9　裂缝封闭处理

1—铁皮或油毡；2—注浆管；3—鱼尾嘴；4—阀门；5—水泥砂浆

注浆管要布置在水源处，即漏水量很大的部位。同时在下列位置要布注浆管；水平裂缝的端点处；纵横交错的裂缝，在交叉处及端点处；纵向环形缝的最低处和最高处，其两侧要做到错位布管。注浆管之间的距离应根据裂缝大小、结构形状而定，一般为 1 ~ 1.5 m。一般情况下，水平裂缝宜沿缝由下向上造斜孔，垂直裂缝宜正对缝隙造直孔。埋没的注浆管应不少于两个，即一管注浆，另一管排水（气）。如单孔漏水，也可顺水仅设一个注浆管。

3）封闭。封闭前，如缝内漏水量较大，必须先行引水，使缝内水位降低，然后再进行封闭。用油毡或铁片做成半圆形条，沿缝设置，再将备好的注浆管插入铁片内，然后用快干水泥或水泥玻璃浆封闭。封闭要细致，如结合不好，则会由于浆液水反应而发气、膨胀、内部压力增高，使大量浆液外逸，以致不能渗入裂缝深部。

4）试水。封闭后，待水泥砂浆有足够的强度时，用带颜色的水进行压力实验。检查封闭情况，并记下灌水量和试灌时间，以供确定灌浆压力时参考。观察各孔是否畅通，如无漏水情况，即可灌注氰凝。

5）灌浆。灌浆包括配浆和灌浆两道工序。

①配浆。灌浆准备工作就绪后，根据配方和估算的浆液用量，进行配浆。

②灌浆。灌浆前检查灌浆设备及管路、阀门等是否干燥，以防浆液遇水凝胶而堵塞，特别是试水后的灌浆设备要除水。灌浆工作应按水平缝自一端向另一端，垂直缝先下后上的顺序进行，先选其中一孔（选择较低处及漏水量较大的灌浆嘴）灌浆，灌浆压力宜大于渗漏水压力。待邻近灌浆孔见浆后立即关闭其孔，仍持续压浆，使浆液沿着逆水通道向前推进，灌到不再进浆时，立即关闭注浆嘴阀门，再停止压浆。如此逐个进行直至结束。灌浆结束后，应立即用价格低廉的有机溶剂清洗灌浆机具，以便下次再用。

6）封孔。经检查无漏水现象后，拆除注浆管，用水泥胶浆将孔封填密实。

7）防护。氰凝毒性较大，在配制、压浆过程中及结束时，操作人员必须佩戴防护镜、口罩橡和橡胶手套。同时应注意防火。

11.2.3.2　氰凝嵌缝工艺

（1）屋面嵌缝堵漏

若原有屋面板缝漏水（见图 11—10），可先将缝内原嵌缝材料剔凿干净，然后把浸渍氰凝的棉纱填紧裂缝下部。在板缝两侧涂刷氰凝基液，嵌填氰凝腻子，嵌平为止。在腻子上部铺一层牛皮纸，然后用木板压紧。腻子固化后，去掉牛皮纸和木板，在腻子表面采用黏结一层浸凝的玻璃纤维布作覆盖层，如图 11—11 所示。

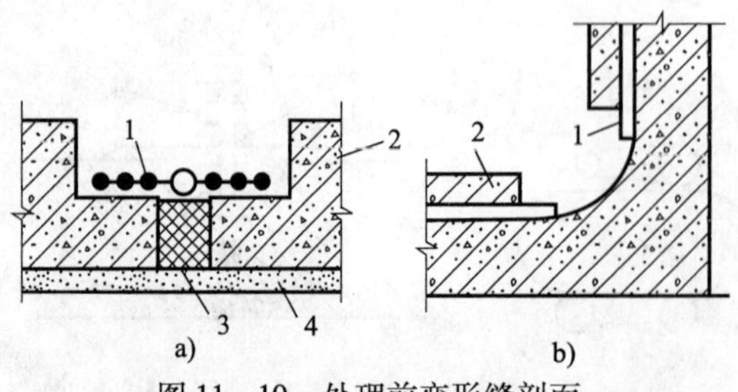

图 11—10　处理前变形缝剖面

a）横剖面　b）纵剖面

1—止水带；2—墙身和底板；3—木丝板；4—混凝土垫层

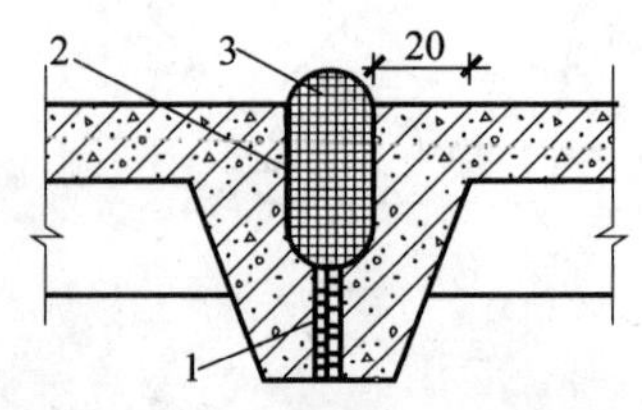

图 11—11　屋面板接缝

1—沥青麻丝；2—木丝板；3—玻璃纤维布

（2）穿墙管嵌缝堵漏

穿墙管与墙体之间存在裂缝，会发生渗漏。可将管四周墙体剔凿清理干净，在墙体迎水面凿成锥形槽，然后在墙体背水面于管四周嵌入填紧浸渍氰凝的棉纱，接着在锥形槽内嵌入氰凝腻子，外部用木板压紧。腻子固化后，去掉木板，在腻子表面粘贴浸渍氰凝的玻璃纤维布作覆盖层。

11.2.3.3　堵漏灵及其使用方法

堵漏灵是一种凝结硬化迅速、短时强度高、具有微膨胀特性的粉末状堵漏止水材料。适用于混凝土、砂浆、砖石等结构地下水池、地下仓库、地铁坑道、人防工事、水库大坝、蓄水池、水渠、游泳池、水族馆建筑和密封污水处理系统等的防水堵漏和抗渗防潮。也可用于民用建筑的地面、屋顶的防水层，各种工业、内外墙装饰和厨房、卫生间等防水及铸铁管件堵漏等。堵漏灵有02型和03型两种，可分别配置成块料或浆料使用。使用方法有涂刷法、刮压法、刮压—涂刷法、填充法等。

以下是堵漏灵在防水堵漏工程中一些关键部位的几种做法。

（1）明显出水点堵漏

堵漏灵可耐0.5 N/mm^{2}压力，当建筑物任何部位有明显出水点时，在该处用凿子剔出倒梯形或矩形断面的洞，然后用03型堵漏灵和水按配合比为1:（0.5～0.2）搅拌均匀后，静置20 min左右，初凝后切成块状，边填边砸实，可立即止漏。

（2）管通（上下水管、暖气管、地漏管等）根部堵漏

在管通四周用凿子剔一深20～30 mm、宽10～20 mm的槽，将槽内浮渣冲洗干净。在潮湿条件下，用03型堵漏灵块料填入槽内砸实，再用浆料抹平，如图11—12所示。

（3）墙与地面交界处堵漏

用凿子把墙与地交界处凿成一条断面为梯形或矩形的沟槽，冲净槽内浮渣后，用03型堵漏灵块料砸入槽内，再用稀湿浆抹平，如图11—13所示。

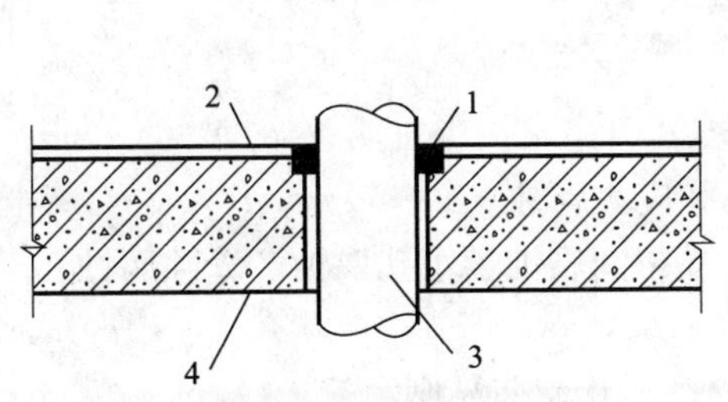

图11—12　管道根部堵漏

1—03型堵漏灵；2—抹灰面层；
3—管道（上下水管、暖气管、地漏管等）；4—混凝土楼板

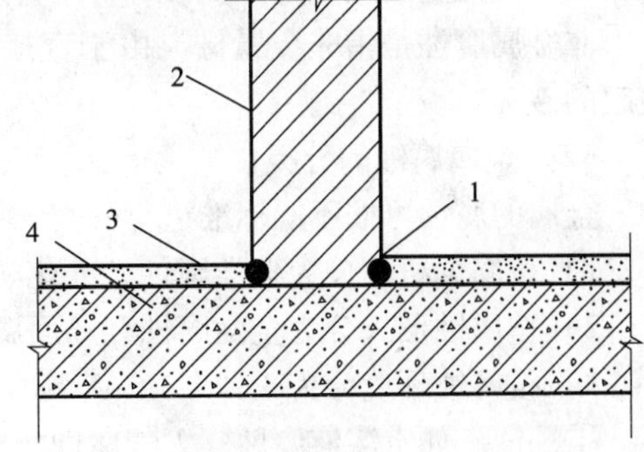

图11—13　墙与地面交界处堵漏

1—03型堵漏灵；2—墙身；
3—抹灰面层；4—混凝土底板

11.2.4　安全注意事项

（1）堵漏施工现场必须有足够的照明设施。施工照明用电的电压应降到36 V以下，以防发生触电事故。

（2）配制促凝剂时，操作人员要戴口罩、手套。

（3）处理漏水部位需用手接触掺搅凝剂的砂浆时，需戴橡胶手套或橡胶手套。

（4）做好防火、防毒工作。

11.3 防腐蚀工程的维修与防护

11.3.1 防腐蚀工程概述

防腐工程是整个建筑施工，特别是环境治理工程中的重要施工项目。防腐的作用是保护建筑物的结构部分免受各种侵蚀，延长建筑物（构筑物）的寿命。

对于埋设较浅的各种管道来说，外部防腐蚀是保障质量的关键，但在特殊情况下，也应重视内部防腐蚀。在低洼多水处埋设管道，则应采取内、外双涂防腐蚀措施，以防止泄漏和减少维修次数。对用于装运酸碱介质的容器和管道，内部防腐蚀的质量更为重要。同时，管道连接可采用柔性卡箍以代替焊接，这样单根管道内涂比较容易进行。

容器和管道的腐蚀是难以避免的，但应将腐蚀降到最低限度。实践证明，在强腐蚀性环境中的管线，单一的防腐措施有时会因种种原因而失效，而两种防腐方法结合效果较好。为确保防护措施的可靠性，有两点必须注意：一是防止泄漏电流的影响，二是要对防腐系统进行充分的保护，定期检查管道，经常观察腐蚀情况及保护系统效果。

11.3.1.1 金属腐蚀的防护

（1）腐蚀的机理

腐蚀是指材料在环境作用下引起的破坏或变质。这里所说的材料包括金属材料和非金属材料。

金属腐蚀是金属与管内输送介质以及管外环境（大气或土壤）产生化学、电化学和物理作用，成为金属化合物而受破坏的一种现象。

非金属腐蚀是指非金属材料由于直接的化学作用（如氧化、溶解、溶胀、老化等）所引起的破坏。

（2）金属腐蚀的分类

金属的腐蚀可按不同标准进行分类。

1）按腐蚀机理分为化学腐蚀、电化学腐蚀和应力腐蚀。

2）按腐蚀形式分为全面腐蚀和局面腐蚀（晶格间腐蚀、小孔腐蚀、缝隙腐蚀）。

3）按腐蚀环境分为3种

①湿蚀。如水溶液腐蚀、大气腐蚀、土壤腐蚀、化学药品腐蚀等。

②干蚀。如高温氧化、硫腐蚀、氢腐蚀、液态金属腐蚀、羧基腐蚀等。

③微生物腐蚀。如细菌腐蚀、真菌腐蚀、硫化菌腐蚀、藻类腐蚀等。

管道工程中大量的腐蚀是碳钢的腐蚀，不论是敷设在地上还是地下，都要受到管内输送介质以及外界水、空气或其他腐蚀因素的作用，如二氧化碳、二氧化硫、硫化氢等气体的腐蚀、地下杂散电流的腐蚀。化学腐蚀是金属在干燥的气体、蒸汽或非电解质溶液中的腐蚀，是化学反应的结果；电化学腐蚀是由于金属和电解质溶液间的电位差，使金属转入到溶液中或产生相反的过程而产生的腐蚀，腐蚀过程中有电子移动，是电化学反应的结果；物理腐蚀是金属表面产生物理溶解现象的结果。

根据管材和腐蚀机理的不同，有不同的腐蚀外观。

1）均匀腐蚀。整个表面腐蚀深度基本一致。

2）局部腐蚀。表面腐蚀深度不一致，呈斑点状态。

3）点腐蚀。腐蚀集中在较小范围，而且腐蚀深度较大。

4）选择性腐蚀。合金材料中某一成分首先遭到破坏而腐蚀。

5）晶格间腐蚀。在金属表面沿各晶体表面产生的腐蚀。

在腐蚀机理中最常见的腐蚀是电化学腐蚀，金属置于电解质溶液中，由于水分子的极性作用，使某些金属正离子脱离金属进入溶液层，从而使金属带负电，而紧靠金属表面的溶液层带正电，形成双电层。金属—溶液界面上双电层的建立，使金属与溶液间产生电位差，这种电位差称为该金属在溶液中的电极电位。金属电极电位的排列顺序称作电动序。在金属的电动序中，氢的标准电极电位为零。比氢的标准电极电位低的金属称为负电性金属，反之为正电性金属。如图 11—14 所示为双电层的示意。负电性越强的金属，越易腐蚀；正电性越强的金属，越耐腐蚀。

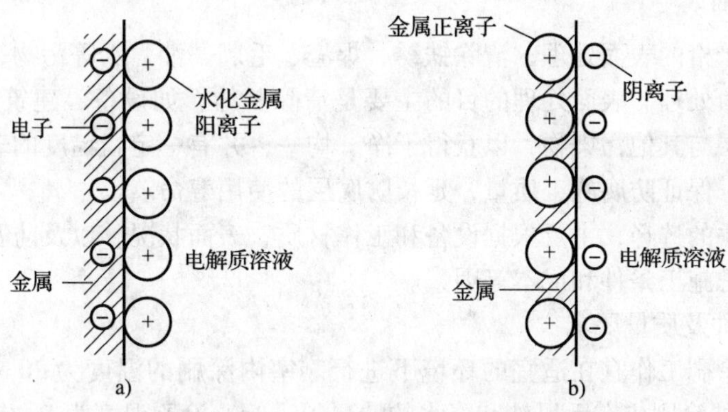

图 11—14　双电层的示意

（3）腐蚀因素

1）影响腐蚀的因素

①管道的材质。有色金属较黑色金属耐蚀，不锈钢较有色金属耐蚀，非金属较金属耐蚀。

②空气湿度。空气中存在水蒸气是在金属表面形成电解质溶液的主要条件，干燥的空气不易腐蚀金属。

③环境腐蚀介质的含量。腐蚀介质含量越高，金属越易腐蚀。

④土壤的腐蚀性。土壤的腐蚀性越大，金属越易腐蚀。

⑤杂散电流的强弱。埋地管道的杂散电流越强，对管道的腐蚀性越强。

2）影响金属腐蚀的因素

①影响金属腐蚀的内在因素。包括金属的性质、金属的成分、金属的组织结构、金属的表面状态、金属的应力等。

②影响金属腐蚀的外在因素。包括 pH 值、介质中的有害杂质、盐溶解的浓度、介质的温度和压力、介质的流速等。

(4) 防腐途径

根据输送介质腐蚀性的大小，正确地选用材料。不同材料在不同环境中腐蚀的自发性和腐蚀速度，都可能有很大差别。所以在特定环境中，要选用能满足使用要求，且腐蚀自发性小、腐蚀速度小的材料。

腐蚀性大时，宜选用耐腐蚀的管材，如不锈钢管、塑料管、陶瓷管等。

对于既承受压力、输送介质的腐蚀性又很大时，宜选用内衬里的复合钢管，如衬胶复合管、衬铝复合管、衬塑料复合管。

对于主要是防护管子外壁腐蚀时，应涂刷保护层。地下管道采用各种防腐绝缘层或涂料层，地上管道采用各种耐腐蚀的涂料。

对于输送介质的腐蚀性较大的管道，采取管道内壁做防腐涂料的方法。

对于主要是防护土壤和杂散电流对埋设管道的腐蚀，特别是对长输管道的腐蚀，常常采用阴极保护法。

11.3.1.2　防腐施工过程的基本要求

(1) 表面处理

对管道进行严格的表面处理，清除铁锈、焊渣、毛刺、油、水等污物，必要时还要进行酸洗、磷化等表面处理。表面处理的目的主要是清除基体，如设备、建筑结构表面的锈层、油污、旧的防腐层与其他污染物，以获得干净、均一，并有一定粗糙度的表面，增强防腐层与基体的结合力，保证防腐施工质量，延长防腐层的使用寿命。

表面处理方法的选择，主要根据设备和工作材质、表面状况，以及防腐施工工艺要求进行，同时还要考虑施工条件和成本等因素。

(2) 施工条件及质量要求

防腐涂料的涂刷工作宜在适宜的环境下进行。室内涂刷的温度为 20 ~ 25℃，相对湿度在 65% 以下；室外涂刷应在无风沙和降水的情况下进行，涂刷温度为 5 ~ 40℃，相对湿度在 85% 以下，施工现场应采取防火、防雨、防冻等措施。

冷底子油不得有空白、凝块和滴落等缺陷，沥青胶结材料各层间不得有气孔、裂纹、凸瘤和落入杂物等缺陷。加强包扎层应全部与沥青胶结材料紧密结合，不得形成空泡和皱褶。控制各涂料涂刷间隔时间，掌握涂层之间的重涂适应性，必须达到要求的涂层厚度，一般以 150 ~ 200 μm 为宜。

在防腐蚀涂料施工过程中，应随时检查涂层层数及涂刷质量。

涂层质量应符合以下要求：涂层均匀、颜色一致；涂层附着牢固，无剥落、皱纹、气泡、针孔等缺陷；涂层完整，无损坏、漏涂现象。

维修后的管道及设备，涂刷前必须把旧涂层清除干净，并经重新除锈或表面清理后，必须在 3h 内涂第一层底漆，才能重涂各类涂料。旧涂料的清除方法有喷沙、喷灯烤烧和化学脱漆等方法。常用的脱漆剂有：清除油基漆、调和漆和清漆，可采用碱性脱漆剂；清除合成树脂漆，可采用溶剂配制的脱漆剂。

操作区域应通风良好，必要时安装通风或除尘设备，以防止中毒事故的发生。

根据涂料的物理性质，按规定的安全技术规程进行施工，并应定期检查，及时补修。用电火花检验器检查防腐的绝缘性能。检查时的电压：正常防腐层为12 kV，加强防腐层为24 kV，特加强防腐层的绝缘层为36 kV。防腐层黏结力至少每间隔500 m检查一处，检查时，在防腐层上切一夹角为45°~60°的叉口，并从角尖撕开，以防腐层不出现剥落为合格。防腐层所有缺陷和在检查中破坏的部位，应在回填前彻底修补好。

此外，还必须加强施工人员培训和施工质量管理。要求施工人员了解涂料的性质、用法、施工要点和技术要求。管理人员要加强质量监控，保证每道工序都符合技术要求，以便最终得到一个性能优异的防腐蚀涂层。还要加强劳动安全防护，注意溶剂挥发，加强通风，以免施工人员中毒。

（3）常用防腐涂料特点及品种

1）防腐涂料特点。防腐涂料作为防腐蚀的一种措施，有以下一些特点。

①涂料品种多，选择范围广。

②施工和维修方便，适应性强，一般不受设备的形状、大小及现场施工的限制。

2）常用防腐涂料品种。常用的防腐蚀涂料的品种有：底涂料、油性涂料、硝基纤维涂料、醇酸树脂涂料、酚醛树脂防腐涂料、环氧树脂防腐涂料、乙烯树脂防腐涂料、生漆与漆酚改性防腐涂料、呋喃树脂防腐涂料、橡胶树脂防腐涂料、氯丁橡胶防腐涂料、有机硅耐热防腐涂料、富锌防腐涂料、塑料防腐涂料、聚氨酯涂料等。

11.3.2 埋地管道腐蚀的原因及防腐途径

11.3.2.1 埋地管道腐蚀机理

由于土壤中的有害物质、地下水侵蚀，防护绝缘层被破坏而在外壁上形成充气电池，并有一直流电从管道漏泄到土壤中，这种直流漏泄电就造成了管道的电化学腐蚀，这是金属管道腐蚀破坏最基本的腐蚀原理。管道的内部腐蚀，主要是由输送的油、气、水中存在的大量腐蚀介质如二氧化碳、硫化氢、氧、水及酸、碱等，在管道表面长期冲刷接触所造成。此外，还有土壤中的细菌作用而引起的细菌腐蚀。一般情况下埋在地下或淹没在水中的各种钢质管道，会因内部或外部的原因受到不同程度的腐蚀破坏。管道腐蚀的主要原因是外部腐蚀。土壤对钢管的腐蚀程度可用土壤电阻率、含盐量、含水量、极化电流密度的大小来衡量。

11.3.2.2 污水管道的腐蚀与防护

污水工程中管件防腐蚀的简单分类如下。

①直接埋入各类混凝土内的管件与混凝土接触部分，仅作简单除锈处理，无须涂任何涂料，因混凝土能有效地保护其表面。

②埋入地下土壤中的各种管件外壁，必须作认真的除锈和多层防腐蚀处理。防腐蚀材质要求具有耐地下水侵蚀、抗微生物和电化学腐蚀的能力，使管件在设计使用期内不被腐蚀穿孔。

11.3.2.3 采取防腐蚀措施

①直接埋入混凝土中的铁件外壁不需作防腐蚀处理，但对大口径钢管，内壁多采用水泥砂浆内衬。因污水处理场内管线较短、配件接头多，做衬里的较少；管径大于ϕ600 mm的管线多数直埋地下，如果有条件和对腐蚀要求高时，内壁应按长期浸泡污水的管道防护，这

样可保证大管线的使用寿命。

②到目前为止，很多地区对埋地管件一直沿用热涂沥青作外壁的方法进行防腐施工。国家对石油沥青防腐蚀等级没有统一的规定，一般做法是将铁件外壁除锈见本色，用冷底子油打底作为结合层，然后用熬制掺滑石粉填料的热沥青（140～160℃）涂刷均匀再缠玻璃纤维布；层数多少按设计要求进行，一般为三油二布；加强级为四油三布；特强级防腐蚀采用五油四布施工，外包一层塑料薄膜防护。

③土质含盐碱量大于0.5%时，应根据国家标准《工业设备及管道绝热工程施工规范》（GB 50126—2008）要求，按盐渍土进行各种管线的设计和施工，以保证其使用寿命和生产安全。

11.3.3 酸、碱、盐类流体设备的防腐

（1）管道内壁衬里防腐

对于输送酸、碱、盐类腐蚀性严重的管道，通常在管道内壁衬铅、橡胶、搪瓷、聚四氟乙烯等。这是通常采用的管道内壁防腐方法之一。

（2）管道内壁涂料防腐

室外管道长期输水后，水管内壁产生锈蚀和细菌腐蚀，不仅污染水质，而且增加的粗糙度影响输水量，宜采取防腐措施。通常宜在室外给水钢管内壁均匀地涂抹一层水泥砂浆（或聚合物水泥砂浆涂料）进行防腐。大口径管子用离心法涂衬，小口径管子用挤压法涂衬。

涂装方法视具体情况可采用灌涂、喷涂及流化床等。对于直径较大的管道，可采用喷涂方法；直径较小的管道，可采用灌涂方法，即将漆液灌入管道内，将两端堵死，经多次滚动管道后，最后倒出余漆，待干燥后再进行下次涂装，直至达到要求厚度为止。

11.3.4 金属结构的锈蚀及防护

金属结构广泛应用于环境中，防护措施应根据环境条件与结构所处位置进行。如均化池和隔油池钢制集油槽、进污水管端、斜管支架、沉淀池内刮泥机械及曝气机浸入污水中的部件，都会在短期内发生锈蚀。有效地防护可使这些结构的使用寿命延长。因此，防止钢结构锈蚀对延长构件的使用年限、保证结构的安全都有极为重要的意义。

1）对于长期浸泡在池中的铁管件，如均化池、气浮池、浮选池和曝气池内的各类管阀等部件的外壁，除要求耐各种腐蚀介质的侵蚀外，必须选用一种黏结性、耐腐蚀性、耐水性、耐久性好的涂料，以延长使用寿命。

2）对于不浸泡在水中的铁件外壁，常规做法是涂红丹底漆2道、灰色调和漆或防锈漆2道；此两种漆为低档油性涂料，主要适用于要求不高的钢结构表面，如地面上部的架空管架等。

3）不长期浸泡在水中的管铁件外壁，如泵房内进出集水池的管线系统、露天容器和连接管线、地面及池顶各种阀门等，一般采用防腐蚀涂料，要求此涂料附着力、耐久性、耐水性能好，容易施工且无毒，尤其是加氯间内的容器及各种管线，应在耐酸碱方面有更高的要求和适用性；加药间及池内的管铁件，由于处在较强的氯气腐蚀介质中，宜采用氯化橡胶漆。

4）钢筋在混凝土中被围裹得很紧，但钢筋表面不一定十分平整和光滑，不平整处的小

坑及粗糙处容易形成电锈蚀。由于金属表面不均相的化学状态和电化作用使得金属表面结构遭到破坏，造成钢筋及金属表面锈蚀，这种锈蚀和干电池外壳的腐蚀状况是不一样的。钢厂将钢筋拉直时，温度很高，与空气中的氧气生成三氧化二铁，它的化学反应很稳定，形成很薄的保护膜，但这保护膜不致密，有很小的空隙，薄膜极容易被破坏，在潮湿的环境中，水、二氧化硫、二氧化碳和氧气，最容易将铁离子分离出来，在小孔处遇水，形成氢氧化铁，即铁锈。筋间接锈蚀是混凝土中加入的氯盐所引起的，氯离子破坏氧化铁的保护膜，生成氯化铁，溶于水中，引起钢筋的锈蚀，因此冬季施工在混凝土中加入氯盐要十分慎重。

对于结构的阻锈可以采用以下方法。

1）钢结构表面防腐蚀和选用不同钢材有关，与混凝土的握裹力有关；在结构中采用的钢材品种不同，其耐腐蚀速度也不同；一般情况下在相对湿度大于60%的有腐蚀介质作用的环境中，钢材腐蚀速度为大气中的几十倍；主要承重构件中采用锰钢耐腐蚀性能较A3钢材要好。

②提高混凝土中的pH值，验证明，当pH值≥12时，钢材不会锈蚀；当pH值≤11.5时，钢材开始锈蚀。

③腐蚀是通过混凝土自身的透气性而发生的，因而防腐蚀的核心是设法把钢材与腐蚀介质隔绝或使其难以侵入。镀锌是常用的预防措施，钢材表面的镀锌层既能将腐蚀介质与钢材分开，又能在钢材腐蚀时起牺牲阳极作用；在中性化后的混凝土中，镀锌对减缓钢材的腐蚀速度是十分有效的，但必须认真处理好接头部位，因为此处没有镀锌层保护；也可用环氧树脂涂在外表，其方法有涂刷和喷涂。

钢结构外部可采取涂刷包裹防腐等措施。

11.3.5　砖砌体腐蚀原因及防治措施

地处土壤盐碱、干旱和地下水位较高地区的农场和城镇，就砖砌体或砖水池而言，无论是清水还是混水墙体，腐蚀和粉化的情况都比较严重。粉化脱落的部位多发生在墙基以上的勒脚部位且最为严重，最高范围在600 mm以内。被粉化的砖墙呈层层松散状态，而抹面墙皮胀翘起壳，内存很厚的粉末，稍有振动，粉末即大量脱落。腐蚀较轻的建筑，交付使用几年后墙体被粉化得斑驳不平，有的交工几个月后就掉皮脱落，外观感觉很差；严重的则危及建筑物的使用寿命和安全。

砖墙腐蚀的主要原因是砖内水泥及水中含有较多的可溶性碱盐类，水分的蒸发将这些碱类溶解并析出。如果墙体是干燥的，则不会腐蚀粉化。污水、地下水、雨水、地表水及雨雪融化的水，长期不断沿砖墙内毛细孔渗透入墙身内，就会使墙体腐蚀。

11.3.5.1　墙身防潮的方法

1）防水砂浆作防潮层。用1∶2.5～1∶3水泥砂浆另加水泥质量5%的防水粉拌制成防水砂浆，在基础顶面抹30 mm厚面层，形成一道与地下水的隔断层。防水粉是一种颗粒微小而又不易溶于水的材料，可以堵塞水泥砂浆中的空隙。

2）用防水砂浆砌防潮层。在基础找平层上用防水砂浆砌筑砖墙，高度应在室内地坪之上60 mm，采用与砌体同标号砂浆加入5%防水粉拌制。砌筑时必须砂浆饱满，并在室内侧砖表面抹厚不小于20 mm的防水砂浆，施工操作简单，效果明显。

3）其他防腐方法同钢筋混凝土结构的防腐一样。

11.3.5.2 防腐、防水层做法

砖砌体防水可采用柔性或刚性防水层，也可采用刚柔结合防水措施。随着科研成果的不断涌现，防腐蚀工艺也随之改进。只要按质量标准施工，采取严格的防腐措施，大胆采用防腐蚀的新工艺、新材料、新技术，可将危害建筑物、构筑物、管线和设备安全运行的腐蚀破坏降低到最低限度。

习 题

1. 简述防水工程处理对象和渗漏水通常的产生部位。
2. 简述常用孔洞漏水的堵漏方法。
3. 裂缝渗漏水的处理方法有哪几种？
4. 简述地面普遍漏水的处理方法。
5. 简述管子根部漏水的堵漏方法。
6. 什么是腐蚀？什么是金属腐蚀？
7. 影响金属腐蚀的因素有哪些？
8. 简述埋地管道的腐蚀机理。
9. 如何做好污水管道防护？
10. 酸、碱、盐类流体设备的防腐措施有哪些？

第12章　监测监控仪器仪表设备

本章学习目标

了解常用监控仪器仪表设备的分类及监测设备的种类；

熟悉各类常用仪表及监测设备的原理、功能和使用方法，并能进行仪表及监测设备的选择和运行维护。

12.1　常用仪器仪表监控设备

12.1.1　压力检测仪表

压力是生产过程中的重要工艺参数之一。如果压力不符合要求，不仅影响正常生产，甚至还会造成严重的安全事故。在环保设备使用中，需要测量的压力范围很广，同时由于使用条件和环境要求的不同，压力仪表的种类很多。

12.1.1.1　基本概念

工程上所定义的压力，是指均匀、垂直地作用于单位面积上的力。这里的压力概念，指均匀垂直作用于容器的单位面积上的力，实际上是物理学上的压强，即单位面积上所承受压力的大小，单位是 kg/cm。

压力的表示方式有三种，即绝对压力、表压力、真空度（或称负压）。绝对压力是物体所承受的实际压力，其零点为绝对真空；表压力是指高于大气压力时的绝对压力与大气压力之差；真空度（负压）是指大气压力与低于大气压力的绝对压力之差。用来测量上述三种压力的仪表分别称为绝对压力表、表压力表和真空度表。在工程上若非特别指明，一般所指的压力即压力表测得的压力，均属表压力。表压力表一般称为压力表，是以大气压力为基准，用于测量压力的仪表。

在工业过程控制与技术测量过程中，由于机械式压力表的弹性敏感元件具有很高的机械强度以及生产方便等特性，使得机械式压力表得到越来越广泛的应用。机械压力表中的弹性敏感元件随着压力的变化而产生弹性变形。

机械压力表采用弹簧管（波登管）、膜片、膜盒及波纹管等敏感元件并按此分类。所测量的压力一般视为相对压力。一般相对点选为大气压力。弹性元件在介质压力作用下产生的弹性变形，通过压力表的齿轮传动机构放大，压力表就会显示出相对于大气压的相对值。

在测量范围内的压力值由指针显示，刻度盘的指示范围一般做成270°。

12.1.1.2　压力表的分类

压力表有多种分类方法，按作用原理可分为以下3种类型。

1）静重式。静重式压力计包括液体式压力计和活塞式压力计。液体式压力计有U形管、单管、斜管、钟罩式和环天平式压力计等。活塞式压力计有活塞式压力计、活塞式压力真空计等。

2）弹性式。弹性式压力表有弹簧管式、膜片式、膜盒式和波纹管式等。弹簧管式又分单圈弹簧管式、多圈弹簧管式、盘旋管式和螺旋管式等。

3）电测式。电测式一般为远程传送式压力表，压力变送器即属于这一类。压力变送器分位移式、力平衡式等。按其信号转换方式可分为电阻式、电感式、电容式、频率式等。压力变送器除电动式外，还有气动式。

12.1.1.3　几种压力表简介

1）耐振压力表的壳体制成全密封结构，且在壳体内填充阻尼油。由于其阻尼作用，可以使用在工作环境振动或介质压力（载荷）脉动的测量场所。

2）带有电接点控制开关的压力表可以实现发讯报警或控制功能。

3）带有远传机构的压力表可以提供工业工程中所需要的电信号，如电阻信号或标准直流电流信号。

4）隔膜表所使用的隔离器（化学密封）能通过隔离膜片将被测介质与仪表隔离，以便测量强腐蚀、高温、易结晶介质的压力。

5）机械压力表中的弹性敏感元件随着压力的变化而产生弹性变形。机械压力表采用弹簧管、膜片、膜盒及波纹管等敏感元件并按此分类。敏感元件一般是由铜合金、不锈钢或由特殊材料制成。

6）弹簧管分为C型管、盘簧管、螺旋管等类型。弹簧管在内腔压力作用下，利用其所具有的弹性特性，可以方便地将压力转变为弹簧管自由端的弹性位移。弹簧管的测量范围一般在0.1～250 MPa。

7）膜片敏感元件是带有波浪的圆形膜片，膜片本身位于两个连接盘之间，或焊接在连接盘上或其边缘夹在两个连接盘之间。膜片一侧受到测量介质的压力。这样，膜片所产生的微小弯曲变形可用来间接测量介质的压力。压力的大小由指针显示。膜片与弹簧管相比其传递力较大。由于膜片本身周围边缘固定，所以其防振性较好。膜片压力表可达到很高的过压保护。膜片还可以加上保护镀层，以提高防腐性。利用开口连接盘、冲洗、开口等措施可用膜片压力表测量黏度很大、不清洁的及结晶的介质。膜片压力表的压力测量范围在1 600 Pa～2.5 MPa。

8）膜盒敏感元件由两块对扣在一起的呈圆形、波浪截面的膜片组成。测量介质的压力作用在膜盒腔内侧，由此所产生的变形可用来间接测量介质的压力。压力值的大小由指针显示。膜盒压力表一般用来测量气体的微压，并具有一定程度的过压保护能力。几个膜盒敏感元件叠在一起后会产生较大的传递力，用来测量极微小的压力。膜盒压力表的压力测量范围为250～60 000Pa。

12.1.1.4　压力表的选择

为了使压力表充分发挥作用，应综合考虑测量目的、测量环境、维修管理难易程度、可靠性和经济性等要求，以选择适用的压力仪表。

（1）一般选择条件

1）仪表种类的选择。根据监视的要求可分别选择现场指示型、报警型和控制盘指示型。对于电动或气动压力变送器的应用，则应综合考虑它们各自的特点。如对于气动压力变送器，不需要考虑防爆、防噪声等问题，但是要考虑到它的传送距离受限制的缺点；电动压力变送器一般不受传送距离的限制，但是存在防爆、防噪声问题，还要考虑统一输出信号的问题。

2）仪表规格的选择。根据被测介质压力的大小，参照压力表系列中规定的压力测量范围进行规格的选择。对于弹性压力表，一般规定被测参数额定值为压力表满量程值的2/3，如被测压力额定值为10 MPa，则应选择0～16 MPa的压力表，这是指稳定负荷条件下的情况；如在波动负荷情况下，压力表的经常指示范围则不应超过满量程的1/2。对于最低压力，不论是在稳定负荷或是波动负荷的情况下，压力指示范围都不应该低于满量程的1/3。

选用压力表时，还要考虑其精确度等级。工业用弹性压力表的精确度等级一般为1～4级，气动和电动压力变送器的精确度等级为0.2～0.5级。应在满足工艺要求的前提下，尽可能选用精度较低、价廉耐用的压力表。

（2）特殊条件的选择

1）按环境条件选择。在受机械振动影响大的场所应选用具有耐振结构的压力表。环境温度很高时，可选用结构上耐高温的压力表。对腐蚀性环境原则上应尽量避免。如无法避免则应采取防腐蚀措施。如对外壳涂耐腐漆或使用耐腐蚀材料制成的压力表，并且要求密封性强，以免损伤仪表内部机件。对于易燃易爆等危险环境如油泵房、制氢站等场所，必须选用防爆型仪表。

2）按被测介质的性质选择。被测介质具有腐蚀性时，应选用耐腐蚀材料制成敏感元件的压力表，或者选用带耐腐蚀材料隔膜的压力表。

测量氧气时，必须使用有禁油标记的压力表。这是因为氧气直接接触油脂，会发生剧烈的氧化反应而引起爆炸。因此，即使感压元件中残存很少一点油脂都是十分危险的。对这种禁油压力表，应进行严格的使用管理。

对于脉冲压力，如活塞泵出口压力，不仅难以准确测量，而且由于指示机构磨损和感压元件疲劳，压力表很易失效。在这种场合，可选用带有缓冲装置的压力表。

在测量蒸汽或气体压力时，为了防止弹簧管损坏而使压力表正面损坏，应选用外壳背面有排气孔的压力表，这种压力表一般称为安全型仪表。

12.1.2　温度检测仪表

温度是表征物体冷热程度的物理量。温度只能通过物体随温度变化的某些特性来间接测量，而用来量度物体温度数值的标尺叫温标。它规定了温度的读数起点（零点）和测量温度的基本单位。温度的检测在生产过程中起着极其重要的作用。

12.1.2.1 温度计

(1) 玻璃液体温度计

玻璃液体温度计是一种使用方便、测温范围广（可用于测量 -200～600℃）、测温精度高、价格便宜的测温仪表。无论在日常生活还是在工农业生产以及科研工作中都广泛使用玻璃液体温度计。通常使用的水银温度计是其中主要的一种。

1）结构与原理。玻璃液体温度计的工作原理是基于液体在透明玻璃外壳中的热膨胀作用，它是由液体储囊（球形的、圆柱形的或其他形状的，通常称为感温泡），与毛细管熔接而成。当温度变化时，液体和储囊体积随之发生变化。因此，毛细管中液柱的弯月面也就随之升高或降低。通过温度标尺即可读出不同的温度数值。

2）分类。玻璃液体温度计可分为下列 3 种。

①棒式玻璃温度计。由厚壁毛细管制成，温度标尺直接刻在毛细管的外表面上。

②内标式玻璃温度计。由薄壁毛细管制成，温度标尺另刻在乳白色的玻璃板上，放在毛细管后侧，外面再用玻璃外壳封罩，这种形式的标尺刻度清晰，读数较棒式方便。

③外标式玻璃温度计。将玻璃毛细管直接固定在外标尺上，多用来测量温度。

3）操作要点。玻璃液体温度计的使用操作要点如下。

①使用时应经常保持玻璃温度计的清洁，以便于读数。

②读数时，视线应与温度标尺垂直；玻璃水银温度计读数时，计液面凸面最高点，玻璃有机液体温度计读数时，计液面凹面最低点。

③玻璃温度计在安装之前和使用中要经常检查零点的位置，如有误差，应在读数时进行修正。

(2) 电阻温度计

利用金属导体或金属氧化物等半导体做测度质，利用电阻随温度变化而变化这一物理现象做测温量，这种温度计称为电阻温度计。电阻温度计在科研和生产中经常用来测量 -200～600℃的温度。它具有测温范围宽、测温精度高、稳定性好、能远距离测量、便于实现温度控制和自动记录等优点，是使用比较广泛的一种测温仪表。

(3) 压力式温度计

压力式温度计是由温包、毛细管和弹簧管构成的一个封闭系统。系统内充有感温物质。测量时，温包放置在被测介质中。当被测介质温度升高，温包内感温物质受热而压力发生变化，这时温度升高，压力增大；当被测介质温度降低，温包内感温物质温度降低，压力随之减小。压力的变化经毛细管传递到弹簧管，弹簧管一端固定，另一自由端因压力变化而产生位移，通过传动机构，带动指针指示出相应的温度变化。

在使用压力式温度计之前应该进行校正，读数时应待指示数稳定后方可记录。

(4) 数字式温度仪表

数字式温度仪表是在数字电压表基础上产生的，它是以数字方式来显示被测温度的仪表。数字式温度仪表测量精度高，可靠性和稳定性好，抗干扰能力强，显示直观，抗震性好，使用调整方便，具有参考端温度自动补偿和断偶保护及调节功能，还可与计算机配合，实现污染物处理工程中的自动化控制，有着非常广泛的用途。

为了达到准确、稳定、经济的测量效果，在选用数字式温度仪表时要注意综合考虑处理流程、工艺环境及其自动化程度对仪表的要求，需要测温和控温的范围，被测对象温度随时间变化的速度等因素来选用合适结构和量程的仪表。

12.1.2.2　温度检测仪表

温度测量是建立在热平衡定律基础上的。通常利用一个标准物体与被测对象进行热交换，待两者建立热平衡时，根据标准物体的某些物理性质随温度而变化的特性来测量被测对象的温度。

（1）温度检测仪表的分类

按测量方式的不同，可分为接触式和非接触式两大类。

1）接触式。测温元件与被测对象直接接触，依靠传导和对流进行热交换。其优点是结构简单，性能可靠，使用方便，测温精度较高；缺点是存在置入误差，受耐高温材料的限制，不易测量高温。

2）非接触式。测温元件不需与被测对象接触，依靠辐射进行热交换。其优点是响应速度快，对被测对象干扰小，测温范围广，特别适合测量高温、运动的被测对象和强电电磁干扰、强腐蚀的场合；缺点是仪表较复杂，受测量距离、烟尘和水汽等外界因素的影响，测温精度较接触式低。

（2）常用测温仪表的测温范围、原理及主要特点

常用测温仪表的测温范围、原理及主要特点见表 12—1。

表 12—1　　常用测温仪表的测温范围、原理及主要特点

测温方式	测量仪表种类		测温范围/℃	测温原理	主要特点
接触式	膨胀式	液体膨胀式 固体膨胀式	-100 ~ 500 -60 ~ 500	利用液体（水银、酒精等）或固体（金属片）受热时产生热膨胀的特性	结构简单，价格低廉，适合于生产过程和实验室各种介质温度的就地测量
	压力式	液体式 气体式 蒸汽式	-30 ~ 600 -20 ~ 350 0 ~ 250	利用封闭在一定容积中的液体、气体或饱和蒸汽在受热时体积或压力变化的性质	结构简单，具有防爆性，不怕振动，适宜近距离传送，但时间滞后较大，精度低
	热电偶	铂铑 - 铂 镍铬 - 镍硅 镍铬 - 康铜	0 ~ 1 600 -50 ~ 1 000 -50 ~ 600	利用金属的热电效应	测量范围广，精度高，能远距离传送，适于中、高温度的测量
	热电阻	铂电阻 铜电阻	-200 ~ 850 -50 ~ 150	利用导体或半导体的电阻值随温度变化的性质	测量精度高，稳定性好，能远距离传送，适于低、中温度的测量
非接触式	辐射式	光学式 比色式 红外式	700 ~ 3 200 0 ~ 3 200 0 ~ 3 500	利用被测对象所发射的辐射能量随温度变化的性质	适合于不宜直接接触测温的场合，测量精度较低，受环境条件的影响大

（3）热电阻式测量仪表

测温仪表一般用于检测炉温、水温、水泵电动机的绕组温度和定子铁心温度以及前后轴承温度等。对于温度变化范围不大的被测对象，一般采用接触式测温仪表，以热电阻作为检测元件。

1）热电阻的分类及特点。热电阻是中低温区最常用的一种温度检测器。它的主要特点是测量精度高，性能稳定。按感温元件的材料分，热电阻有铂热电阻和铜热电阻两种，其中铂热电阻的测量精确度较高。

2）热电阻的结构。热电阻的结构有铠装热电阻、端面热电阻和隔爆型热电阻3种。

①铠装热电阻。铠装热电阻是由感温元件（电阻体）、引线、绝缘材料、不锈钢套管组合而成的坚实体，它的外径一般为$\phi 2\sim 8$ mm。与普通型热电阻相比，它有下列优点：体积小，内部无空气隙，测量滞后小；力学性能好、耐振，抗冲击；能弯曲，便于安装，使用寿命长。

②端面热电阻。端面热电阻感温元件由特殊处理的电阻丝材绕制，紧贴在温度计端面。它与一般轴向热电阻相比，能更正确和快速地反映被测端面的实际温度，适用于测量轴瓦和其他机件的端面温度。

③隔爆型热电阻。隔爆型热电阻可用于区内具有爆炸危险场所的温度测量。隔爆型热电阻通过特殊结构的接线盒，把其外壳内部爆炸性混合气体因受到火花或电弧等影响而发生的爆炸局限在接线盒内，生产现场不会引发爆炸。

3）热电阻的测量。热电阻的测量电路采用不平衡电桥原理。通常热电阻的测温元件是安装在现场设备上，距温度变送器或温度巡检仪中的测量桥路较远。它们之间的连接是采用普通铜导线，有两种典型的接线方法，即二线制和三线制，如图12—1所示。

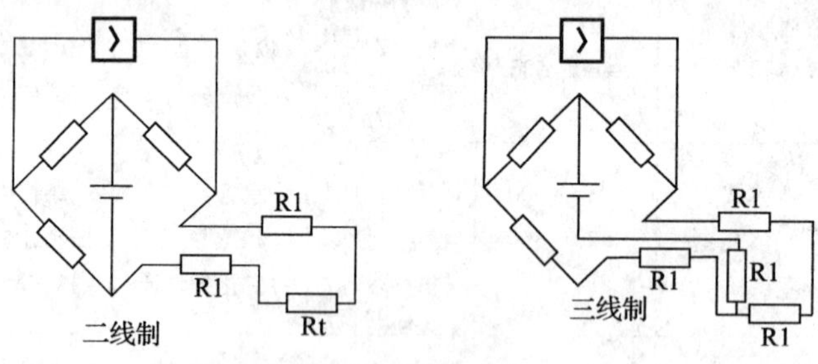

图12—1　热电阻的测温的接线方法

二线制接法是用两根导线（假设每根导线的电阻为R_1）和被测热电阻R_t一起，都接到测量电桥的一个桥臂里，优点是接线简单、经济，缺点是把连接导线随周围环境温度的电阻变化值和热电阻的变化值相叠加引入了桥路，从而造成测量误差。三线制接法是采用三根导线，其中一根导线（假设每根导线的电阻值为R_1）串联在电源支路上，对测量电桥几乎没有影响，可以不考虑环境温度影响，另外两根导线分别接在两个相邻的桥臂上。这样，由环境温度引起的导线电阻变化值可以相互抵消，从而基本消除连接导线对测量电桥的影响，提高了测量的准确性。所以，目前热电阻与二次仪表的连线通常采用三线制接线法。

4）二次仪表。与热电阻测温元件配接的二次仪表，目前常用的有温度变送器、数字温度显示仪和温度巡检仪3种。

温度变送器可直接安装在环境恶劣的工业现场，缩短了与测温元件之间的距离，减少了信号传递的失真和外来干扰，从而获得高精度的测量结果。温度变送器还可以直接装在测温元件的接线盒内，与温度传感元件成为一体。温度变送器输出DC4～20 mA的标准信号，可直接与显示、控制仪表或工业计算机终端连接。数字温度显示仪显示直观、速度快、精度高，适合放置于仪表室作单点温度（如水温）的显示和变送。温度巡检仪是一种采用单片机的新型温度检测仪表，它可以对多点温度进行巡检、显示和报警，具有体积小、成本低、便于集中监测管理等特点。

12.1.3　流量检测仪表

指被测流量和（或）在选定的时间间隔内流体总量的仪表，统称为流量计或流量表。流量计是环保产业测量中重要的仪表之一。随着环保行业工艺和设备的发展，对流量测量的准确度和范围要求越来越高，流量测量技术也越来越成熟。流量和压力、温度并列为三大检测参数，流量检测仪表与压力、温度仪表一样得到最广泛的应用。

12.1.3.1　流量计的分类

流量计常用的分类方法有两种：一是按流量计采用的测量原理分类，二是按流量计的结构原理进行分类。

（1）按测量原理分类

1）力学原理。属于此类原理的仪表有利用伯努利定理的变压式、转子式；利用动量定理的冲量式、对动管式；利用牛顿第二定律的直接质量式；利用流体动量原理的靶式；利用角动量定理的涡轮式；利用流体振荡原理的旋涡式、涡街式；利用总静压力差的皮托管式以及容积式和堰、槽式等。

2）电学原理。属于此类原理的仪表有电磁式、差动电容式、电感式、应变电阻式等。

3）声学原理。利用声学原理进行流量测量的有超声波式、声学式（冲击波式）等。

4）热学原理。利用热学原理测量流量的有热量式、直接量热式、间接量热式等。

5）光学原理。包括激光式、光电式等仪表。

（2）按流量计结构原理分类

根据流量计的结构原理，流量计产品大致上可归纳为以下几种类型。

1）容积式流量计。容积式流量计相当于一个标准容积的容器，它接连不断地对流动介质进行度量，流量越大，度量的次数越多，输出的频率越高。其工作原理比较简单，适于测量高黏度、低雷诺数的流体。包括适于测量液体流量的椭圆齿轮流量计、罗茨流量计、旋转活塞和刮板式流量计；适于测量气体流量的伺服式容积流量计、皮膜式和转筒流量计等。

2）叶轮式流量计。叶轮式流量计的工作原理是将叶轮置于被测流体中，叶轮受流体流动的冲击旋转，以叶轮旋转的快慢来反映流量的大小。典型的冲轮式流量计是水表和涡轮流量计，其结构可以是机械传动输出式或电脉冲输出式。一般机械传动输出的水表准确度较低，但结构简单，造价低。电脉冲信号输出的涡轮流量计的准确度较高。

3）差压式流量计。差压式流量计由一次装置和二次装置组成。一次装置称流量测量元件，它安装在被测流体的管道中，产生与流量（流速）成比例的压力差，供二次装置进行流量显示。二次装置称显示仪表，它接收测量元件产生的差压信号，并将其转换为相应的流量进行显示。差压流量计的一次装置常为节流装置或动压测定装置（皮托管、均速管等）。二次装置为各种机械式、电子式、组合式压差计配以流量显示仪表。

4）变面积式流量计。放在上大下小的锥形流道中的浮子受到自下而上流动的流体的作用力而移动。当此作用力与浮子的“显示重量”（浮子本身的重量减去它所受流体的浮力）相平衡时，浮子即静止。浮子静止的高度可作为流量大小的量度。

5）动量式流量计。利用测量流体的动量来反映流量大小的流量计称动量式流量计。由于流动流体的动量与流体的密度及流速的平方成正比，当通流截面确定时，可测得流体动量即反映流量。这种流量计的典型仪表是靶式和转动翼板式流量计。

6）电磁流量计。电磁流量计是利用导电体在磁场中运动产生感应电动势，而感应电动势又和流量大小成正比，通过测电动势来反映管道流量的原理制成。其测量精度和灵敏度都较高。工业上多用来测量水等介质的流量。

12.1.3.2　几种流量计简介

（1）容积式流量计

容积式流量计利用一个精密的标准容器对被测流体进行连续计量，故又称量斗型或直接测量型流量计。由于它是直接根据体积进行流量测量的，影响测量准确度的因素较少，故测量准确度较高，可作为工业流量计量的标准仪表。可测气、水、油等介质的流量，长期以来被广泛应用于环保工艺过程的流量测量。一般容积式流量计对介质中的污物较敏感，被测介质中的污物会造成转子卡涩，影响正常测量。

（2）涡轮流量计

涡轮流量计属于速度式叶轮仪表，利用置于流体中叶轮的旋转角速度与流体流速成比例的关系，通过测量叶轮的转速来反映体积流量大小。

涡轮流量计由变送器和显示仪表两部分组成。变送器输出与流量成正比的脉冲信号，该信号通过传输线路远距离传送给显示仪表，便于进行数字累积和显示。

涡轮流量计具有测量准确度高、测量范围广、压力损失小、重量轻、测量重复性好、耐高压、温度范围广及数字信号输出等优点，因此在工业上应用十分广泛。

（3）转子流量计

转子流量计又称浮子流量计，是变面积式流量计的一种，由于其灵敏度高、结构简单、直观、压损小、测量范围大、维修方便，而且价格比较便宜等优点，被广泛应用。

转子流量计就锥形管材料不同，分为玻璃管转子流量计和金属管转子流量计。玻璃管转子流量计一般用来测量低压常温、不带颗粒悬浮物的透明液体或气体。由于读数直观、结构简单和便于维护，被广泛应用于只需直观测量的场合。玻璃管转子流量计虽有很多优点，但由于它只通用于就地指示、信号不能远传、玻璃管强度不够，不能用于测量高温高压及不透明流体。所以在工业生产中，采用金属管转子流量计的较多。金属管转子流量计既能就地指示，又能远传信号，并可实现记录、计算、自控等多种功能。

（4）电磁流量计

电磁流量计是基于导电流体在磁场中运动所产生的感应电动势来推算流量的流量计，它是一种无压损节能型流量测量仪表。由于其独特的优点，目前已广泛应用于各种导电液体和腐蚀性液体及脉动流体的流量测量。由于它密封性好，对被测介质无阻挡部件，可测易燃、易爆介质；还由于测量通道是段光滑直管，不会产生阻塞，适用于测量各种污水及大管径水流量。所以，电磁流量计被环保、化工、医药、食品工业广泛采用。

为解决水处理工艺中开口渠道的流量测量，人们在管型电磁流量计的基础上，研制出适用于不规则截面形状的明渠、暗渠、河道的潜水型电磁流量计。

12.1.3.3　流量计的选择

选用流量检测仪表时，一般应考虑工艺过程允许的压力损失，最大、最小额定流量，工况条件，精度要求，测量瞬时值还是累积值，流量检测仪表的输出信号等。然后，从仪表产品供应的实际情况出发，综合考虑测量安全性、准确性和经济性，并根据被测流体的性质及流动情况，确定流量取样装置的方式及测量仪表的类型和规格，选取较为合适的流量仪表。

(1) 安全性

流量测量的安全可靠，首先是测量方式安全，即取样装置在运行中不会发生机械强度或电气回路故障而引起事故；其次是测量仪表无论在正常生产或故障情况下都不致影响生产系统的安全。

(2) 准确性

在保证仪表安全运行的基础上，力求提高仪表的准确性和节能性。因此，不仅要选用满足准确度要求的显示仪表，而且要根据被测介质的特点选择合理的测量方式。为保证流量计使用寿命及准确性，选型时还要注意仪表的防振要求。

正确选择仪表的规格，也是保证仪表使用寿命和准确度的重要环节。应特别注意静压及耐温的选择。仪表的静压即耐压程度，它应稍大于被测介质的工作压力，一般取 1.25 倍，以保证不发生泄漏或意外。量程范围的选择，主要是仪表刻度上限的选择。选小了，易过载，损坏仪表；选大了，有碍测量的准确性。一般选为实际运行中最大流量值的 1.2 ~ 1.3 倍。

(3) 经济性

安装在生产管道上长期运行的接触式仪表，还应考虑流量测量元件所造成的能量损失。一般情况下，在同一生产管道中不应选用多个压损较大的测量元件，如节流元件等。

不同的测量方式和结构，要求不同的测量操作、使用方法和使用条件，每种类型都有其特有的优缺点。因此，应在对各种测量方式和仪表特性作全面比较的基础上选择适于环保工艺的，既安全可靠又经济耐用的最佳类型。

12.1.4　液位检测仪表

液位是指开口容器或密封容器中液体介质液面的高低，两种液体介质的分界面。液位检测的目的在于随时知道容器内液位高低，对液位的上、下限可报警；连续监视生产和进行调节，使液位保持在所要求的高度；正确地测知容器中所储存的容量或质量。液位检测在环保设备自动化系统中具有重要的地位，是保证生产连续性和设备安全运行的重要参数，特别是在水处理中，液位控制往往关系到整个工艺的安全性、经济性和可行性。

12.1.4.1　液位检测仪表的分类

液位检测仪表按测量方式可分为连续测量仪表和限位测量仪表两大类。

(1) 连续测量仪表

能连续不断地测量液位的变化情况称为连续测量。能实现连续测量的仪器仪表称为液位表或液位变送器。按测量液位的原理与方法，目前常用的有电容式、静压式、超声波式等液位计。

（2）限位测量仪表

检测液位是否达上限、下限等某个特定位置，称为限位测量。能实现连续测量的仪表称为液位开关。

12.1.4.2　电容式液位计

电容式液位计是利用电容量的变化，来测量容器内介质液位的检测仪表。在电容式液位计中用于检测液位的电容，一般由容器壁与插入容器的探头组成。容器与探头组成一对电极。若容器壁为绝缘材料，就利用接地管道、第二探头或金属极等作为参考电极。电容器电容量的大小取决于探头与容器壁之间有多少介质，即液位的高度，并与之成比例。电容式液位计可将液位介质高度的变化转换成标准电流信号，远传至操作控制室供二次仪表或计算机装置进行集中显示、报警或自动控制。

电容式液位计一般由测量探头和变送器两部分组成，变送器装于探头的顶端。测量探头有多种不同的形式，如棒式探头、带套管式探头、双缆式探头、法兰连接式探头、板式探头等。上述每种探头又分为绝缘式和部分绝缘式，以适应不同的被测介质。其中棒式探头的最大长度为4 m，绳式探头的最大长度为20 m，板式探头用于限位测量。在实际应用中，应根据被测液体的深度、温度、压力、腐蚀性、黏度、绝缘性、容器的结构和安装等因素来正确选用合适的探头。

电容式液位计的特点是：体积小，容易实现远传和调节，适用于具有腐蚀性和高压介质的液位测量。

12.1.4.3　静压式液位计

液位计处于被测液体之中时，受到一定的液体静压力，当被测液体的密度不变时，这种静压力与被测液体的高度成正比例。根据此原理，通过测量位于一定深度液体之中的作用于传感器上的压力信号，并将其转换为电信号，再经过温度补偿和线性修正，转化成标准电信号供控制室内的二次仪表或计算机装置进行集中显示与控制。

静压式液位计由传感器、变送器、导气电缆（或电杆）组成。其中，传感器采用扩散硅敏感元件，其结构如图12—2所示。液体的压力使测量膜片产生形变，通过硅油压力传递到扩散硅电阻上，使其电阻值发生变化，然后通过变送器放大输出标准的电流信号。导气电缆（或电杆）不仅承担信号传输功能，而且将大气导入传感器，使之输出的是与相对静压力成正比的电信号。

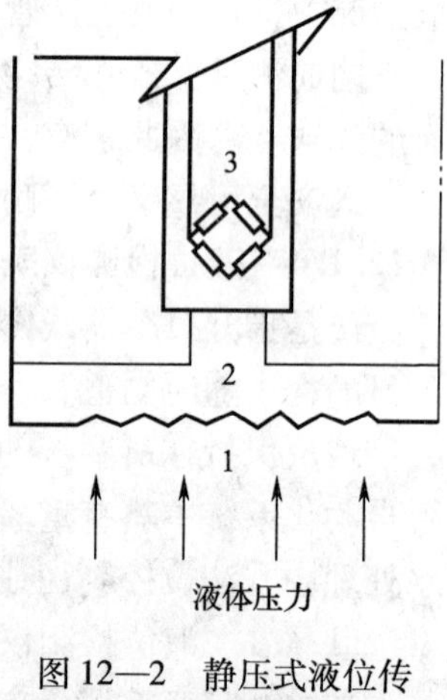

图12—2　静压式液位传感器结构示意

1—耐腐蚀膜片；2—硅油；3—扩散硅电阻

静压式液位计分为直装式和沉入式。直装式适合于安装在容器或管道的底部或侧面，靠连接盘或螺纹连接，结构紧凑。沉入式适合在水池或水井上面安装，有缆式和杆式两种结构。沉入缆式静压液位计的最大测量深度为100 m，适合于一般液体液位，特别是深井水位的测量；沉入杆式静压液位计的最大测量深度为4 m，适合于液面扰动大及有腐蚀性的液体液位的测量。当用沉入缆式静压液位计测量流动或扰动的大液位时，为防止传感器剧烈摆动，传感器应附加重锤或将传感器置于防波管中，其安装示意如图 12—3 所示。

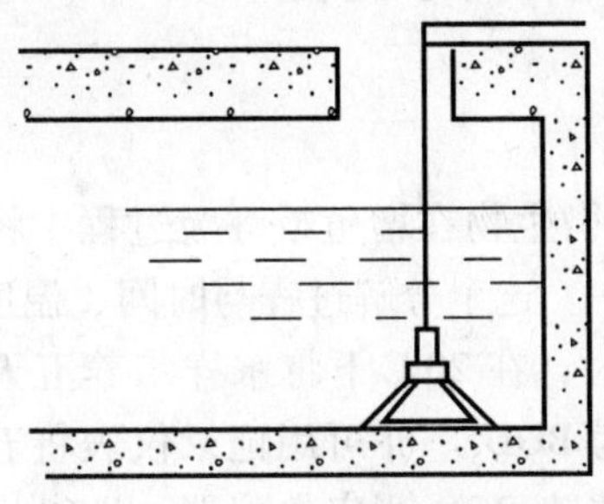
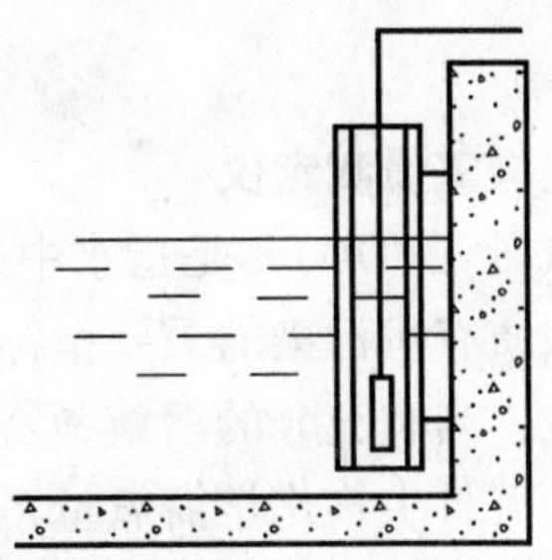

图 12—3　沉入缆式静压式液位计安装示意

静压式液位计的特点是：测量范围大，最大的测量深度可达 100 m；采用主动温度补偿式扩散硅传感器，受温度变化而引起的测量误差小；安装方便，工作可靠；可用于黏度较高、易结晶、有固体悬浮物、有腐蚀性液体的液位测量。

12.1.4.4　超声波式液位计

超声波液位计是由微处理器控制的数字式仪表。在测量中脉冲超声波由传感器（换能器）发出，声波经物体表面反射后被同一传感器接收，转换成电信号。并由声波的发射和接收之间的时间来计算传感器到被测物体的距离，即液位高度。由于采用非接触的测量，被测介质几乎不受限制，可广泛用于各种液体和固体物料高度的测量。

由于超声波在空气中的传播速度随空气温度的不同而有所变化，因此超声波液位计中增加了一个温度传感器，以便对因温度而引起的超声波的传播速度的变化进行自动补偿。

超声波液位计由传感器和变送器两部分组成。传感器部分包括超声换能器和温度传感器。超声换能器完成电能和超声能之间的转换。由于这种能量转换是可逆的，所以发射与接收换能器的结构相同，实用中通常是用同一只换能器来发射和接收超声波。温度传感器用以自动补偿因空气温度变化而引起的测量误差。变送器能产生电信号激励换能器，并将超声换能器转换的电信号进行放大并处理，输出表示被测液体液位的标准电流信号。

超声波液位计的特点是：由于采用非接触的测量，被测介质几乎不受限制，如能测量腐蚀性强、高黏度、密度不确定等液体的液位。在给水排水工程中，超声波液位计通常用于加药间混凝剂池液位、污泥池液位的测量。

超声波液位计使用的超声波频率为 13 ~ 50 kHz（量程小时超声波频率高），测量范围为 0.9 ~ 60 m。

超声波液位计的另一个应用是用于明渠流量的测量。

12.1.4.5　液位开关

液位开关，也称水位开关，顾名思义，就是用来控制液位的开关。通过测量液位是否达到预定的高度（通常是安装测量探头的位置），并发出相应的开关信号。按测量原理，液位开关可分为浮球式、电容式、电导式、超声波式等。

液位开关可以用于测量液位、固—液分界面、液—液分界面、液体的有无等。较连续测量的液位计而言，液位开关具有简单、可靠、使用方便、适用范围广、价格便宜等特点。

12.2　常用监测设备

12.2.1　生化需氧量测定仪

生物化学需氧量（BOD），是指水中好氧微生物在增殖或呼吸过程中将有机物分解时所消耗的氧量，是水质有机污染的重要指标之一。这个分解过程与时间、温度有关，目前各国普遍采用的方法是：当有充分的溶解氧存在时，在20℃下将水样培养五天，测出培养前后溶解氧之差，即为五日生物化学需氧量，记为BOD_5。亦可用记录仪表将五日内耗氧情况连续记录下来。近年来出现了一种微生物电极快速BOD测定的仪器，即微生物膜法生化需氧量（BOD）测定仪，以下简要介绍一下这种仪器。

（1）基本原理与结构

这是一种新兴的快速BOD测定法，测定一个样品只需30 min左右，与BOD_5相比，大大地节省了时间。隔膜电极式溶解氧测定仪来的隔膜上需贴有一层密布着微生物的膜，微生物膜电极因此而得名。当被测水样中不含有机物（如清洁的自来水）时，仪器贴膜上微生物的呼吸作用弱，不消耗水样中的溶解氧，通过微生物膜的氧量不发生变化，扩散电流亦不变；而当被测水样中含有有机物时，微生物的呼吸作用增强，消耗水中的溶解氧，通过微生物膜的氧量减少，扩散电流发生变化，这个变化大小决定于水样中有机物的浓度。如图12—4所示为微生物膜的状态。

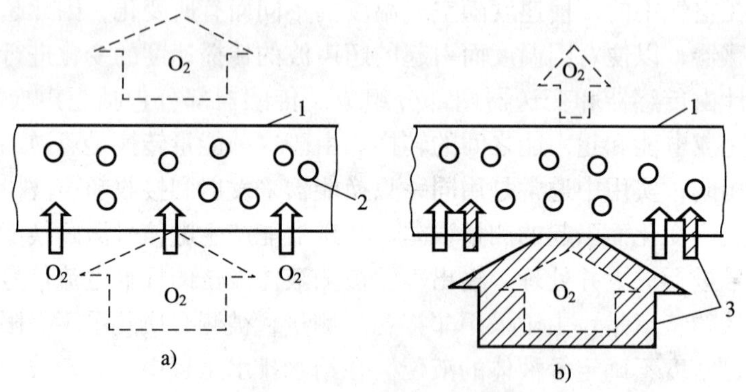

图12—4　微生物膜状态示意

a）水样中不含有机物时　b）水样中含有机物时

1—微生物膜；2—微生物；3—有机物

这种仪器有实验室型和流程型两类，结构大体相同，如图12—5所示。由电动机驱动，切换阀周期性地将缓冲溶液（调节pH值用）、校正用标准溶液、洗涤水及被测水导入恒温水槽中，经微生物膜电极测量后排出。测量结果由记录仪记录或打印机打出。仪器量程为0 ~ 500 mg/L。

（2）使用与维护

仪器采用计算机控制，只要按规定预先将各程序设定好，便可自动进行测定。仪器运转过程中不应改变程序。水样进入仪器前，应加过滤器，滤去杂质，残余的氯、金属离子等对测试结果有一定影响，须加以注意。这种电极的寿命约2年。

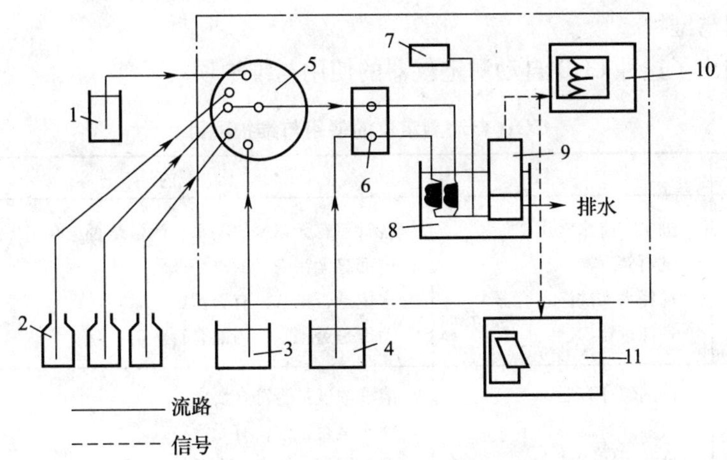

图 12—5　生化需氧量测定仪结构示意

1—被测水；2—标准溶液；3—洗涤水；4—缓冲溶液；5—切换阀；6—进样泵；7—空气泵；8—恒温箱；9—微生物膜电极；10—记录仪；11—数据处理系统

12.2.2　COD 自动测定仪

12.2.2.1　基本原理与结构

COD 自动测定仪采用的仍是滴定法，只是各个程序全部自动进行，为了消除氯离子干扰，自动加入硝酸银。其结构如图 12—6 所示。试剂储槽共 4 个，分别装有草酸钠、硫酸、硝酸银和高锰酸钾。它们通过各自的计量器定量地进入反应槽。反应槽置于油（或水）浴中，槽中放有电极、电磁搅拌器等。另有两个槽分别装有稀释水和洗涤水，经计量器计量，定量地进入反应槽。各计量器的动作，包括启闭电磁阀、加热、滴定、清洗、零点及刻度校正等，均预先设定后，由控制电路自动执行。其动作程序是：（样品 + 稀释水）→（硝酸银 + 硫酸）→高锰酸钾→油（或水）浴中加热→草酸钠→滴定→记录及显示结果。

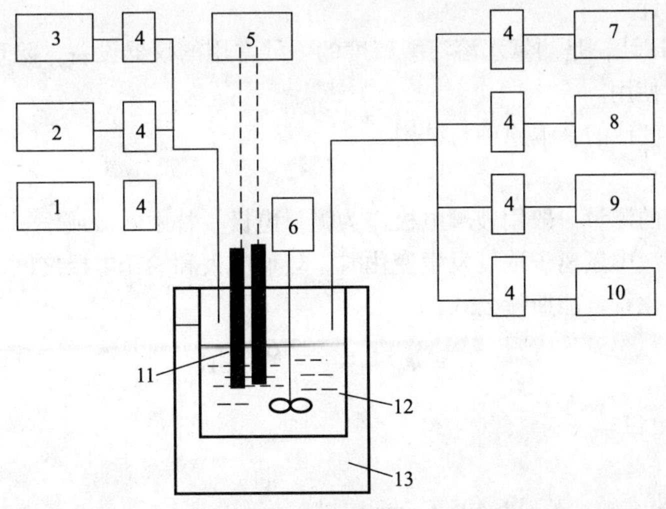

图 12—6　COD 自动测定仪

1—洗涤水；2—稀释水槽；3—试样槽；4—计量器；5—电气系统；6—搅拌电动机；7—草酸钠槽；8—硫酸槽；9—硝酸银槽；10—高锰酸钾槽；11—电极；12—反应槽；13—加热浴槽

12.2.2.2 使用与维护

表12—2列出了这种COD自动测定仪器的使用与维护项目。

表12—2　COD自动测定仪的使用与维护项目

系统	项目	内容
进样系统	进水、排水管道	各管道有无堵塞、漏水；流量是否正常
	试料储存器	内部有无污染、漏水
	稀释水、洗涤水容器	水位是否正常，有否污染
	各计量器	动作是否正常，内部有否污染
试剂系统	试剂储存容器	溶液浓度是否符合要求
	试剂计量器	动作是否正常，有无污染
	试剂流通管道	是否堵塞、污染，有无气泡
反应系统	反应器	有无破裂、污染
	搅拌器	动作是否正常
	电极	有无污染、损伤，比较电极内盐桥溶液是否充足
	排出装置	动作是否正常
	加热槽	内面有无污垢
	温度控制	是否控制在设定位置
	加热器	供电电压是否正常，加热丝是否断线
测定系统	程序控制器	是否按设定程序工作
	滴定器	滴定动作是否正常，设定电压是否正确
	零点校正	是否稳定、正确
记录系统	记录仪	走纸是否正常，记录墨水是否流畅，机械部分是否润滑

12.2.3 酸度计

酸度计又称pH计，是测量水溶液酸碱度的一种常用的仪器设备，除环境监测外，在其他许多领域也广泛使用。

12.2.3.1 酸度计的基本原理与结构

(1) 基本原理

水溶液酸碱度的测量一般用玻璃电极作为测量电极、甘汞电极或银—氯化银电极作为参比电极，当被测溶液中氢离子浓度发生变化时，玻璃电极和参比电极之间的电动势也随之引起变化，电动势变化符合能斯特公式：

$$E = E_0 - \frac{2.302\,6RT}{F}\mathrm{pH} \qquad (12—1)$$

式中 E——电极电位；

E_0——零电位；

F——法拉第常数，$F = 96\,495$ C/mol；

R——气体常数，$R = 8.314$ J/mol·K；

T——绝对温度，K。

由式（12-1）可见，当消除E_0之后（利用仪器上设置的定位旋钮），电极电位只与被测溶液的氢离子浓度有关。

（2）酸度计的结构

酸度计主由电极和电计两部分组成，如图12—7所示。

1）电极部分。由玻璃电极和甘汞电极（或银—氯化银电极）组成。在这个电极系统中，玻璃电极作为测量电极，甘汞电极作为参比电极。

玻璃电极头部呈球形，它是电极的敏感部分。内部充有一定pH值的缓冲溶液，并装有内电极。当它浸入被测溶液时，由于球泡内外两表面的pH值不同，故产生了电位差。玻璃电极内阻很高，达数百兆欧，且随温度的降低而增大。甘汞电极在测量时作为参考标准用，因此要求其电位稳定，且不随溶液的pH值发生变化。它通过装在头部的陶瓷芯渗透，与待测溶液形成通路。

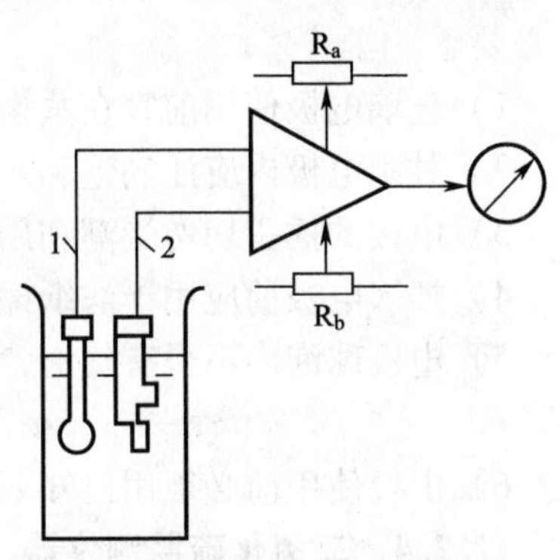

图12—7 酸度计结构

Ra—零点调节；Rb—定位（校正）调节；1—玻璃电极；2—甘汞电极

现在通常将测量电极和参比电极复合制造成一体，成为pH复合电极，使测量操作更为方便。

2）电计。把对pH敏感的电极和参比电极放在同一溶液中，就组成了一个原电池，如果温度恒定，这个电池的电位随待测溶液的pH值变化而变化。由于该原电池产生的电动势非常小，且电路的阻抗又非常大，因此，必须把信号放大，使其足以推动标准毫伏表或毫安表。电计的功能就是将原电池的电位通过具有极高输入阻抗的线性集成运算放大器，放大若干倍，放大了的信号通过电表显示出，电表指针偏转的程度表示其推动的信号强度，为了使用上的需要，pH电表的表盘刻有相应的pH数值；而数字式pH计则直接以数字显出其数值。

12.2.3.2 使用与维护

（1）标准溶液的配制与校正

测量pH值用的标准溶液称为缓冲溶液，即在少量酸碱作用下，酸度仍保持相对稳定的溶液。一般配用pH值为4.01、6.88、9.22三种溶液即可满足测定要求。

1）配制pH值为4.01的溶液。称取10.21 g优级纯邻苯二甲酸氢钾［(C_6H_4)(COOK)(COOH)］置于容量瓶中，加蒸馏水至1L溶解。

2）配制pH值为6.88的溶液。称取3.4 g优级纯磷酸二氢钾（KH_2PO_4）和3.55 g优级纯磷酸氢二钠（Na_2HPO_4）置于容量瓶中，加蒸馏水至1 L溶解。

3）配制pH值为9.22的溶液。称取3.81g优级纯硼砂（$Na_2B_4O_7 \cdot 10H_2O$）置于容量瓶中，加蒸馏水至1L。

以上所用蒸馏水的电导值均应小于5 μS，试剂均应在120℃下烘干待用。

为了保证测量精度，标定时宜采用与被测溶液pH值接近的标准缓冲溶液去校正酸度计。如被测溶液呈酸性时，应该用pH值为4.01的溶液去校正，若其酸碱性不明，可先进行粗测后，再按上述方法重新校正一次。

(2) 仪器的维护

仪器性能的好坏，除了仪器本身结构外，和良好的维护是分不开的，特别像酸度计这类仪器，它必须具有很高的输入阻抗，而且使用中经常要接触化学物质，因此，合理的维护更有必要。

1）玻璃电极使用前宜在蒸馏水中浸泡 24 h 以上，以使其稳定。

2）甘汞电极内应注满饱和氯化钾溶液。

3）电极的插头切勿受潮和用手触摸，以免降低绝缘性能。

4）插入电极前应用干滤纸擦拭。

5）电极球泡内不得有气泡，长期使用后若反应迟滞、指示偏低，系电极衰老，应予更换。

6）电极使用前必须用已知 pH 值的标准缓冲溶液进行定位校正。

12.2.4　二氧化硫监测仪器

大气中的硫化物有二氧化硫、三氧化硫、硫酸、硫化氢和二硫化碳等。对硫化物污染的监测，以二氧化硫最具广泛的代表性。硫的氧化物污染主要来自燃料燃烧时硫的氧化，硫化氢也易被氧化成二氧化硫。大气中二氧化硫的浓度是环境监测的重要项目之一。我国卫生标准规定了居住区大气中二氧化硫的最高允许浓度为一次值 0.5 mg/m^3。适用于监测大气中二氧化硫的仪器，大多根据库仑滴定法、电导法、紫外荧光法和定电位电解法等原理制成。

以下主要介绍库仑滴定法二氧化硫分析器。

12.2.4.1　基本原理与结构

库仑法是根据物质电解氧化或还原时所需的电量来确定物质量的方法。因此，用库仑法来做定量分析的必要条件是电解的电流效率应为100%，即在电极上只发生所要求的电解氧化还原反应，而不发生任何其他副反应。

三电极库仑动态滴定原理如图 12—8 所示。库仑池有三个电极：铂丝阳极、铂网阴极和活性炭参考电极。电解液为 0.3 mol/L 碱性碘化钾溶液。外电路从阳极给电解库仑池供恒定电流，电流从阳极流入（I_a），经阴极和参考电极形成阴极电流（I_c）和参考极电流（I_r）后流出。滴定试剂为碘分子。参考电极的作用是提供一个稳定的电位，通过负载和阴极连接。这样，阴极电位就是参考电极的电位和负载上的电位降之和。在这样的电位差下，阳极只能从溶液中的碘离子得到碘分子，$2I^- \rightleftharpoons I_2 + 2e$。抽入库仑池的气体带动电解液在池中循环流动，碘分子被带到阴极后还原。在上述电位差作用下，阴极只能还原碘分子，重新产生碘离子，$I_2 + 2e \rightleftharpoons 2I^-$。如果库仑池中没有其他化学反应，则当碘浓度达到动态平衡后，阳极氧化的碘和阴极还原的碘相等，即阳极电流和阴极电流相等（$I_a = I_c$），这时参考电极没有电流输出。如果进入库仑池的气体含可被氧化还原的物质，如二氧化硫时，则二氧化硫与碘发生下列反应：

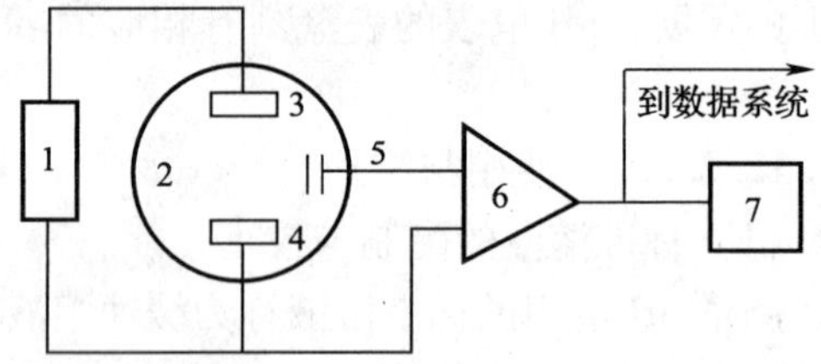

图 12—8　库仑滴定原理

1—恒流供电电源；2—库仑池；3—阳极；4—阴极；5—参考电极；6—放大器；7—记录和指示器

$$SO_2 + I_2 + 2H_2O \rightarrow SO_4^{2-} + 2I^- + 4H^+$$

这个反应在库仑池中是定量进行的，每一个二氧化硫分子反应后消耗一个碘分子，少一个碘分子到达阴极，阴极将少给出两个电子。这两个电子由参考电极上炭的还原作用给出，以维持电极间的氧化还原平衡。

$$C\text{（氧化态）}+ne\rightarrow C\text{（还原态）}$$

因此，由于二氧化硫的氧化反应而降低的那部分阴极电流，成为参考电极电流流出，且参考电极电流与二氧化硫浓度成正比。这时，阳极电流等于阴极电流与参考电极电流之和（$I_a=I_c+I_r$）。根据法拉第定律，参考电极电流和二氧化硫量之间有如下关系：

$$P=\frac{I_rM}{nF}=0.000\,332I_r \qquad (12—2)$$

式中　P——每秒进入库仑池的二氧化硫量，μg/L；

I_r——滴定电流，即参考电极电流，μA；

M——二氧化硫的摩尔质量，kg/mol；

n——每个二氧化硫分子转移的电子数；

F——法拉第常数，C/mol。

如果空气中二氧化硫浓度为 c（μg/L 或 mg/m^3），进入库仑池的气体总量为 Q（L/min），则每秒钟进入库仑池的二氧化硫量为：

$$P=\frac{cQ}{60} \qquad (12—3)$$

因此

$$c=\frac{0.000\,332I_r\times 60}{Q}=0.019\,9\frac{I_r}{Q} \qquad (12—4)$$

若取 $Q=0.25$ L/min，则 $c=0.08I_r$。从这里可以看出，1 μA 参考电极电流相当于空气中含二氧化硫量为 0.08 mg/m^3。这个电流经放大器放大后输入显示记录仪表或计算机或数据处理系统，以二氧化硫浓度指示并记录下来。此仪器的灵敏度很高。

库仑法二氧化硫分析器由库仑池、选择性过滤器、活性炭过滤器、进样三通阀、流量计、稳流器、加热器、流量调节阀、薄膜抽气泵和电气线路等组成。整个分析器的流程如图 12—9 所示。

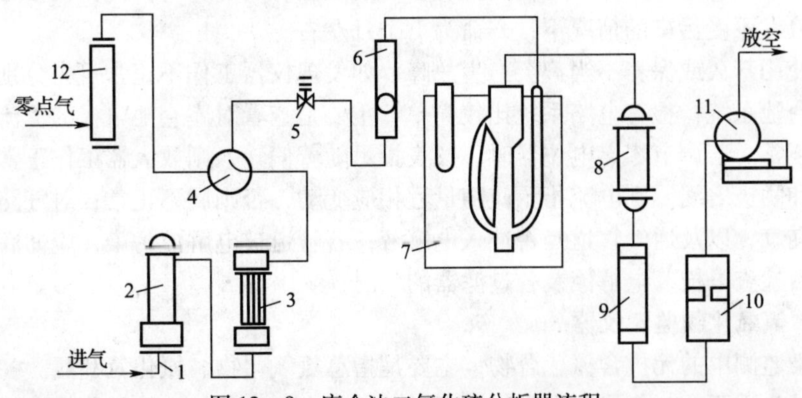

图 12—9　库仑法二氧化硫分析器流程

1—被测气体入口；2—硫酸亚铁过滤器；3—银网过滤器；4—三通阀；5—针阀；6—流量计；7—库仑池；8—缓冲器；9—加热器；10—稳流器；11—泵；12—活性炭过滤器

仪器有两个通气口，一个通入零点气，另一个通入被测气体。在薄膜泵的抽引下，空气经活性炭过滤器除去全部氧化性和还原性气体后，用作零点气。零点气经三通阀输入到库仑池，供校验仪器零点。被测气体经选择性过滤器除去其中的 O_3、NO_2、H_2S、$C1_2$ 等干扰组分，经三通阀通入仪器，调整使其进入库仑池的流量为 250 mL/min，用转子流量计指示流量。被测气体从库仑池出来，经缓冲器、加热器和稳流器后，由泵排出。

12.2.4.2　使用和维护

仪器使用前，应首先检查过滤器的有效性，注入电解液。仪器启动正常后就可以调整零点，稳定半小时后就可正常运行使用。使用时应注意每切换一次量程时，应重新校验零点。

使用过程中的日常维护工作是多方面的。在仪器正常工作情况下，为保证读数正确、可靠，应定期校验仪器的刻度。另外，要随时注意电解液、电极、选择性过滤器是否有异常，发现下述异常应及时处理。

1）发现库仑池中的电解液有沉淀或接近中性时，应当更换，电解液是 0.3 mol/L KI + 0.25% Na_2CO_3溶液，配制电解液用的水应是二次蒸馏水或经离子交换的去离子水；还应注意装入的电解液量要适当，若装得过多，则电解液易从内池排气孔溢出，造成滴定过程中碘分子损失，致使仪器零点升高、基线波动。

②电极长期使用后表面受到玷污，使仪器零点升高且造成不稳定，这时需用 1:1 硝酸水溶液清洗电极。

③选择性过滤器的寿命主要依现场各种干扰气体的浓度而定。在使用期间，若发现银网有 2/3 变成棕黑色，就应取出，在 800℃下灼烧 30 min，恢复银白色，方可继续使用，硫酸亚铁在空气中逐渐氧化而失效；它的有效期约半年，由被过滤气体中二氧化氮的浓度决定，硫酸亚铁过滤器对二氧化氮的总过滤约为 $(6\times10^{-3})\%\cdot h$ [即对浓度为 $(1\times10^{-4})\%$ 的二氧化氮，可使用 60 h]，因此要注意更换新制备的过滤剂；硫酸亚铁过滤剂是以饱和的硫酸亚铁溶液浸渍 6201 色谱担体，待担体被晾干后，在 105℃烘箱中烘 1 ~ 2 h 后即可使用，也可放在干燥器中备用。

④参考电极寿命为半年至 1 年，当发现仪器的响应时间加长时，应更换参考电极。

⑤电解液在不受污染的情况下，寿命为 1 个月左右。

⑥仪器使用日久或保养不当都会产生故障。如发现仪器工作不正常可先分别检查电路系统和气路库仑池系统；检查电路系统比较简单，主要是查看对库仑池电极的恒流供电及放大器工作是否正常。若调节零点电位器时，仪表指示随着偏转，则放大器工作正常；若将电流表接到阳极和阴极之间，则电流指示应随量程相应变动，否则属不正常；对气路，主要是检查管道是否漏气，以及通气管道是否冲入电解液；若管道被电解液污染，应彻底清洗、烘干或更换；然后检查电极、电解液及各过滤器的状况。

12.2.5　氮氧化物监测仪器

大气污染监测中的无机含氮化合物，主要是指总氮氧化物、氰化氢和氨。各种氮氧化物中二氧化氮最为重要。一氧化氮在大气中可逐渐氧化成二氧化氮。氮氧化物污染来源于酸和化肥的生产，电镀、各种烧油装置的烟囱排气、汽车和柴油机排气等，废气中一氧化氮的含量可高达 0.4%。氮氧化物与碳氢化物共存，经紫外线照射时，会形成光化学烟雾。二氧化氮比一氧化氮的毒性高 4 倍。目前常用的二氧化氮自动监测仪器有化学发光式氮氧化物分析器和库仑法氮氧化物分析器。

12.2.5.1　化学发光式氮氧化物分析器

（1）基本原理与结构

一氧化氮和臭氧反应会发出光，依此制成化学发光式氮氧化物分析器。在某些放热化学反应中，反应产物的分子获得过剩的反应能而处于激发态，当它们跃迁到基态时，发出一定能量的光子。一氧化氮和臭氧的反应机理如下：

$$NO + O_3 \rightarrow NO_2^* + O_2$$

$$NO_2^* \rightarrow NO_2^* + h\nu$$

NO_2^* 为处于激发状态的二氧化氮，向基态跃迁的同时发射光子，发出的光波长带宽为 500 ~ 3 000 nm，最大强度在 1 100 nm 附近。当反应温度一定而参加反应的臭氧分子过量时，样品中一氧化氮的浓度与化学发光强度，即与接收这种发光的光电倍增管输出电流的大小成正比。若要分析二氧化氮则首先应将二氧化氮定量还原为一氧化氮。

双通道化学发光式氮氧化物分析器的组成如图 12—10 所示（单通道仪器就是它的一半）。仪器包括两个内装有恒流控制器的恒温反应室，一个切光器，带冷却器的光电倍增管组件，预放大器及其高压电源，总电源，用于信号放大、处理的电气系统。气路流程中包括过滤器、气流分路器、流量计、钼转化炉、臭氧发生器、真空表以及出口活性炭过滤器等。

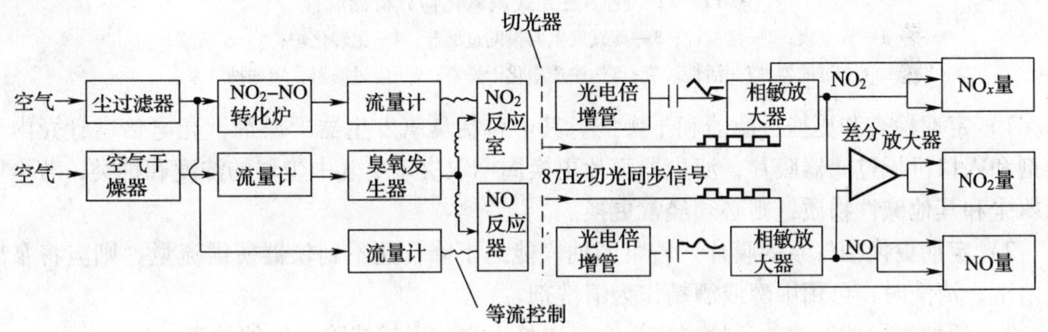

图 12－10　双通道化学发光式氮氧化物分析器的组成

仪器的分析气路流程如图 12—11 所示，气样经除尘后进入仪器的分析流程。流程基本上由两个独立的系统组成，其中一路通过钼转化炉后进入反应室，另一路不经钼转化炉直接进入反应室，两路气样在各自的反应室内与从臭氧发生器来的臭氧混合反应，分析后的气体汇合在一起通过活性炭过滤器和渗透净化器，最后由泵排出。设计时要保证两路气流阻力匹配，也就是使它们的滞留时间匹配。处理信号时，将两个通道所得信号相减，从而获得同一时刻被测气体中一氧化氮和二氧化氮含量的两项指标。制备臭氧用的空气须经过滤器、渗透净化干燥器净化后才被送到臭氧发生器，所产生的臭氧分两路通到两个反应器内。流经每个反应器的气体流量均由恒流控制器控制，流量约 250 mL/min。

（2）使用与维护

仪器正常使用时的日常维护工作包括下列内容。

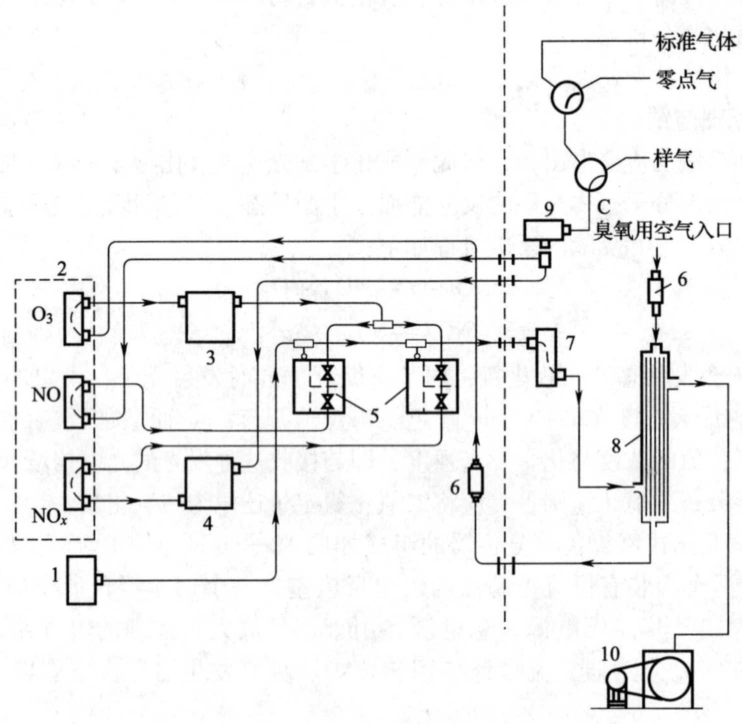

图 12—11　化学发光式氮氧化物分析器流程

1—真空表；2—流量计；3—臭氧发生器银网过滤器；4—钼转化炉；5—反应室；6—过滤器；7—活性炭袋；8—渗透净化干燥器；9—尘过滤器；10—抽气泵

1）定期检查和更换过滤器和干燥剂。其中包括臭氧发生器干燥剂、光电倍增管壳内干燥剂和入口机械过滤器膜片，滤尘器膜片更换周期取决于空气中尘埃的浓度和种类，若尘埃属飘尘和其他碱性物质，则必须经常更换。

2）定期更换抽气泵的膜片。若泵的抽气能力下降，达不到仪器所需流量，则应将泵拆下清洗；清洗时，可用甲醇或酒精作为清洗剂。

3）活性炭过滤器中的活性炭应 3 个月更换 1 次，以维持除臭氧的效率。

4）反应室受污染或长期使用变脏，则应拆下清洗。清洗反应器及其中零件可用甲醇、亚甲基氯代烃或其他溶剂，在超声波清洗器内清洗，一般用 30 min 即可清洗干净。

在使用过程中，一旦发现不正常的现象，要逐步检查，气路系统玷污或有漏气造成的故障最值得注意。

12.2.5.2　库仑法氮氧化物分析器

(1) 基本原理和结构

二氧化氮可与碘离子反应生成碘分子，通过测定这些碘分子在库仑池阴极上被还原为碘离子所产生的电流，便可确定二氧化氮的量。

库仑法氮氧化物分析器的组成如下。

1）库仑池。

2）氧化高银过滤器。由加热和过滤两部分组成。

3）三氧化铬氧化管。气样在此首先被加热。

4）活性炭过滤器。用来滤去空气中全部氧化性和还原性气体，被滤气体经三通阀后，供仪器作为零点气校验零点用。

5）缓冲器。由两个空的气室和一个隔开这两个气室的孔板气阻组成。

6）薄膜泵。薄膜泵前的加热器用来提高排出气流的温度，降低湿度，以保护薄膜泵不受凝结水的损害。

电子线路由 ±14 V 稳压电源和电流放大器等部分组成，没有特殊要求。

（2）使用与维护

使用仪器之前，应先检查各过滤器的有效性，然后检查仪器流程中是否有漏气。确保仪器正常后通电启动。启动 30 min 后，调整零点，至此才可正常使用。

经常性的维护工作是校正仪器的零点，必要时用二氧化氮标准气校正仪器的刻度，以保证数据分析的正确性。每 24 h 要调零一次。

其他方面的保养维护工作，主要是经常注意电解液、电极和各种过滤器的情况，若有异常，及时处理。

在使用过程中，若仪器出现不正常的情况，应按下述三个步骤分别检查。

1）检查气路流程。主要是要确保气路不漏、清洁，否则应该重装或清洗。

2）检查库仑池。主要是保持电解液和电极清洁状况，确保各电极的接线接触良好，氟塑料进气管道畅通。

3）检查电器线路。确保电气线路正常，仪器的电气线路比较简单，启动仪器后，转换量程或调零点调节旋钮时指示值随着偏转，则表示正常。

习　题

1. 温度检测仪表按测量方式的不同分为哪几类？
2. 流量检测仪表分为哪几类？
3. 如何选用流量检测仪表？
4. 如何选择压力检测仪表的量程？
5. 简述 BOD 测定仪的原理和使用维护方法。
6. 简述 COD 测定仪的原理和使用维护方法。
7. 简述酸度计的使用和维护方法。

参考文献

[1] 郑明主编．环保设备——原理·设计·应用（第二版）．北京：化学工业出版社，2007

[2] 王爱民，张云新主编．环保设备及应用．北京：化学工业出版社，2004

[3] 李森林主编．机械制造基础．北京：化学工业出版社，2006

[4] 黄廷林，范瑾初．水工艺设备基础．北京：中国建筑工业出版社，2003

[5] 张自杰主编．排水工程（下）．北京：中国建筑工业出版社，2000

[6] 张建伟，冯颖，吴建华编著．工业水污染控制技术与设备．北京：化学工业出版社，2006

[7] 李明俊，孙鸿燕主编．环保机械与设备．北京：中国环境科学出版社，2005

[8] 张朝升主编．给水排水工程设备基础．北京：高等教育出版社，2004

[9] 王继斌，宋来洲，孙颖主编．环保设备选择、运行与维护．北京：化学工业出版社，2007

[10] 张大群主编．污水处理机械设备设计与应用．北京：化学工业出版社，2003

[11] 方德明，陈冰冰主编．大气污染控制技术及设备．北京：化学工业出版社，2005

[12] 陈家庆主编．环保设备原理与设计（第二版）．北京：中国石化出版社，2005

[13] 邢晓林主编．化工设备．北京：化学工业出版社，2005

[14] 金国森等编．除尘设备．北京：化学工业出版社，2005

[15] 郁君平主编．设备管理．北京：机械工业出版社，2005

[16] 李广超，傅梅绮主编．大气污染控制技术．北京：化学工业出版社．2004

[17] 王金梅，薛叙明主编．水污染控制技术．北京：化学工业出版社，2004

[18] 王有志主编．水污染控制技术．北京：中国劳动社会保障出版社，2010

[19] 庄伟强，尤峥主编．固体废弃物处理与处置．北京：化学工业出版社，2004

[20] 王燕飞主编．水污染控制技术．北京：化学工业出版社，2005

[21] 李亚峰，晋文学主编．城市污水处理厂运行管理．北京：化学工业出版社，2005

[22] 曾贤刚编．环保产业运营机制．北京：中国人民大学出版社，2005

[23] 赵艳萍，姚冠新，陈骏主编．设备管理与维修．北京：化学工业出版社，2004

[24] 李丰春，程秀云，刘波等主编．防腐蚀工．北京：化学工业出版社，2004

[25] 刘景明，王德安主编．污水处理工．北京：化学工业出版社，2004

[26] 陈冠国编．机械设备维修．北京：机械工业出版社，2003

[27] 徐强．污泥处理处置技术及装置．北京：化学工业出版社，2003

[28] 肖锦主编．城市污水处理及回用技术．北京：化学工业出版社，2002

[29] 鹿政理主编. 环境保护设备选用手册. 北京：化学工业出版社，2002

[30] 周彤主编. 污水回用决策与技术. 北京：化学工业出版社，2002

[31] 童志权主编. 工业废气净化与利用. 北京：化学工业出版社，2001

[32] 周金全编著. 城市污水处理工艺设备及招投标管理. 北京：化学工业出版社，2003

[33] 沈春林主编. 地下防水工程实用技术. 北京：机械工业出版社，2005

[34] 沈晓南，谢经良，王福浩等. 污水处理厂运行和管理问答. 北京：化学工业出版社，2007